Mathematik heute 6

Hessen

Herausgegeben von
Heinz Griesel, Helmut Postel, Rudolf vom Hofe

Schroedel

Mathematik heute 6

Hessen

Herausgegeben und bearbeitet von

Professor Dr. Heinz Griesel
Professor Helmut Postel
Professor Dr. Rudolf vom Hofe

Eugen Ancke, Arno Bierwirth, Heiko Cassens, Bernhard Humpert, Dr. Alexander Jordan, Dirk Kehrig, Wolfgang Krippner, Dr. Matthias Ludwig, Manfred Popken, Rosel Reiff, Johannes Ressel, Axel Schnedler

Zum Schülerband erscheint:
PALMA – Kompetenzorientierte Aufgaben mit Kommentaren Band 1 Best.-Nr. 83094
Lösungen Best.-Nr. 83371
Diagnose und Fördern – Kopiervorlagen Best.-Nr. 83373

Druck A^2 / Jahr 2011
Alle Drucke der Serie A sind im Unterricht parallel verwendbar.

Titel- und Innenlayout: Janssen Kahlert, Design & Kommunikation GmbH, Hannover
Illustrationen: Dietmar Griese; Zeichnungen: Günter Schlierf, Peter Langner
Satz: Konrad Triltsch, Print und digitale Medien GmbH, 97199 Ochsenfurt
Druck und Bindung: Westermann Druck GmbH, Zwickau

ISBN 978-3-507-**83369**-2

Inhaltsverzeichnis

ZUM METHODISCHEN AUFBAU DER LERNEINHEITEN

Einstieg bietet einen direkten Zugang zum Thema.

Aufgabe mit vollständigem Lösungsbeispiel. Diese Aufgaben können alternativ oder ergänzend als Einstiegsaufgaben dienen. Die Lösungsbeispiele eignen sich sowohl zum eigenständigen Nacharbeiten als auch zum Erarbeiten von Lernstrategien.

Zum Festigen und Weiterarbeiten Hier werden die neuen Inhalte durch benachbarte Aufgaben, Anschlussaufgaben und Zielumkehraufgaben gefestigt und erweitert. Sie sind für die Behandlung im Unterricht konzipiert und legen die Basis für die erfolgreiche Entwicklung mathematischer Kompetenzen.

Information Wichtige Begriffe, Verfahren und mathematische Gesetzmäßigkeiten werden hier übersichtlich hervorgehoben und an charakteristischen Beispielen erläutert.

Übungen In jeder Lerneinheit findet sich reichhaltiges Übungsmaterial. Dabei werden neben grundlegenden Verfahren auch Aktivitäten des Vergleichens, Argumentierens und Begründens gefördert, sowie das Lernen aus Fehlern. Spielerische Übungsformen setzen Arbeitsweisen der Grundschule fort. Aufgaben mit Lernkontrollen sind an geeigneten Stellen eingefügt.
Grundsätzlich lassen sich fast alle Übungsaufgaben auch im Team bearbeiten. In einigen besonderen Fällen wird zusätzlich Anregung zur Teamarbeit gegeben.
Die Fülle an Aufgaben ermöglicht dabei unterschiedliche Wege und innere Differenzierung.

Vermischte und komplexe Übungen Hier werden die erworbenen Qualifikationen in vermischter Form angewandt und mit den bereits gelernten Inhalten vernetzt.

Bist du fit? / Bist du topfit? Auf den Seiten am Ende eines Kapitels können Lernende eigenständig überprüfen, inwieweit sie die neu erworbenen Kompetenzen beherrschen. Auf den Seiten 253 – 258 werden Basiswissen und allgemeine Kompetenzen überprüft, die sich auf übergreifende Themen der Jahrgangsstufe 5/6 beziehen. Die Lösungen hierzu sind im Anhang des Buches abgedruckt.

Im Blickpunkt / Projekt Hier geht es um komplexere Sachzusammenhänge, die durch mathematisches Denken und Modellieren erschlossen werden. Die Themen gehen dabei häufig über die Mathematik hinaus, sodass Fächer übergreifende Zusammenhänge erschlossen werden. Es ergeben sich Möglichkeiten zum Arbeiten in Projekten und zum Einsatz neuer Medien.

Piktogramme weisen auf besondere Anforderungen bzw. Aufgabentypen hin:

Teamarbeit

Suche nach Fehlern

Internet

Zur Differenzierung

Der Aufbau und insbesondere das Übungsmaterial sind dem Schwierigkeitsgrad nach gestuft. Dem Lehrer sei daher empfohlen, bei den schwierigen Aufgaben zu überprüfen, welche für seine Schüler noch angemessen sind. Eine weitere Hilfe für die individuelle Förderung der einzelnen Schüler geben die folgenden Zeichen:
Grundlegende allgemeine Bildung: keine Kennzeichnung
Erweiterte allgemeine Bildung: keine Kennzeichnung, zusätzlich ● und **7.**
Anspruchsvollere Aufgaben sind durch eine rote Aufgabennummer, z.B. **7.** gekennzeichnet.
Zusätzliche Aufgabenstellungen sind durch △, ▲ und ▲ gekennzeichnet.

Maßeinheiten

Längen

10 mm	= 1 cm
10 cm	= 1 dm
10 dm	= 1 m
1 000 m	= 1 km

Flächeninhalte

$100\ mm^2 = 1\ cm^2$	$100\ m^2 = 1\ a$
$100\ cm^2 = 1\ dm^2$	$100\ a = 1\ ha$
$100\ dm^2 = 1\ m^2$	$100\ ha = 1\ km^2$

Die Umwandlungszahl ist 100

Volumina

$1\,000\ mm^3 = 1\ cm^3$	$1\,000\ dm^3 = 1\ m^3$	$1\ dm^3 = 1\ l$
$1\,000\ cm^3 = 1\ dm^3$	$1\ cm^3 = 1\ ml$	$1\,000\ ml = 1\ l$

Die Umwandlungszahl ist 1 000

Zeitspannen

60 s	= 1 min
60 min	= 1 h
24 h	= 1 d

Gewichte

1 000 mg	= 1 g
1 000 g	= 1 kg
1 000 kg	= 1 t

Die Umwandlungszahl ist 1 000

Mathematische Symbole

Zahlen

$a = b$	a gleich b	$a - b$	Differenz aus a und b; a minus b
$a \neq b$	a ungleich b	$a \cdot b$	Produkt aus a und b; a mal b
$a < b$	a kleiner b	$a : b$	Quotient aus a und b; a durch b
$a > b$	a größer b	a^n	Potenz aus Grundzahl a und Hochzahl n; a hoch n
$a \approx b$	a ungefähr gleich (rund) b	$\frac{a}{b}$	Bruch mit dem Zähler a und dem Nenner b
$a + b$	Summe aus a und b; a plus b	p %	p Prozent

Geometrie

$\overline{AB}$	Verbindungsstrecke der Punkte A und B; Strecke mit den Endpunkten A und B	ABC	Dreieck mit den Eckpunkten A, B und C
AB	Verbindungsgerade durch die Punkte A und B; Gerade durch A und B	ABCD	Viereck mit den Eckpunkten A, B, C und D
$g \parallel h$	Gerade g ist parallel zu Gerade h	$P(x\|y)$	Punkt P mit den Koordinaten x und y, wobei x der Rechtswert, y der Hochwert ist
$g \perp h$	Gerade g ist senkrecht zu Gerade h		

IM BLICKPUNKT: LESEVERSTEHEN LEICHT GEMACHT UMGANG MIT TEXTEN, TABELLEN UND DIAGRAMMEN

Längere und schwierigere Texte kann man leichter in mehreren Schritten lesen.

(1) Lies den Text aufmerksam durch. Kennst du alle Fremdwörter und Begriffe?
Tipp: a) Schlage im Lexikon nach oder suche im Internet.
b) Frage Lehrer oder Mitschüler.

(2) Beim ersten Lesen hast du vielleicht noch nicht alles verstanden oder behalten. Mache dir deshalb klar, um was es geht.
Tipp: Denke dir zu jedem Absatz eine kurze passende Überschrift aus.

(3) Jetzt musst du noch herausfinden, welche Informationen du zum Lösen der Aufgabe benötigst.
Tipp: Schreibe alle wichtigen Informationen in dein Heft.

Tierpark Sababurg

1571 richtete der damalige Landgraf Wilhelm IV. einen über 130 ha großen Tierpark am Fuße seines Jagdschlosses Sababurg in Nordhessen ein.
Eine besondere Sehenswürdigkeit ist die Greifvogelstation, die sich an den Hängen des Burgbergs befindet und vom Eingang aus in wenigen Minuten zu erreichen ist. Von dort oben hat man einen malerischen Blick auf das Tierparkgelände.
In der Greifvogelstation finden vom 21. März bis 31. Oktober dreimal täglich (außer montags) Flugvorführungen statt.
Die fast 30-minütigen Flugschauen beginnen jeweils um 11.30 Uhr, um 14.00 Uhr und um 16.15 Uhr. Mit der Flugschau haben die Besucher die Gelegenheit, Falken in pfeilschnellem Sturzflug und majestätisch kreisende Bussarde und Adler direkt über ihren Köpfen hinweg fliegend aus unmittelbarer Nähe zu erleben.

1. a) Lies diesen Text nach der im Kasten beschriebenen Vorgehensweise durch.
b) Bestimme die Anzahl der Flugschauen in diesem Jahr.
c) Stelle in einem Säulendiagramm jeweils für die Monate März, April und Mai die Anzahl der Flugschauen dar.

In den Streicheltieranlagen des Tierparks können Ziegen, Esel oder Hirsche gestreichelt und gefüttert werden. Tüten mit einer speziellen Futtermischung (150 g) sind für 1,00 € am Kiosk erhältlich. Die Mischung ist so abgestimmt, dass das Futter von den Tieren auch dann noch gut vertragen wird, wenn sie sehr viel davon erhalten. Deshalb wird darum gebeten, nur dieses Futter zu verfüttern.

Während der Saison (April bis September) besuchen täglich ca. 150 Familien mit Kindern die Streicheltieranlage. Jede Familie kauft durchschnittlich 2 Tüten der Futtermischung. 20 Cent pro Tüte verbleiben dem Tierpark als Gewinn.

2. **a)** Stelle in einer Tabelle dar, wie viele Tüten in jedem Monat von April bis September verkauft werden.

b) Notiere ebenfalls in der Tabelle, wie hoch die Einnahmen pro Monat sind.

c) Trage auch den Gewinn pro Monat in der Tabelle ein.

d) Berechne den Gewinn einer ganzen Saison.

Zwergziegen im Kinderzoo

Die 21 Zwergziegen lieben die Futtermischung. Sobald die Kinder mit dem Futter das Gehege betreten, werden sie von den Ziegen umringt. Wer bekommt zuerst von dem Futter? Bei den Zwergziegen gibt es dafür eine klare Regelung, darum braucht gar nicht lange gestritten zu werden: Der Rang höchste Ziegenbock drängt alle anderen ab. Wenn jedoch viele Besucher im Gehege sind und die Ziegen füttern, sieht die Sache anders aus. Dann bekommen auch die Rang niederen und die Jungtiere etwas von dem leckeren Futter ab. Übrigens befinden sich auch einige Esel direkt neben dem Streichelgehege der Ziegen (insgesamt kann man im Tierpark 22 Esel entdecken).

Damhirsche im Urwildpark

Auch die Damhirsche sind sehr zutraulich und warten schon am Eingang der Streichelanlage auf Besucher, die Futter für sie mitbringen. Wenn die Hirsche Futter aus der Hand fressen, können von ganz nah die großen Augen und die Lauscher dieser kleinen, scheuen Hirsche betrachtet werden. Außer den 26 Damhirschen im Streichelgehege gibt es noch 23 weiße und 38 braune Damhirsche in anderen Bereichen des Tierparks.

3. **a)** Stelle die Anzahl der genannten Tiere in geeigneter Weise dar.

b) Denke dir selbst weitere Fragen aus und beantworte diese.

c) Du darfst auch im Internet den Tierpark aufsuchen und berichten.

1 Körper – Volumen und Oberfläche

Früher wurden Flüssigkeiten in Kannen, Krügen oder Kübeln verkauft. Das Einkaufen war damals nicht so einfach wie heute. Dies zeigt uns folgende Geschichte aus dem alten Orient:

Ali-Baba möchte von einem Ölhändler 4 Liter Öl kaufen. Der Händler hat einen 8-Liter-Krug, der bis an den Rand mit Öl gefüllt ist. Außerdem hat er noch zwei leere Krüge, einen 3-Liter-Krug und einen 5-Liter-Krug. Wie kann man durch mehrmaliges Umfüllen erreichen, dass in einem der Krüge genau 4 Liter sind?

Eine Möglichkeit ist die folgende:
Man füllt zunächst den 5-Liter-Krug (1. Umfüllen).
Dann füllt man mit dem 5-Liter-Krug den 3-Liter-Krug (2. Umfüllen), usw.

	Ausgangs-situation:	**1. Umfüllen**	**2. Umfüllen**	**3. Umfüllen**	**usw.**
8-Liter-Krug	8 Liter	3 Liter	3 Liter		
5-Liter-Krug	–	5 Liter	2 Liter		
3-Liter-Krug	–	–	3 Liter		

→ Es ist möglich, die gewünschte Ölmenge in sechs Schritten zu erhalten.
Kannst du die Aufgabe lösen?

In diesem Kapitel lernst du ...

... wie man Quader und Würfel als Schrägbild darstellen und wie man ihre Oberfläche berechnen kann. Weiterhin lernst du, dass nicht nur Hohlkörper, sondern auch Vollkörper ein Volumen haben, wie man dieses messen und mit Volumen rechnen kann.

DARSTELLUNG VON QUADER UND WÜRFEL

Eigenschaften von Quadern – Netze

Zum Wiederholen

1. (1) Ein Quader ist 5 cm lang, 4 cm breit und 3 cm hoch.
(2) Ein Würfel hat eine 4 cm lange Kante.

a) Wie lang sind die Kanten (1) des Quaders (2) des Würfels insgesamt?

b) Zeichne ein Netz (1) des Quaders (2) des Würfels.
Es gibt verschiedene Möglichkeiten.

Wiederholung

Quader

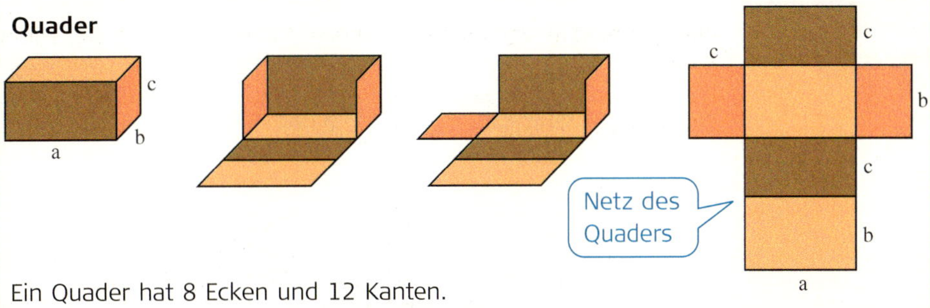

Ein Quader hat 8 Ecken und 12 Kanten.
An jeder Ecke stoßen 3 Kanten zusammen; je zwei dieser Kanten sind zueinander senkrecht. Je 4 Kanten sind gleich lang und zueinander parallel.
Ein Quader wird von 6 Rechtecken begrenzt. Gegenüberliegende Rechtecke sind parallel zueinander und haben dieselben Seitenlängen.

Übungen

2. a) Beschreibe ähnlich wie in der Wiederholung einen Würfel.

b) Begründe: Jeder Würfel ist ein besonderer Quader.

3. Ein Quader hat die Kantenlängen a = 45 mm, b = 35 mm, c = 60 mm.

a) Wie viel Draht benötigt man, um ein Kantenmodell des Quaders herzustellen?

b) Zeichne möglichst viele Netze des Quaders.

4. Ein Würfel hat eine Kantenlänge von a = 35 mm.

a) Wie viel Draht benötigt man, um ein Kantenmodell des Würfels herzustellen?

b) Zeichne möglichst viele Netze des Würfels.

5. Aus 60 cm Draht wird das Kantenmodell eines Quaders hergestellt.

a) Der Quader ist 7 cm lang und 3 cm breit. Wie hoch ist er?

b) Der Quader ist 8 cm lang und 5 cm hoch. Wie breit ist er?

c) Der Quader ist 4 cm breit und 2 cm hoch. Wie lang ist er?

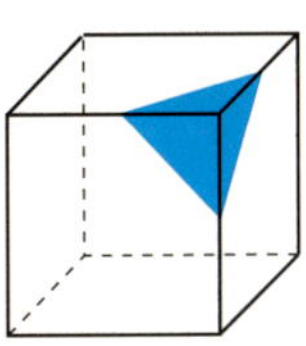

6. Eine Ecke eines Würfels ist blau gefärbt. Übertrage die gezeichneten Netze in dein Heft.
Markiere dann alle Quadratecken, die beim Zusammenfalten die blaue Ecke ergeben.

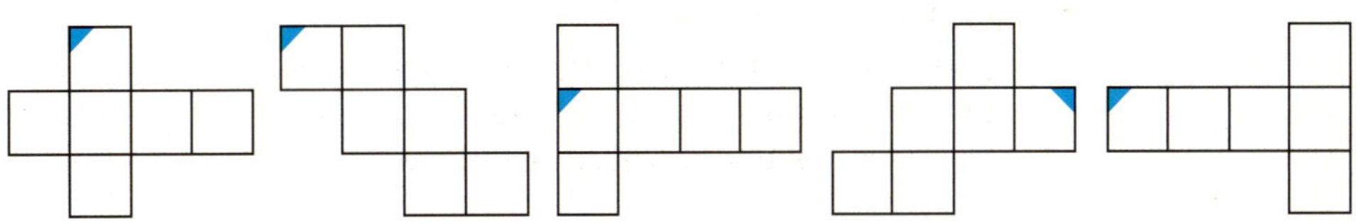

Schrägbild von Quader und Würfel

Einstieg

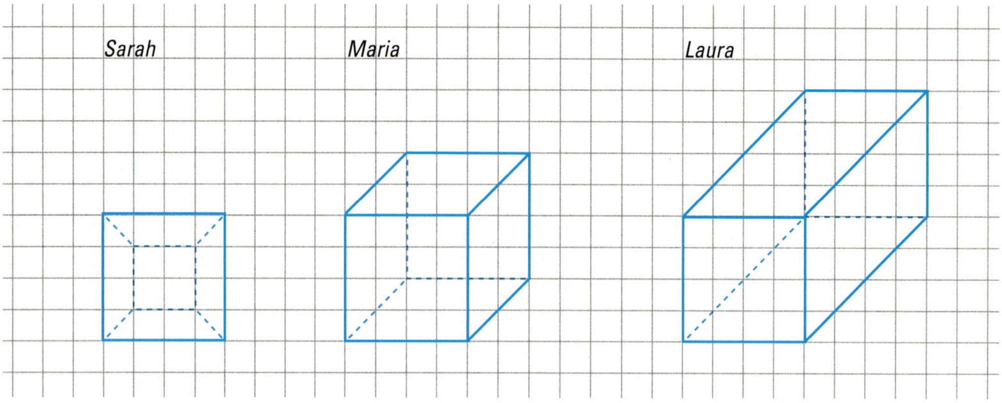

Drei Schülerinnen haben versucht, eine räumliche Darstellung eines Würfels mit der Kantenlänge 2 cm anzufertigen.

→ Vergleiche ihre Zeichnungen. Welche vermittelt den besten räumlichen Eindruck?

→ Fertige selbst ein Bild eines Quaders mit den Seitenlängen 2 cm, 3 cm und 5 cm an.

Aufgabe

1. Rechts siehst du ein **Schrägbild** eines Mauersteins. Die nicht sichtbaren Kanten sind gestrichelt dargestellt.
Zeichne das Schrägbild in deinem Heft in mehreren Schritten nach.

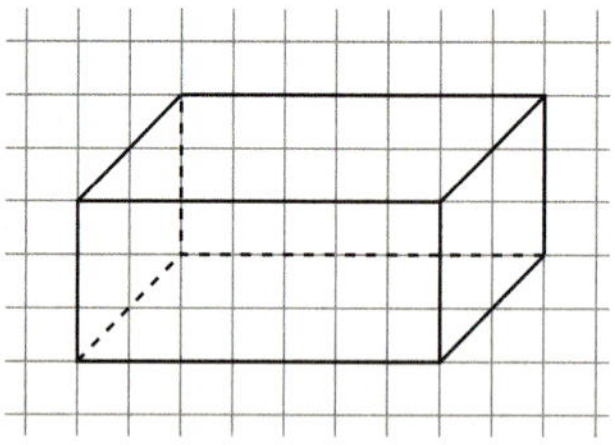

Lösung

1. Schritt:

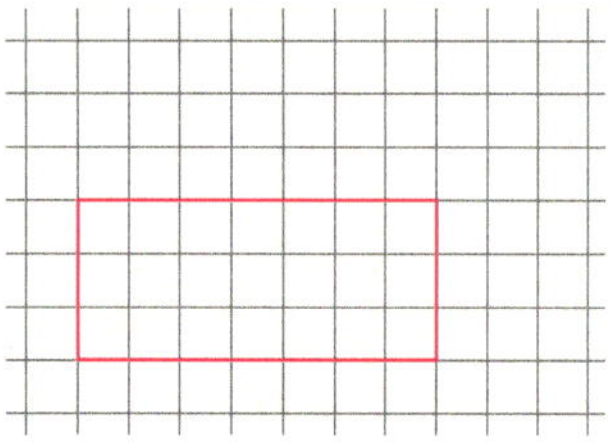

Zeichne die Vorderfläche mit den richtigen Maßen.

2. Schritt:

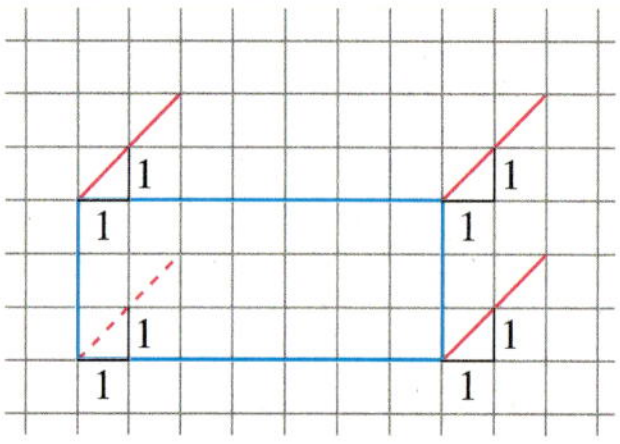

Zeichne die nach hinten verlaufenden Kanten des Quaders schräg und verkürzt (für 1 cm jeweils 1 Kästchendiagonale).

3. Schritt:

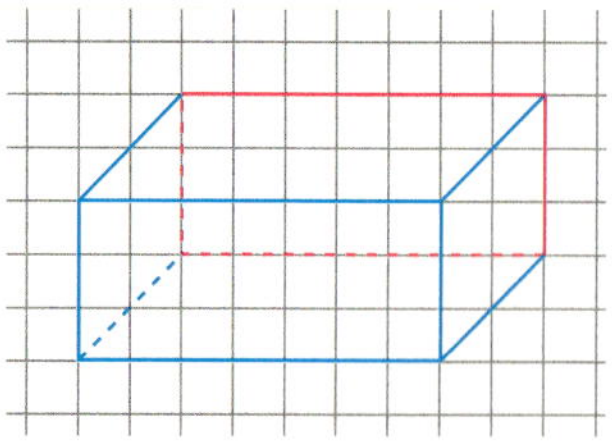

Zeichne die Rückfläche.

Nicht sichtbare Kanten werden gestrichelt gezeichnet.

Zum Festigen und Weiterarbeiten

2. **a)** Zeichne das Schrägbild eines Würfels mit der Kantenlänge 4 cm.

b) Zeichne das Schrägbild eines Quaders mit den Kantenlängen 5 cm, 4 cm und 3 cm. Notiere im Schrägbild auch die wahren Maße des Körpers.

3. Übertrage das folgende Schrägbild in dein Heft und vervollständige es.

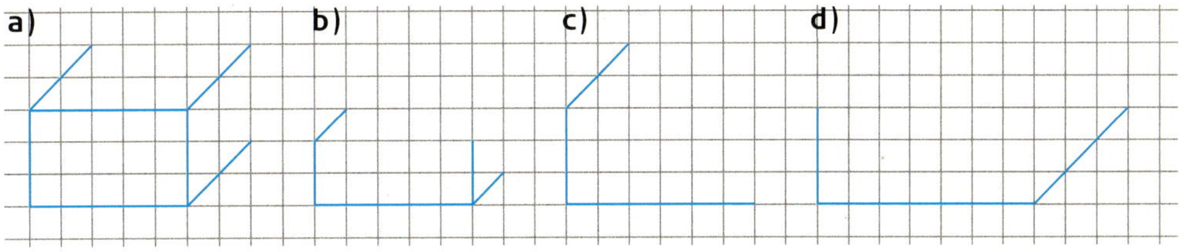

4. a) Notiere alle Kanten des Quaders, die im Schrägbild
(1) in gleicher Länge erscheinen wie in Wirklichkeit;
(2) kürzer sind als in Wirklichkeit.

b) Notiere alle Flächen des Quaders, die im Schrägbild nicht in gleicher Größe und Form erscheinen wie in Wirklichkeit.

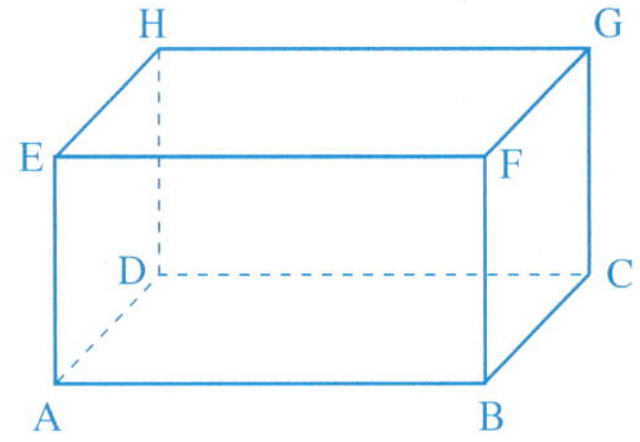

5. Man kann die schrägen Kanten auch nach links zeichnen (statt nach rechts). Dann entsteht der Eindruck, dass man den Körper „von links oben" sieht statt „von rechts oben".
Zeichne das Schrägbild eines Würfels mit der Kantenlänge 4 cm so, dass man den Körper

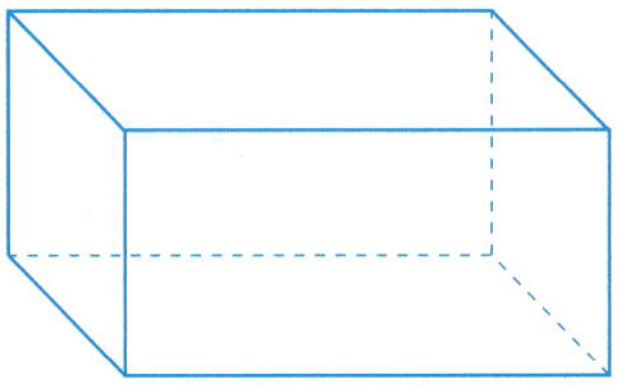

a) von links oben, **c)** von links unten,
b) von rechts oben, **d)** von rechts unten sieht.

6. *Schrägbildskizzen*
Oft zeichnet man Körper aus freier Hand.

a) Skizziere aus freier Hand das Schrägbild eines Quaders und eines Würfels.

b) Skizziere ein Schrägbild der abgebildeten Gegenstände.

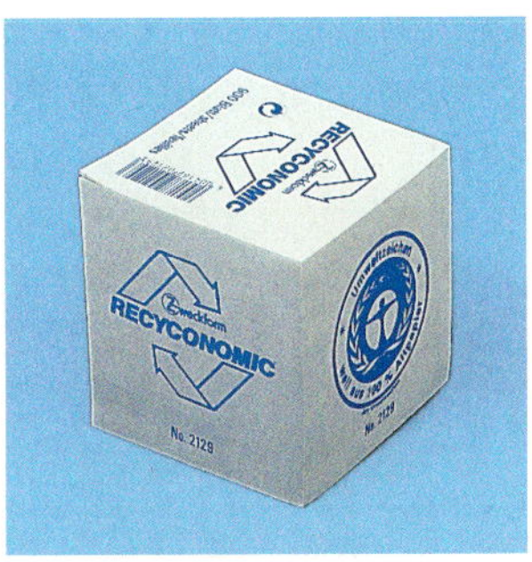

c) Skizziert aus freier Hand verschiedene Gegenstände eurer Umgebung, z. B. das Schulgebäude, einen Tisch, ein Regal. Tauscht eure Skizzen aus und vergleicht. Könnt ihr jeweils erkennen, was der andere gezeichnet hat?

7. Begründe: Warum sind diese Bilder keine Schrägbilder von Quadern?

(1)

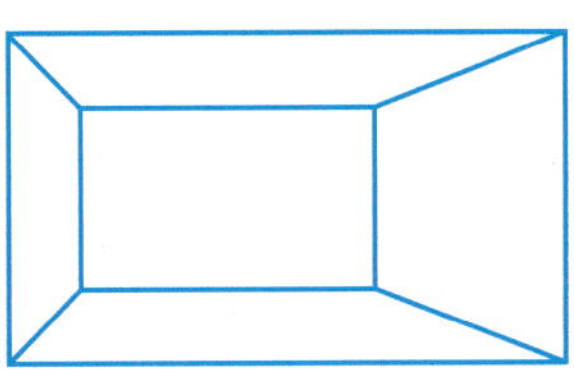

(2)

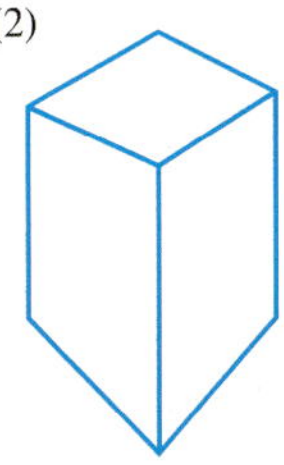

(3)

(4)

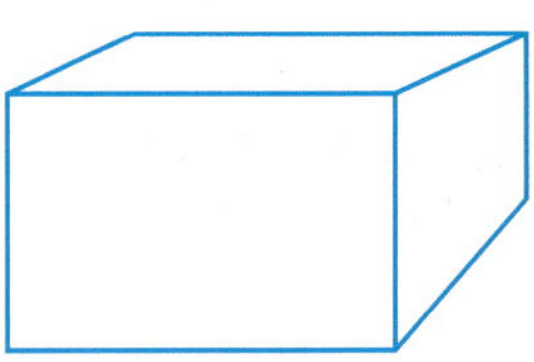

Übungen

8. **a)** Zeichne das Schrägbild eines Quaders mit den Kantenlängen
(1) a = 3 cm, b = 2 cm, c = 5 cm; (2) a = 40 mm, 6 = 60 mm, c = 30 mm.

b) Zeichne das Schrägbild eines Würfels mit den Kantenlängen
(1) a = 5 cm; (2) a = 3 cm; (3) a = 60 mm.

9. Das Schrägbild des Quaders ist unvollständig. Wähle zwei Schrägbilder aus. Übertrage sie in dein Heft und zeichne die fehlenden Linien ein.

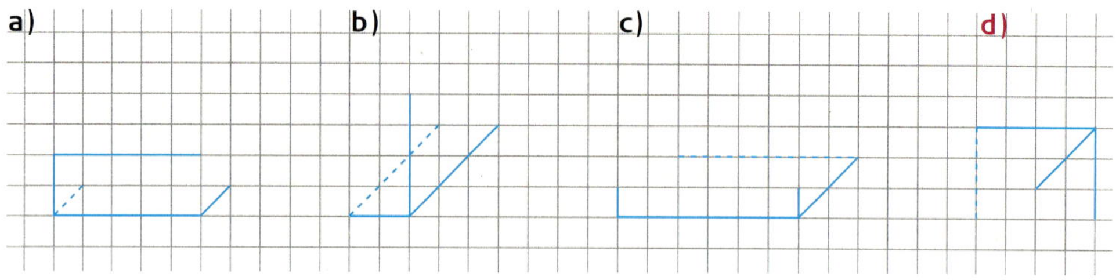

10. Eine Streichholzschachtel hat die Kantenlängen 5 cm, 3 cm und 1 cm. Zeichne Schrägbilder von ihr, wähle drei verschiedene Flächen als Bodenflächen (Grundflächen) aus.

11. **a)** Vergleiche die Längen der Kanten eines Quaders im Schrägbild mit denen des Quaders selbst. Was stellst du fest?

b) Sind zueinander senkrechte [zueinander parallele] Kanten eines Quaders im Schrägbild stets ebenfalls zueinander senkrecht [zueinander parallel]?

▲ **12.** *Schrägbildskizzen*

Wähle eine Aufgabe aus (oder mehrere). Skizziere das Schrägbild „aus freier Hand" und zeichne weiter. (Zeichne dünn mit Bleistift, damit du radieren kannst.)

a)

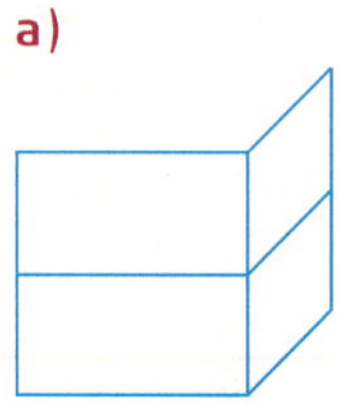

Turm aus 5 Quadern

b)

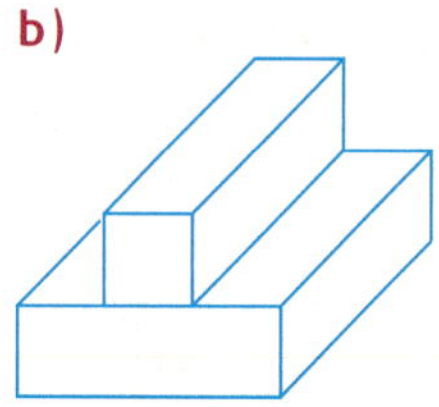

Reihe aus 3 Elementen

c)

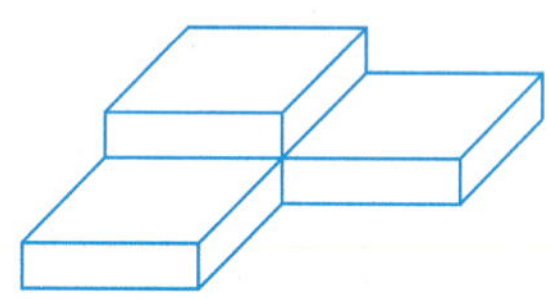

Baue 4 Quader an

d)

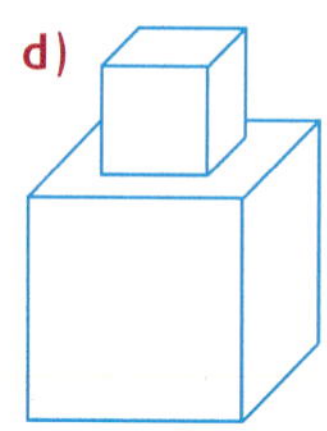

Turm aus 3 Würfeln

13.

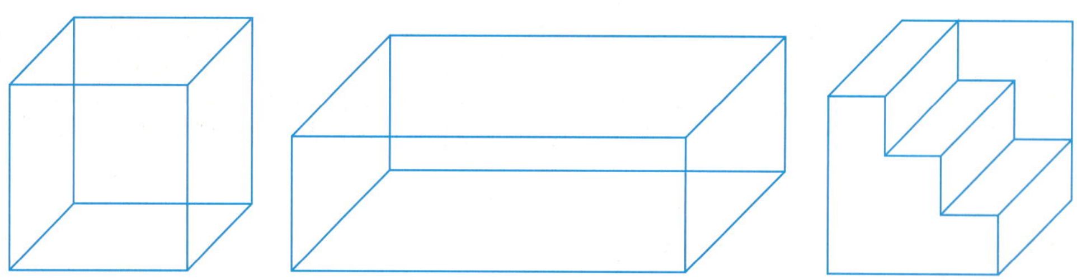

Diese Schrägbilder „sieht" das menschliche Auge unterschiedlich:

(1) von rechts oben; (2) von links unten.

Kannst du beide Bilder sehen? Solche Bilder bezeichnet man als Kippbilder.
Zeichne jedes Schrägbild zweimal; strichele dabei unsichtbare Kanten, so dass ein eindeutiger Eindruck entsteht.

14. Ein Quader wird von sechs Rechtecken begrenzt. Betrachte nun sein Schrägbild. Wie viele Rechtecke zeigt es? Wie werden die anderen Rechtecke im Schrägbild gezeichnet?

15. Zeichne zu jedem Netz ein Schrägbild des Würfels in dein Heft und markiere den Punkt B. Zeichne die richtige Punktzahl auf die sichtbaren Flächen.

a) A soll vorne – rechts oben sein

b) A soll hinten – links unten sein

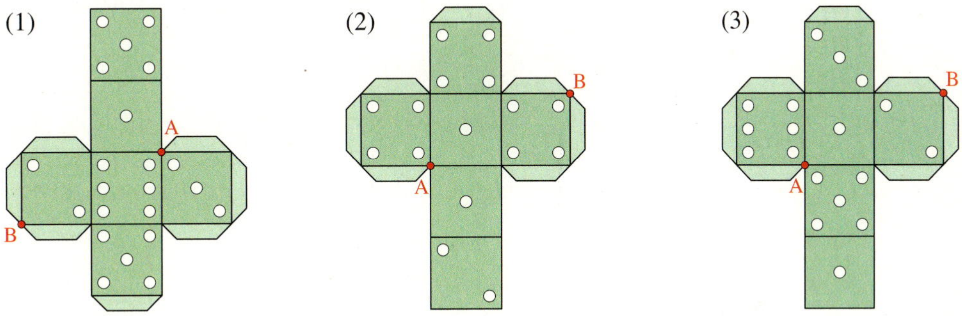

16. Zeichne ein Schrägbild von

a) zwei aneinander gesetzten Quadern, die einen neuen Quader bilden;

b) zwei aneinander gesetzten Quadern, die zusammen keinen Quader bilden.

Wähle die Maße selbst. Kennzeichne die nicht sichtbaren Kanten.

17. Alle Seitenflächen des Würfels im Bild sind rot angestrichen. Er wird in kleine Würfel von 1 cm Kantenlänge zerschnitten.

a) In wie viele kleine Würfel ist der große Würfel zerschnitten?

b) Wie viele kleine Würfel haben drei rote Flächen, wie viele zwei rote Flächen, wie viele eine rote Fläche, wie viele keine rote Fläche?
Gibt es kleine Würfel, die mehr als drei rote Flächen haben?

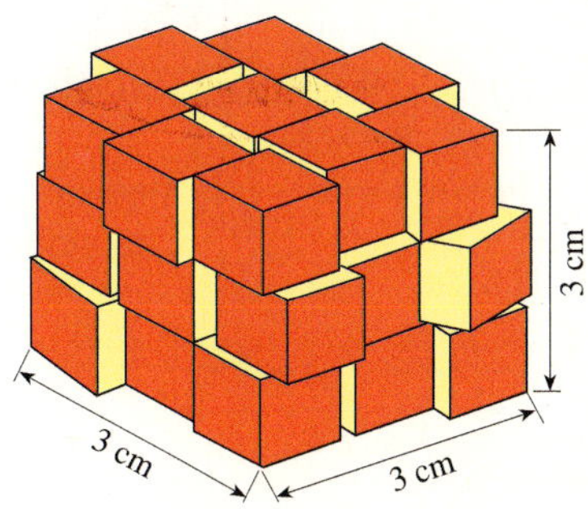

18. Wählt eines der nachstehenden Netze aus. Skizziert es auf einem Blatt Karopapier. Partner 1 markiert (mit Bleistift oder einer Spielmarke) eine beliebige Fläche.
Das bedeutet: Im zusammengefalteten Modell soll diese Fläche unten sein.
Partner 2 markiert die Fläche, die dann im Modell oben ist. Partnerwechsel nach jeder Übung.
Bei Meinungsverschiedenheiten: Ausschneiden und Zusammenfalten.

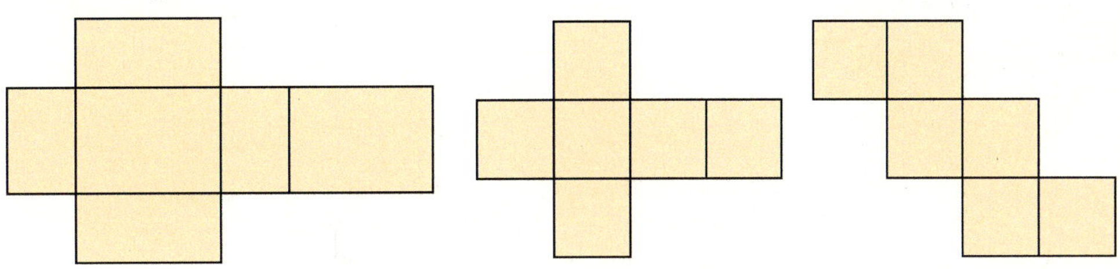

IM BLICKPUNKT: PLATONISCHE KÖRPER

Platon (427–347 v. Chr.),
griechischer Philosoph

Aus der Geschichte

Der griechische Philosoph Platon, auf den der Name „Platonische Körper" zurückgeht, war einer der größten Denker der Menschheit. Als Philosoph machte sich Platon Gedanken über die Entstehung der Welt und über die Beschaffenheit der Dinge und Lebewesen.

Platon hatte die Idee, dass alles auf unserer Welt – Menschen, Tiere, Bäume, Steine, Mond und Sterne – aus vier Stoffen zusammengesetzt ist:

Feuer, Luft, Wasser und Erde.

Er dachte, dass die kleinsten Teile dieser Stoffe regelmäßige Polyeder (Würfel, Tetraeder, Oktaeder, Dodekaeder und Ikosaeder) sein müssen wegen ihrer besonders regelmäßigen Form. Platon und seine Schüler glaubten also, dass die Welt nach einem mathematischen Plan erschaffen worden ist.

Bastelanleitung

Auf dieser Seite findest du eine Bastelanleitung für die Platonischen Körper. Du kannst die Vorlagen kopieren. Wenn du möchtest, kannst du die Vorlagen auch vergrößern.

Man kann aus den Platonischen Körpern auch ein Mobile bauen. Hierzu brauchst du Bindfäden und ein paar dünne Leisten. Achte beim Basteln auf folgende Tipps:

- Die Flächen lassen sich besser bemalen, *bevor* sie zusammengeklebt sind.
- Wenn du Wasserfarbe verwendest, musst du das Papier trocknen lassen. Erst dann kannst du weitermachen.
- Auch die Bindfäden sollten am Papier befestigt werden, bevor es zusammengeklebt wird. Die Fäden sollten so angebracht werden, dass die Körper an einer Ecke aufgehängt werden können.
- Die Länge der Leisten hängt von der Größe deiner Platonischen Körper ab. Bei der Befestigung an den Leisten gibt es ganz verschiedene Möglichkeiten. Hier musst du ein wenig probieren, bis du die Körper in ein schwebendes Gleichgewicht versetzt hast. Dabei beginnt man am besten mit den unteren Leisten. Viel Spaß!

1. Würfel

2. Tetraeder

3. Oktaeder

4. Dodekaeder

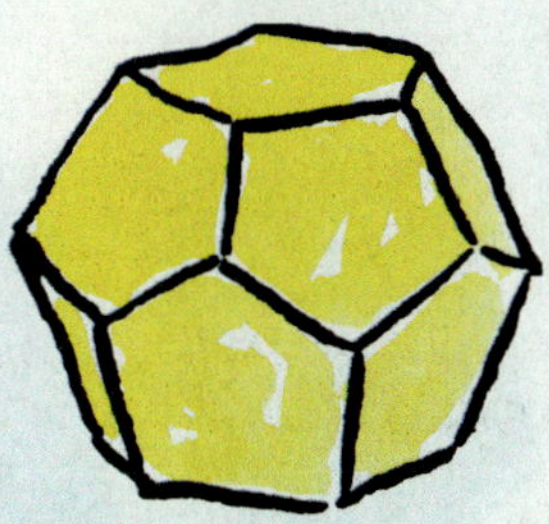

5. Ikosaeder

VOLUMENVERGLEICH – MESSEN VON VOLUMINA

Volumenvergleich von Körpern – Volumen

Einstieg

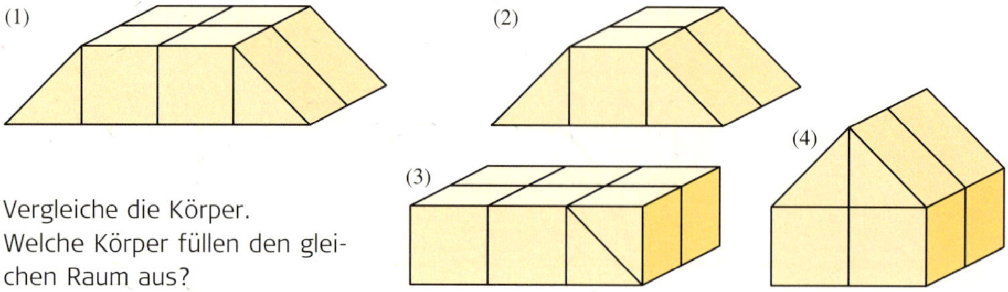

Vergleiche die Körper.
Welche Körper füllen den gleichen Raum aus?

Aufgabe

1. a) Maria und Tanja haben unterschiedlich geformte Krüge auf dem Flohmarkt gekauft. In welchen Krug kann man mehr einfüllen? Wie kann man feststellen, welcher Krug das größere Volumen (Rauminhalt) hat?

b) Steine oder Holzstücke sind Vollkörper. Sie sind nicht hohl wie Gefäße, sie füllen aber trotzdem einen Raum aus. Die Größe des ausgefüllten Raumes ist das Volumen (Rauminhalt) des Vollkörpers.
Wie kann man bei zwei Vollkörpern – z. B. bei zwei Edelsteinen – feststellen, welcher von beiden das größere Volumen hat?

Lösung

a) Man kann z. B. durch Umfüllen von Flüssigkeiten feststellen, in welchen der beiden Krüge mehr hineinpasst. Der Krug, in den mehr Flüssigkeit hineinpasst, hat das größere Volumen (Rauminhalt).

b) Taucht man einen Vollkörper in Wasser, so steigt der Wasserspiegel. Wenn man z. B. beide Edelsteine nacheinander in dasselbe Wasserglas taucht, kann man feststellen, bei welchem Edelstein der Wasserspiegel höher steigt. Dieser Stein hat das größere Volumen. Das Volumen des eingetauchten Steins ist dabei jeweils so groß wie das Volumen des Wassers über dem alten Wasserstand.

Information

Bei Gefäßen wie Flaschen, Töpfen, Eimern, Kästen, Fässern, usw. kann man den Innenraum durch Flüssigkeit ausfüllen.
Die Größe des ausgefüllten Raumes heißt **Volumen** (oder Rauminhalt).
Auch Vollkörper wie Steine, Holzstücke, Edelsteine usw. füllen einen Raum aus. Das Volumen eines Vollkörpers ist die Größe des Raumes, den der Körper ausfüllt.

Zum Festigen und Weiterarbeiten

2. Der Quader in der Zeichnung besteht aus zwei Teilkörpern. Man kann die Teilkörper zu neuen Körpern zusammensetzen.
Vergleiche die entstehenden Körper.
Worin unterscheiden sie sich? Was haben sie gemeinsam?

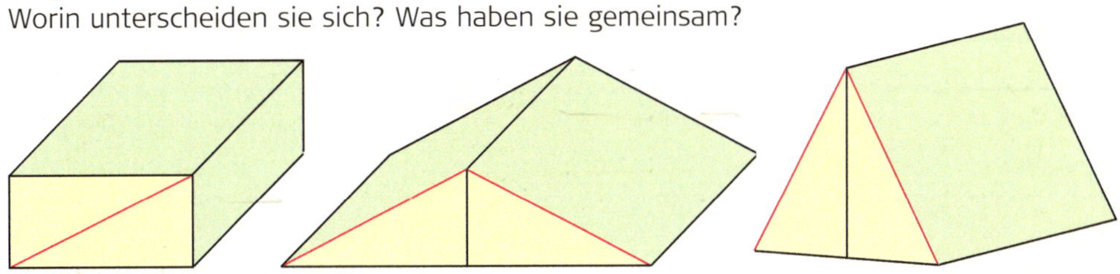

Information

Die Körper rechts bestehen aus denselben Teilkörpern. Sie haben dasselbe Volumen (denselben Rauminhalt).

Körper von unterschiedlicher Form können dasselbe Volumen haben.

Verwechsle nicht *Volumen* (Rauminhalt) und *Gewicht* eines Körpers.

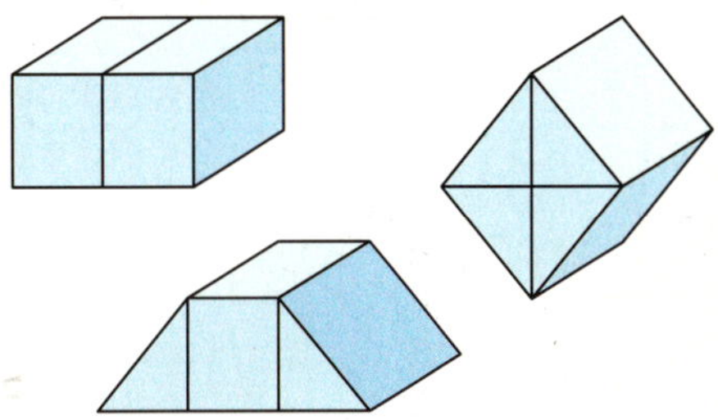

Übungen

3. **a)** Stelle aus drei gleichartigen Quadern (z. B. Schachteln mit Tintenpatronen oder Streichholzschachteln oder Mathematikbüchern) neue Körper her. Zwei aneinander grenzende Quader sollen immer eine ganze Seitenfläche gemeinsam haben.
Vergleiche ihre Volumina (Rauminhalte).

b) Wie viele Körper kannst du auf diese Weise erhalten?

4. Haben die beiden Körper dasselbe Volumen? Begründe.

a)
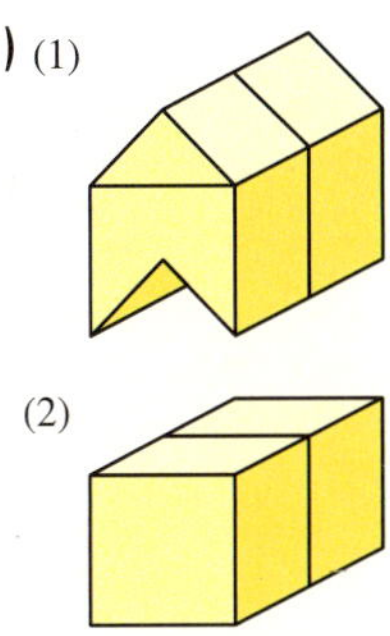

b)
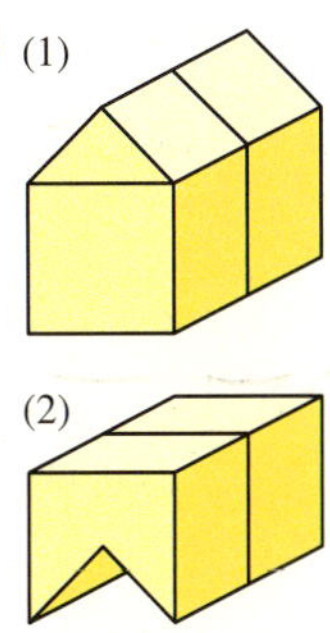

c)
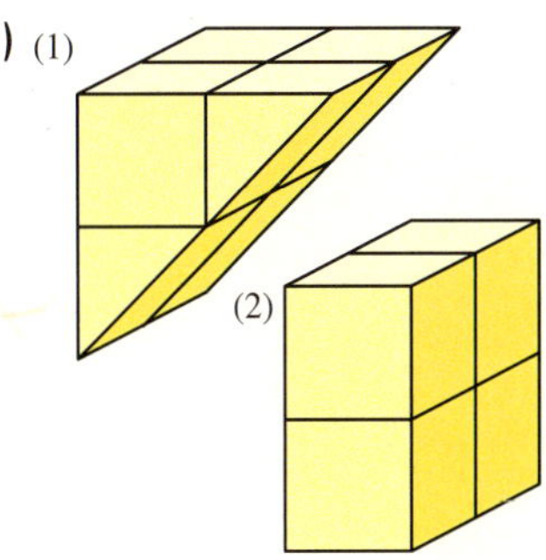

5. Ordne die Körper nach der Größe ihres Volumens. Begründe.

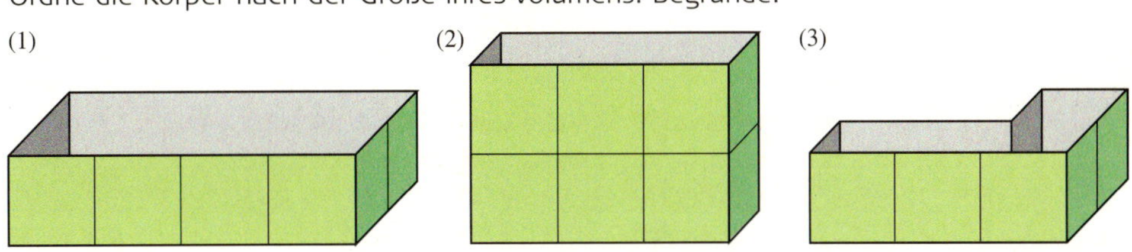

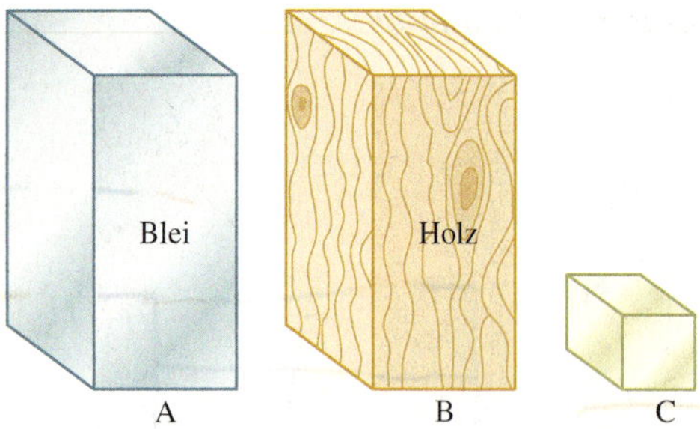

6. Zwei der Körper links haben gleiches Volumen, aber unterschiedliches Gewicht, zwei der Körper haben gleiches Gewicht aber unterschiedliches Volumen.
Welche Körper haben gleiches Volumen?
Welche Körper haben gleiches Gewicht?
Besteht Körper C aus Holz oder aus Blei?
Entscheide und begründe.

Messen von Volumina (Rauminhalten) – Maßeinheiten

Einstieg

→ Die Körper bestehen aus gleich großen Würfeln.
Wie kann man das Volumen (den Rauminhalt) der Körper vergleichen? Wie kann man die einzelnen Volumina bestimmen?

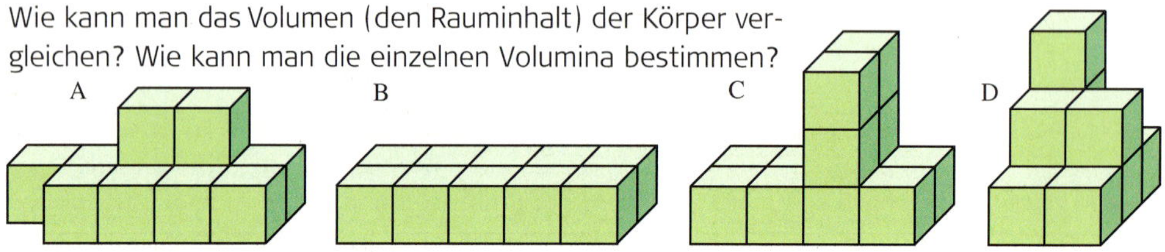

→ Auf welche Weise könnte man Volumina im Bereich des täglichen Lebens ungefähr bestimmen, z. B. die Größe eines Rucksacks oder eines Kofferraums?

Aufgabe

1. a) Der Körper rechts hat das Volumen V = 5 cm³.
Erkläre die Angabe.

b) Zeichne verschiedene Körper mit dem Volumen V = 5 cm³.

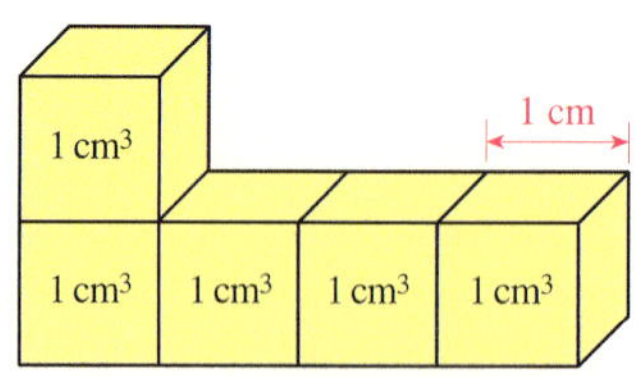

Lösung

a) Der Körper besteht aus 5 Würfeln mit der Kantenlänge 1 cm. Jeder Würfel hat das Volumen 1 cm³. Der Körper hat dann das Volumen 5 cm³.

b) (1)

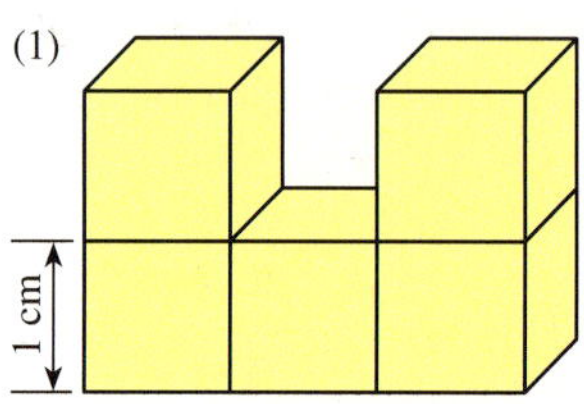

(2)

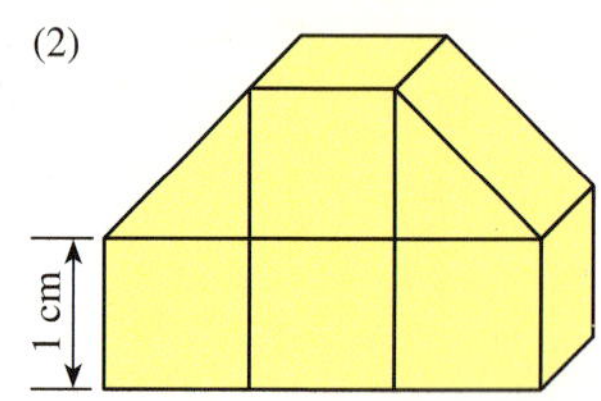

Information

Ein Würfel mit der Kantenlänge 1 cm (Zentimeterwürfel) hat das Volumen (den Rauminhalt) **1 cm³** (gelesen: *1 Kubikzentimeter* oder *1 Zentimeter hoch 3*).
Alle anderen Körper, die man durch Zerschneiden und erneutes Zusammensetzen eines Zentimeterwürfels erhält, haben auch das Volumen 1 cm³.
Ein Körper hat das Volumen 5 cm³, wenn er dasselbe Volumen hat wie 5 Zentimeterwürfel zusammen.

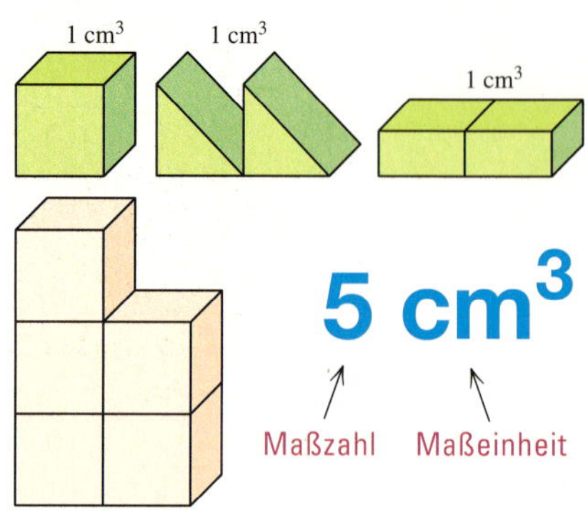

Information

(1) Maßeinheiten für Volumina (Rauminhalte)

Salzkorn
Volumen 1 mm^3

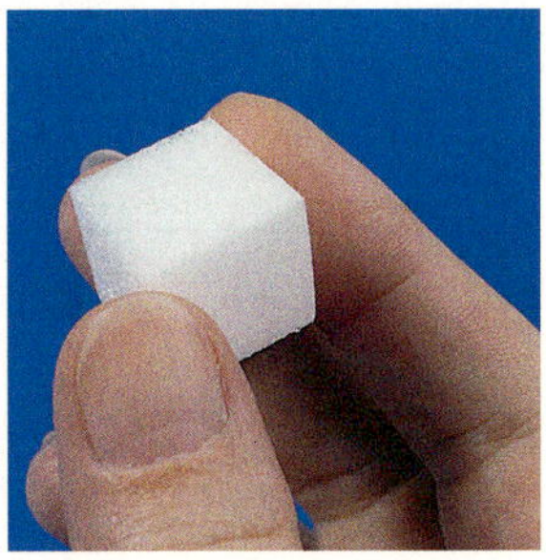

Würfelzucker
Volumen 1 cm^3

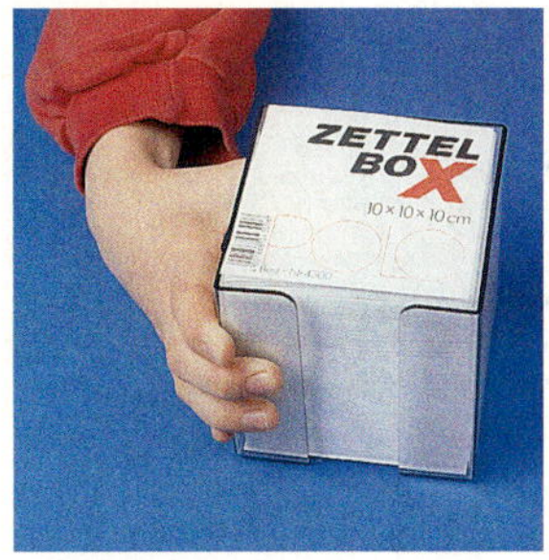

Zettelblock
Volumen 1 dm^3

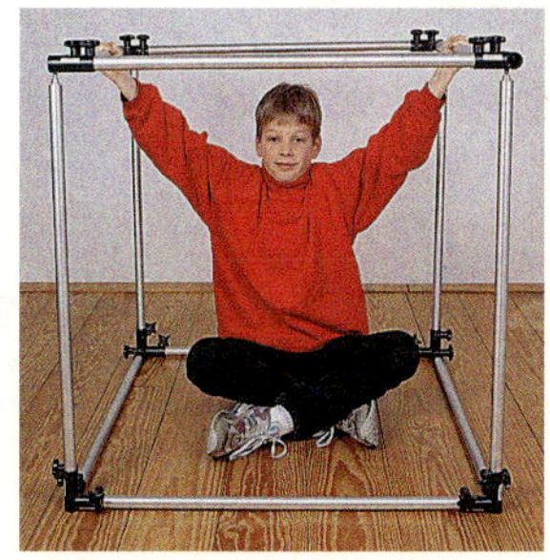

Würfel, 1 m Kantenlänge
Volumen 1 m^3

Maßeinheiten für das Volumen sind: 1 mm^3, 1 cm^3, 1 dm^3, 1 m^3.
Die folgende Tabelle gibt einen Überblick über die Volumeneinheiten:

Kantenlänge des Würfels	Volumen des Würfels	Sprechweise
1 mm	1 mm^3	1 Kubikmillimeter oder 1 Millimeter hoch 3
1 cm	1 cm^3	1 Kubikzentimeter oder 1 Zentimeter hoch 3
1 dm	1 dm^3	1 Kubikdezimeter oder 1 Dezimeter hoch 3
1 m	1 m^3	1 Kubikmeter oder 1 Meter hoch 3

(2) Die Maßeinheiten Liter (*l*), Milliliter (ml) und Hektoliter (hl)

Man verwendet zum Messen des Volumens von Gefäßen wie Töpfe, Eimer, Kannen, Fässer, aber auch von Blumenerde in Beuteln die Maßeinheit Liter (*l*).

Es gilt: **1 *l* = 1 dm^3**

Das Volumen der Flüssigkeit in Flaschen (z. B. in Arzneimittelflaschen, Mineralwasserflaschen) wird oft in Milliliter (ml) angegeben.

Es gilt: **1 ml = 1 cm^3**

Außerdem gibt es noch die Maßeinheit Hektoliter (hl). Man verwendet sie für das Volumen größerer Fässer und Tanks.

Es gilt: **1 hl = 100 *l***

Das Volumen von Gefäßen nennt man auch Fassungsvermögen.

1 ml = 1 cm^3
1 ml Wasser wiegt 1 g.

1 *l* = 1 dm^3
1 *l* Wasser wiegt 1 kg.
... bei 20 °C

1 hl = 100 *l* = 100 dm^3

Eine Filzstiftkappe fasst 1 ml Wasser.

Messbecher für 1 *l*

Weinfass für 100 *l* = 1 hl

Zum Festigen und Weiterarbeiten

2. a) Nicht nur Würfel mit der Kantenlänge 1 dm haben das Volumen 1 dm^3. Denke dir den Würfel zerschnitten.
Erkläre das Bild rechts.

b) Denke dir weitere Körper aus, die genau 1 dm^3 Volumen haben.
Skizziere die Körper.

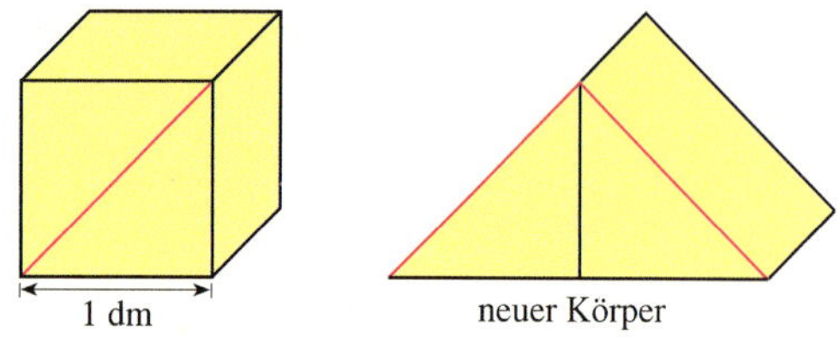

3. Gib das Volumen des Körpers an.

a)

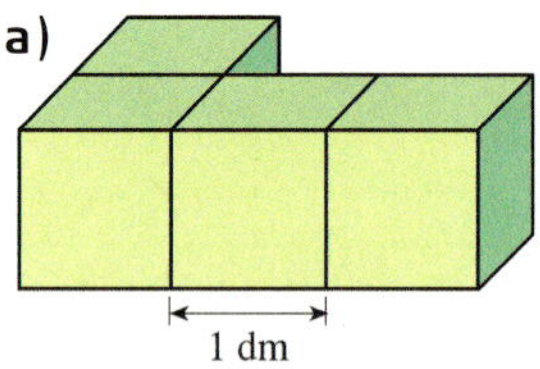

b)

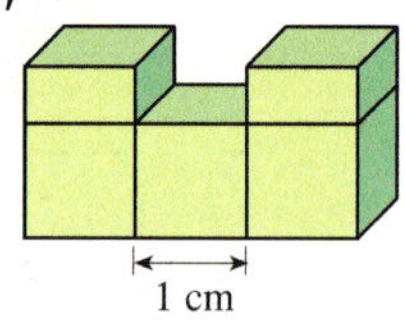

c)

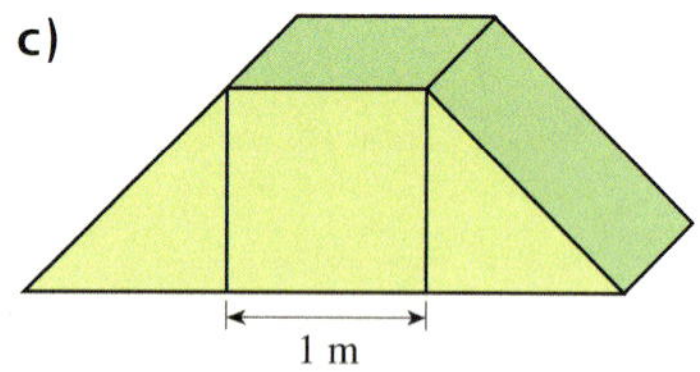

4. Gib das Volumen der Körper (Quader) an. Hierbei sei für die Kantenlänge der einzelnen Würfel angenommen: **a)** 1 cm **b)** 1 dm **c)** 1 m

A

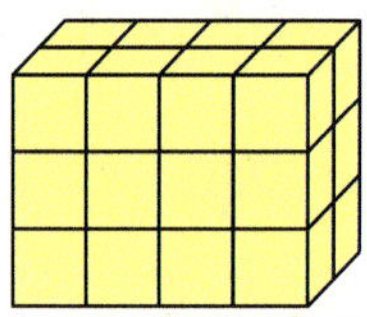

B

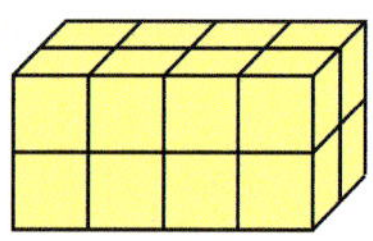

C

D

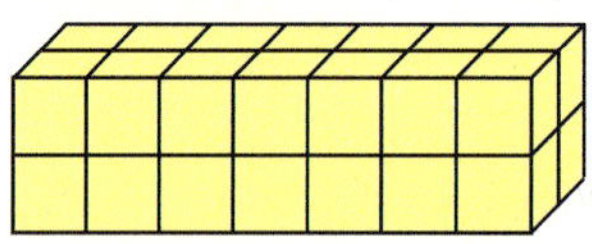

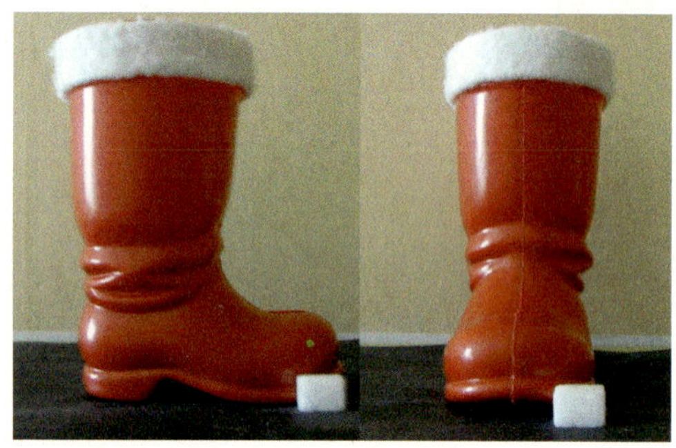

5. Schätzt das Volumen des Nikolausstiefels rechts.

Übungen

6. a) Gib das Volumen an.

(1)

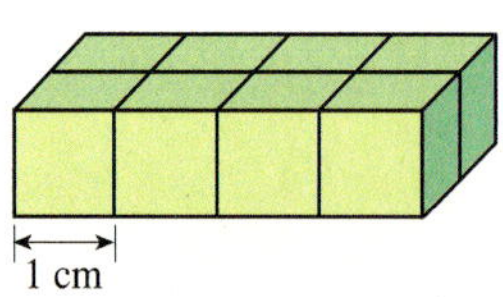

(2)

(3)

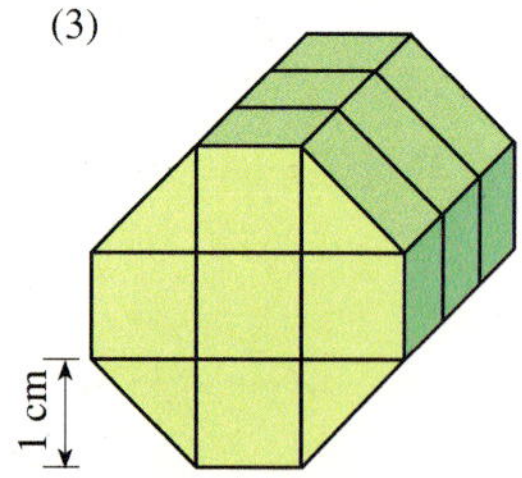

(4)

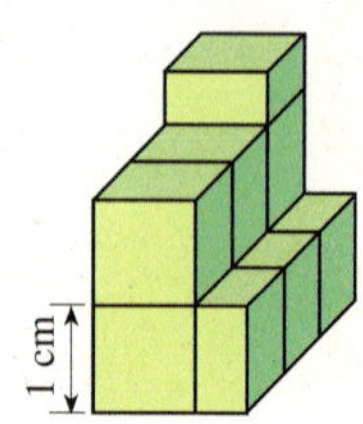

b) Nimm an, die Kantenlänge der einzelnen Würfel sei nicht 1 cm, sondern 1 dm [1 m]. Wie groß ist jetzt das Volumen des Körpers?

7. Zeichne ein Schrägbild eines Quaders mit folgendem Volumen. Trage die Maße ein.

a) 18 cm^3 **b)** 30 dm^3 **c)** 49 cm^3

Gibt es mehrere Möglichkeiten?

8. Jeder einzelne Würfel hat die Kantenlänge 1 dm.

a) Bestimme das Volumen des Körpers.

b) Ergänze den Körper dann (mit möglichst wenig Würfeln) zu einem Quader. Welches Volumen hat der Ergänzungskörper und welches Volumen hat der Quader?

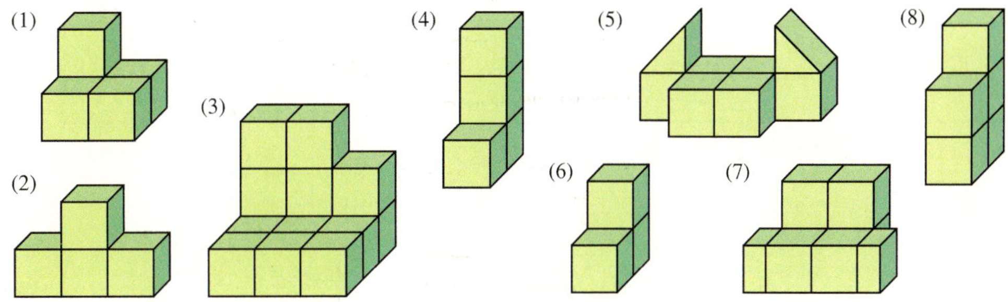

9. In welcher Volumeneinheit würdest du messen?

(1) Erdaushub bei einer Baugrube
(2) Inhalt einer Mineralwasserflasche
(3) Inhalt eines Fläschchens mit Medizin
(4) Nutzinhalt eines Kühlschranks
(5) Eis in einer Packung
(6) anzulieferndes Heizöl
(7) Blumenerde in einem Plastiksack
(8) Laderaum eines Frachtschiffs

10. Auf manchen Gläsern oder Flaschen findest du die Volumenangabe in cl (Zentiliter) oder dl (Deziliter):
1 cl = 10 ml, 1 dl = 100 ml

a) Wie viel cm^3 ist 1 cl? **b)** Wie viel cm^3 sind 1 dl? **c)** Wie viel Liter sind 1 dl [1 cl]?

▲ **11.** 1 *l* Wasser hat das Gewicht 1 kg.

a) Welches Gewicht haben (1) 3 *l* Wasser; (2) $\frac{1}{2}$ *l* Wasser; (3) $\frac{1}{4}$ *l* Wasser?

b) Wie viel *l* bzw. ml sind (1) 5 kg; (2) 200 g; (3) 750 g; (4) 4,5 kg Wasser?

▲ **12.** *Weitere Volumeneinheiten*

In der Erdölindustrie wird heute weltweit das Volumen von Erdöl in der Maßeinheit *Barrel* angegeben.
In den USA wird Benzin an den Tankstellen nicht in Liter, sondern in der Maßeinheit *Gallone* verkauft.

1 Barrel = 159 *l*

1 Gallone = $3\frac{3}{4}$ *l*

a) Anne und ihre Eltern sind in den USA mit dem Auto unterwegs. Annes Mutter will Benzin tanken. Der Tank fasst 80 *l*; er ist noch viertel voll.
Passen 12 Gallonen [14 Gallonen] Benzin in den Tank?

b) Gib in der Einheit *l* an:
(1) 10 Gallonen (2) 15 Gallonen (3) 12 Gallonen

c) Gib in der Einheit *l* an:
(1) 5 Barrel (2) 39 Barrel (3) 235 Barrel

d) Im April 2009 betrug der Preis für 1 Barrel Rohöl 51 US-Dollar.
1 Dollar ($) war 0,77 € wert.
Wie viel Euro kostete 1 *l* Rohöl? Führe eine Überschlagsrechnung durch.

UMWANDELN IN ANDERE VOLUMENEINHEITEN – KOMMASCHREIBWEISE

Umwandeln in andere Volumeneinheiten

Einstieg

Wie viele Zentimeterwürfel (Kantenlänge 1 cm) passen in einen Meterwürfel?

Aufgabe

1. **a)** Ein Dezimeterwürfel (Kantenlänge 1 dm) wird mit Zentimeterwürfeln (Kantenlänge 1 cm) ausgelegt.
Wie viele Zentimeterwürfel werden insgesamt benötigt?
Welches Volumen hat der Dezimeterwürfel?

b) Drücke das Volumen 37 dm^3 in cm^3 aus.

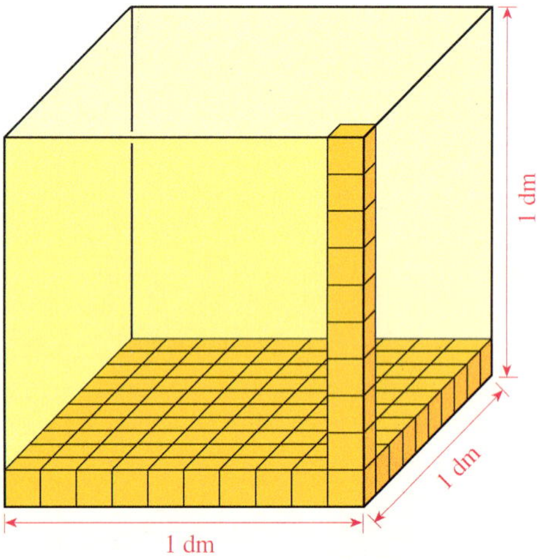

Lösung

a) In eine Reihe passen 10 Zentimeterwürfel.
Eine Schicht besteht aus 10 Reihen.
Eine Schicht besteht aus $10 \cdot 10$, also 100 Zentimeterwürfeln.
Es werden 10 Schichten benötigt, also $10 \cdot 100$, d. h. 1 000 Zentimeterwürfel.
Der große Würfel kann also mit 1 000 Zentimeterwürfeln ausgefüllt werden. Jeder Zentimeterwürfel hat das Volumen 1 cm^3. Daher hat der Dezimeterwürfel das Volumen 1 000 cm^3.

Es gilt: $\mathbf{1\ dm^3 = 1\,000\ cm^3}$

b) 37 Dezimeterwürfel haben zusammen das Volumen 37 dm^3. Jeder Dezimeterwürfel besteht aus 1 000 Zentimeterwürfeln. Das sind zusammen 37 000 Zentimeterwürfel.

Es gilt: $\mathbf{37\ dm^3 = 37\,000\ cm^3}$

Zum Festigen und Weiterarbeiten

2. Denke dir einen Millimeterwürfel. Wie viele Millimeterwürfel benötigst du, um damit einen Zentimeterwürfel auszufüllen?
Welches Volumen hat der Zentimeterwürfel?

Information

Zusammenhang zwischen den Volumeneinheiten

Entsprechend wie oben kann ein Würfel mit der Kantenlänge 1 m mit 1 000 Würfeln mit der Kantenlänge 1 dm ausgefüllt werden.

Es gilt daher: **$1\ m^3 = 1\,000\ dm^3$**

Ein Würfel mit der Kantenänge 1 cm kann mit 1 000 Würfeln mit der Kantenlänge 1 mm ausgefüllt werden.

Es gilt: **$1\ cm^3 = 1\,000\ mm^3$**

Die folgende Tabelle gibt einen Überblick über diese Volumeneinheiten.

$1\ m^3 \xrightarrow{:1000} 1\ dm^3 \xrightarrow{:1000} 1\ cm^3 \xrightarrow{:1000} 1\ mm^3$

$1\ m^3 = 1\,000\ dm^3$

$1\ dm^3 = 1\,000\ cm^3$

$1\ cm^3 = 1\,000\ mm^3$

Bei Volumen: Umwandlungszahl 1 000

Du kennst auch schon die Volumeneinheiten Liter und Milliliter.
Du weißt: $1\ dm^3 = 1\ l$ und $1\ cm^3 = 1\ ml$
Daher gelten auch folgende Umwandlungen:

$1\ l = 1\,000\ ml$ $\qquad$ $1\ dm^3 = 1\,000\ ml$ $\qquad$ $1\ m^3 = 1\,000\ l$

Zum Festigen und Weiterarbeiten

3. Drücke in der in Klammern angegebenen Maßeinheit aus.

$1\ dm^3 = 1\,000\ cm^3$
$9\ dm^3 = 9\,000\ cm^3$

a) $3\ dm^3\ (cm^3)$; $18\ dm^3\ (cm^3)$; $319\ dm^3\ (cm^3)$
b) $5\ m^3\ (dm^3)$; $28\ m^3\ (dm^3)$; $413\ m^3\ (dm^3)$
c) $3\ cm^3\ (mm^3)$; $68\ cm^3\ (mm^3)$; $148\ cm^3\ (mm^3)$
d) $8\ l\ (ml)$; $24\ l\ (ml)$
e) $15\ m^3\ (l)$; $3\ m^3\ (l)$

4. Schreibe in der in Klammern angegebenen Maßeinheiten.

$1\,000\ cm^3 = 1\ dm^3$
$4\,000\ cm^3 = 4\ dm^3$

a) $2\,000\ cm^3\ (dm^3)$; $200\,000\ cm^3\ (dm^3)$; $40\,000\ ml\ (l)$
b) $180\,000\ dm^3\ (m^3)$; $4\,000\,000\ dm^3\ (m^3)$; $73\,000\ l\ (m^3)$

5. Schreibe in zwei Maßeinheiten.

$2\,319\ cm^3 = 2\ dm^3\ 319\ cm^3$

a) $3\,742\ cm^3$; $48\,046\ cm^3$
b) $68\,540\ dm^3$; $8\,039\ dm^3$
c) $2\,219\ ml$; $23\,003\ ml$

6. Drücke in der kleineren Maßeinheit aus.

$4\ m^3\ 75\ dm^3 = 4\,075\ dm^3$

a) $2\ m^3\ 150\ dm^3$; $63\ m^3\ 2\ dm^3$; $18\ dm^3\ 280\ cm^3$; $41\ dm^3\ 50\ cm^3$
b) $28\ cm^3\ 750\ mm^3$; $4\ cm^3\ 17\ mm^3$; $9\ l\ 4\ ml$; $23\ l\ 48\ ml$
c) $7\ m^3\ 90\ dm^3$; $19\ l\ 30\ ml$

7. Wo steckt der Fehler? Berichtige.

a) $2\ cm^3 = 20\ mm^3$; $6\ dm^3 = 6\,000\ m^3$
b) $9\ m^3 = 9\,000\ dm^3$; $14\ m^3 = 14\,000\ cm^3$
c) $5\,000\ mm^3 = 5\ cm^3$; $12\ dm^3 = 12\,000\ mm^3$

Übungen

8. **a)** Ein Körper hat das Volumen (1) 1 dm^3; (2) 8 dm^3.
Er ist aus Zentimeterwürfeln zusammengesetzt. Wie viele sind das?

b) Ein Körper hat das Volumen (1) 1 m^3; (2) 12 m^3.
Er ist aus Dezimeterwürfeln zusammengesetzt. Wie viele sind das?

9. Schreibe in der in Klammern angegebenen Maßeinheit.

a)	b)	c)	d)	e)
7 dm^3 (cm^3)	17 dm^3 (cm^3)	5 *l* (ml)	2 *l* (ml)	3 m^3 (cm^3)
4 m^3 (dm^3)	18 m^3 (dm^3)	4 m^3 (*l*)	30 m^3 (*l*)	70 m^3 (cm^3)
18 dm^3 (cm^3)	24 m^3 (dm^3)	23 *l* (ml)	4 *l* (ml)	2 dm^3 (mm^3)

10. Schreibe in der in Klammern angegebenen Maßeinheit.

a)	b)	c)	d)
7 000 dm^3 (m^3)	3 000 dm^3 (cm^3)	4 000 ml (*l*)	5 000 dm^3 (m^3)
2 000 m^3 (dm^3)	40 000 cm^3 (dm^3)	5 000 *l* (ml)	24 000 *l* (m^3)
14 000 *l* (m^3)	3 000 *l* (m^3)	7 000 cm^3 (mm^3)	8 000 ml (*l*)

11. Bildet wahre Aussagen. Findet ihr mehrere Möglichkeiten?

9 000 m^3 | 9 000 ml | 90 *l* | 9 dm^3 | 9 000 *l* | 9 000 dm^3

=

9 | 90 | 900 | ml | *l* | mm^3 | 9 000 | 90 000 | cm^3 | dm^3 | 9 000 000 | m^3

12. Schreibe in zwei Maßeinheiten.

a)	b)	c)	d)	e)
2 759 dm^3	38 537 ml	8 249 cm^3	49 307 dm^3	2 031 mm^3
54 928 *l*	4 045 ml	62 049 cm^3	3 018 dm^3	87 906 mm^3
2 041 *l*	87 005 ml	3 007 cm^3	70 090 dm^3	12 070 mm^3

13. *Brüche als Maßzahlen*
In einem Rezept für eine Suppe steht:
Man nehme $\frac{3}{4}$ *l* Brühe, $\frac{1}{8}$ *l* Rotwein, ...

a) Welcher Messbecher enthält die Brühe, welcher den Rotwein?

b) Gib den Inhalt der anderen vier Messbecher in *l* und ml an.

c) Gib für jeden Messbecher an, wie viel *l* Flüssigkeit bis zu einem Liter noch fehlt.

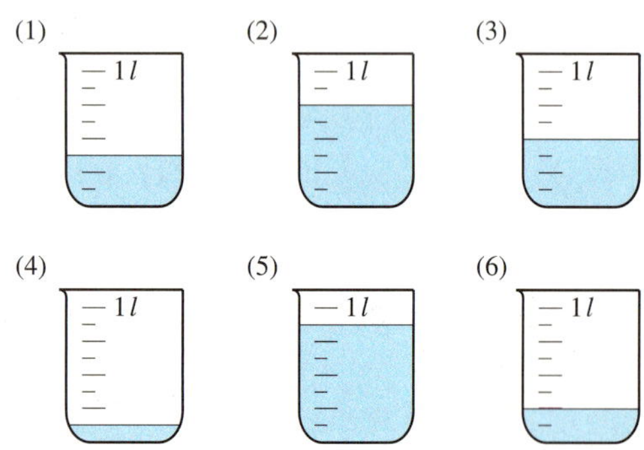

14. Gib die Volumina in der angegebenen Maßeinheit an.

a) cm^3: $\frac{1}{2}$ dm^3; $\frac{1}{4}$ dm^3; $\frac{3}{4}$ dm^3; $\frac{1}{10}$ dm^3 **b)** ml: $\frac{2}{5}$ *l*; $\frac{7}{10}$ *l*; $\frac{1}{100}$ *l*; $1\frac{3}{4}$ *l*

Wiederholung

15. Drücke in der in Klammern angegebenen Maßeinheit aus.
Wie heißt die Umwandlungszahl bei Längen, wie bei Flächeninhalten?

a)	b)	c)	d)
31 m (dm)	720 dm (m)	17 m^2 (dm^2)	3 dm^2 (cm^2)
210 cm (dm)	18 cm (mm)	3 km^2 (ha)	14 ha (a)
37 km (m)	12 m (cm)	2 400 dm^2 (m^2)	1 200 m^2 (a)
2 100 cm (m)	8 000 m (km)	1 800 ha (km^2)	2 800 cm^2 (dm^2)

Kommaschreibweise – Einheitentabelle

Einstieg

Tanjas Mutter liest den Gaszähler ab.
Tanja fragt:
„Was bedeutet die Schreibweise 4 623,082 m^3 mit Komma?"
Versuche diese Angabe zu erklären.

Aufgabe

$\frac{1}{1000}\ m^3 = 1\ dm^3$

1. Wie kann man die Angabe 1 473,570 m^3 ohne Komma schreiben?

Lösung

An der nebenstehenden Einheitentabelle erkennst du:

$1\,473{,}570\ m^3 = 1\,473\frac{570}{1000}\ m^3$
$= 1\,473\ m^3\ 570\ dm^3$
$= 1\,473\,570\ dm^3$

Vor dem Komma				Nach dem Komma		
	m^3			dm^3		
1	4	7	3	5	7	0

Information

Die Einheitentabelle in Aufgabe 1 lässt sich zu einer größeren Tabelle ergänzen.
Sie ist für das Verständnis der Kommaschreibweise hilfreich.
Beachte: Bei Volumina ist die Umwandlungszahl 1 000. Daher gehören zu jeder Maßeinheit 3 Stellen: H, Z, E.

m^3			dm^3 (= l)			cm^3 (= ml)			mm^3			
H	Z	E	H	Z	E	H	Z	E	H	Z	E	Schreibweisen
		5	0	0	8							$5\ m^3\ 8\ dm^3 = 5{,}008\ m^3 = 5\,008\ dm^3$
				3	2	0	4	3				$32\ dm^3\ 43\ cm^3 = 32{,}043\ dm^3 = 32\,043\ cm^3$
				3	7	0	2	0				$37\ l\ 20\ ml = 37{,}02\ l = 37\,020\ ml$
								0	4	0	0	$0\ cm^3\ 400\ mm^3 = 0{,}4\ cm^3 = 400\ mm^3$
		0	0	6	0							$0\ m^3\ 60\ dm^3 = 0{,}06\ m^3 = 60\ dm^3$

Zum Festigen und Weiterarbeiten

$\frac{1}{1000}\ l = 1\ ml$
$\frac{1}{1000}\ dm^3 = 1\ cm^3$
$\frac{1}{1000}\ cm^3 = 1\ mm^3$

Bei den folgenden Aufgaben kannst du als Hilfe die Einheitentabelle verwenden.

2. Gib in zwei Maßeinheiten an.

a) 3,754 m^3; 24,259 m^3 **b)** 12,456 l; 3,55 l **c)** 2,55 m^3; 43,7 m^3 **d)** 18,4 l; 9,2 l

$2{,}5\ l = 2\frac{500}{1000}\ l$
$= 2\ l\ 500\ ml$

3. Schreibe mit Komma.

a) 2 431 dm^3; 7 419 dm^3; 18 704 dm^3 **b)** 7 200 cm^3; 200 cm^3; 75 cm^3 **c)** 2 000 ml; 200 ml; 20 ml

$4\,739\ dm^3 = 4\ m^3\ 739\ dm^3$
$= 4\frac{739}{1000}\ m^3$
$= 4{,}739\ m^3$

4. Trage in eine Einheitentabelle ein und lies drei Schreibweisen ab.

a) 18 m^3 453 dm^3; 54 dm^3 800 cm^3; 87 m^3 200 dm^3 **b)** 3,7 l; 2,8 m^3; 4,4 l **c)** 8,45 m^3; 28,533 cm^3; 0,45 m^3 **d)** 2,457 dm^3; 3 000 mm^3; 0,05 dm^3 **e)** 8 m^3 25 cm^3; 12,04 dm^3; 0,007 m^3

5. Familie Müller möchte im Herbst 2500 *l* Heizöl tanken, Familie Schuster 1700 *l*.

a) Mit welchen Kosten können die Familien rechnen?

b) Die beiden benachbarten Familien denken an eine Sammelbestellung. Was hältst du davon?

Heizöl – jetzt bei günstigen Preisen kaufen

Bei Abnahme von	€ je 100 *l*
bis 2000 *l*	59,82 €
bis 3000 *l*	58,73 €
bis 4500 *l*	58,00 €

Übungen

6. Gib in zwei Maßeinheiten an.

a) 27,485 m³; 8,9 dm³; 4,02 *l*
b) 9,24 dm³; 2,4 m³; 6,07 cm³
c) 74,5 m³; 18,002 *l*; 7,8 *l*
d) 0,075 cm³; 0,4 m³; 0,703 dm³
e) 0,79 *l*; 23,011 m³; 4,005 dm³

7. Schreibe mit Komma.

a) 44873 *l*; 8240 dm³; 31941 ml; 2147 ml; 803 ml
b) 8470 dm³; 19400 ml; 8040 *l*; 846 *l*; 3 *l*
c) 7039 *l*; 71506 dm³; 9070 ml; 30548 *l*; 214 ml
d) $\frac{1}{2}$ *l*; $\frac{1}{4}$ *l*; $\frac{3}{4}$ *l*
e) $3\frac{1}{2}$ *l*; $4\frac{1}{8}$ *l*; $2\frac{3}{10}$ *l*

Beachte: 1 l = 1000 ml

8. Findest du die Fehler? Berichtige.

(1) 2413 dm³ = 241,3 m³ (2) 4 m³ = 4 *l* (3) 2 ml = 0,2 *l* (4) 220 cm³ = 2,2 *l*

9. Trage in eine Einheitentabelle ein und lies zwei weitere Schreibweisen ab.

a) 34,857 m³; 48,73 *l*; 8,45 cm³
b) 12,1 *l*; 0,34 dm³; 3,4 dm³
c) 17580 *l*; 250 dm³; 180 ml
d) 0,5 m³; 2,05 cm³; 0,05 dm³
e) 14 m³ 275 dm³; 25 dm³ 8 cm³; 7 *l* 35 ml

10. Übertrage in dein Heft und setze <, > oder = ein.

a) 4 m³ ■ 3752 *l* **b)** 27,5 ml ■ 0,027 dm³ **c)** 2,5 m³ ■ 370 *l* 15 ml

11. Frau Monske überträgt am 1. eines jeden Monats den Stand des Wasserzählers in die Tabelle.

Tag	m³	dm³
1.5.		166
1.6.	25	456
1.7.	51	837
1.8.		

a) Vergleiche den Stand des Wasserzählers mit den Eintragungen in der Tabelle.
Um welche Eintragung handelt es sich? Erkläre die Tabelle.

b) Wie viel Wasser wurde vom 1.5. bis zum 1.6. verbraucht?

c) Vom 1.5. bis 1.8. wurden insgesamt 82571 dm³ Wasser verbraucht. Übertrage in die Tabelle.

12. Bringt Gefäße mit und schätzt das Fassungsvermögen.
Welche Gruppe schätzt am besten?

RECHNEN MIT VOLUMINA

Einstieg

Faschingsmüll

Einen traurigen Rekord meldete die Narrenhochburg Köln:
Die Schaulustigen hinterließen am Rosenmontag 1 500 m^3 Abfall,
dazu kamen weitere 1 300 m^3 am Faschingsdienstag.

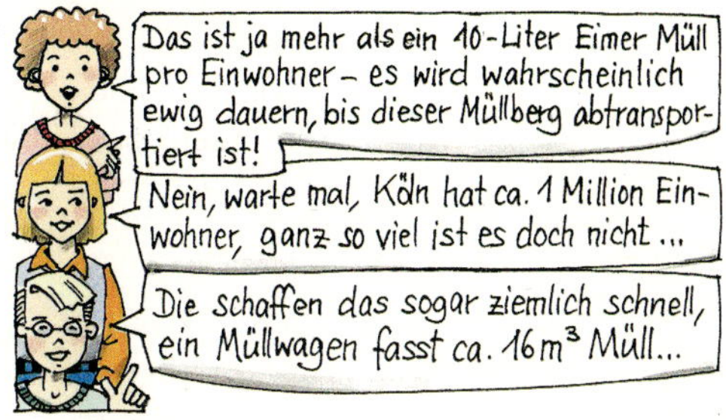

Aufgabe

1. *Addieren und Subtrahieren von Volumina*

Tims Vater kauft für seinen neuen Öltank zunächst 2 500 *l* Heizöl, dann während des Winters noch einmal 1 500 *l* ein. Am Ende der Heizperiode befinden sich noch 250 *l* im Tank.

a) Wie viel Liter Heizöl wurden insgesamt eingekauft?

b) Wie viel Liter Heizöl sind verbraucht worden?

Lösung

a) *Rechnung:* 2 500 *l* + 1 500 *l* = 4 000 *l*
Ergebnis: Es wurden insgesamt 4 000 *l* eingekauft.

b) *Rechnung:* 4 000 *l* – 250 *l* = 3 750 *l*
Ergebnis: Es sind 3 750 *l* verbraucht worden.

Aufgabe

2. *Multiplizieren und Dividieren von Volumina*

a) An einer Straße werden 7 Reihenhäuser gebaut. Jedes hat einen Rauminhalt (einschließlich der Außenmauern) von 714 m^3.
Wie groß ist das Gesamtvolumen?

b) Bei einem anderen Bau sollen 12 000 m^3 Gesamtvolumen nicht überschritten werden. Wie viele 800 m^3 große Reihenhäuser können gebaut werden?

c) Es werden 16 gleich große Häuser mit einem Gesamtvolumen von 12 000 m^3 gebaut. Wie groß ist ein Haus?

Lösung

a) *Rechnung*

$7 \cdot 714\ m^3$

$714\ m^3 \cdot 7$

$\underline{\underline{4\,998\ m^3}}$

Ergebnis: Das Gesamtvolumen beträgt 4 998 m^3.

b) *Rechnung*

$12\,000\ m^3 : 800\ m^3$

$120\ m^3 : 8\ m^3 = \underline{\underline{15}}$

8
40
40
0

Ergebnis: Es können 15 Häuser gebaut werden.

c) *Rechnung:*

$12\,000\ m^3 : 16 = \underline{\underline{750\ m^3}}$

112
80
80
00

Ergebnis: Jedes Haus ist 750 m^3 groß.

Zum Festigen und Weiterarbeiten

3. Schreibe und rechne wie im Beispiel.

a)

1 cm

b)

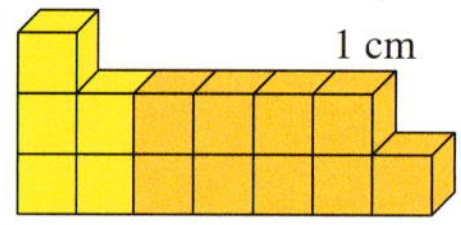

1 cm

1 cm

$4\ cm^3 + 2\ cm^3 = 6\ cm^3$
$6\ cm^3 - 2\ cm^3 = 4\ cm^3$
$6\ cm^3 - 4\ cm^3 = 2\ cm^3$

4. Schreibe und rechne wie im Beispiel.

a)

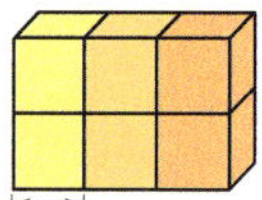

1 cm

b)

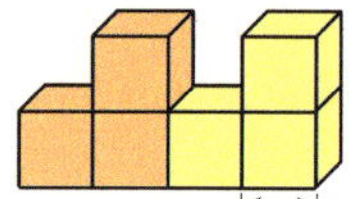

1 dm

c)

1 m

1 cm

$4 \cdot 3\ cm^3 = 12\ cm^3$
$12\ cm^3 : 4 = 3\ cm^3$
$12\ cm^3 : 3\ cm^3 = 4$

Übungen

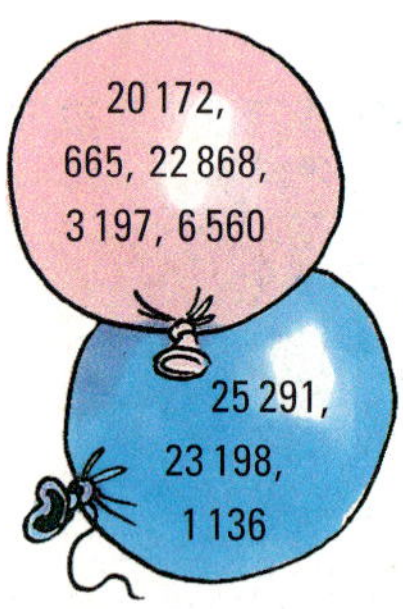

Addition und Subtraktion

5.
a) $7\,352\ m^3 + 8\,978\ m^3$
b) $3\,870\ l + 4\,231\ l$
c) $7\,654$ ml $+ 8\,466$ ml
d) $8\,947\ m^3 - 6\,948\ m^3$
e) $2\,473\ l - 1\,504\ l$

6.
a) $8\,654\ m^3 + 7\,243\ m^3 + 4\,928\ m^3 + 2\,043\ m^3$
b) $7\,253\ l + 4\,853\ l + 8\,976\ l + 4\,209\ l$
c) $8\,219$ ml $+ 2\,473$ ml $+ 4\,826$ ml $+ 4\,654$ ml
▲ **d)** $9\,241\ m^3 - 2\,476\ m^3 - 4\,156\ m^3 - 1\,473\ m^3$
▲ **e)** $8\,040\ l - 2\,194\ l - 3\,197\ l - 1\,984\ l$

7. Für ein Wohnhaus mit mehreren Wohnungen werden im Sommer zunächst 30 700 *l* Heizöl in den leeren Tank eingefüllt und während des Winters noch einmal 15 800 *l*. Am Ende der Heizperiode waren noch 175 *l* im Tank.

a) Wie viel *l* Heizöl sind insgesamt eingekauft worden?

b) Wie viel *l* Heizöl sind verbraucht worden?

Multiplikation und Division

8. Rechne im Kopf.

a) $7 \cdot 18\ l$; $9 \cdot 24\ m^3$; $3 \cdot 42$ ml
b) $7 \cdot 8\ l$; $4 \cdot 9\ m^3$; $8 \cdot 8\ l$
c) $12 \cdot 12\ l$; $25 \cdot 44\ m^3$; $50 \cdot 66\ l$
d) $84\ l : 7$; $104\ m^3 : 8$; $54\ m^3 : 3$
e) $96\ l : 8\ l$; $144\ m^3 : 12\ m^3$; $155\ l : 5\ l$

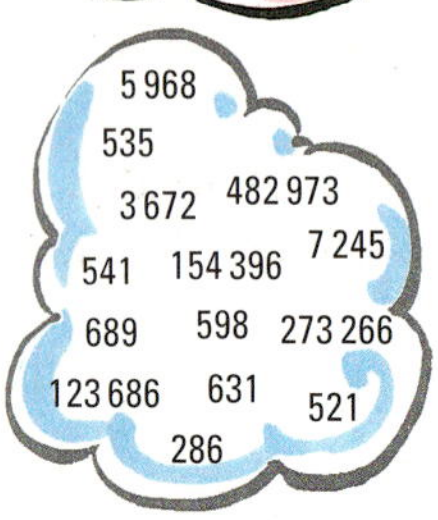

9. Rechne schriftlich.

a) $484 \cdot 319\ m^3$; $597 \cdot 809\ l$; $298 \cdot 917\ m^3$
b) $29\,376\ m^3 : 8$; $35\,808\ l : 6$; $50\,715\ m^3 : 7$
c) $12\,305\ l : 23\ l$; $27\,591\ m^3 : 51\ m^3$; $49\,608\ l : 72\ l$
d) $38\,272\ m^3 : 64\ m^3$; $29\,657\ m^3 : 47\ m^3$; $24\,882\ m^3 : 87\ m^3$

10. Den Wasserverbrauch bei der Spülung einer Toilette kann man zwischen 6 *l* und 9 *l* einstellen. Angenommen, eine Toilette wird täglich 16-mal benutzt.
Wie viel *l* kann man im Monat sparen?

11. **a)** Eine Mülltonne fasst 80 *l*. In einem Ortsteil werden an einem Tag 315 Mülltonnen geleert. Wie viel Müll ist das?

b) Ein Müllgroßbehälter fasst 4 400 *l* Müll. In einer Stadt werden an einem Tag 45 volle Großbehälter geleert. Ein Müllwagen fasst 22 m^3 Müll.

c) Ein Müllbunker (483 m^3) soll mit einem Müllwagen (23 m^3) entleert werden. Wie viele Fahrten sind erforderlich?

d) Der Inhalt eines Müllbunkers (490 m^3) soll mit 14 Müllwagen abtransportiert werden. Wie viel m^3 muss bei gleichmäßiger Verteilung jeder Wagen aufnehmen?

e) Ein Müllwagen fasst 16 m^3 Müll. Wie viele Mülltonnen mit einem Fassungsvermögen von 80 *l* [110 *l*] können in einem Müllwagen geleert werden? Wie viele sind es, wenn jede Mülltone nur zu $\frac{3}{4}$ gefüllt ist?

f) 1 m^3 Müll wiegt ca. 350 kg. Stelle sinnvolle Aufgaben und löse sie.

12. Der Mensch nimmt durchschnittlich pro Tag 1,5 Liter an Getränken zu sich.

a) Wie viel Liter Flüssigkeit ist das in einem Jahr?

b) Wie viel Liter hat ein 70 Jahre alter Mensch in Form von Getränken zu sich genommen?

Vermischte Übungen

13. In Eureka (Kalifornien, USA) nehmen zwei deutsche Schiffe Holz an Bord. Das eine Schiff lädt 4 250 m^3, das andere 4 550 m^3 Holz.

a) Die Fracht für 1 m^3 Holz kostet 21 €. Berechne die Frachtkosten für die gesamte Holzladung.

b) Vor der Vergabe des Auftrages wurden verschiedene Angebote eingeholt. Eine Reederei forderte 99 000 € für den Transport von 4 500 m^3 Holz. Warum wurde dieses Angebot abgelehnt?

Brutto-Rauminhalt ≈ Volumen des Hauses einschließlich der Außenmauern

14. Bei der Planung eines Hauses werden die Baukosten (ohne Grundstück) nach dem Brutto-Rauminhalt geschätzt.

a) Frau Schulz plant ein Einfamilienhaus mit Garage. Der Brutto-Rauminhalt wird mit insgesamt 540 m^3 angegeben, davon entfallen auf den Wohnbereich 486 m^3. Berechne den Rauminhalt der Garage.

b) Die Architektin schätzt die Kosten für 1 m^3 Brutto-Rauminhalt auf 285 €. Berechne die voraussichtlichen Kosten.

c) Die Endkosten beliefen sich auf insgesamt 162 000 €. Wie hoch waren die tatsächlichen Kosten für 1 m^3 Brutto-Rauminhalt?

15. Frau Wäsche ließ zu Anfang November ihren Tank mit 3 218 *l* Heizöl füllen. Während des Winters wurden nacheinander 1 120 *l* und 879 *l* nachgefüllt. Ende Mai waren noch 216 *l* Öl im Tank.

a) Wie viel Heizöl wurde verbraucht?

b) 100 *l* Öl kosteten 49 €. Wie hoch waren die Heizkosten pro Monat?

16. Erfinde zu dem Rechenausdruck eine Rechengeschichte.

> $34\ m^3 - 18\ m^3$
> Am Waldrand lagen $34\ m^3$ Brennholz. Davon werden $18\ m^3$ abtransportiert. Wie viel m^3 Holz bleiben noch übrig?

a) $38\,000\ m^3 + 17\,000\ m^3$

b) 27 hl – 13 hl

c) $7 \cdot 325\ l$

d) $78\ m^3 : 3$

e) 60 ml : 5 ml

17. An der Abfüllanlage einer Molkerei arbeiten zwei Abfüllmaschinen. Von der 1. Maschine werden stündlich 300 1-*l*-Flaschen, von der 2. Maschine werden stündlich 300 500-ml-Flaschen abgefüllt.
Wie viel Liter Milch werden jeden Tag abgefüllt?

18. **a)** $1\ cm^3$ Styropor wiegt 30 mg, $1\ cm^3$ Kork ist 250 mg schwer.
Kannst du $1\ m^3$ Styropor tragen? Ist das auch bei $1\ m^3$ Kork möglich?

b) $1\ cm^3$ Gold wiegt 19,3 g. Kann man $1\ m^3$ Gold mit einem Pkw (Nutzlast einschließlich Personen: 505 kg) transportieren?

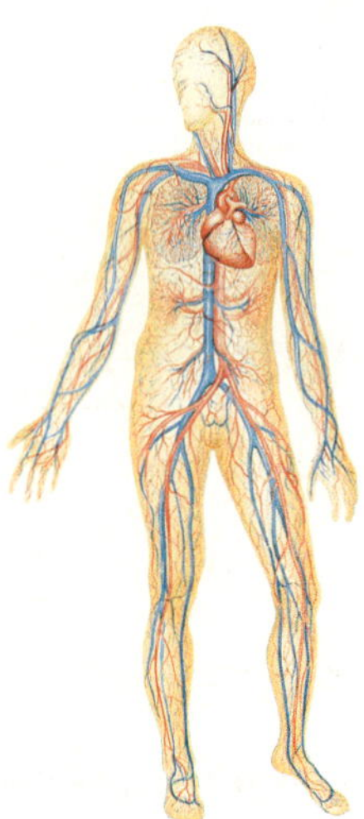

19. Das menschliche Herz drückt bei jedem Schlag $80\ cm^3$ (Schlagvolumen) Blut in die Blutbahn.

a) Überschlage, wie oft das menschliche Herz an einem Tag schlägt; rechne mit 70 Schlägen pro Minute und runde auf Zehntausender.

b) Wie viel Liter Blut drückt das Herz jeden Tag in die Blutbahn, wie viel in einem Jahr (365 Tage)?

c) Wie viel Liter Blut wurden vom Herzen eines 85-jährigen seit seiner Geburt in die Blutbahn gedrückt?

d) Bei durchtrainierten Sportlern schlägt das Herz im Schnitt nur 55-mal pro Minute.
Wie viele Herzschläge sind das pro Tag?
Beantworte auch die Frage zu Teilaufgabe b) und vergleiche.

e) Die durchschnittliche Blutmenge eines Menschen beträgt 6 Liter.
Wie lange dauert es, bis das Herz das Blut einmal umgewälzt hat?

20. Der Bodensee erstreckt sich über eine Länge von ca. 60 km und hat eine maximale Tiefe von 252 m. Er fasst rund 20 Mrd. m^3 Wasser.
Die Abbildung rechts zeigt den durchschnittlichen Wasserverbrauch eines Menschen pro Tag (in *l*).
Wie viele Menschen könnte der Bodensee ein Leben lang (80 Jahre) komplett mit Wasser versorgen, wenn man ihn leerpumpen würde.
Löse die Aufgabe durch eine Überschlagsrechnung.

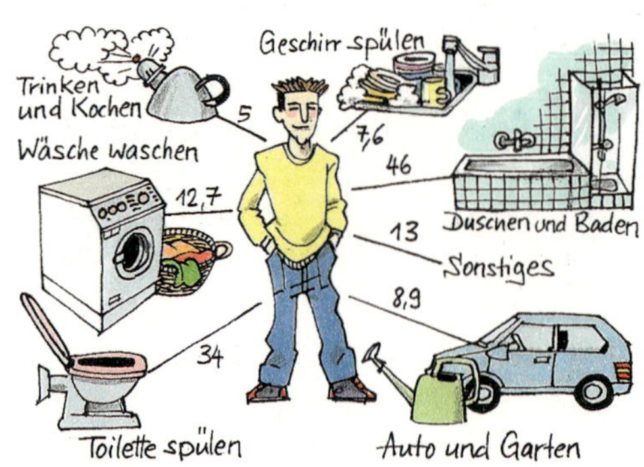

BERECHNUNGEN AM QUADER

Volumen eines Quaders

Einstieg

In einen quaderförmigen Karton mit den Innenmaßen a = 4 dm, b = 3 dm und c = 2 dm sollen Zettelblocks verpackt werden. Die Zettelblocks sind würfelförmig und haben die Kantenlänge 1 dm.

➜ Wie viele Zettelblocks passen in den Karton?

➜ Wie groß ist das Volumen (Fassungsvermögen) des Kartons?

Aufgabe

1. Berechne das Volumen V eines Quaders mit den Kantenlängen a = 5 cm, b = 4 cm und c = 3 cm.

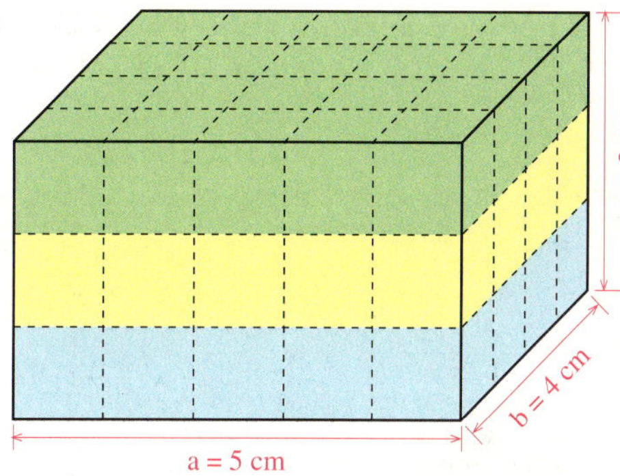

Lösung

Wir legen den Quader planmäßig mit 1 cm^3 großen Würfeln aus:
An die 5 cm lange Kante (vorn, unten) passen 5 solche Würfel nebeneinander.
4 solche Stangen passen hintereinander, denn die nach hinten verlaufende Kante ist 4 cm lang. Wir erhalten damit eine Schicht mit 4 · 5 Würfeln.
3 solche Schichten passen aufeinander, denn die dritte Kante ist 3 cm lang.
Insgesamt kann man somit den Quader mit 3 · 4 · 5 Würfeln der Größe 1 cm^3 ausfüllen.
Also: V = (3 · 4 · 5) cm^3 = 60 cm^3

Information

Paket L
45 x 35 x 20 cm
(Breite x Höhe x Tiefe)

Formel für das Volumen eines Quaders

Die Größe eines quaderförmigen Pakets gibt man üblicherweise durch das Produkt der Kantenlänge an, z. B. 45 × 35 × 20 cm für 45 cm × 35 cm × 20 cm.
Auch bei einem Quader mit den Kantenlängen 4 cm, 2 cm und 3 cm wollen wir für das Volumen V schreiben:
V = 4 cm · 2 cm · 3 cm
Wie man dieses Volumen berechnet, hast du in Aufgabe 1 erfahren. Die Produktschreibweise ermöglicht uns, für das Volumen des Quaders eine Formel zu notieren:

Für das **Volumen V eines Quaders** mit den Kantenlängen a, b und c gilt:

V = a · b · c

Beispiel: a = 4 cm; b = 2 cm; c = 3 cm
V = 4 cm · 2 cm · 3 cm
= (4 · 2 · 3) cm^3
= 24 cm^3

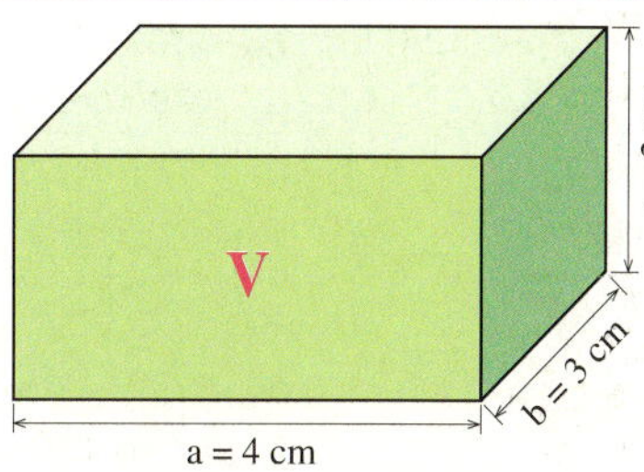

Zum Festigen und Weiterarbeiten

2. Bestimme das Volumen des Quaders. Erläutere dazu anhand der Zeichnung das Verfahren zur Berechnung des Volumens eines Quaders (vgl. Aufgabe 1, Seite 31).

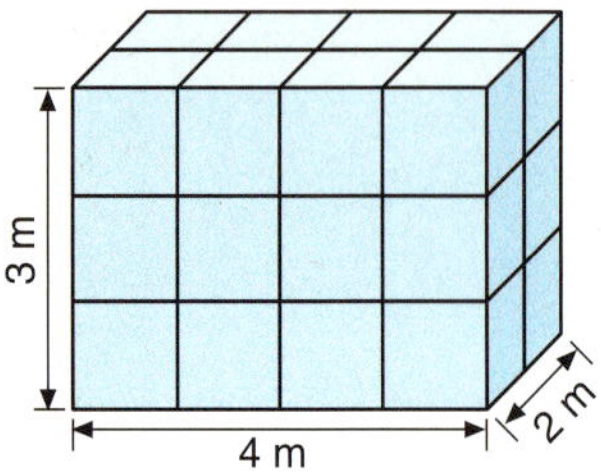

3. **a)** Das Volumen eines Quaders beträgt 18 cm^3. Er ist in Schichten mit dem Volumen
(1) 3 cm^3, (2) 6 cm^3, (3) 9 cm^3 zerlegt.
Wie viele Schichten sind das?

b) Das Volumen eines Quaders beträgt 12 dm^3. Er ist in
(1) 2, (2) 3, (3) 4, (4) 6 gleich große Schichten zerlegt.
Wie groß ist das Volumen einer Schicht?

Übungen

4. Berechne das Volumen V des Quaders aus den Kantenlängen.

a) a = 7 cm; b = 3 cm; c = 9 cm
b) a = 4 dm; b = 3 dm; c = 12 dm
c) a = 10 m; b = 50 cm; c = 8 m
d) a = 2 m; b = 15 cm; c = 12 cm

5. Ein Aquarium ist 5 dm lang und 4 dm breit. Es ist 4 dm hoch mit Wasser gefüllt.

a) Wie viel *l* Wasser befindet sich in dem Aquarium?

b) In das Aquarium werden 5 *l* Wasser zusätzlich eingelassen.
Um wie viel steigt der Wasserspiegel?

6. Miss Länge, Breite und Höhe eines Zimmers in eurer Wohnung und bestimme sein Volumen.

7. **a)** Berechne das Volumen. Vergleiche mit der Angabe auf der Verpackung.

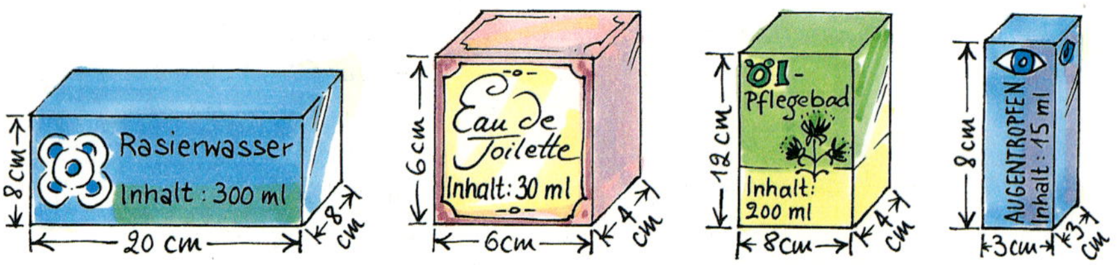

b) Bringt selbst geeignete Verpackungen mit und berechnet das Volumen.

8. Ein Graben soll ausgehoben werden (200 m lang, 2 m tief, 3 m breit).

a) Wie viel Kubikmeter Erde müssen bewegt werden?

b) Ein Lkw hat einen Laderaum von rund 20 m^3.
Wie oft müssten ein, zwei, vier oder 10 Lkw fahren?

9. Berechne die fehlende Größe des Quaders.

a) a = 5 cm; b = 6 cm; c = 4 cm
b) a = 3 m; b = 2 m; V = 24 m^3
c) a = 14 cm; b = 3 cm; V = 84 cm^3
d) a = 90 cm; c = 9 dm; V = 729 dm^3
e) b = 30 dm; c = 15 m; V = 135 m^3
f) a = 6 m; c = $\frac{1}{2}$ m; V = 600 dm^3

10. Eine Kiste hat ein Volumen von 60 *l*.

a) Wie lang, wie breit und wie hoch kann die Kiste sein?

b) Wie kann man einen nicht quaderförmigen Körper mit einem Volumen von 60 dm^3 herstellen? Fertige eine Skizze an.

Oberflächeninhalt eines Quaders

Einstieg

Zwei Geschenkkartons mit den angegebenen Maßen sollen aus Pappe hergestellt werden. Vergleiche das jeweilige Fassungsvermögen und den Bedarf an Pappe.

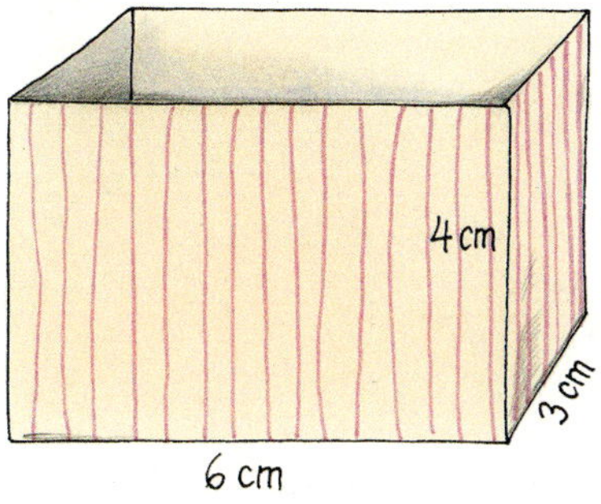

Aufgabe

1. Scheich Suleiman beauftragt seinen Silberschmied: „Beschlage diese Schatzkiste außen ganz mit Silberblech."
Wie viel Blech braucht der Schmied?
Gib das Ergebnis in einer geeigneten Maßeinheit an.

Lösung

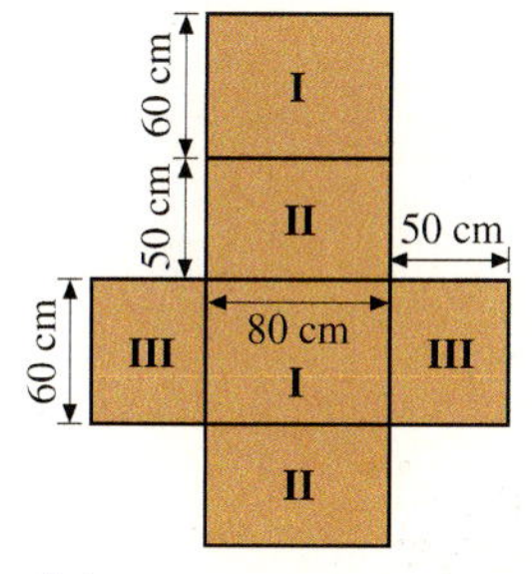

Die Schatzkiste hat die Form eines Quaders. Die sechs Flächen des Quaders zusammen bilden seine *Oberfläche*. Die Größe dieser Oberfläche, der Oberflächeninhalt, gibt an, wie viel cm^2 Silberblech benötigt wird. Sie ist gleich dem Flächeninhalt des Quadernetzes.
Gegenüberliegende Seitenflächen sind gleich groß.
Daher gilt für die Größe der Seitenflächen:

Fläche I:
$(80 \cdot 60)\ cm^2 = 4\,800\ cm^2 = 48\ dm^2$

Flächen I zusammen:
$2 \cdot 48\ dm^2 = 96\ dm^2$

Fläche II:
$(80 \cdot 50)\ cm^2 = 4\,000\ cm^2 = 40\ dm^2$

Flächen II zusammen:
$2 \cdot 40\ dm^2 = 80\ dm^2$

Fläche III:
$(60 \cdot 50)\ cm^2 = 3\,000\ cm^2 = 30\ dm^2$

Flächen III zusammen:
$2 \cdot 30\ dm^2 = 60\ dm^2$

Für die Größe der gesamten Oberfläche gilt dann:
$O = 96\ dm^2 + 80\ dm^2 + 60\ dm^2 = 236\ dm^2 = 2{,}36\ m^2$
Ergebnis: Es werden 2,36 m^2 Silberblech benötigt.

Information

Alle sechs Flächen, die zum Netz eines Quaders gehören, bilden seine **Oberfläche.**
Der **Oberflächeninhalt** ist der Flächeninhalt dieser sechs Flächen zusammen.

Größe der Oberfläche = 2 · Größe der Grundfläche + 2 · Größe der Seitenfläche + 2 · Größe der Vorderfläche

Zum Festigen und Weiterarbeiten

2. **a)** Berechne den Oberflächeninhalt der Quader (1) und (2) (Maße in cm).

b) Zeichne auch ein Netz des Quaders.

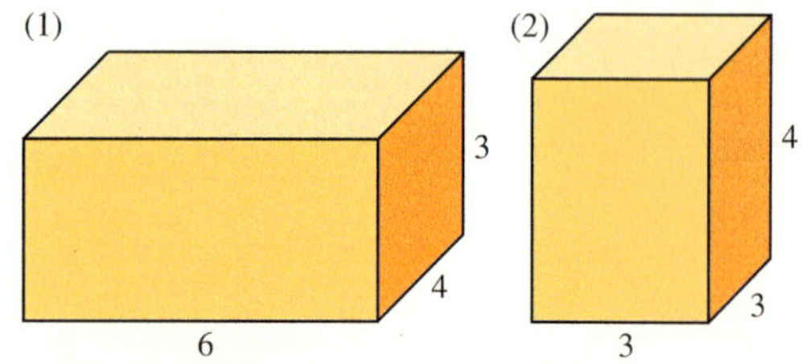

3. Berechne den Oberflächeninhalt und das Volumen des Quaders.

a) a = 4 cm; b = 2 cm; c = 3 cm

b) a = 7 cm; b = 5 cm; c = 5 cm

4. **a)** Würfel sind besondere Quader. Berechne den Oberflächeninhalt der Würfel (1) und (2) (Maße in cm).

b) Zeichne jeweils auch ein Netz.

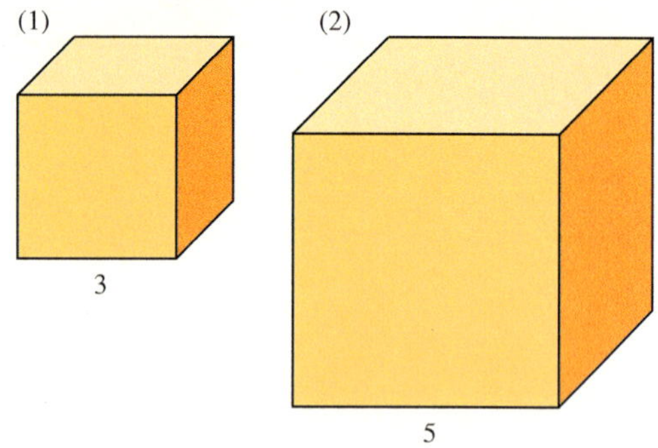

5. Gib drei Quader mit gleichem Volumen (z. B. 36 cm^3), aber verschiedener Oberflächengröße an.

Übungen

6. Die abgebildeten quaderförmigen Dosen werden aus Blech hergestellt. Berechne, wie viel Blech man zur Herstellung braucht.

a) *Teedose*

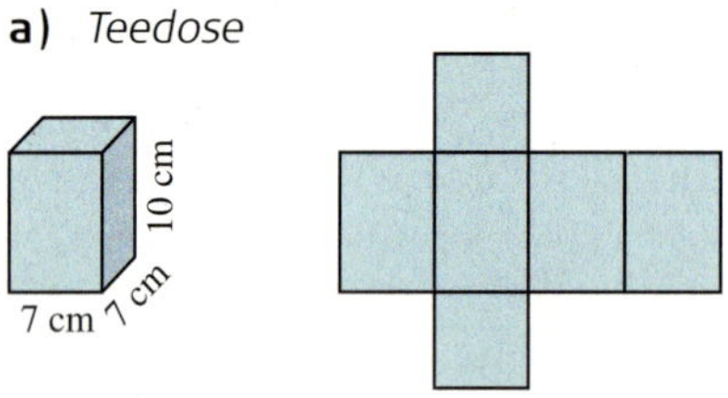

b) *Bonbondose*

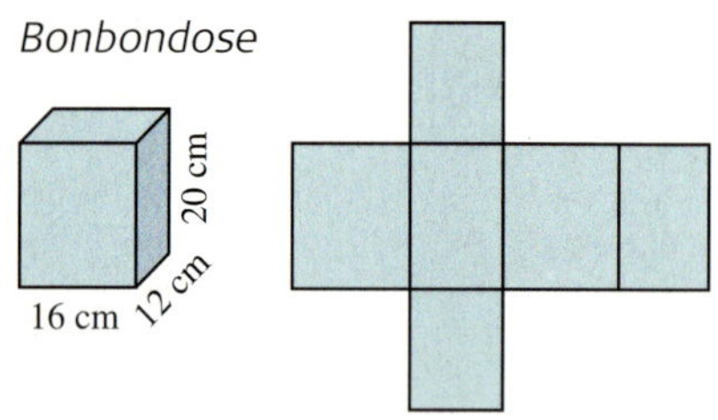

7. Berechne die Größe der Oberfläche des Quaders mit den angegebenen Kantenlängen.

a)	**b)**	**c)**	**d)**	**e)**
a = 2 m	a = 9 m	a = 14 cm	a = 34 cm	a = 54 m
b = 9 m	b = 7 m	b = 28 cm	b = 59 cm	b = 67 m
c = 4 m	c = 8 m	c = 9 cm	c = 17 cm	c = 78 m

8. Eine Kiste hat einen Rauminhalt von 24 m^3. Gib 4 mögliche Kantenlängen an und berechne jeweils den zugehörigen Oberflächeninhalt.

9. Lies den Zeitungsausschnitt über den Gletscherabsturz. Einen 30 000 m^3 großen Eisblock kann man sich nur schwer vorstellen.
Welche Kantenlängen könnte ein Quader haben, der das gleiche Volumen wie der Eisblock hat?

Großer Gletscher in der Schweiz abgestürzt

GRINDELWALD ■ Bei einem großen Gletscherabsturz im Berner Oberland sind mehr als 30 000 Kubikmeter Eis talwärts gedonnert. Das beeindruckende Naturschauspiel am Wetterhorn oberhalb des Schweizer Skiortes Grindelwald fand am frühen Morgen fast unter Ausschluss der Öffentlichkeit statt, obwohl Kamerateams und Schaulustige den Berg seit Tagen belagert hatten.

Die Natur schlug den Neugierigen jedoch ein Schnippchen und ließ die Eismassen gegen 2.15 Uhr im tiefen Dunkel der Nacht vom Gutzgletscher auf die 1500 Meter tiefer gelegene Alp Lauchbühl stürzen. Die Eisbrocken drangen fast bis zu einer vorsorglich gesperrten Bergstraße vor. Zu Schaden kam niemand.

ZUSAMMENGESETZTE KÖRPER

Einstieg

Aufgabe

1. Berechne das Volumen des zusammengesetzten Körpers.
Leite daraus ein Verfahren ab, wie man das Volumen zusammengesetzter Körper berechnen kann.

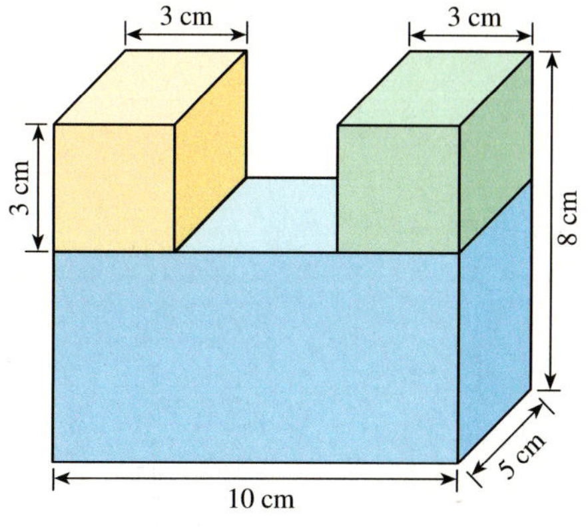

Lösung

Wir zerlegen den Körper in drei Quader und berechnen deren Volumina.

Quader 1: $V_1 = 3\text{ cm} \cdot 3\text{ cm} \cdot 5\text{ cm}$
$V_1 = 45\text{ cm}^3$

Quader 2: $V_2 = 10\text{ cm} \cdot 5\text{ cm} \cdot 5\text{ cm}$
$V_2 = 250\text{ cm}^3$

Quader 3: $V_3 = V_1 = 45\text{ cm}^3$ (übereinstimmende Quader)

Das Gesamtvolumen ergibt sich aus der Summe der Teilvolumina.

$$V = V_1 + V_2 + V_3$$
$$V = 45\text{ cm}^3 + 250\text{ cm}^3 + 45\text{ cm}^3$$
$$V = 340\text{ cm}^3$$

Ergebnis: Das Volumen des zusammengesetzten Körpers beträgt 340 cm^3.

Zum Festigen und Weiterarbeiten

2. 

Lilly behauptet, dass in Aufgabe 1 aus einem großen Quader ein kleiner Quader herausgesägt wurde.
Versuche, auf diesem Weg das Volumen des Körpers zu bestimmen.

3. Ein Würfel der Kantenlänge 6 cm wird wie im Bild zersägt.

a) Berechne das Volumen der beiden Teile.

b) Was fällt dir auf?
Begründe.

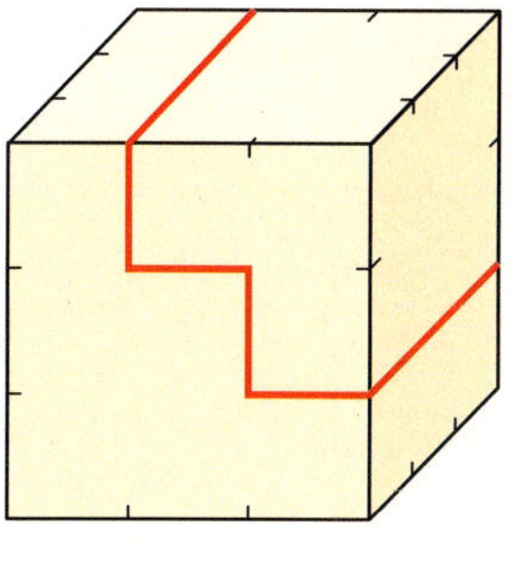

4. **a)** Berechne jeweils das Volumen der Werkstücke.

(1)

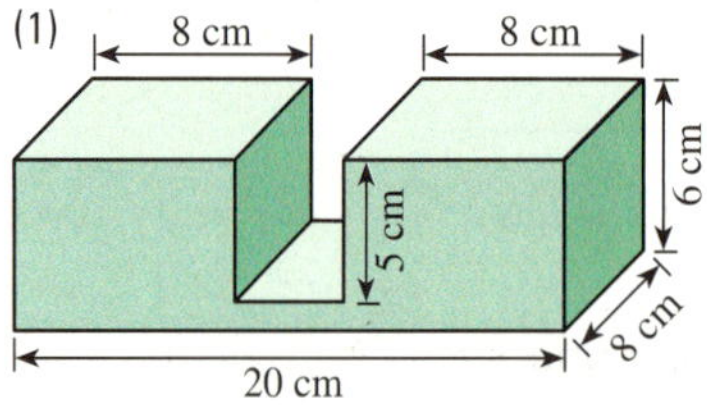

(2)

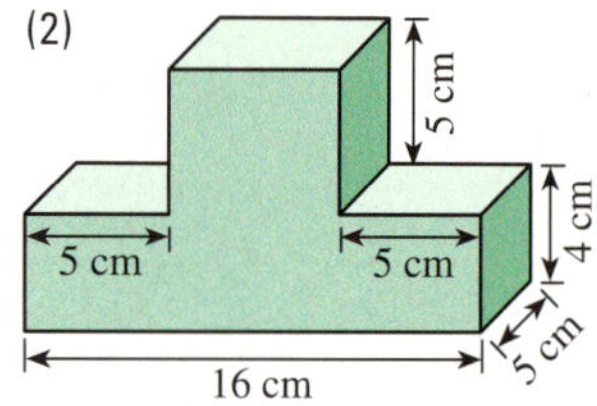

(3)

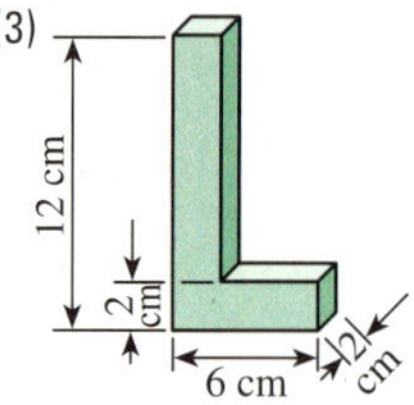

b) Berechne jeweils auch die Größe der Oberfläche.

Information

Strategie: Zerlegen oder Ergänzen

Das Volumen zusammengesetzter Körper ermittelt man wie folgt:

1. Möglichkeit:

Man zerlegt den Körper in geeignete Teilkörper, berechnet deren Volumina und addiert diese.

2. Möglichkeit:

Man ergänzt den Körper geeignet und berechnet das Volumen des gesamten Körpers.
Nun subtrahiert man das Volumen des ergänzten Körpers.

Übungen

5. Berechne das Volumen der zusammengesetzten Körper.

(1)

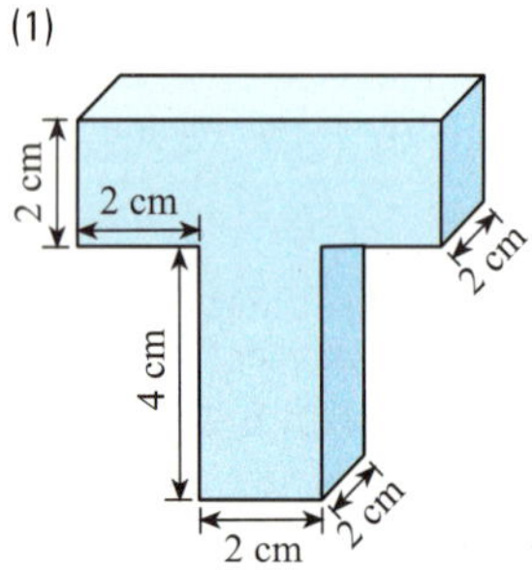

(2)

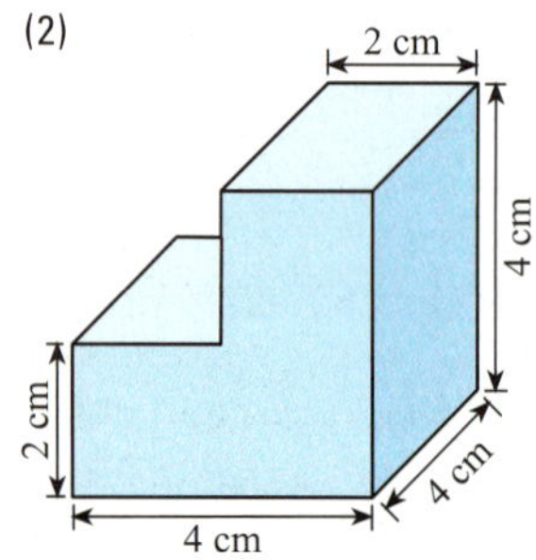

(3)

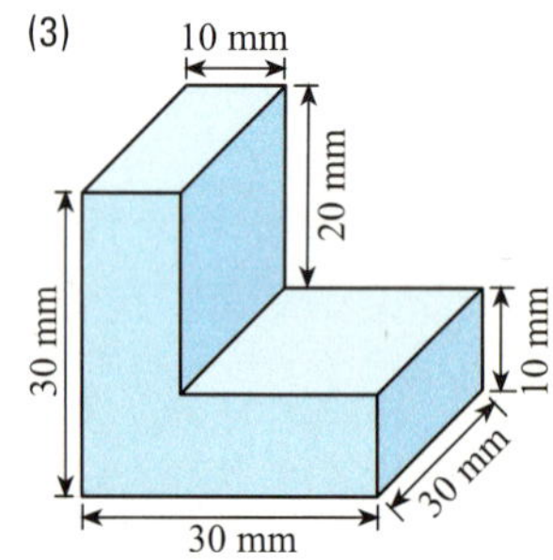

6. Im „Dichterviertel" steht ein L-förmiger Neubaublock der Wohnungsgenossenschaft (siehe Bild). Der Block hat eine Höhe von 22 m.

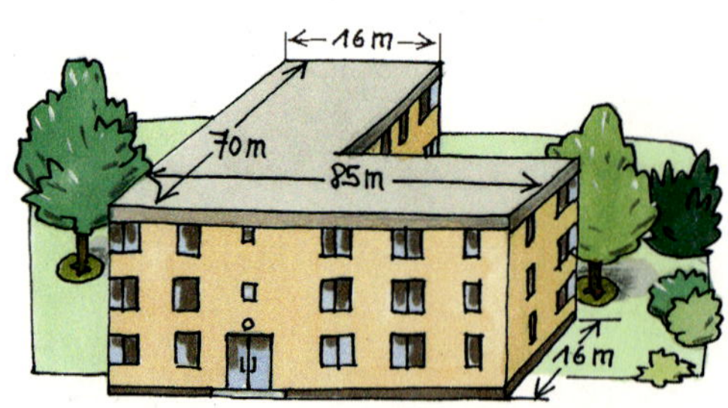

a) Wie groß ist der Brutto-Rauminhalt?

b) Die Fassade des Blocks soll neu verputzt werden.
Wie groß ist die zu verputzende Fläche ungefähr?

c) Wie groß ist die Dachfläche?

7. Berechnet auf verschiedenen Wegen das Volumen und den Oberflächeninhalt des Werkstücks.
Vergleicht die Lösungswege.

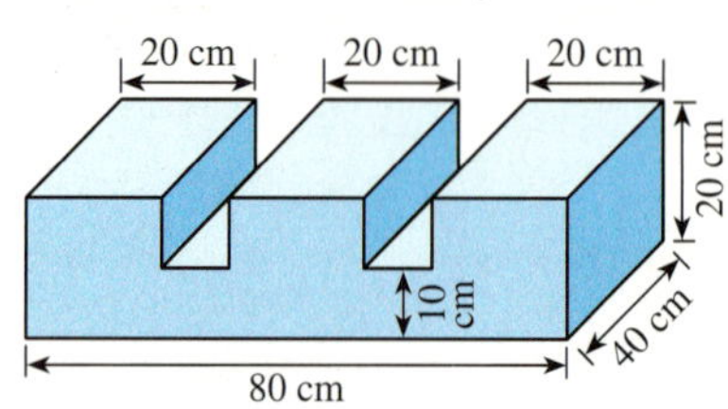

VERMISCHTE UND KOMPLEXE ÜBUNGEN

1. a) Ein Quader ist
(1) 8 cm lang, 6 cm breit, 2 cm hoch; (2) 7 cm lang, 4 cm breit, 3 cm hoch.
Welche Längen haben alle Kanten zusammen?

b) Ein Quader ist 4 cm lang und 3 cm breit. Wie hoch ist der Quader, wenn alle Kanten zusammen eine Länge von 48 cm haben?

2. a) Rechts ist das Netz eines Quaders gezeichnet. Zeichne ein Schrägbild des Körpers.

b) Die Punkte A, B und C sind im Quader durch Strecken verbunden. Zeichne diese Strecken im Schrägbild ein. Du erhältst ein Dreieck ABC. Male das Dreieck farbig an.

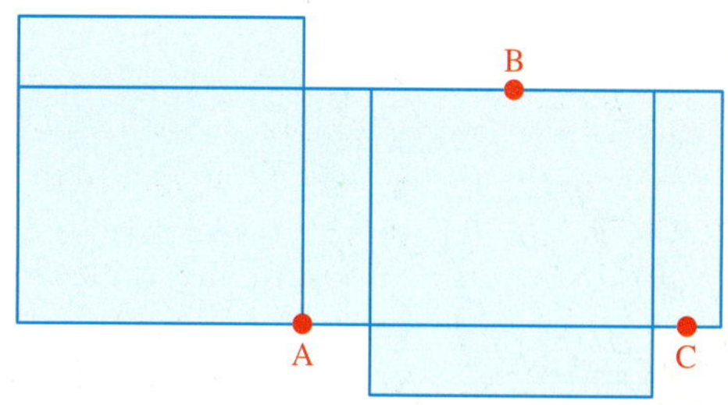

3. Denke dir einen

a) oben offenen Würfel der Kantenlänge 2 cm;

b) oben geschlossenen Würfel der Kantenlänge 2 cm.

Gib möglichst viele verschiedene Netze dieses Würfels an.
Anleitung: Beginne mit einer Seitenfläche, füge eine weitere hinzu, überlege dann, wie viele Möglichkeiten es gibt die dritte anzulegen usw.

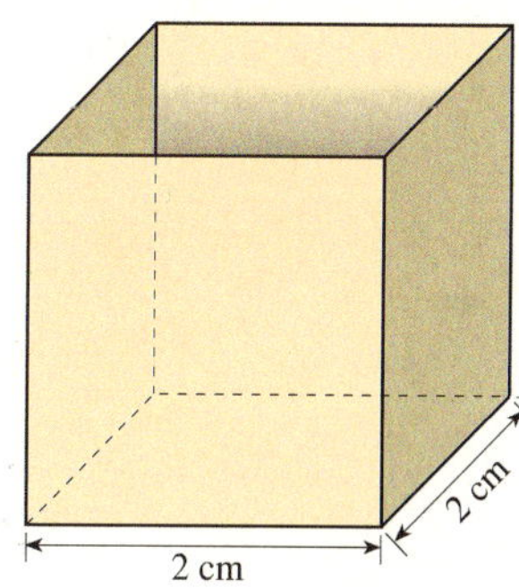

4. Bei dem Schrägbild des Quaders sind einige Kanten rot gezeichnet. Zeichne das Netz, das sich ergibt, wenn man den Quader längs dieser Kanten aufschneidet. Übernimm auch die Eckpunktbezeichnungen des Quaders in das Netz.

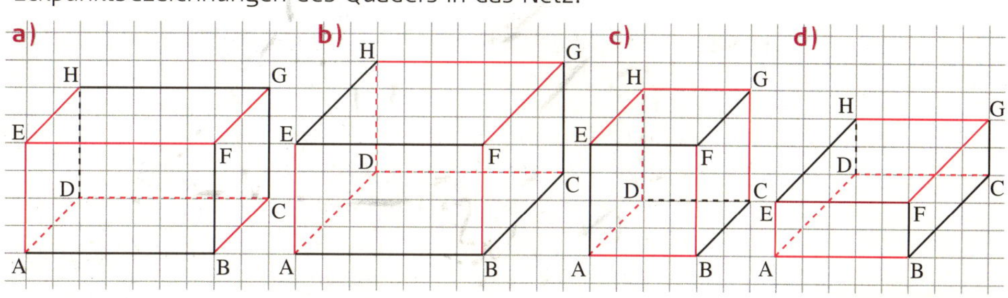

5. Drei Flächen des Würfels kannst du im Schrägbild nicht sehen. Sie sind genauso gefärbt wie die gegenüberliegenden Seiten.
Zeichne das Netz ins Heft und übertrage die Färbung.

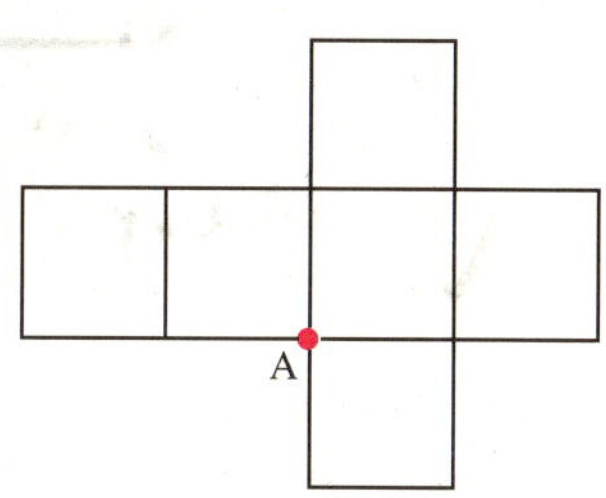

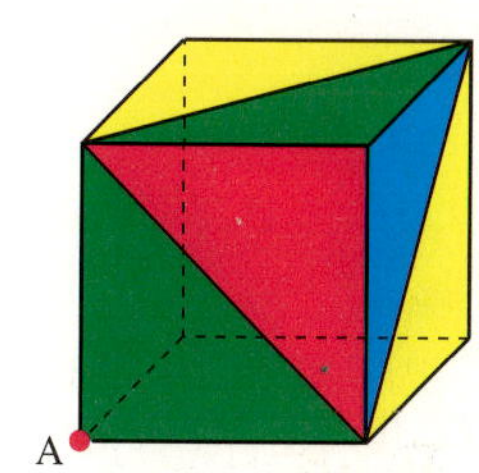

6. Frau Müller baut einen Flachdachbungalow. Das Haus ist 18 m lang, 12 m breit und 4 m hoch. Der Kubikmeter Brutto-Rauminhalt kostet 280 €. Wie teuer wird das Haus?

7. **a)** Runde auf volle m³: 7 619 *l*; 12 456 *l*; 5 498 *l*; 46 501 *l*; 874 *l*

b) Runde auf volle *l*: 19 349 ml; 3 604 ml; 24 491 ml; 1 250 ml; 8 743 ml

c) Runde auf volle ml: 7 948 mm³; 19 394 mm³; 31 444 mm³; 4 675 mm³; 899 mm³

8. **a)** Das Fassungsvermögen eines Benzintanks wird mit 80 *l* angegeben. Die Angabe ist auf volle *l* gerundet. Wie viel Benzin kann der Tank tatsächlich fassen?

b) Der Brutto-Rauminhalt eines Hauses wird vom Architekten mit 985 m³ angegeben. Die Angabe ist auf volle m³ gerundet.
Wie groß kann der Brutto-Rauminhalt tatsächlich sein?

9. Für ein Pferd sind 40 m³ Luftraum vorgeschrieben.

a) Ein Stall ist 24 m lang, 8 m breit und 4 m hoch. Wie viele Pferde dürfen in diesem Stall untergebracht werden?

b) Ein anderer Stall ist 35 m lang, 8 m breit und 3 m hoch. Es sind 20 Pferde untergebracht. Ist das gestattet?

10. Ein Zimmer hat folgende Maße: 4 m breit; 5 m lang; 2,50 m hoch.
Das Fenster im Zimmer ist 2,50 m breit und 1 m hoch. Die Tür ist 1 m breit und 2 m hoch.
Die Tapete an den Zimmerwänden soll mit Farbe neu bestrichen werden.

a) Wie viel *l* Farbe wird voraussichtlich benötigt?

b) Wie teuer ist der Anstrich?

11. **a)** Das Schwimmbecken rechts soll neu gefliest werden. Wie viel m² sind zu fliesen?

b) Das Schwimmbecken wird bis zum Rand gefüllt. 1 m³ Wasser kostet 2,20 €.
Wie teuer ist die Füllung?

12. Die Winzer an Rhein, Mosel und Nahe lagern ihre Weine traditionell in Fässern. In Rheinhessen ist ein *Stück* ein Fass mit ca. 1 200 *l* Wein. Winzer Zimmermann hat zwei *Stück* und drei *Halbstück*, die er in 0,7-*l*-Flaschen abfüllen möchte. Er verkauft diesen Wein anschließend für 3,90 € pro Flasche.
Stelle selbst geeignete Fragen und beantworte sie.

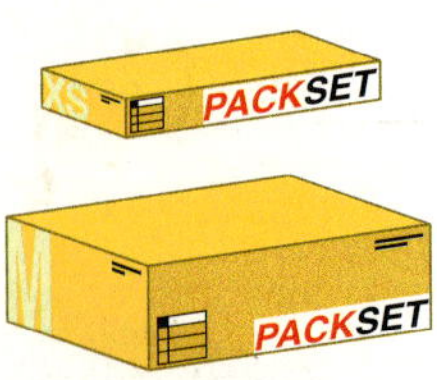

13. Ein Paketdienst bietet Verpackungen für Pakete an.

a) Eine Spielkonsole mit den Maßen 300 × 200 × 100 mm soll verschickt werden. Welches Paketmaß würdest du nehmen?

b) Welche Pakete fassen mehr als 1 *l* [4 *l*, 10 *l*, 15 *l*, 20 *l*]?

c) Überlege dir selbst einen Gegenstand zum Verschicken und suche dafür ein geeignetes Paketmaß.

XS – **EXTRA SMALL** 225 x 145 x 35 mm (Breite x Tiefe x Höhe)

S – **SMALL** 250 x 175 x 100 mm (Breite x Tiefe x Höhe)

M – **MEDIUM** 375 x 300 x 135 mm (Breite x Tiefe x Höhe)

L – **LARGE** 450 x 350 x 200 mm (Breite x Tiefe x Höhe)

F – **FLASCHE** 380 x 120 x 120 mm (Breite x Tiefe x Höhe)

14. Das Bild zeigt einen 12 m langen Balken.

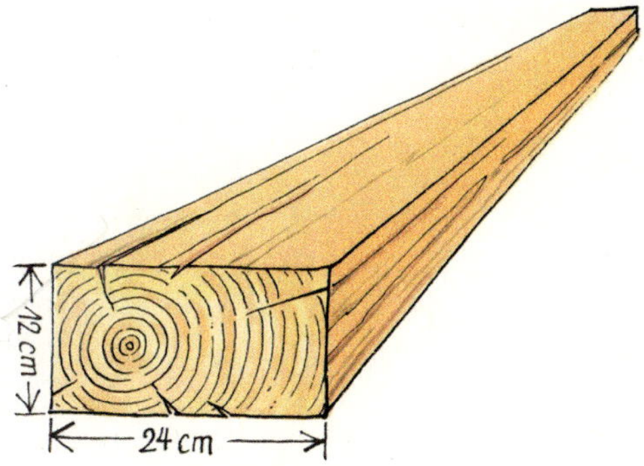

a) Wie viel m^3 Holz hat der Balken?

b) Die Oberfläche des Balkens soll durch Hobeln geglättet werden. Wie viel m^2 sind zu hobeln?

c) 1 cm^3 Holz wiegt 0,6 g. Kannst du den Balken zusammen mit drei Freunden tragen? Begründe deine Antwort.

15. Frau Lilienthals Hobby sind Zierfische.
Sie hat ein Aquarium (2,00 m × 0,80 m × 1,40 m) im Wohnzimmer stehen.
Wie viel cm hoch steht das Wasser im Wohnzimmer (5,60 m × 4,00 m), wenn das Wasser auslaufen sollte? Schätze zuerst.

16. a) Welches Gewicht muss der Gabelstapler fortbewegen?

b) Jedes einzelne Paket hat die Maße 12 cm × 7 cm × 15 cm. Welches Volumen nehmen alle Pakete zusammen ein?

17. Ein Tankschiff liegt an einer Ladebrücke im Persischen Golf. Stündlich werden 7 000 m^3 Rohöl in die Tanks des Schiffes gefüllt. Nach 8 Stunden sind alle Tanks gefüllt.

a) An der Löschbrücke im Wilhelmshavener Ölhafen wird die Ladung in 14 Stunden entladen; man sagt dazu auch „gelöscht". Wie viel Kubikmeter Öl wurden in einer Stunde aus den Tanks gedrückt?

b) Das Schiff hat mehrere Öltanks mit je 3 500 m^3. Wie viele Tanks waren gefüllt?

c) 1 m^3 Rohöl wiegt 950 kg. Berechne das Gewicht der Ladung.

18. In die beiden Seehundbecken (siehe Grundflächen rechts) wird Wasser gefüllt. Jedes Becken ist 2 m tief.
1 m^3 Wasser kostet einschließlich Kanalbenutzungsgebühr 4,40 €.
Berechne die Wasserkosten, die für beide Becken zusammen entstehen.

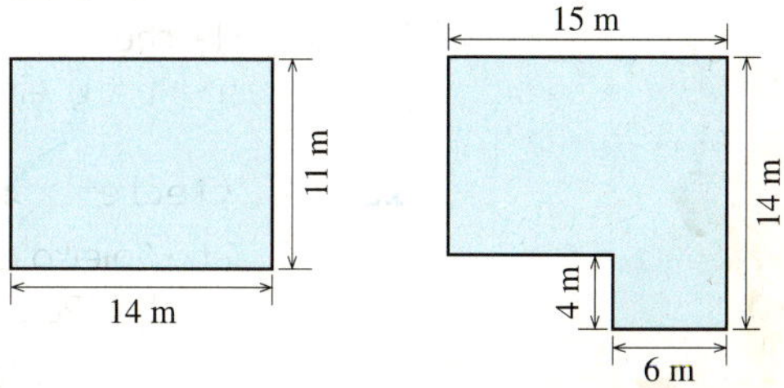

19. Ein Hallenbad hat ein Becken für Schwimmer mit den Maßen 25 m × 12 m × 2 m, ein Becken für Nichtschwimmer mit den Maßen 14 m × 12 m × 1 m und ein Planschbecken mit den Maßen 2 m × 4 m × 0,50 m.
1 m^3 Wasser kostet einschließlich Kanalbenutzungsgebühr 4,25 €. In 1 Stunde kann man 2 400 l Wasser zulaufen lassen. Täglich rechnet man mit einem Verlust von 7 000 l wegen Verdunstung usw.
Stelle selbst geeignete Fragen und beantworte sie.

20.

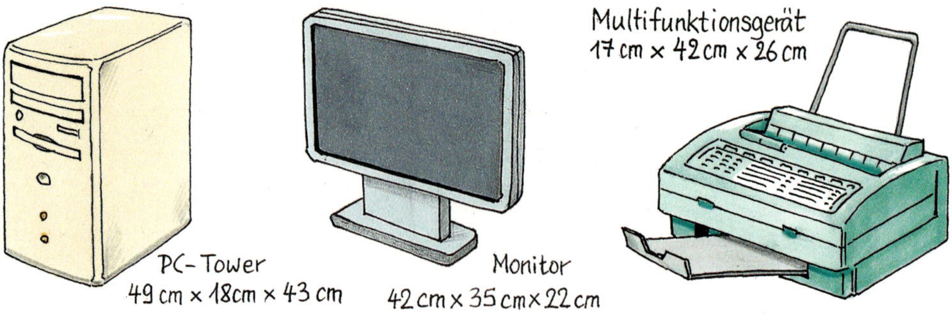

Ein Unternehmen erhält von einem großen Computerhersteller einen Verpackungsauftrag. Verpackt werden sollen die abgebildeten Geräte.
Um die empfindlichen Geräte zu schützen, soll um sie herum eine 5 cm dicke Schutzschicht aus Styropor angepasst werden.

a) Gib die Mindestmaße der Kartons an, die für die einzelnen Geräte benötigt werden.

b) Berechne, wie viel Pappe man für jeden einzelnen Karton benötigt und welchen Raum die Kartons jeweils einnehmen.

c) Berechne, wie viel Styropor man für die Polsterung jedes einzelnen Gerätes benötigt.

21. Das abgebildete Gartenbeet soll gleichmäßig mit einer Rindenhumusschicht von 5 cm Dicke gemulcht werden.
Wie viele Säcke mit Rindenhumus müssen bestellt werden?

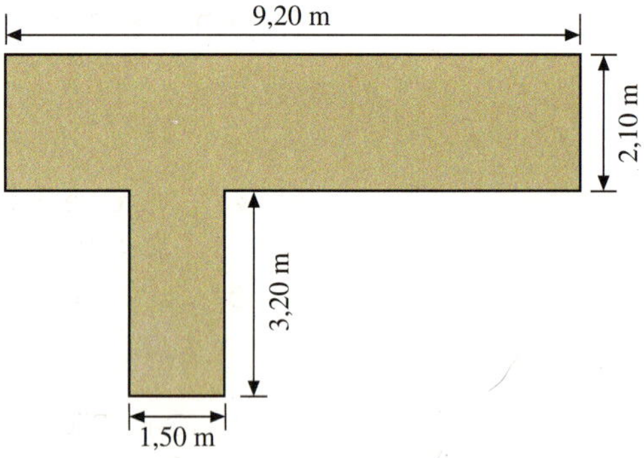

22. Berechne das Volumen des Körpers (Maße in cm).
Denke dir den Körper in Quader zerlegt oder zu einem Quader ergänzt.

a)

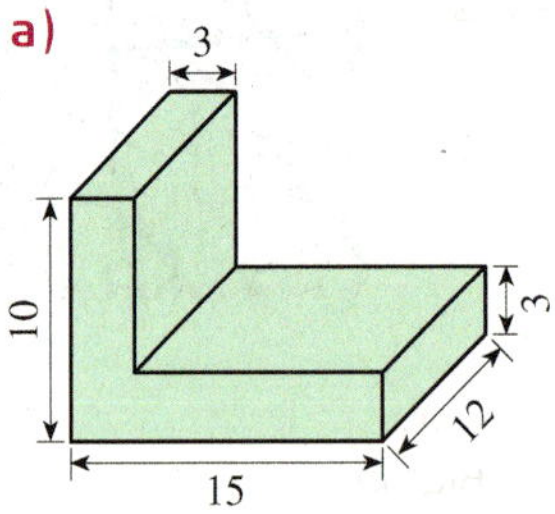

b)

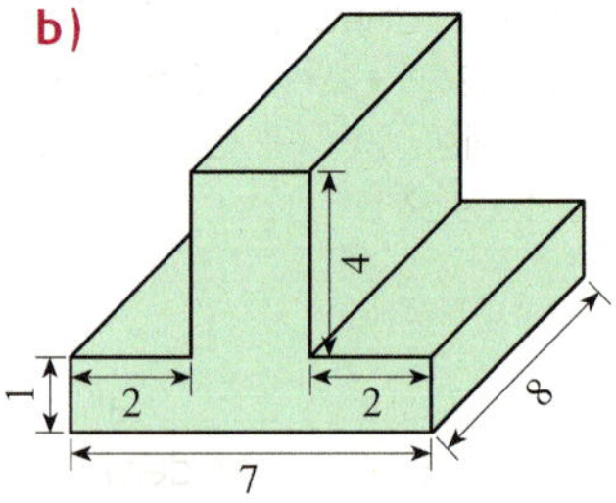

c)

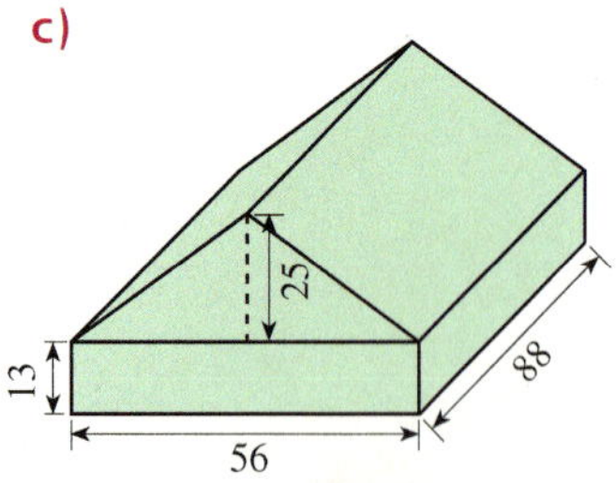

23. Die Skizze zeigt eine Weitsprunganlage.
Stelle geeignete Fragen und beantworte sie.

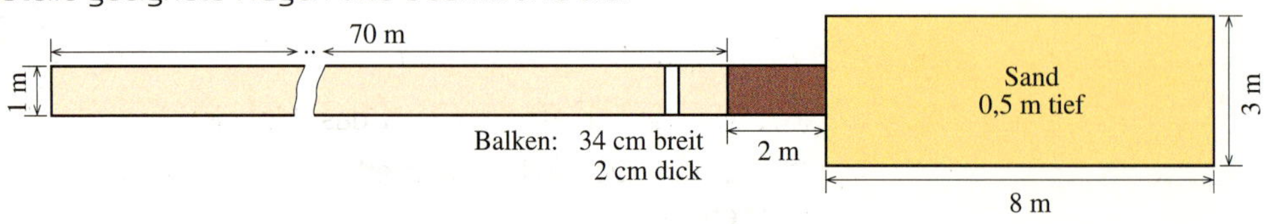

BIST DU FIT?

1. Ein Quader ist 4 cm lang, 2 cm breit und 3 cm hoch.

a) Zeichne zwei verschiedene Netze des Quaders.

b) Zeichne ein Schrägbild des Quaders.

c) Denke dir die *vordere rechte untere* Ecke des Quaders rot. Übertrage dies in die beiden Netze.

2. **a)** Gib das Volumen des Körpers an.

b) Zeichne im Schrägbild Körper mit folgendem Volumen:
(1) $V = 7\ cm^3$ (2) $V = 9\ cm^3$

c) Gib Volumen und Oberflächeninhalt des Quaders mit folgenden Maßen an.
(1) a = 8 cm; b = 7 cm; c = 11 cm
(2) a = 12 m; b = 14 m; c = 9 m

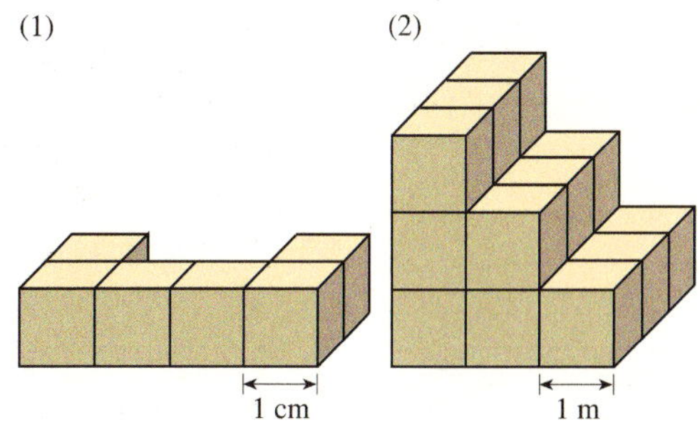

3. Schreibe in der in Klammern angegebenen Maßeinheit.

a) $7\ m^3$ (dm^3)
$4000\ dm^3$ (m^3)

b) 8 *l* (ml)
2000 ml (*l*)

c) 4000 *l* (m^3)
$8000\ cm^3$ (dm^3)

d) $3{,}475\ m^3$ (dm^3)
$3{,}5\ m^3$ (*l*)

4. **a)** Schreibe mit Komma.
(1) 8500 *l* (2) $4090\ dm^3$ (3) $7089\ cm^3$ (4) 210 ml (5) $300\ cm^3$

b) Schreibe mit zwei Maßeinheiten.
(1) $2619\ cm^3$ (2) 9020 ml (3) 4856 *l* (4) $8070\ cm^3$ (5) $12040\ dm^3$

5. **a)** Das Bild zeigt 26 Schwimmdach-Tanks bei Wilhelmshaven. Jeder fasst $30000\ m^3$ Erdöl.
Wie viel fassen alle zusammen?

b) Die Seeschleuse bei Emden hat die Maße 260 m mal 46 m mal 12 m.
Wie viel m^3 Wasser fasst diese Schleuse?

6. Sarahs Großmutter hat 4 Balkonkästen (60 cm lang, 20 cm breit, 20 cm hoch). Sie werden nur bis 5 cm unter dem Rand mit Blumenerde gefüllt.
Ein Sack Blumenerde (25 *l*) kostet 4,10 €.
Wie viel kostet das Auffüllen der vier Kästen mit Erde?

7. Das Winkelstück besteht aus Holz.

a) Aus wie viel cm^3 Holz besteht das Winkelstück?

b) Das Winkelstück soll mit Kupferblech beschlagen werden.
Wie viel cm^2 Kupferblech werden benötigt?

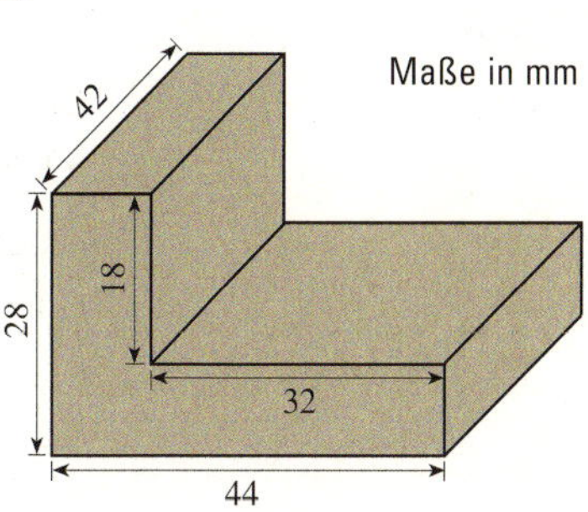

IM BLICKPUNKT: WIR PLANEN EINE KLASSENFAHRT

Die 15 Schülerinnen und 13 Schüler der Klasse 6b der Albert-Schweizer-Schule aus Alsfeld machen gemeinsam mit zwei Lehrern eine Klassenfahrt zum Edersee. Sie haben sich für die Jugendherberge Waldeck entschieden, die unmittelbar am Ufer des Sees liegt, mitten im Nationalpark Kellerwald.

1. Eike und Suleiman haben sich über die Fahrtkosten informiert. Die Bahn nannte ihnen folgendes Angebot.
„Sechs Personen bezahlen für eine Gruppenkarte 15 € für die Hin- und Rückfahrt."
Welcher Betrag muss von jedem Schüler bzw. Lehrer eingesammelt werden?

Bahnhof/Haltestelle	Datum	Zeit	Gleis	Produkte	
Alsfeld Bahnhof	Di, 05.05.09	ab 07:57		Bus 396	Bus Richtung:
Treysa Bahnhof, Schwalmstadt	Di, 05.05.09	an 08:46			Treysa Bahnhof, Schwalmstadt
Treysa Bahnhof, Schwalmstadt	Di, 05.05.09			Fußweg	3 Min.
Treysa	Di, 05.05.09				
Treysa	Di, 05.05.09	ab 08:51	2	RE 4122	Regional-Express Fahrradmitnahme
Wabern (Bz Kassel)	Di, 05.05.09	an 09:06	5		begrenzt möglich
Wabern (Bz Kassel)	Di, 05.05.09	ab 10:07	1	RB	Regionalbahn
Bad Wildungen	Di, 05.05.09	an 10:35	1	23566	Fahrradmitnahme begrenzt möglich, Kurhessenbahn
Dauer: 2:38; fährt Mo – Fr, nicht 1., 21. Mai, 1., 11. Jun					

2. Die Klasse fährt zunächst mit öffentlichen Verkehrsmitteln von Alsfeld nach Bad Wildungen. Von dort wird sie von einem Bus abgeholt, der sie zur nahe gelegenen Jugendherberge bringt. Lisa und Maria haben eine günstige Verbindung herausgesucht.

a) Wie lange dauert die Fahrt von Alsfeld nach Bad Wildungen?

b) Wie viel Zeit hat die Klasse zum Umsteigen in Treysa und Wabern?

3. Den ersten Tag verbringen die Schüler auf dem weitläufigen Freizeitgelände und am Strand vor der Jugendherberge. Von dort kann man einen großen Teil des Sees überblicken, aber hinter einer Biegung geht er noch viel weiter. Mark und Anja haben in einem Prospekt Zahlen über den Edersee gefunden und versuchen sich die Größe des Sees vorzustellen.

a) Der Edersee hat eine Wasseroberfläche von 12 km^2.
Wie viel Fußballfelder hätten auf einer solchen Fläche ungefähr Platz?

b) Wenn der See ganz mit Wasser gefüllt ist, passen 202 Millionen m^3 Wasser hinein. Wie viel Schwimmbadfüllungen sind das, wenn ein Schwimmbad ein Fassungsvermögen von ca. 500 m^3 hat?

c) Die Länge des Sees beträgt 27 km. Wie lange braucht ein Ruderboot, um diese Strecke zu überwinden, wenn das Boot in einer Stunde durchschnittlich 6 km zurücklegt?

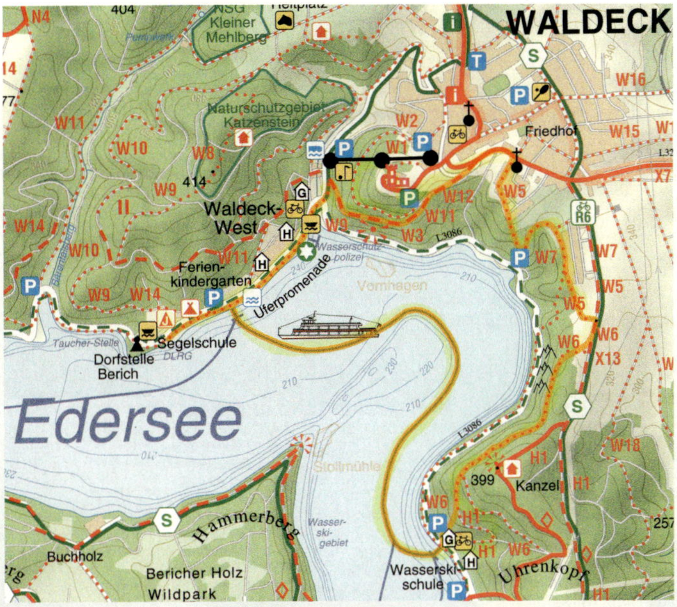

4. Am zweiten Tag soll die Umgebung erkundet werden. Jannik, Cara und Tim haben dafür eine Wanderung ausgearbeitet:
Zunächst geht es 800 m an der Uferpromenade entlang und dann auf einem 1,2 km langen Fußweg zum Schloss Waldeck. Dort ist eine Pause von 1 Stunde für eine Besichtigung vorgesehen. Danach geht es 2 km weiter auf einem Höhenweg bis zur Kanzel, einem Aussichtspunkt. Von da aus führt ein 1,4 km langer Fußweg wieder zum Ufer bis zur Schiffsanlegestelle an der Sperrmauer. Ein Schiff bringt sie wieder zurück zur Jugendherberge.

a) Wie lang ist die Wanderstrecke?

b) Wanderer legen in einer Stunde ungefähr 4 km zurück. Außer der einen Stunde für die Besichtigung des Schlosses sind noch zwei Pausen von je 30 min eingeplant. Wann muss die Klasse mindestens losgehen, damit sie das letzte Schiff für die Heimfahrt um 17:00 Uhr erreichen kann?

5. Das Schloss Waldeck liegt in unmittelbarer Nähe des Ufers und ragt weit sichtbar über den See hinaus. Die Höhe des Schlossberges ist auf der Landkarte mit 381 m angegeben. Vom Wasserspiegel bis zum Schloss sind es jedoch nur ein Drittel dieser Höhenangabe.
Wie hoch liegt das Schloss wirklich über dem See?

6. Am dritten Tag findet ein Schwimmfest im Strandbad statt. Fünf Schüler schwimmen um die Wette, dabei werden folgende Zeiten gestoppt:
Björn 1 min 35 s; Anne $1\frac{1}{2}$ min; Lisa $1\frac{1}{3}$ min; Sabrina 87 s; Maik 1,5 min;

a) Gib alle Zeiten in Sekunden an.

b) Wer ist Bester und wer hat die schlechteste Zeit erreicht?

c) Sven meint, wenn alle nacheinander geschwommen wären, hätten sie mehr als 8 Minuten gebraucht. Stimmt das?

7. Nimm deinen Atlas und bestimme die Entfernung zwischen deinem Schulort und dem Ort Waldeck am Edersee.
Suche dir eine geeignete Karte aus, achte auf den Maßstab.

IM BLICKPUNKT: WIR SIND DIE EXPERTEN

Auf den folgenden zwei Seiten geht es um eine neue Arbeitsform, die ihr vielleicht schon kennt: die **Expertenmethode**.

Diese Methode kann euch helfen, die wichtigen Inhalte der ersten Kapitel gezielt zu wiederholen. Dabei bearbeiten verschiedene Arbeitsgruppen unterschiedliche Aufgabenstellungen (**Phase I**). Jedes Mitglied einer Arbeitsgruppe soll dabei so fit gemacht werden, dass es anschließend den Schülerinnen und Schülern der übrigen Arbeitsgruppen die Aufgaben der eigenen Arbeitsgruppe erklären kann (**Phase II**).

Geht die nachfolgenden Arbeitsaufträge Schritt für Schritt durch. Es ist wichtig, dass ihr euch an die Zeitvorgaben haltet, damit alle Gruppen zur selben Zeit fertig werden.

Phase I: Bearbeitung

- Bildet Arbeitsgruppen mit 4 bis 5 Personen. Legt fest, welche Aufgaben die Arbeitsgruppen bearbeiten. Jede Gruppe bearbeitet nur die eigene Aufgabe.
- Bestimmt innerhalb eurer Arbeitsgruppe einen *Zeitwächter*, der darauf achtet, dass die vorgegebene Arbeitszeit eingehalten wird.
- Löst *gemeinsam* die Aufgabe eurer Arbeitsgruppe. Achtet darauf, dass jeder die Aufgabe so gut versteht, dass er sie später anderen erklären kann.
  Zeitvorgabe: 20 Minuten
- Stellt eure Ergebnisse übersichtlich auf einem Plakat dar. Hängt euer Plakat im Klassenraum auf.
  Zeitvorgabe: 15 Minuten

Phase II: Präsentation

- Bilden von *Präsentationsgruppen*:
  Aus jeder *Arbeitsgruppe* stellt sich jeweils ein Gruppenmitglied zum Plakat von *Aufgabe 1*, ein anderes zum Plakat zu *Aufgabe 2* usw.
- Der Lösungsweg der Aufgabe wird von den jeweiligen Experten erklärt, d.h. von den Gruppenmitgliedern, die an der Aufgabe mitgearbeitet haben.
  Zeitvorgabe: 4 – 5 Minuten
- Nach spätestens 5 Minuten wechseln die Präsentationsgruppen zum nächsten Plakat im Uhrzeigersinn. Je nachdem, wie viele Aufgaben in eurer Klasse bearbeitet wurden, seid ihr nach spätestens fünf oder sechs Mal Wechseln fertig.
- Zum Abschluss solltet ihr im Klassenverband besprechen, was ihr gelernt habt.
  Wie hat euch die Arbeitsweise gefallen?
  Was könnte man noch verbessern?

1. Max hat sechs Freunde zum Geburtstag eingeladen. Er backt für seine Freunde Waffeln.

Zutaten:	**Anleitung:**
¼ kg Margarine 2 Eier 200 g Zucker 1 Pck. (ca. 10 g) Vanillinzucker Geriebene Zitronenschale oder 2 Spritzer Zitronenaroma 450 g Wasser ½ kg Mehl 1 Pck. (ca. 10 g) Backpulver	Verrühre zuerst Margarine, Zucker, Vanillinzucker, Zitronenschale (oder Aroma) und die Eier zu einem cremigen Teig. Gib anschließend Wasser und Mehl hinzu. Verteile das Backpulver auf dem Mehl. Anschließend erneut verrühren. **Warte, bis das Waffeleisen heiß ist (grünes Licht). Nun kannst du backen.**

a) Wie viel Gramm wiegt der Waffelteig etwa insgesamt (1 Ei wiegt ca. 70 g)?

b) Für eine Waffel benötigt man 65 g Teig. Wie viele Waffeln kann Max herstellen?

c) Seine Freunde essen gern Waffeln. Er schätzt, dass jeder etwa 4 bis 5 Waffeln essen wird. Was ratet ihr ihm? Begründet eure Antwort.

△ **d)** Wie viel Zeit benötigt Max zum Backen der Waffeln, wenn er für eine Waffel $1\frac{1}{2}$ Minuten benötigt?

2. Sophie ist Mitglied der Freiwilligen Feuerwehr. Gestern führte ihre Gruppe im Waldschwimmbad eine Übung durch. Das Schwimmbecken (20 m lang, 12 m breit und 1,50 m tief) wurde mit zwölf Pumpen leer gepumpt. Der Zugführer erklärte: „Eine Pumpe schafft 250 Liter in der Minute". Sophie erzählt ihrer Freundin davon. Doch leider kann sie sich nicht mehr erinnern, wie lange das Auspumpen gedauert hat.
Stellt sinnvolle Fragen und bearbeitet diese.

3. Die 25 Schülerinnen und Schüler der Klasse 6a wollen auf dem Schulfest 500 Lose verkaufen. Ein Los soll 1 € kosten. Die Hälfte der Lose sollen Nieten sein. Bei $\frac{1}{4}$ der Lose soll es einen Trostpreis (Bleistift, Radierer ...) im Wert von 50 Cent geben. Bei immerhin einem Fünftel der Lose soll man einen Snack im Wert von 1,50 € gewinnen. Auf die restlichen Lose sollen die Hauptgewinne im Wert von jeweils 5 € entfallen.
Dennis meint: „Wenn wir alle Lose verkaufen, können wir vom Gewinn mit der ganzen Klasse ins Kino gehen. Bei einer Gruppenkarte kostet der Eintritt pro Kind doch nur 4 €."
Was meint ihr dazu? Begründet eure Antwort.

4. Anne, Sebastian und Stefanie holen sich jeder eine leckere Pizza. Anne isst drei Viertel ihrer Pizza auf, Sebastian schafft immerhin vier Fünftel. Stefanie geht es heute leider nicht so gut – sie lässt zwei Drittel ihrer Pizza übrig. Anne und Sebastian wollen die Reste in einen Pizzakarton zusammenpacken. Was meint ihr dazu?

5. *Spiel mit den Würfeln*
Legt vier Somawürfel so aneinander, dass alle Außenflächen zusammen
(1) 16 Quadrate ergeben; (2) 18 Quadrate ergeben.
Gibt es jeweils mehrere Möglichkeiten, die angegebene Anzahl von Quadraten zu erhalten? Begründet eure Antwort.

6. a) Welcher Bruch ist größer: $\frac{3}{5}$ oder $\frac{2}{3}$? Begründet zeichnerisch und rechnerisch.

b) Findet Bruchzahlen, die zwischen $\frac{3}{5}$ und $\frac{2}{3}$ liegen. Erläutert euer Vorgehen.

c) Könnt ihr sagen, wie viele Brüche zwischen $\frac{3}{5}$ und $\frac{2}{3}$ liegen? Erläutert.

2 Bruchzahlen – Addieren und Subtrahieren

Auf dem Bild links siehst du an der Wand Hieroglyphen. Das ist eine Bilderschrift, die von den Ägyptern bereits vor über 5000 Jahren benutzt wurde. Auch für die Zahlen benutzten die Ägypter Bildzeichen. Sie kannten auch schon Brüche mit dem Zähler 1 wie z. B. $\frac{1}{2}$ oder $\frac{1}{4}$.

$\frac{1}{2}$ wurde z. B. mit der Hieroglyphe  oder  für „Hälfte" ausgedrückt.

In der Tabelle siehst du einige ägyptische Zahlzeichen. Wenn die Ägypter einen Bruch, z. B. $\frac{1}{3}$, darstellen wollten, malten sie einfach über das Zeichen für 3 einen Mund.

$\frac{1}{3}$ war dann:

Die Zeichen in der Tabelle bedeuten:

Einer:	kleiner senkrechter Strich
Zehner:	Henkel (Hufeisen)
Hunderter:	Spirale (Tau)
Tausender:	Lotusblüte

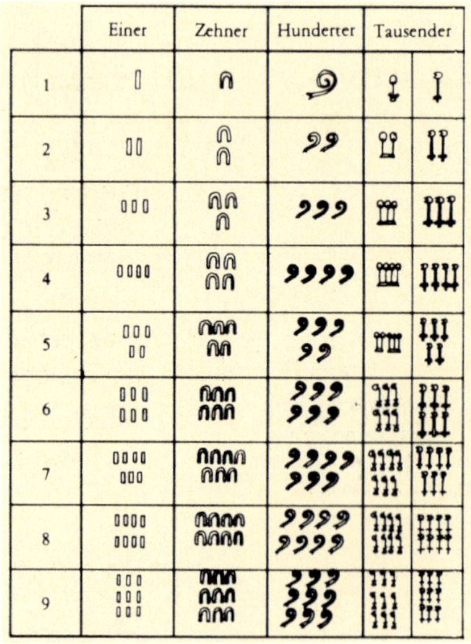

→ Versuche die folgenden Brüche mit dem Zähler 1 in der altägyptischen Schreibweise aufzuschreiben: $\frac{1}{7}$, $\frac{1}{25}$, $\frac{1}{30}$, $\frac{1}{12}$

→ Denke dir selbst einige ägyptische Brüche aus. Dein Nachbar soll versuchen sie zu entschlüsseln.

In diesem Kapitel lernst du …

… wie man Bruchzahlen addiert und subtrahiert. Zunächst wiederholst du, wie man Bruchzahlen darstellen und vergleichen kann.

BRÜCHE

Brüche – Erweitern und Kürzen

Einstieg

→ Welcher Anteil der Tafel Schokolade ist gegessen worden, welcher ist noch vorhanden?

(1)

(2)

→ Beschreibe, wie du die Zutaten abmessen kannst?

Apfelkuchen

Zutaten:

$1\frac{1}{4}$ kg Äpfel

$\frac{3}{8}$ *l* Sahne

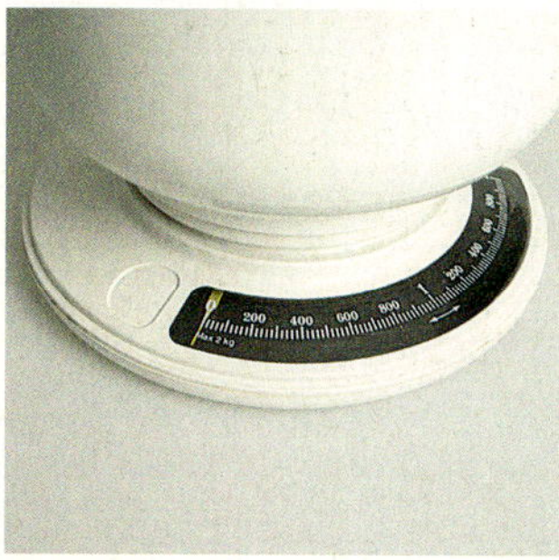

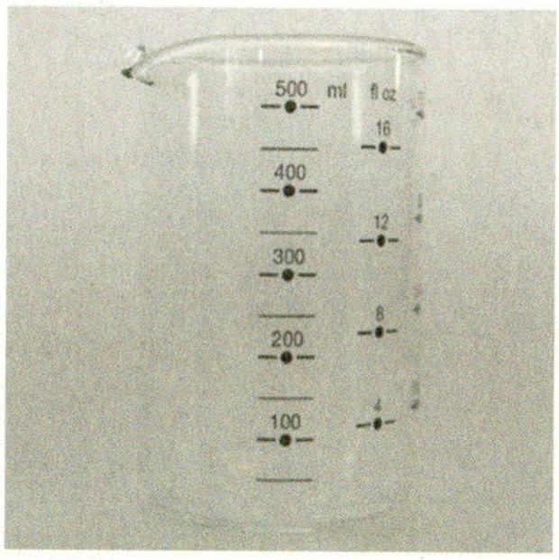

→ Welcher Anteil ist in dem Bild rot, welcher gelb gefärbt? Gib jeweils mehrere Brüche an.

(1)

(2)

(3)

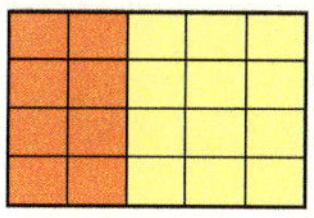

(4)

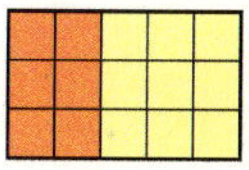

Wiederholung

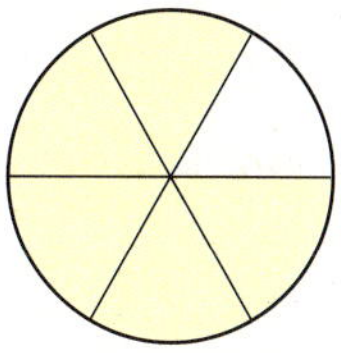

Echte Brüche geben Anteile an einem Ganzen an.

(1) Brüche

$\frac{2}{3}, \frac{5}{6}, \frac{6}{5}, \frac{7}{6}, \frac{7}{10}$, ... sind **Brüche.**

Der Nenner gibt die Anzahl der *gleich großen* Teile an, in die das Ganze zerlegt wird; er „benennt" die Teile. Der Zähler „zählt" die Anzahl der Teile, die genommen werden.

$\frac{5}{6}$ ← Zähler ← Bruchstrich ← Nenner

Brüche, bei denen der Zähler kleiner als der Nenner ist, nennt man *echte* Brüche. Brüche, bei denen der Zähler gleich oder größer als der Nenner ist, heißen *unechte Brüche.*

Unechte Brüche kann man auch in der *gemischten Schreibweise* oder als natürliche Zahl schreiben: $\frac{11}{8} = 1\frac{3}{8}$; $\frac{21}{7} = 3$; $\frac{5}{5} = 1$

(2) Brüche als Maßzahlen in Größenangaben

Mit Brüchen kann man Größen wie Längen, Flächeninhalte, Volumina, Gewichte und Zeitspannen angeben.

Maßzahl → $\frac{5}{8}$ kg ← Maßeinheit

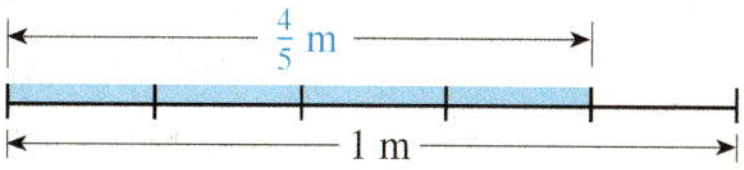

1 m $\xrightarrow{:5}$ $\frac{1}{5}$ m $\xrightarrow{\cdot 4}$ $\frac{4}{5}$ m

100 cm $\xrightarrow{:5}$ 20 cm $\xrightarrow{\cdot 4}$ 80 cm

Also: $\frac{4}{5}$ m = 80 cm

(3) Gleichwertige Brüche – Erweitern und Kürzen

Erweitern eines Bruches

Ein Bruch wird erweitert, indem man seinen Zähler und seinen Nenner mit derselben Zahl ungleich 0 (Erweiterungszahl) multipliziert.

Beispiel: $\frac{3}{4} \overset{2}{=} \frac{3 \cdot 2}{4 \cdot 2} = \frac{6}{8}$; $\frac{3}{4} \overset{3}{=} \frac{3 \cdot 3}{4 \cdot 3} = \frac{9}{12}$

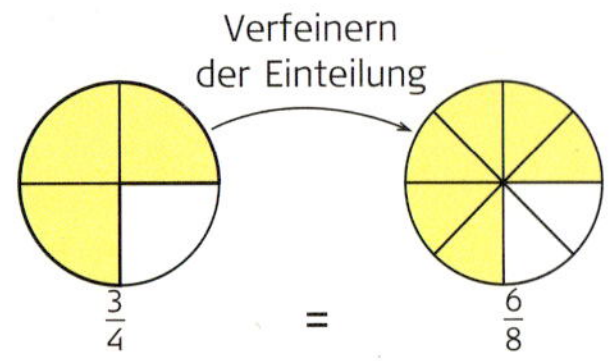

Kürzen eines Bruches

Ein Bruch wird gekürzt, indem man seinen Zähler und seinen Nenner durch dieselbe Zahl ungleich 0 (Kürzungszahl) dividiert.

Beispiel: $\frac{12}{30} \underset{2}{=} \frac{12 : 2}{30 : 2} = \frac{6}{15}$; $\frac{12}{30} \underset{3}{=} \frac{12 : 3}{30 : 3} = \frac{4}{10}$

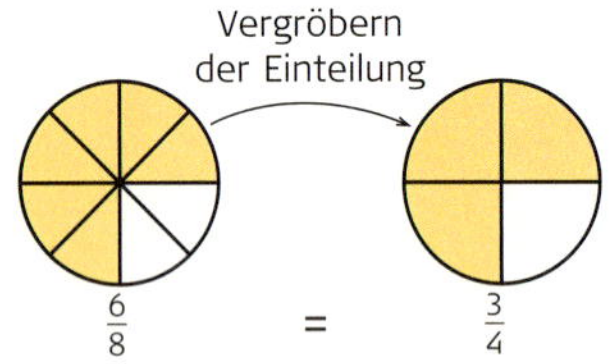

Beim Erweitern und Kürzen ändert sich der Anteil nicht.

(4) Kürzungszahlen eines Bruches und gemeinsame Teiler zweier Zahlen

Der Bruch $\frac{16}{24}$ besitzt als mögliche Kürzungszahlen 1, 2, 4 und 8. Dies sind die **gemeinsamen Teiler** von Zähler und Nenner, hier von 16 und 24:

$T_{16} = \{1; 2; 4; 8; 16\}$
$T_{24} = \{1; 2; 4; 3; 6; 8; 12; 24\}$
gemeinsame Teiler von 16 und 24: 1; 2; 4; 8.

Dies lässt sich unterschiedlich veranschaulichen:

(a) *Zahlenstrahl*

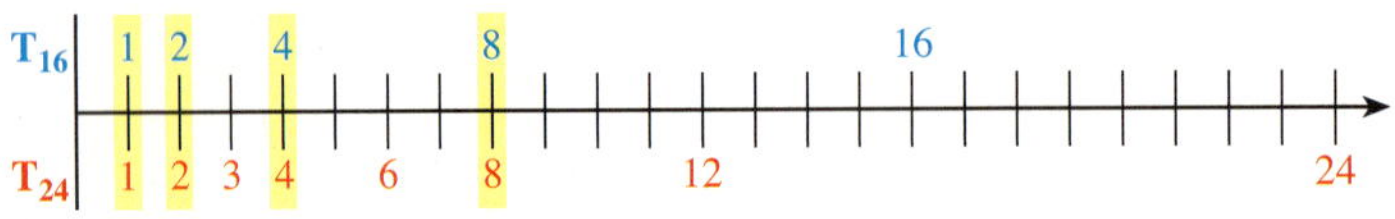

(b) *gemeinsames Mengenbild*

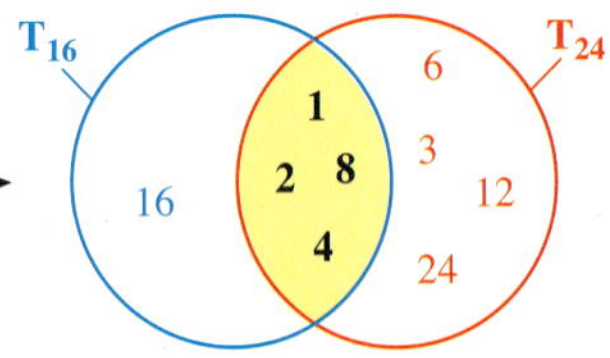

Kürzt man den Bruch $\frac{16}{24}$ sofort mit dem **größten gemeinsamen Teiler** (in Zeichen: **ggT**) der Zahlen 16 und 24, so ist der Bruch nicht mehr kürzbar.

(5) Schnelles Verfahren zum Bestimmen des ggT

(a) Bestimme die Teilermenge der kleineren Zahl (hier: der Zahl 40).

(b) Beginne mit dem größten Teiler (40) und prüfe, ob dieser auch Teiler der zweiten Zahl (hier: 144) ist.
Verfahre dann entsprechend mit dem nächstkleineren Teiler (20) usw., bis du den ggT der beiden Zahlen (hier: 8) gefunden hast.

ggT(40; 144) = ?
(a) $T_{40} = \{1, 2, 4, 5, 8, 10, 20, 40\}$
(b) Ist 40 Teiler von 144? nein
Ist 20 Teiler von 144? nein
Ist 10 Teiler von 144? nein
Ist 8 Teiler von 144? ja
ggT(40; 144) = 8

Zum Festigen und Weiterarbeiten

1. Bestimme die gemeinsamen Teiler von:

a)	b)	c)	d)
6 und 18	4 und 12	19 und 27	46 und 90
8 und 17	3 und 4	32 und 4	60 und 97
21 und 28	14 und 28	60 und 75	96 und 120

2. Bestimme wie in der Information (5) den größten gemeinsamen Teiler von:

a) 20 und 30	b) 24 und 28	c) 45 und 75	d) 85 und 102
35 und 45	30 und 48	64 und 72	80 und 128

Übungen

3. a) In Klasse 5 habt ihr sicherlich aus einem Rechteck Halbe, Drittel, Viertel, Sechstel, Achtel und Sechzehntel angefertigt. Stellt nun auch Zwölftel, Fünftel und Zehntel her.

b) Legt mit den in Teilaufgabe a) hergestellten Bruchteilen folgende Brüche:
(1) $\frac{2}{3}$ (2) $\frac{5}{6}$ (3) $\frac{7}{12}$ (4) $\frac{3}{5}$ (5) $\frac{9}{10}$ (6) $1\frac{1}{6}$ (7) $2\frac{5}{12}$ (8) $1\frac{2}{5}$

c) Legt die folgenden beiden Brüche. Welcher Anteil ist größer?
(1) $\frac{2}{3}$ oder $\frac{7}{12}$ (2) $\frac{7}{10}$ oder $\frac{4}{5}$ (3) $\frac{5}{6}$ oder $\frac{9}{10}$

4. Gib die Tortenvorräte mithilfe von Brüchen bzw. in der gemischten Schreibweise an.

(1) Pfirsichtorte (2) Kirschtorte (3) Kiwitorte

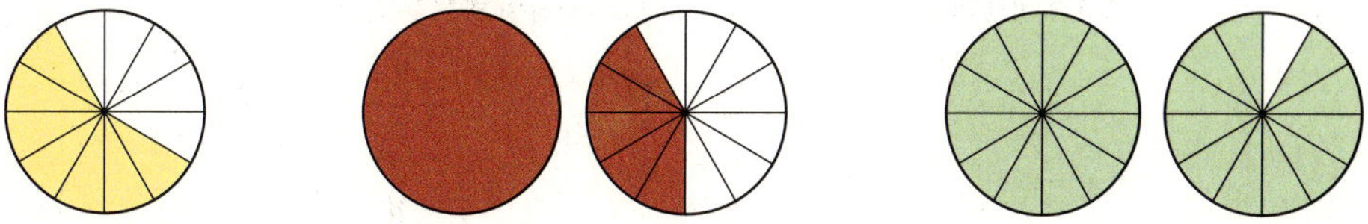

5. a) Welche Brüche sind dargestellt? Erkläre, wie sie entstanden sind.

(1) (2) (3) (4)

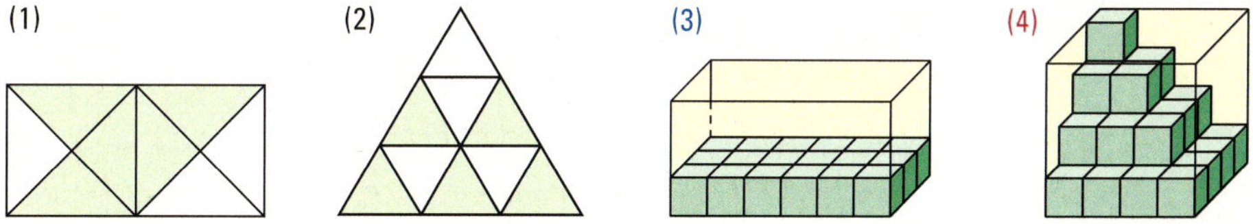

b) Welche Brüche sind dargestellt? Gib sie auch in der gemischten Schreibweise an.

(1) (2) (3)

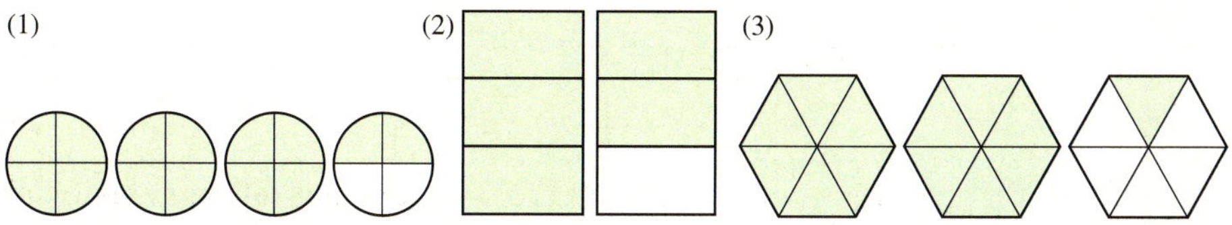

6. Felix behauptet: $\frac{5}{6}$ *des Rechtecks sind blau*

Was meinst du?

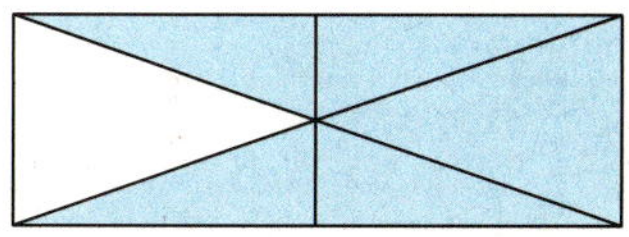

7. a) Die folgenden Flaggen bestehen aus verschieden farbigen Streifen. Gib jeweils den Anteil an, der rot gefärbt ist.

Deutschland Österreich Polen

b) Suche in einem Lexikon oder im Internet weitere Flaggen, bei denen ein Teil rot gefärbt ist. Gib, falls möglich, jeweils den Anteil an.

c) Suche Flaggen mit anderen Farben, bei denen du den Anteil der Farben mit Brüchen benennen kannst. Gib Farbe und Anteil an. Begründe.

8. Wähle auf Karopapier günstige Rechtecke als Ganzes. Färbe grün.

a) $\frac{3}{5}$ **b)** $\frac{5}{9}$ **c)** $\frac{7}{12}$ **d)** $\frac{3}{7}$ **e)** $\frac{7}{16}$ **f)** $\frac{7}{6}$ **g)** $\frac{11}{8}$ **h)** $1\frac{4}{5}$ **i)** $2\frac{7}{9}$

9. Wähle auf Karopapier günstige Strecken als Ganzes. Färbe blau.

a) $\frac{9}{11}$ **b)** $\frac{7}{15}$ **c)** $\frac{3}{10}$ **d)** $\frac{9}{10}$ **e)** $\frac{11}{7}$ **f)** $\frac{13}{8}$ **g)** $\frac{13}{10}$ **h)** $1\frac{6}{7}$ **i)** $2\frac{9}{10}$ **j)** $3\frac{1}{10}$

10. Wie viel fehlt am nächsten Ganzen?

a) $\frac{3}{5}$ **b)** $2\frac{4}{7}$ **c)** $4\frac{5}{11}$ **d)** $3\frac{7}{10}$ **e)** $2\frac{49}{100}$

11. Gib die Größenangaben ohne Brüche an.

$\frac{3}{8}$ *l* Brühe

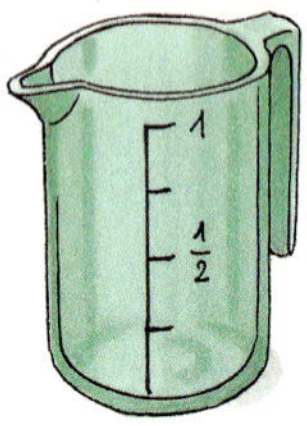

$\frac{1}{4}$ kg Butter

$\frac{3}{4}$ Meter Stoff

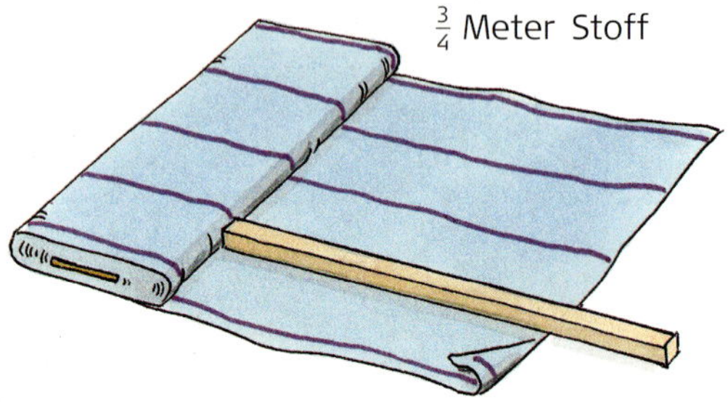

1 m = 100 cm
1 m = 1000 mm
1 kg = 1000 g
1 t = 1000 kg
1 *l* = 1000 ml
1 m^3 = 1000 *l*

12. Gib die Größenangaben an

a) in cm: $\frac{7}{10}$ m; $\frac{4}{5}$ m; $\frac{51}{100}$ m; $1\frac{9}{10}$ m

b) in mm: $\frac{1}{2}$ m; $\frac{3}{4}$ m; $\frac{9}{10}$ m; $1\frac{27}{100}$ m

c) in g: $\frac{7}{8}$ kg; $\frac{4}{5}$ kg; $\frac{3}{10}$ kg; $3\frac{104}{1000}$ kg

d) in kg: $\frac{3}{8}$ t; $\frac{2}{5}$ t; $\frac{9}{10}$ t; $2\frac{3}{10}$ t; $3\frac{990}{1000}$ t

e) in ml: $\frac{7}{8}$ *l*; $\frac{6}{10}$ *l*; $\frac{2}{5}$ *l*; $\frac{17}{20}$ *l*; $1\frac{67}{100}$ *l*

f) in *l*: $\frac{3}{4}$ m^3; $\frac{5}{8}$ m^3; $\frac{4}{5}$ m^3; $3\frac{7}{10}$ m^3

Erweitern und Kürzen

13. Die Brüche $\frac{3}{4}$, $\frac{6}{8}$ und $\frac{9}{12}$ sind gleichwertig. Begründe dies, indem du die Anteile darstellst. Versuche, mehrere Möglichkeiten zu finden.

14. Erweitere die Brüche $\frac{2}{3}$; $\frac{1}{6}$; $\frac{3}{2}$; $\frac{8}{5}$; $\frac{4}{15}$; $\frac{4}{1}$ und $\frac{3}{10}$

a) mit der Erweiterungszahl 12;

b) so, dass der Nenner 30 ist;

c) so, dass der Zähler 24 ist.

15. Erweitere nacheinander mit 2, 3, 5, 10, 11, 12, 24 und 25.

a) $\frac{2}{3}$ **b)** $\frac{1}{8}$ **c)** $\frac{3}{5}$ **d)** $\frac{4}{7}$ **e)** $\frac{5}{12}$ **f)** $\frac{11}{1}$ **g)** $\frac{8}{15}$ **h)** $\frac{7}{12}$ **i)** $\frac{18}{25}$ **j)** $\frac{24}{13}$

16. Erweitere jeweils so, dass der Nenner 10, 100 oder 1 000 ist.

a) $\frac{11}{5}$; $\frac{5}{4}$ **c)** $\frac{9}{20}$; $\frac{7}{25}$ **e)** $\frac{21}{250}$; $\frac{52}{125}$

b) $\frac{9}{2}$; $\frac{3}{25}$ **d)** $\frac{13}{40}$; $\frac{39}{200}$ **f)** $\frac{5}{8}$; $\frac{131}{200}$

$\frac{7}{20} \overset{5}{=} \frac{35}{100}$

17. Welche der Brüche $\frac{6}{5}$, $\frac{18}{25}$, $\frac{25}{6}$, $\frac{5}{8}$, $\frac{9}{20}$, $\frac{8}{15}$, $\frac{45}{11}$, $\frac{15}{4}$, $\frac{5}{12}$, $\frac{10}{9}$, $\frac{3}{50}$, $\frac{3}{125}$, $\frac{30}{7}$, $\frac{9}{40}$ lassen sich so erweitern, dass

a) der Nenner 10 oder 100 oder 1 000, ... wird; **b)** der Zähler 90 wird?

18. Übertrage ins Heft. Setze für $\square$ die passende Zahl ein. Gib auch die Erweiterungszahl an.

a) $\frac{3}{7} = \frac{\square}{28}$ **c)** $\frac{7}{12} = \frac{35}{\square}$ **e)** $\frac{\square}{12} = \frac{48}{36}$ **g)** $\frac{3}{4} = \frac{\square}{8} = \frac{\square}{24} = \frac{\square}{120} = \frac{\square}{840}$

b) $\frac{5}{4} = \frac{15}{\square}$ **d)** $\frac{3}{\square} = \frac{24}{40}$ **f)** $\frac{\square}{12} = \frac{36}{48}$ **h)** $\frac{6}{5} = \frac{18}{\square} = \frac{72}{\square} = \frac{144}{\square} = \frac{720}{\square}$

19. Bestimme die Erweiterungszahl. Welche Aussagen sind falsch?
Berichtige bei der zweiten Zahl dann nur den Nenner.

a) $\frac{5}{8} = \frac{35}{56}$, $\frac{7}{9} = \frac{42}{63}$ b) $\frac{4}{11} = \frac{36}{99}$, $\frac{13}{5} = \frac{65}{25}$ c) $\frac{12}{7} = \frac{48}{28}$, $\frac{8}{15} = \frac{48}{90}$ d) $\frac{11}{9} = \frac{110}{99}$, $\frac{25}{8} = \frac{125}{56}$ e) $\frac{17}{23} = \frac{51}{96}$, $\frac{37}{46} = \frac{111}{138}$ f) $\frac{16}{15} = \frac{256}{225}$, $\frac{52}{63} = \frac{364}{441}$

20. Erweitere die Brüche so, dass sie dann einen gemeinsamen Nenner haben.

$\frac{2}{3}; \frac{4}{5}$ $\frac{2}{3} \overset{5}{=} \frac{10}{15}$ $\frac{4}{5} \overset{3}{=} \frac{12}{15}$

a) $\frac{1}{2}; \frac{3}{4}$ **b)** $\frac{5}{4}; \frac{1}{6}$ **c)** $\frac{9}{10}; \frac{4}{25}$ **d)** $\frac{5}{6}; \frac{3}{8}$ **e)** $\frac{3}{2}; \frac{2}{3}; \frac{4}{5}$ **f)** $\frac{15}{14}; \frac{10}{21}; \frac{3}{35}; \frac{9}{70}$

21. Erweitere die Brüche; sie sollen einen möglichst kleinen gemeinsamen Nenner haben.

a) $\frac{3}{4}; \frac{7}{8}; \frac{5}{6}; \frac{11}{12}$ **b)** $\frac{7}{10}; \frac{13}{15}; \frac{21}{5}; \frac{9}{20}$ **c)** $\frac{13}{12}; \frac{19}{18}; \frac{9}{8}; \frac{10}{9}$ **d)** $\frac{5}{6}; \frac{7}{8}; \frac{9}{10}; \frac{14}{15}$

22. Kontrolliere Annes Hausaufgaben.
Ändere gegebenenfalls den Bruch auf der rechten Seite ab.

a) $\frac{7}{3} = \frac{42}{18}$ c) $\frac{9}{14} = \frac{72}{126}$ e) $\frac{45}{19} = \frac{300}{209}$ g) $\frac{22}{27} = \frac{66}{81}$ i) $\frac{18}{32} = \frac{54}{96}$

b) $\frac{12}{13} = \frac{48}{52}$ d) $\frac{17}{8} = \frac{68}{32}$ f) $\frac{17}{41} = \frac{51}{132}$ h) $\frac{3}{5} = \frac{75}{45}$ j) $\frac{12}{45} = \frac{144}{900}$

23. Gegeben sind die Brüche $\frac{36}{32}; \frac{36}{48}; \frac{180}{80}; \frac{72}{48}; \frac{72}{64}$ und $\frac{108}{144}$.

a) Kürze jeden der Brüche mit der Kürzungszahl 4.

b) Kürze jeden der Brüche so, dass du den Nenner 16 erhältst.

c) Kürze jeden der Brüche so, dass du den Zähler 9 erhältst.

24. a) Erkläre: Die Brüche wie $\frac{4}{7}, \frac{11}{5}, \frac{8}{9}$ lassen sich (außer mit 1) nicht kürzen.
Gib fünf weitere solche Brüche an.

b) Erläutere, warum die Zahl 1 keine sinnvolle Kürzungs- oder Erweiterungszahl ist.

25. Kürze die Brüche $\frac{12}{30}, \frac{18}{24}, \frac{24}{6}, \frac{48}{60}$ und $\frac{6}{54}$ **a)** mit 2; **b)** mit 3; **c)** mit 6.

26. Bestimme die gemeinsamen Teiler der beiden Zahlen.

a) 8 und 16, 10 und 25 **b)** 9 und 36, 14 und 21 **c)** 15 und 25, 16 und 32 **d)** 20 und 40, 18 und 24

27. Gib den größten gemeinsamen Teiler an.

a) 12 und 18, 48 und 64 **b)** 16 und 30, 20 und 30 **c)** 24 und 30, 15 und 45 **d)** 20 und 35, 12 und 36

28. Wie groß ist der größte gemeinsame Teiler zweier Primzahlen?

29. Der größte gemeinsame Teiler zweier Zahlen ist: **a)** 4; **b)** 7; **c)** 1; **d)** 12.
Wie können die beiden Zahlen lauten? Gib drei Möglichkeiten an.

30. Kürze; es gibt mehrere Möglichkeiten. Gib wie im Beispiel jeweils die Kürzungszahl an.

$\frac{30}{48} \underset{2}{=} \frac{15}{24}$ $\frac{30}{48} \underset{3}{=} \frac{10}{16}$ $\frac{30}{48} \underset{6}{=} \frac{5}{8}$

a) $\frac{30}{40}$ b) $\frac{28}{16}$ c) $\frac{18}{12}$ d) $\frac{45}{30}$ e) $\frac{34}{36}$ f) $\frac{16}{40}$ g) $\frac{40}{60}$ h) $\frac{20}{10}$ i) $\frac{80}{120}$ j) $\frac{144}{60}$ k) $\frac{108}{180}$

31. Kürze jeden Bruch auf zweierlei Weise.

$\frac{60}{90} \underset{2}{=} \frac{30}{45}$ $\frac{60}{90} \underset{15}{=} \frac{4}{6}$

a) $\frac{8}{12}; \frac{15}{30}; \frac{30}{18}; \frac{16}{4}; \frac{25}{50}$ b) $\frac{8}{20}; \frac{36}{48}; \frac{18}{6}; \frac{10}{20}; \frac{18}{30}; \frac{40}{60}; \frac{40}{100}$

32. Übertrage ins Heft. Setze für ▢ die passende Zahl ein. Gib auch die Kürzungszahl an.

a) $\frac{12}{20} = \frac{▢}{5}$; $\frac{20}{25} = \frac{4}{▢}$ b) $\frac{15}{25} = \frac{▢}{5}$; $\frac{16}{12} = \frac{4}{▢}$ c) $\frac{6}{8} = \frac{3}{▢}$; $\frac{15}{20} = \frac{▢}{4}$ d) $\frac{10}{12} = \frac{▢}{6}$; $\frac{40}{60} = \frac{2}{▢}$ e) $\frac{72}{96} = \frac{6}{▢}$; $\frac{195}{52} = \frac{15}{▢}$ f) $\frac{90}{72} = \frac{▢}{4}$; $\frac{88}{110} = \frac{▢}{5}$

33. Kontrolliere Pauls Hausaufgaben.
Berichtige gegebenenfalls bei dem linken Bruch nur den Nenner.

a) $\frac{36}{40} = \frac{9}{10}$; $\frac{56}{32} = \frac{7}{4}$ b) $\frac{63}{45} = \frac{7}{5}$; $\frac{35}{65} = \frac{7}{13}$ c) $\frac{49}{63} = \frac{7}{8}$; $\frac{33}{77} = \frac{3}{7}$ d) $\frac{48}{64} = \frac{3}{4}$; $\frac{45}{33} = \frac{15}{11}$ e) $\frac{165}{180} = \frac{11}{12}$; $\frac{64}{400} = \frac{4}{25}$ f) $\frac{78}{169} = \frac{6}{13}$; $\frac{108}{144} = \frac{9}{11}$

34. Kürze schrittweise so weit wie möglich.

$\frac{60}{90} \underset{2}{=} \frac{18}{48} \underset{2}{=} \frac{9}{24} \underset{3}{=} \frac{3}{8}$

a) $\frac{12}{16}; \frac{84}{21}; \frac{12}{18}$ c) $\frac{36}{90}; \frac{48}{80}; \frac{75}{60}$ e) $\frac{63}{36}; \frac{45}{54}; \frac{84}{48}$

b) $\frac{40}{50}; \frac{28}{24}; \frac{24}{36}$ d) $\frac{42}{28}; \frac{75}{45}; \frac{32}{48}$ f) $\frac{24}{60}; \frac{96}{120}; \frac{112}{84}$ g) $\frac{42}{30}; \frac{90}{135}; \frac{36}{40}$ h) $\frac{60}{144}; \frac{48}{128}; \frac{42}{126}$

35. Gib in einer größeren Einheit an; kürze dann.

a) 150 g; 750 m b) 350 ml; 25 min c) 25 cm; 25 mg d) 30 cm; 30 s e) 25 a; 400 g

$240\text{ g} = \frac{240}{1000}\text{ kg} = \frac{6}{25}\text{ kg}$

36. Kürze so weit wie möglich, falls noch nötig.

a) $\frac{4}{10}; \frac{5}{11}; \frac{6}{12}; \frac{7}{13}; \frac{8}{14}; \frac{9}{15}$ c) $\frac{40}{2}; \frac{39}{3}; \frac{38}{4}; \frac{37}{5}; \frac{36}{6}; \frac{35}{7}$ e) $\frac{56}{70}; \frac{18}{45}; \frac{72}{63}; \frac{32}{36}; \frac{65}{39}; \frac{45}{27}$

b) $\frac{16}{22}; \frac{17}{23}; \frac{18}{24}; \frac{19}{25}; \frac{20}{26}; \frac{21}{27}$ d) $\frac{32}{12}; \frac{33}{13}; \frac{34}{14}; \frac{35}{15}; \frac{36}{16}; \frac{37}{17}$ f) $\frac{10}{16}; \frac{23}{29}; \frac{33}{9}; \frac{38}{18}; \frac{39}{19}; \frac{84}{36}$

37. Kürze mit allen möglichen Kürzungszahlen.

a) $\frac{24}{16}$ b) $\frac{18}{24}$ c) $\frac{40}{48}$ d) $\frac{36}{54}$ e) $\frac{80}{32}$ f) $\frac{96}{72}$ g) $\frac{105}{30}$ h) $\frac{72}{12}$

38. Übertrage ins Heft. Setze für ▢ die passende Zahl ein. Gib auch die Kürzungszahlen an.
Mit welcher Zahl ist insgesamt gekürzt worden?

a) $\frac{360}{240} = \frac{▢}{120} = \frac{▢}{24} = \frac{▢}{8} = \frac{▢}{2}$ b) $\frac{144}{180} = \frac{72}{▢} = \frac{24}{▢} = \frac{12}{▢} = \frac{4}{▢}$

39. Gebt alle Brüche an mit dem Zähler 2, 3, 4, 5 oder 6 und dem Nenner 12, 15, 16, 18, 20 oder 24. Kürzt diese Brüche soweit möglich. Welche verschiedenen Bruchzahlen erhaltet ihr?

40. Welche der Brüche $\frac{5}{6}; \frac{9}{15}; \frac{12}{48}; \frac{45}{72}; \frac{8}{12}; \frac{20}{24}; \frac{30}{48}; \frac{27}{49}$ sind wertgleich?
Begründe durch geeignetes Kürzen oder Erweitern.

41. Julia behauptet: Ich kann einen Bruch immer erweitern, aber nicht immer kürzen.
Was meinst du dazu? Finde Beispiele und erkläre.

Umwandeln der gemischten Schreibweise in einen Bruch und umgekehrt

Einstieg

Jan und Lisa haben Waffeln gebacken.
Hier siehst du, was übrig geblieben ist:

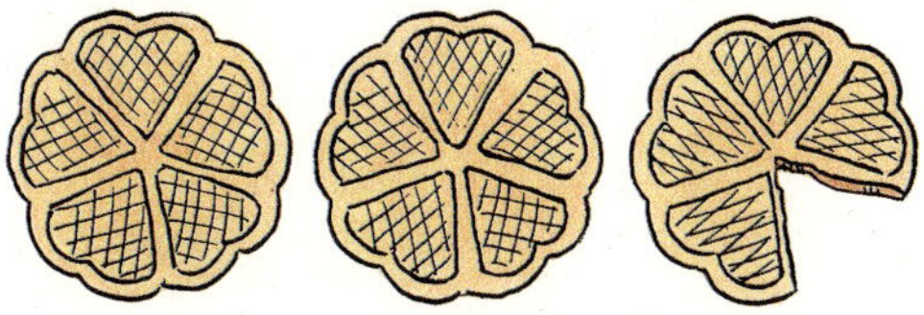

→ Schreibe auf unterschiedliche Weise. Erkläre.

Aufgabe

1. **a)** Schreibe $3\frac{5}{8}$ als unechten Bruch. **b)** Schreibe $\frac{14}{3}$ in gemischter Schreibweise.

Lösung

a) $3\frac{5}{8}$ bedeutet:
3 Ganze und 5 Achtel
Wir überlegen:
3 Ganze sind 24 Achtel, dazu noch 5 Achtel, das ergibt 29 Achtel;
$3\frac{5}{8} = \frac{29}{8}$

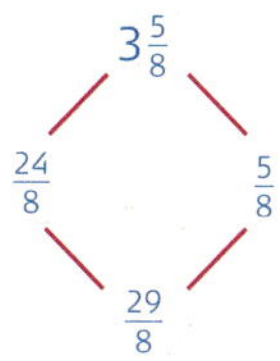

b) $\frac{14}{3}$ bedeutet:
14 Drittel
Wir überlegen:
12 Drittel ergeben 4 Ganze, es bleiben noch 2 Drittel:
$\frac{14}{3} = 4\frac{2}{3}$

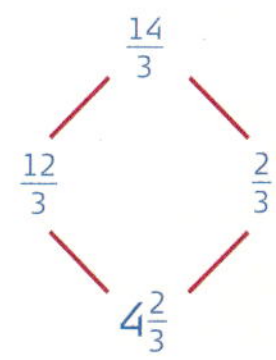

Zum Festigen und Weiterarbeiten

2. Gib als unechten Bruch an.

a) $6\frac{1}{2}$; $5\frac{3}{4}$; $2\frac{3}{8}$; $3\frac{2}{3}$; $4\frac{5}{6}$; $7\frac{5}{12}$; $8\frac{2}{5}$; $4\frac{6}{10}$

b) $1\frac{1}{2}$; $3\frac{1}{4}$; $2\frac{3}{6}$; $4\frac{5}{8}$; $5\frac{9}{10}$; $3\frac{4}{5}$; $1\frac{7}{8}$; $2\frac{3}{4}$

3. Gib die unechten Brüche in der gemischten Schreibweise an.

a) $\frac{9}{2}$; $\frac{35}{4}$; $\frac{35}{8}$; $\frac{25}{3}$; $\frac{46}{6}$; $\frac{39}{12}$; $\frac{37}{5}$; $\frac{73}{10}$

b) $\frac{5}{2}$; $\frac{11}{3}$; $\frac{21}{4}$; $\frac{27}{5}$; $\frac{27}{6}$; $\frac{50}{8}$; $\frac{33}{10}$; $\frac{25}{4}$

4. Betrachte die folgenden unechten Brüche: $\frac{15}{5}$, $\frac{17}{5}$, $\frac{15}{4}$, $\frac{20}{4}$, $\frac{28}{7}$, $\frac{11}{7}$, $\frac{45}{9}$, $\frac{28}{9}$, $\frac{70}{10}$, $\frac{71}{10}$

a) Welche dieser Brüche kann man in der gemischten Schreibweise angeben? Erkläre.

b) Welche dieser Brüche stellen natürliche Zahlen dar, welche nicht? Erkläre.

Übungen

5. Gib als unechten Bruch an: $4\frac{1}{2}$; $8\frac{1}{4}$; $5\frac{2}{3}$; $7\frac{9}{10}$; $5\frac{4}{10}$; $7\frac{11}{20}$; $6\frac{24}{100}$; $5\frac{8}{100}$; $3\frac{125}{1000}$; $4\frac{83}{1000}$

6. Gib in der gemischten Schreibweise an: $\frac{11}{2}$; $\frac{25}{3}$; $\frac{76}{8}$; $\frac{39}{6}$; $\frac{75}{10}$; $\frac{36}{20}$; $\frac{136}{100}$; $\frac{240}{100}$; $\frac{1005}{1000}$

7. Gib in der gemischten Schreibweise an.

a) $\frac{7}{2}$ kg; $\frac{15}{4}$ kg; $\frac{13}{8}$ kg; $\frac{43}{10}$ t; $\frac{219}{100}$ t

b) $\frac{7}{4}$ m; $\frac{11}{8}$ *l*; $\frac{4}{3}$ h; $\frac{15}{2}$ km; $\frac{13}{4}$ *l*; $\frac{53}{10}$ m^2; $\frac{9}{5}$ kg

8. Ordne zu.

BRÜCHE ALS QUOTIENTEN NATÜRLICHER ZAHLEN

Einstieg

Es sind noch 3 Waffeln übrig. Fünf Freunde wollen sich diese Waffeln gerecht teilen.

→ Welchen Anteil an einer Waffel bekommt jeder Junge?

Information

Den *Quotienten zweier natürlicher Zahlen* kann man auch als *Bruch* schreiben.

Beispiele: $2 : 3 = \frac{2}{3}$; $3 : 2 = \frac{3}{2} = 1\frac{1}{2}$

Auch Quotienten mit dem Nenner 1, wie 3 : 1, oder Quotienten mit dem Zähler 0, wie 0 : 4, können wir als Bruch schreiben.

Beispiele: $3 : 1 = \frac{3}{1}$; $0 : 4 = \frac{0}{4}$

Bruchstrich bedeutet Dividieren

Zum Festigen und Weiterarbeiten

1. Welchen Anteil erhält jeder?

a) 3 Personen teilen sich 2 Äpfel **b)** 5 Personen teilen 2 Tafeln Schokolade

2. Notiere als Bruch. Gib das Ergebnis – falls möglich – auch als natürliche Zahl oder in der gemischten Schreibweise an.

a) 7 : 2; 1 : 2 **b)** 3 : 4; 7 : 4 **c)** 2 : 4; 4 : 2 **d)** 3 : 5; 18 : 5 **e)** 3 : 12; 28 : 12 **f)** 1 : 5; 5 : 1 **g)** 0 : 3; 0 : 5

Übungen

3. Notiere als Bruch. Gib das Ergebnis – wenn möglich – auch als natürliche Zahl oder in der gemischten Schreibweise an.

a) 5 : 8; 11 : 8 **b)** 3 : 4; 5 : 4 **c)** 2 : 6; 15 : 6 **d)** 17 : 25; 31 : 25 **e)** 9 : 1; 15 : 1 **f)** 0 : 7; 0 : 1 **g)** 1 : 7; 7 : 1 **h)** 1 : 9; 0 : 9

4. Wandle durch Dividieren in die gemischte Schreibweise um.

a) $\frac{23}{7}$ **d)** $\frac{43}{3}$ **g)** $\frac{143}{12}$ **j)** $\frac{133}{20}$ **m)** $\frac{7428}{100}$

b) $\frac{29}{8}$ **e)** $\frac{99}{7}$ **h)** $\frac{190}{15}$ **k)** $\frac{511}{25}$ **n)** $\frac{3395}{1000}$

c) $\frac{67}{5}$ **f)** $\frac{100}{6}$ **i)** $\frac{131}{11}$ **l)** $\frac{387}{50}$ **o)** $\frac{5294}{1000}$

$$\frac{13}{5} = 13 : 5 = 2 + (3 : 5) = 2 + \frac{3}{5} = 2\frac{3}{5}$$

5. Berechne.

a) 29 : 7 **d)** 93 : 8 **g)** 178 : 18 **j)** 32 073 : 40

b) 43 : 6 **e)** 251 : 10 **h)** 113 : 12 **k)** 2 474 : 125

c) 49 : 9 **f)** 84 : 5 **i)** 1 415 : 60 **l)** 45 976 : 250

$$25 : 6 = \frac{25}{6} = 4\frac{1}{6}$$

6. Schreibe als Bruch. Gib das Ergebnis auch in einer kleineren Maßeinheit an.

a) $3\ m^2 : 4$; $2\ km^2 : 5$; $7\ cm^2 : 10$ **b)** $7\ m^2 : 8$; $6\ dm^2 : 40$; $11\ m^2 : 125$

ANTEILE VON BELIEBIGEN GRÖSSEN – DREI GRUNDAUFGABEN

Bestimmen eines Teils von einer Größe – Bestimmen des Anteils

Einstieg

Jans Mutter besitzt einen Gutshof mit einer 96 ha landwirtschaftlichen Fläche.

Auf $\frac{5}{8}$ dieser Fläche wird Getreide angebaut.

➜ Wie viel ha Land sind das?

Kartoffeln werden auf einer Fläche von 20 ha angebaut.

➜ Welcher Anteil an der Gesamtfläche ist das?

Wiederholung

$\frac{3}{4}$ von bedeutet: dividiere durch 4, multipliziere mit 3

(1) Brüche dienen auch zur Angabe von *Rechenanweisungen*.

Die Rechenanweisung **davon** $\frac{3}{4}$ bedeutet:
Dividiere eine Größe **durch 4, multipliziere** dann das Ergebnis **mit 3** (bzw. zerlege in 4 gleich große Teile, nimm dann 3 davon).

Man erhält einen **Teil der Größe.**
Der *Nenner* des Bruches gibt die Anweisung zum Dividieren, der Zähler zum Multiplizieren an.

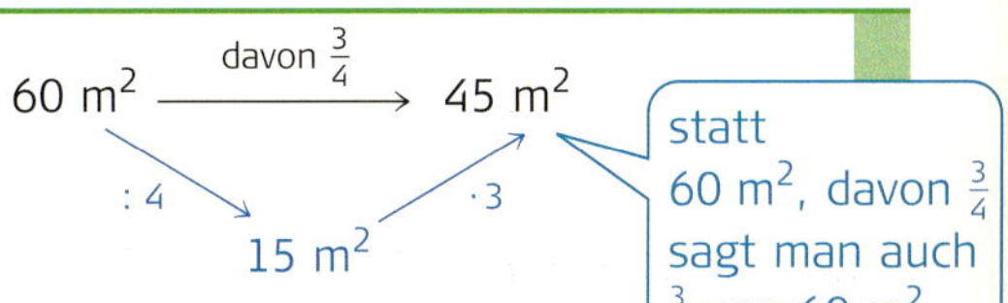

Das Ganze beträgt 60 m²

$\frac{1}{4}$ des Ganzen beträgt $60\ m^2 : 4 = 15\ m^2$

$\frac{3}{4}$ des Ganzen beträgt $15\ m^2 \cdot 3 = 45\ m^2$

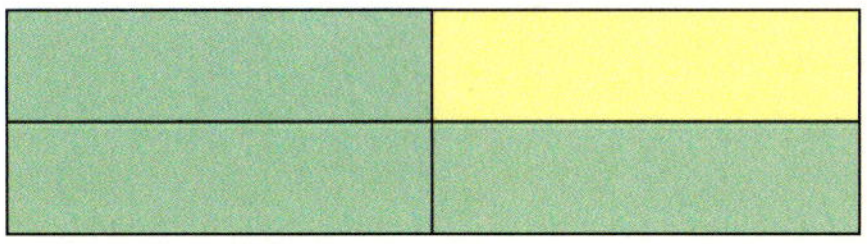

(2) Brüche dienen zur Angabe eines *Anteils*.

$8\ m^2$ von $12\ m^2$ entspricht einem Anteil von $\frac{8}{12}$, gekürzt $\frac{2}{3}$.

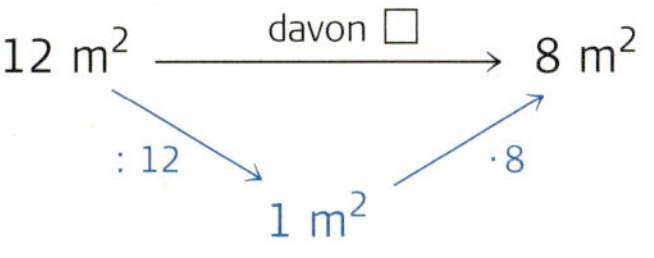

Zum Festigen und Weiterarbeiten

1. Der menschliche Körper besteht zu $\frac{3}{5}$ seines Gewichts aus Wasser. Julia wiegt 35 kg.

a) Wie viel kg Wasser ist in ihrem Körper enthalten?

b) Wie viel kg Wasser enthält dein Körper?

2. Bestimme:

a) $\frac{2}{9}$ von 45 km; $\frac{3}{7}$ von 28 m

b) 360 h, davon $\frac{7}{12}$; 360 h, davon $\frac{4}{5}$

c) $\frac{2}{6}$ von $54\ m^2$; $\frac{53}{12}$ von $48\ cm^2$

d) 460 *l*, davon $\frac{11}{20}$; $\frac{5}{6}$ von $72\ m^3$

3. Julian hat eine Tafel Schokolade mit 24 Stückchen. Er verspeist
(1) 2 Stücke, (2) 10 Stücke, (3) 16 Stücke, (4) 18 Stücke.
Welchen Anteil der Schokolade hat er jeweils gegessen?

4. Welcher Anteil ist das?

a) 12 € von 18 € **c)** 24 km von 54 km **e)** 9 Stunden von 24 Stunden
b) 15 g von 35 g **d)** 18 *l* von 54 *l* **f)** 10 Stunden von 24 Stunden

5. a) Lies die Zeitungsnotiz. Gib den Anteil der Kinder, die sich im Auto nicht anschnallen, als Bruch an.

Jedes fünfte Kind im Auto nicht gesichert

Bad Vilbel. Bei einer Schwerpunktaktion der Polizei im Wetteraukreis war jedes fünfte Kind im Auto nicht angeschnallt.

b) Gib als Anteil an.
(1) Bei einer Grippewelle fehlte jeder vierte Schüler einer Schule.
(2) Bei einer Verkehrskontrolle wurde jeder zweite Lkw überprüft.
(3) Bei einer Schultombola ist jedes zehnte Los ein Gewinn.

Übungen

6. Bestimme: **a)** $\frac{2}{3}$, **b)** $\frac{5}{6}$, **c)** $\frac{5}{10}$, **d)** $\frac{3}{9}$ von (1) 12 cm; (2) 24 cm.

7. Zum Schulfest haben mehrere Klassen am Basketballturnier teilgenommen. Die Beteiligung war unterschiedlich groß. Bestimme den Anteil der mitspielenden Kinder. Es spielten mit aus Klasse

a) 6a: 24 von 30 **c)** 6c: 21 von 28
b) 6b: 25 von 30 **d)** 6d: 12 von 26

8. Welcher Anteil eines Tages ist das?

a) Lisa verbringt 5 Stunden des Tages in der Schule.
b) Tim nimmt sich 3 Stunden am Tag Zeit zum Essen.
c) Yannik schläft 9 Stunden am Tag.

9. In einer Klasse sind 14 Mädchen und 12 Jungen. Welcher Anteil der Klasse sind Mädchen?

10. Es soll gerecht verteilt werden. Gib den Anteil an, den jeder bekommt.

a) 4 Birnen werden an 6 Jungen verteilt.
b) 8 Waffeln werden an 10 Personen verteilt.
c) 2 Torten werden an 12 Personen verteilt.
d) 4 Mädchen teilen sich 6 Äpfel.

11. Gib als Anteil an.
(1) Bei einer Grippewelle fehlte jeder achte Lehrer einer Schule.
(2) Bei einer Verkehrskontrolle wurde jeder vierte Pkw überprüft.
(3) Bei einer Tombola ist jedes fünfte Los ein Gewinn.

12. Die Klasse 6c hat 30 Schüler. In der großen Pause trinken alle Milch oder Kakao. Es tranken

a) vorgestern $\frac{7}{15}$ der Klasse Kakao; **c)** heute $\frac{7}{10}$ der Klasse Kakao.
b) gestern $\frac{3}{5}$ der Klasse Milch;

Wie viele Päckchen von jeder Sorte wurden jeweils zur großen Pause geholt?

Bestimmen des Ganzen

Einstieg

Aufgabe

1. a) Miriam will sich einen MP3-Player kaufen. Sie hat dafür 36 € gespart.
Miriam sagt:
„Leider habe ich erst $\frac{1}{3}$ des Kaufpreises gespart."
Wie viel Euro kostet der MP3-Player?

b) Patrick will sich ein Fahrrad kaufen.
Er hat 290 € gespart.
Patrick sagt:
„Ich habe schon $\frac{2}{3}$ des Kaufpreises zusammen."
Wie teuer ist das Fahrrad?

Lösung

a) *Wir suchen:*
den Kaufpreis, das Ganze.

Wir wissen:
$\frac{1}{3}$ des Kaufpreises beträgt 36 €.

Wir überlegen und rechnen:
1 Drittel des Kaufpreises beträgt 36 €.
3 Drittel des Kaufpreises, also das Ganze, beträgt 3 · 36 €, also 108 €.

Ergebnis: Der MP3-Player kostet 108 €.

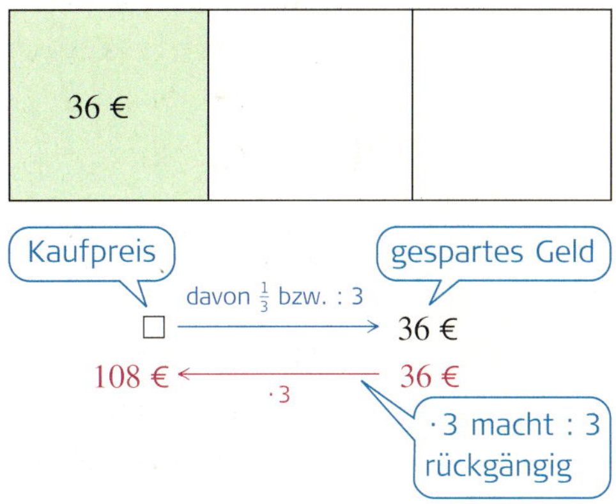

b) *Wir suchen:*
den Kaufpreis, das Ganze.

Wir wissen:
$\frac{2}{3}$ des Kaufpreises beträgt 290 €.

Wir überlegen und rechnen:
2 Drittel des Kaufpreises beträgt 290 €.
1 Drittel des Kaufpreises beträgt 290 € : 2, also 145 €.
3 Drittel des Kaufpreises, also das Ganze, beträgt 3 · 145 €, also 435 €.

Ergebnis: Das Fahrrad kostet 435 €.

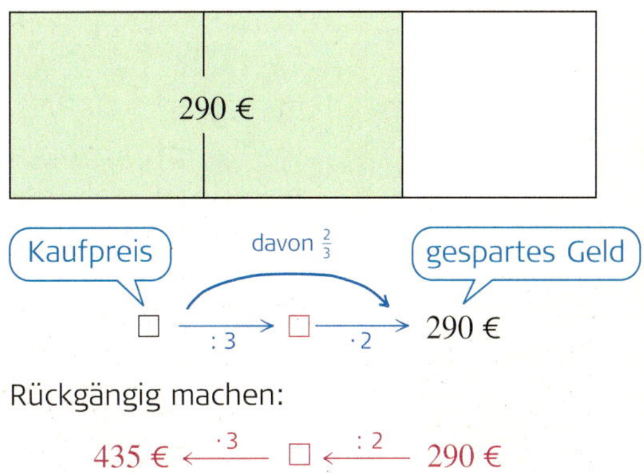

Zum Festigen und Weiterarbeiten

2. Bestimme die Rechenanweisungen. Beginne mit den kurzen blauen Pfeilen.
Was fällt dir auf?

a)
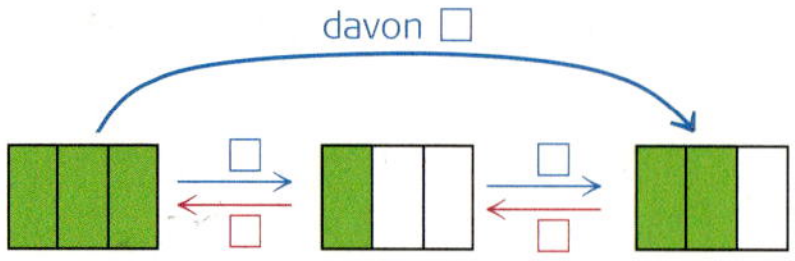

b)
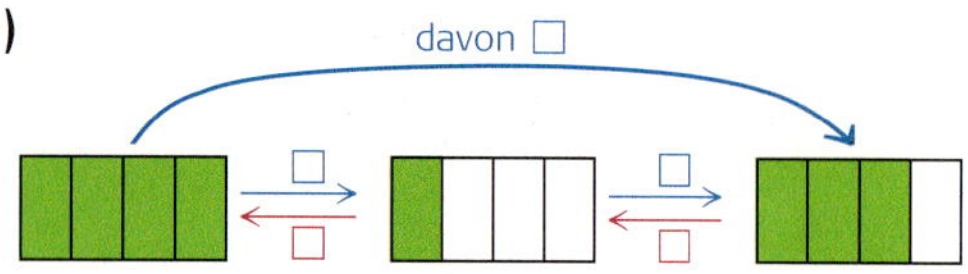

3. Übertrage ins Heft und fülle die Lücken aus.

a)
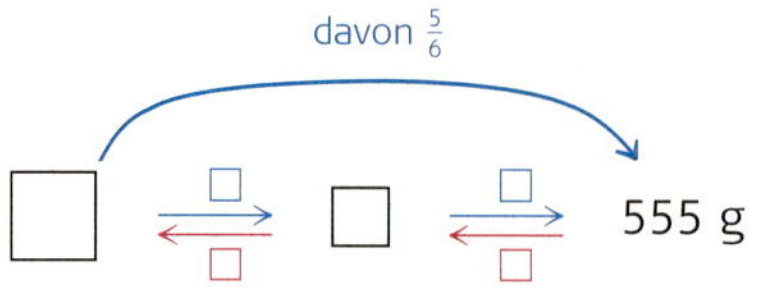

b)
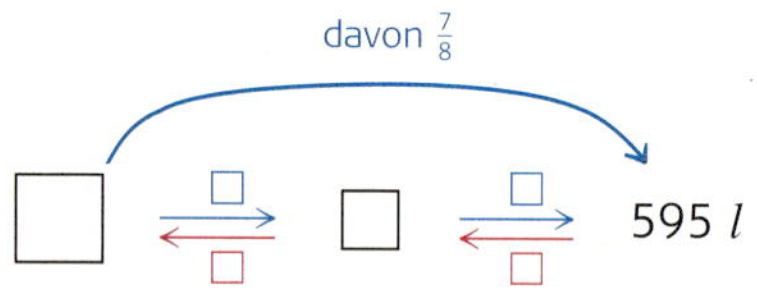

Übungen

4. Wie groß ist die Gesamtgröße (das Ganze)? Denke dir die Rechenanweisung in eine Divisions- und eine Multiplikationsanweisung zerlegt; rechne dann rückwärts.

a) $\square \xrightarrow{\text{davon } \frac{1}{4}} 21\ l$ **b)** $\square \xrightarrow{\text{davon } \frac{2}{4}} 300\ \text{g}$ **c)** $\square \xrightarrow{\text{davon } \frac{1}{5}} 12\ \text{s}$ **d)** $\square \xrightarrow{\text{davon } \frac{2}{5}} 60\ \text{kg}$

$\square \xrightarrow{\text{davon } \frac{3}{4}} 21\ l$ $\square \xrightarrow{\text{davon } \frac{3}{5}} 330\ €$ $\square \xrightarrow{\text{davon } \frac{1}{4}} 36\ \text{s}$ $\square \xrightarrow{\text{davon } \frac{5}{8}} 15\ \text{kg}$

5. Wie groß ist das Ganze?

a) $\frac{1}{6}$ des Gewichts sind 9 kg **d)** $\frac{1}{10}$ der Länge sind 12 km **g)** $\frac{1}{12}$ der Zeitdauer sind 3 h
b) $\frac{5}{6}$ des Gewichts sind 45 t **e)** $\frac{9}{10}$ der Länge sind 540 m **h)** $\frac{7}{12}$ der Zeitdauer sind 28 h
c) $\frac{4}{5}$ des Gewichts sind 24 g **f)** $\frac{3}{5}$ der Länge sind 21 km **i)** $\frac{5}{6}$ der Zeitdauer sind 15 h

6. Kai verlor beim Spiel 6 Spielmarken. Das waren $\frac{2}{3}$ seiner Spielmarken.
Wie viele besaß er vorher?

7. Carolin wurde zur Klassensprecherin gewählt. Sie erhielt $\frac{9}{14}$ aller abgegebenen Stimmen.
Wie viele Stimmen wurden insgesamt abgegeben?

8. Übertrage in dein Heft. Schreibe zu jedem Pfeilbild eine Sachaufgabe. Gib deinem Partner/deiner Partnerin die Aufgabe zum Lösen.

a)
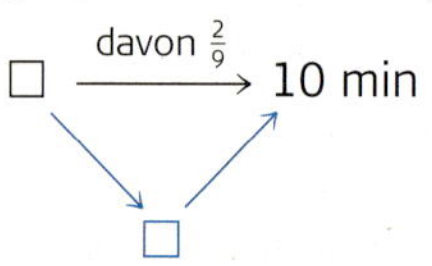

b)
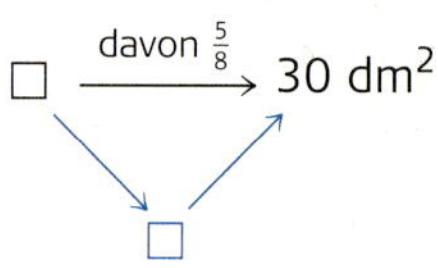

c)
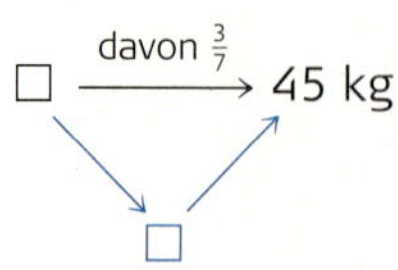

9.

Herr Neumann hat Rasensamen eingekauft. Jakob schaut sich die Verpackung an und sagt:
„Das reicht aber nur für $\frac{3}{5}$ der Fläche."

Vermischte Übungen

Überlege dir bei den folgenden Aufgaben, was gesucht ist.

Der Teil einer Größe ist gesucht

$\frac{3}{4}$ von 60 €

Gegeben
Anteil: $\frac{3}{4}$
Ganzes: 60 €

Gesucht
Teil des Ganzen

Ansatz
$60\ € \xrightarrow{\text{davon } \frac{3}{4}} \square$

Rechnung
$60\ € \xrightarrow{\text{davon } \frac{3}{4}} 45\ €$
$60\ € \xrightarrow{:4} 15\ € \xrightarrow{\cdot 3} 45\ €$

Ergebnis: 45 €

Das Ganze ist gesucht

$\frac{3}{4}$ von einem Ganzen beträgt 90 €

Gegeben
Anteil: $\frac{3}{4}$
Teil des Ganzen: 90 €

Gesucht
Ganzes

Ansatz
$\square \xrightarrow{\text{davon } \frac{3}{4}} 90\ €$

Rechnung
$120\ € \xrightarrow{:4} 30\ € \xrightarrow{\cdot 3} 90\ €$
$90\ € \xrightarrow{:3} 30\ € \xrightarrow{\cdot 4} 120\ €$

Ergebnis: 120 €

Der Anteil am Ganzen ist gesucht

30 € von 80 €

Gegeben
Ganzes: 80 €
Teil des Ganzen: 30 €

Gesucht
Anteil am Ganzen

Ansatz
$80\ € \xrightarrow{\text{davon } \square} 30\ €$

Rechnung
$80\ € \xrightarrow{\text{davon } \frac{3}{8}} 30\ €$
$80\ € \xrightarrow{:8} 10\ € \xrightarrow{\cdot 3} 30\ €$

Ergebnis: $\frac{3}{8}$

1. Eine geplante Umgehungsstraße ist 12 km lang. $\frac{5}{6}$ der Straße sind schon fertig gestellt.
Wie viel km sind das?

2. Wegen einer Grippe-Erkrankung fehlen 9 Schüler, das sind genau $\frac{3}{8}$ der Klasse.
Wie viele Schüler hat die Klasse?

3. Lisa ist mit 24 Stimmen zur Klassensprecherin gewählt worden. Es wurden insgesamt 30 Stimmen abgegeben.
Welchen Anteil der Stimmen erhielt Lisa?

4. Philipp hat mit seinen Eltern vereinbart, dass er nicht mehr als $\frac{2}{5}$ seines Taschengeldes im Monat für Süßigkeiten ausgibt. Im Moment sind das 6 €.
Wie viel Euro Taschengeld bekommt er?

5. Ein Landwirt besitzt 56 ha Land. Auf 32 ha pflanzt er Kartoffeln.
Welcher Anteil seines Landes ist das?

6. Beim Mahlen von Weizen entsteht Mehl; es macht $\frac{2}{3}$ des Weizengewichts aus.
Wie viel kg Mehl erhält man aus

a) 174 kg Weizen? **b)** 345 kg Weizen? **c)** 471 kg Weizen?

7. Hamed will sich ein Fahrrad kaufen. Er hat schon 280 € gespart.
Welchen Anteil des Preises muss er noch sparen?

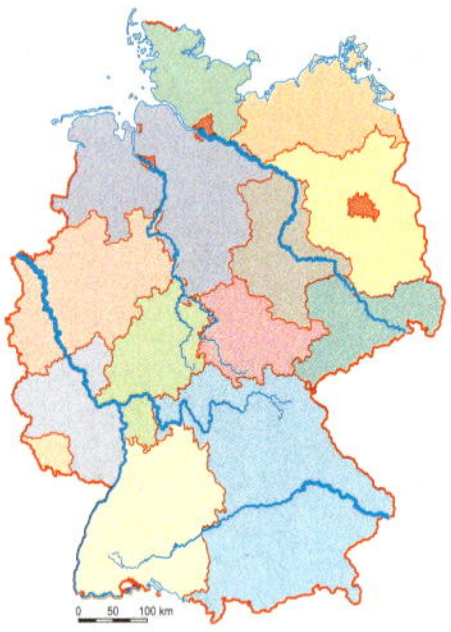

8. **a)** In der Bundesrepublik Deutschland leben rund 82 Mio. Menschen, in Hessen etwa 6 Mio.
Welcher Anteil ist das?

b) Die Bundesrepublik Deutschland hat eine Fläche von ca. 357 000 km². $\frac{1}{17}$ davon entfällt auf Hessen.

9. Aus 1 300 kg Eisenerz gewinnt man 1 000 kg Roheisen, der Rest ist Schlacke.
Wie groß ist der Anteil der Schlacke am Erz?

10. Zwei Kollegen spielen gemeinsam Lotto.
Herr May setzt 2 € ein, Herr Lab 3 €.

a) Welchen Anteil des Einsatzes hat Herr May gezahlt, welchen Herr Lab?

b) Ein Gewinn von 175 € soll entsprechend dem Einsatz verteilt werden.
Wie viel € bekommt Herr May, wie viel Herr Lab?

11. Von 36 Schüler(innen) sind $\frac{5}{12}$ Mädchen, $\frac{2}{9}$ Auswärtige und $\frac{7}{18}$ älter als 11 Jahre.
Prüfe folgende Aussagen.
(1) In der Klasse sind 15 Mädchen.
(2) 14 Schüler(innen) sind höchstens 11 Jahre alt?
(3) 2 Schüler(innen) kommen von auswärts.
(4) Der Anteil der Jungen beträgt $\frac{21}{36}$.

12. Frau Hartmann und Frau Kruse bestellen gemeinsam 10 500 *l* Heizöl. $\frac{2}{3}$ davon werden in Hartmanns Öltank gepumpt, den Rest erhalten Kruses.

a) Wie viel *l* Öl bekommt jede Familie?

b) Der Rechnungsbetrag lautet 5 502 €. Wie viel Euro muss jede Familie zahlen?

13. **a)** Wie viel Euro kostet $\frac{1}{2}$ kg Brot, $\frac{3}{4}$ kg Mehl, $\frac{2}{5}$ kg Zucker?

b) Stelle selbst weitere Aufgaben und löse sie.

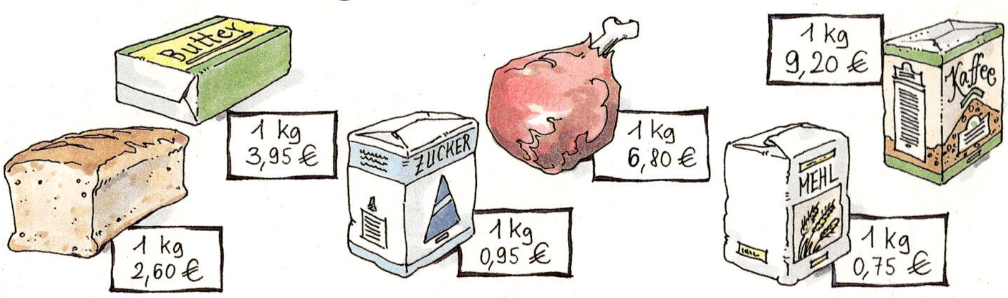

14. Michaels Mutter möchte einen Farbfernseher kaufen. Der Händler verlangt eine Anzahlung von $\frac{3}{10}$ des Preises, der Rest ist bei Lieferung zu zahlen. Die Anzahlung beträgt 330 €.
Wie viel kostet das Gerät?

15. Marias Vater bekommt monatlich 1 500 € ausgezahlt. Er gibt $\frac{3}{10}$ seines Einkommens für Miete und Heizung aus; $\frac{2}{50}$ braucht er für Kleidung und $\frac{4}{30}$ für sein Auto.
Stelle selbst geeignete Aufgaben und löse sie.

16. Stelle selbst eine geeignete Frage und beantworte sie dann.

a) In einer Klasse mit 28 Schülerinnen und Schülern sind 12 in einem Sportverein.

b) Ein Paar Inline-Skates kostet 80 €. Ein Sportgeschäft gibt bei einem Räumungsverkauf einen Preisnachlass von $\frac{1}{10}$ des Kaufpreises.

c) In einer Packung mit 250 g Müsli befinden sich 75 g Haferflocken.

d) In einer Klasse spielen 10 Schüler und Schülerinnen ein Instrument; das sind $\frac{5}{12}$ aller Schüler und Schülerinnen der Klasse.

e) Kartoffeln bestehen zu $\frac{4}{5}$ aus Wasser. In einem Beutel befinden sich 2,5 kg Kartoffeln.

17. **a)** Julia hat sich eine Digital-Kamera ausgesucht. Sie kostet 175 €. Zum Geburtstag hat sie von ihrer Patentante 140 € geschenkt bekommen.
Welcher Anteil am Kaufpreis ist das?

b) Eine Jugendherberge hat 120 Betten; $\frac{3}{5}$ der Plätze sind besetzt.
Wie viele sind das?

c) An einer Schiffsfahrt nehmen 240 Personen teil. Der Kapitän erzählt: „Das Schiff ist zu $\frac{5}{6}$ ausgebucht." Wie viele Fahrgäste kann das Schiff befördern?

18. Bei einer Fahrradkontrolle wurden an 34 Fahrrädern Mängel festgestellt. Das waren $\frac{2}{7}$ aller kontrollierten Räder.
An wie vielen Fahrrädern wurden keine Mängel festgestellt?

19. In einer Klasse sind 4 von 10 Schülern Jungen.
Gib drei mögliche Klassenstärken und Jungenzahlen an.

20. Anne hat in ihrer Klasse 24 Schüler. Alle wurden nach ihrer Lieblingssportart befragt. Unten siehst du das Ergebnis.

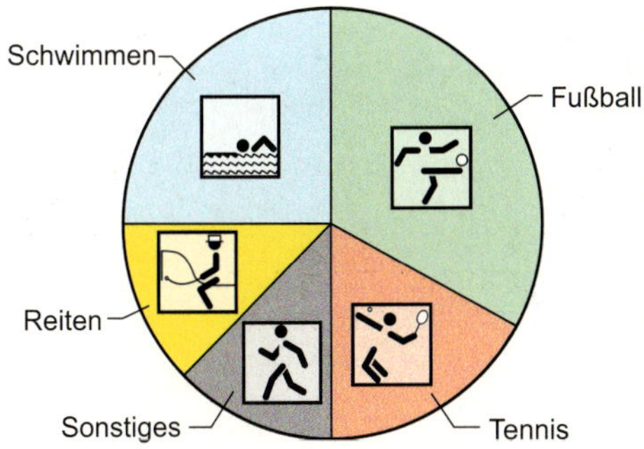

ANGABE VON ANTEILEN IN PROZENT

Einstieg

Die folgenden Angaben findest du häufig im Alltag. Erkläre sie. Finde weitere Beispiele.

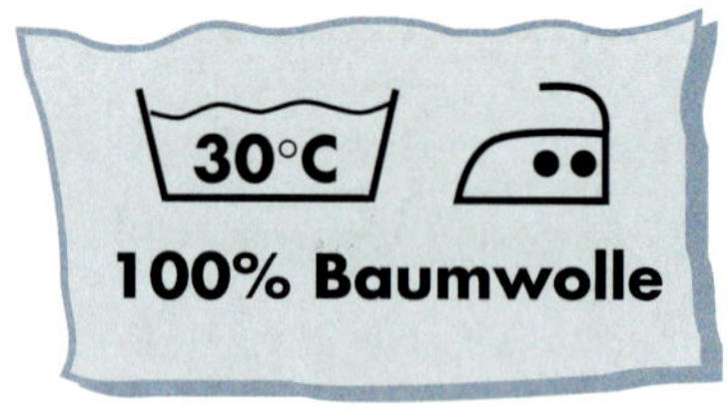

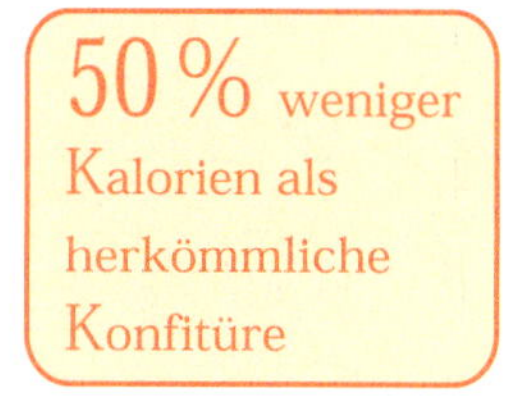

Aufgabe

1. Bei einer Schulsprecherwahl wurden 684 Stimmen abgegeben.

a) Vanessa erhielt 341 Stimmen. Hat Tim Recht?

b) Auf Elias entfielen 25 % der Stimmen. Wie viele Stimmen sind das?

Lösung

a) 100 % ist das Ganze.
50 % der Stimmen bedeutet dasselbe wie die Hälfte der Stimmen:
50 % von 684 Stimmen sind $\frac{1}{2}$ von 684 Stimmen, also 342 Stimmen.
Ergebnis: Tim hat Recht.

b) 25 % sind die Hälfte von 50 %, also die Hälfte von $\frac{1}{2}$. Das sind $\frac{1}{4}$.
$\frac{1}{4}$ von 684 Stimmen sind 171 Stimmen.
Ergebnis: Auf Elias entfielen 171 Stimmen.

Information

pro ⟨lat.⟩ für
centum ⟨lat.⟩ Hundert

Im linken Quadrat ist 1 Hundertstel $\left(\frac{1}{100}\right)$ gefärbt.
Für 1 Hundertstel sagt man auch:
1 % (gelesen: 1 *Prozent*).

Im rechten Quadrat sind 17 Hundertstel gefärbt, das sind 17 % (gelesen: 17 Prozent).

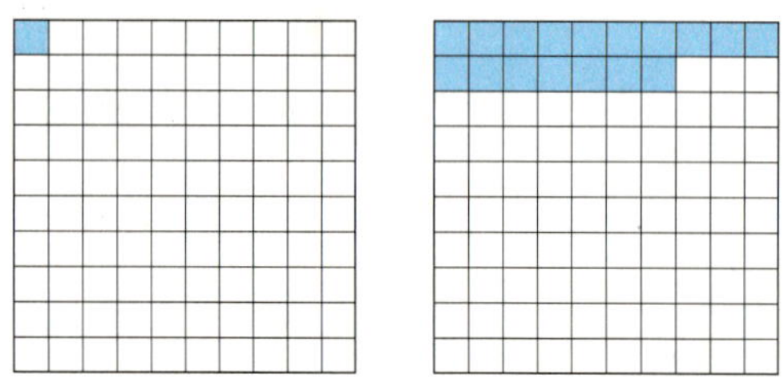

Anteile werden auch in Prozent angegeben.
1 **Prozent** bedeutet 1 Hundertstel: $1\,\% = \frac{1}{100}$
20 Prozent bedeutet 20 Hundertstel: $20\,\% = \frac{20}{100}$

Zum Festigen und Weiterarbeiten

2. a) Schreibe als Bruch; kürze soweit wie möglich.
20 %; 40 %; 60 %; 80 %; 100 %; 10 %; 75 %

$70\,\% = \frac{70}{100} = \frac{7}{10}$

b) Gib folgende Brüche in der Prozentschreibweise an.
$\frac{1}{2}$; $\frac{1}{4}$; $\frac{3}{4}$; $\frac{1}{5}$; $\frac{2}{5}$; $\frac{3}{5}$; $\frac{4}{5}$

$\frac{9}{10} = \frac{90}{100} = 90\,\%$

3. Die Klasse 6 b hat 20 Schüler(innen).

a) 75 % der Schüler(innen) haben Geschwister. Wie viele Schüler(innen) sind das?

b) 20 % der Schüler(innen) kommen mit dem Fahrrad in die Schule.

4. Gib den Anteil der grünen [gelben] Fläche an der gesamten Fläche in Prozent an.

a) 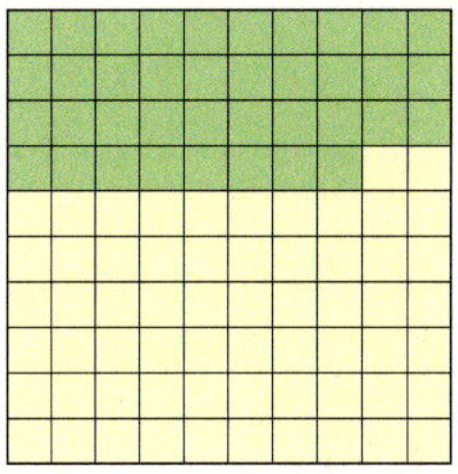

b) 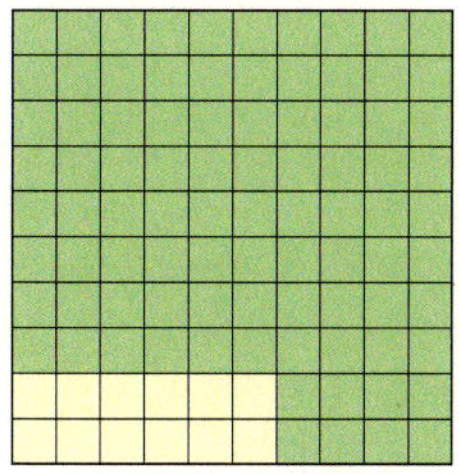

c) 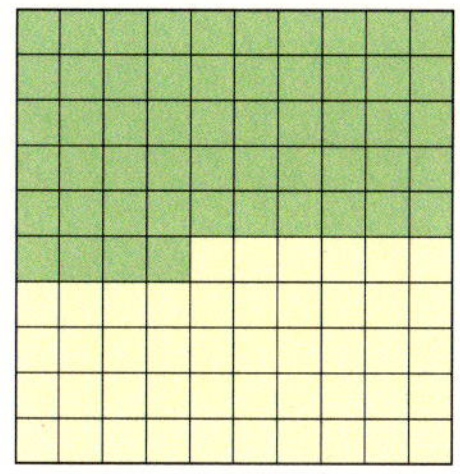

Übungen

5. Zeichne ein geeignetes Rechteck mit 100 Kästchen.
Färbe 20 % [26 %; 33 %; 60 %; 55 %; 80 %] der Fläche rot.

6. **a)** Schreibe als Hundertstelbruch: 2 %; 16 %; 28 %; 35 %; 54 %; 89 %; 100 %

b) Schreibe in Prozent: $\frac{7}{100}$; $\frac{22}{100}$; $\frac{34}{100}$; $\frac{76}{100}$; $\frac{82}{100}$; $\frac{94}{100}$

7. Schreibe die Prozentangaben als vollständig gekürzte Brüche:
5 %; 15 %; 20 %; 25 %; 45 %; 66 %; 84 %; 100 %

8. Gib folgende Brüche in der Prozentschreibweise an.
$\frac{1}{10}$; $\frac{3}{10}$; $\frac{1}{20}$; $\frac{7}{20}$; $\frac{9}{20}$; $\frac{11}{20}$; $\frac{1}{25}$; $\frac{8}{25}$; $\frac{16}{25}$; $\frac{3}{50}$; $\frac{11}{50}$

9. Wie viel Prozent sind

a) 20 € von 100 €; **b)** 43 € von 100 €; **c)** 84 € von 200 €; **d)** 7 kg von 20 kg?

10. Schreibe den Satz mit einem vollständig gekürzten Bruch anstelle der Prozentangabe.
(1) 20 % der Schüler einer Klasse kommen mit dem Bus.
(2) Eiscreme enthält 10 % Fett.
(3) 39 % der Fläche von Hessen ist mit Wald bedeckt.
(4) 8 % der Deutschen leben in Hessen.
(5) 21 % des Haus- und Sperrmülls besteht aus Papier.

11. Schreibe den Satz mit einer Prozentangabe anstelle des Bruches.
(1) Rund $\frac{3}{4}$ des Benzinpreises sind Steuern.
(2) Das Fußballstadion war am letzten Spieltag nur zu $\frac{4}{5}$ besetzt.
(3) Beim Ausverkauf hat ein Geschäft alle Preise um die Hälfte herabgesetzt.
(4) $\frac{3}{10}$ der Schüler einer Schule kommen mit dem Bus zur Schule.

12. Bei einem Schulfest wird ein Gewinn von 1 500 € gemacht. 10 % des Betrages ist für den Neukauf von Spielen geplant.

13. **a)** Die Länge des Rheins innerhalb Deutschlands beträgt etwa 860 km. Davon sind $\frac{9}{10}$ schiffbar. Die Mosel ist 545 km lang, davon sind rund 50 % schiffbar.

b) Schaut im Atlas nach und findet heraus, ab welcher Stadt etwa Mosel und Rhein schiffbar sind.

14. Die Klasse 6a hat 25 Schülerinnen und Schüler. Bei der Klassensprecherwahl entfielen auf Julia 15 Stimmen und auf Tim 10 Stimmen. Gib die Anteile in Prozent an.

15. Sammelt Zeitungsausschnitte mit Prozentangaben und präsentiert sie im Klassenraum.

△ VERHÄLTNISSE UND ANTEILE

Einstieg

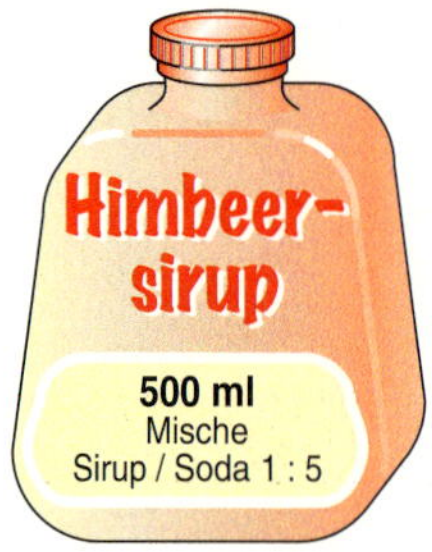

Anne will bei ihrer Geburtstagsfeier ein Fruchtgetränk durch Mischen von Sodawasser und Himbeersirup herstellen.

→ Wie viel Sodawasser muss sie mit 200 ml Sirup mischen? Wie viel Saft erhält sie?

→ Wie viel von den einzelnen Zutaten benötigt man für (1) 300 ml, (2) 900 ml, (3) 1,8 *l* Saft?

Aufgabe

△ **1.** *Mischen in einem Verhältnis*

Zum Kochen von Konfitüre mit einer besonderen Sorte Gelierzucker sind Früchte und Gelierzucker im Verhältnis 3 : 2, gelesen: *3 zu 2*, zu mischen.
Das bedeutet:
Für 3 Gewichtsteile Früchte sind 2 Gewichtsteile Gelierzucker zu verwenden.

a) Für wie viel Früchte reicht eine 500 g-Packung Gelierzucker?

b) Gib andere Früchte- und Gelierzuckermengen an, die zusammen gehören. Vergleiche jeweils die Früchtemenge mit der Gelierzuckermenge.

c) Welchen Fruchtanteil hat die fertige Konfitüre, welchen Zuckeranteil hat sie?

Lösung

a)

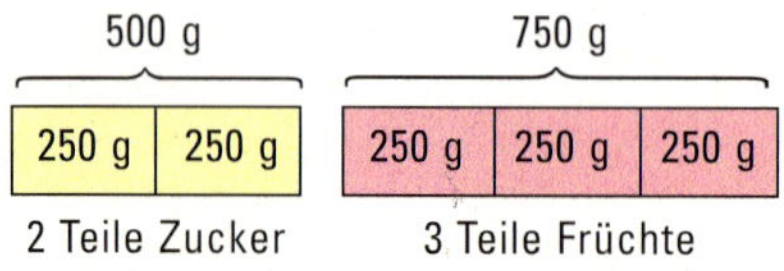

500 g Gelierzucker sind 2 Teile, also wiegt 1 Teil 250 g. Dafür sind dann 3 solcher Teile Früchte, $3 \cdot 250$ g, also 750 g zu verwenden.

Ergebnis: Die Packung reicht für 750 g Früchte.

b) In Teilaufgabe a) haben wir die Fruchtmenge aus der Gelierzuckermenge wie folgt berechnet: $500\text{ g} : 2 \cdot 3$, also $\frac{3}{2}$ von 500 g. Das gilt auch für andere Gewichtsmengen. Die Fruchtmenge muss also jeweils anderthalb mal so groß sein wie die Gelierzuckermenge, zum Beispiel:

Menge an Gelierzucker (in g)	100	200	300	400
Menge an Früchten (in g)	150	300	450	600

c)

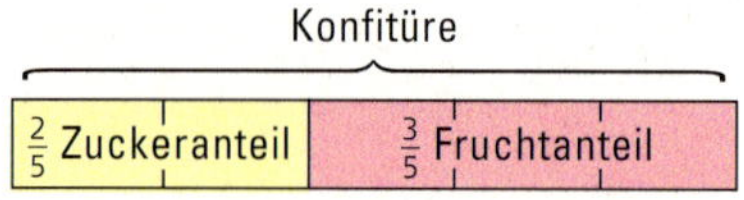

Mit 200 g Gelierzucker und 300 g Früchten erhält man 500 g Konfitüre. 300 g von 500 g Konfitüre sind Früchte.

Also beträgt der Fruchtanteil $\frac{300}{500} = \frac{3}{5}$.

Dieses Ergebnis kannst du auch sofort dem Mischungsverhältnis 3 : 2 entnehmen. Aus 3 Teilen Früchte und 2 Teilen Gelierzucker erhält man 5 Teile Konfitüre.

Also beträgt der Fruchtanteil $\frac{3\text{ Teile}}{5\text{ Teile}} = \frac{3}{5}$.

Der Zuckeranteil beträgt $\frac{200}{500} = \frac{2}{5}$ bzw. $\frac{2\text{ Teile}}{5\text{ Teile}} = \frac{2}{5}$.

Zum Festigen und Weiterarbeiten

△ **2.** *Teilen eines Betrages in einem Verhältnis*
Herr Klein und Frau Groß teilen sich einen Gewinn von 2400 € im Verhältnis 3 : 5.
Wie ist der Gewinn aufzuteilen?
Welchen Anteil erhält jeder der beiden?

Information

Mischen und Aufteilen erfolgt häufig nach einem bestimmten *Verhältnis*, z. B. 3 : 5, gelesen: *3 zu 5*.

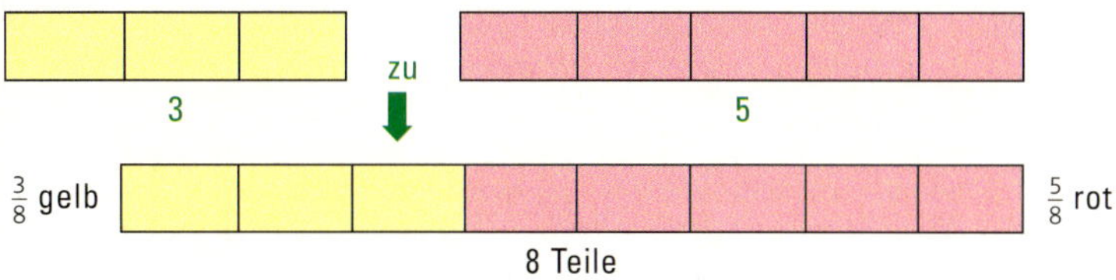

Mit einem Bruch kann man dann die jeweiligen Anteile am Ganzen angeben.

Übungen

△ **3.** Violette Farbtöne können aus blauer und roter Farbe gemischt werden; je nach Mischungsverhältnis ergibt sich ein anderer Farbton.

Farbton					
Mischungsverhältnis blau : rot	1 : 1	1 : 2	2 : 1	2 : 3	3 : 5

a) Gib jeweils an, welchen Anteil die blaue Farbe an der Mischung hat.

b) Bestimme, wie viel blaue bzw. wie viel rote Farbe man benötigt, um 240 ml eines Farbtons herzustellen.

△ **4.** Eine Erbschaft soll im Verhältnis 3 : 4 zwischen Frau Carolin Stamp und Herrn Manuel Heine aufgeteilt werden.
Wie ist ein Guthaben von 35 000 € aufzuteilen? Welchen Anteil erhält jeder?

△ **5.** Herr Meyer und Frau Schulz tragen einen Streit vor Gericht aus. Die Kosten für den Prozess betragen 750 €. Sie sollen von beiden im Verhältnis 2 : 3 getragen werden.
Wie viel muss jeder zahlen?
Welchen Anteil an den Prozesskosten muss jeder zahlen?

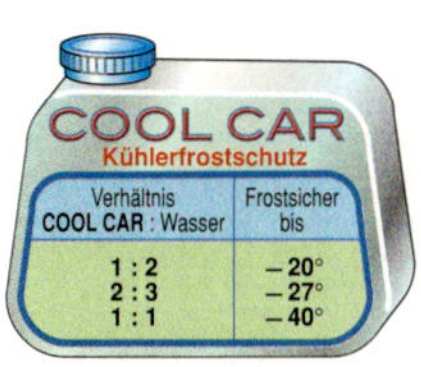

△ **6.** Die Flüssigkeit für die Scheibenwaschanlage eines Pkw besteht bei einer Frostsicherheit bis –27 °C aus 2 Teilen Frostschutzmittel und 3 Teilen Wasser. Das Kühlsystem fasst 2,5 *l*.

△ **7.** In der Klasse 6a der Erich-Kästner-Schule sind 28 Schüler. Das Verhältnis Mädchen zu Jungen beträgt 4 : 3.

▲ **8.** In einem Fußballspiel der Klassen 6a und 6b gewinnt die Mannschaft der 6b mit 3 : 2.
Welchen Anteil der Tore hat die Klasse 6a, welchen die Klasse 6b geschossen?

▲ **9.** Für Zweitakt-Motoren wird ein Öl-Benzin-Gemisch im Verhältnis 1 : 50 hergestellt.

a) Wie viel Benzin braucht man bei 500 ml Öl?

b) Marc hat 7,8 *l* Zweitakt-Gemisch getankt. Wie viel Benzin ist darin enthalten?

c) Wie groß ist der Anteil des Öls an dem Gemisch?

BRUCHZAHLEN – DARSTELLUNGSFORMEN

Zahlenstrahl – Bruchzahlen

Aufgabe

1. Rechts siehst du einen Zahlenstrahl für natürliche Zahlen. Zeichne den Abschnitt von 0 bis 3 vergrößert in dein Heft; wähle dazu 12 Kästchen für die (Einheits-)Strecke von 0 bis 1.

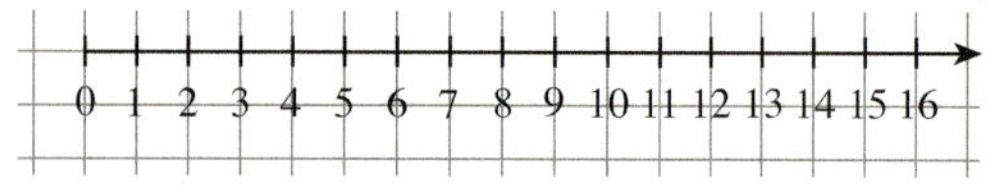

a) Trage vom Anfangspunkt 0 aus ab: $\frac{1}{2}$; $\frac{2}{2}$; $\frac{3}{2}$; $\frac{4}{2}$; $\frac{5}{2}$.

b) Trage entsprechend ab:

(1) $\frac{1}{4}$; $\frac{2}{4}$; $\frac{3}{4}$; $\frac{4}{4}$; $\frac{5}{4}$; … ; $\frac{9}{4}$; $\frac{10}{4}$ (2) $\frac{1}{8}$; $\frac{2}{8}$; $\frac{3}{8}$; $\frac{4}{8}$; … ; $\frac{19}{8}$; $\frac{20}{8}$

(3) 0,25; 0,5; 0,75; 1,0; 1,25; 1,5; 1,75; 2,0; 2,25; 2,5

Lösung

a) Du musst die (Einheits-)Strecke von 0 bis 1 in 2 gleich lange Teile teilen und dann 1, 2, 3, 4, bzw. 5 solcher Teilstrecken aneinander setzen und von 0 aus abtragen.

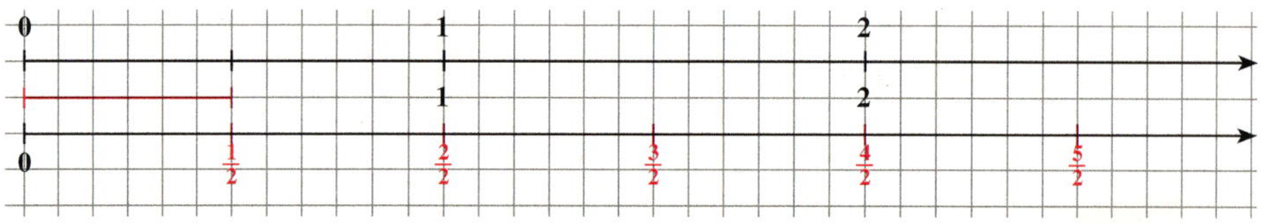

b)

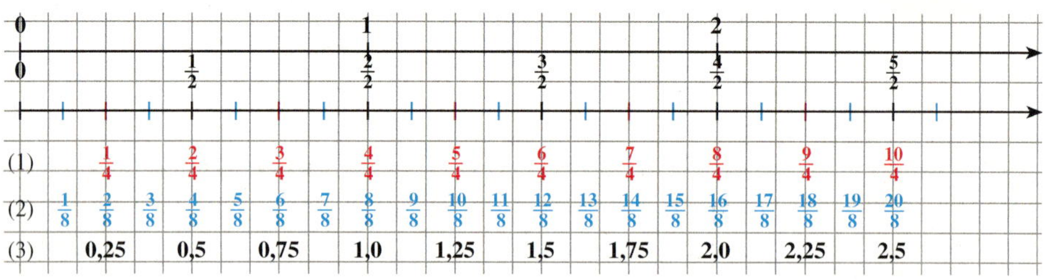

Information

(1) Bruchzahlen – Brüche

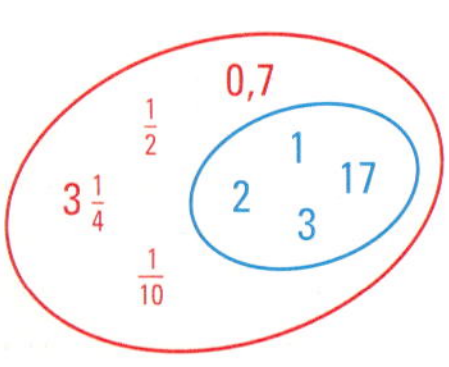

Ebenso wie die natürlichen Zahlen 0, 1, 2, 3, … kann man auch gewöhnliche Brüche wie $\frac{1}{2}$, $\frac{3}{4}$, $\frac{5}{8}$, $\frac{4}{3}$ durch einen Punkt auf dem Zahlenstrahl festlegen.

Wir nennen daher $\frac{1}{2}$, $\frac{3}{4}$, $\frac{5}{8}$, $2\frac{2}{5}$, $\frac{0}{12}$, … **Bruchzahlen.**

Zu einer Bruchzahl (zu einem Punkt des Zahlenstrahls) gehören verschiedene Brüche.

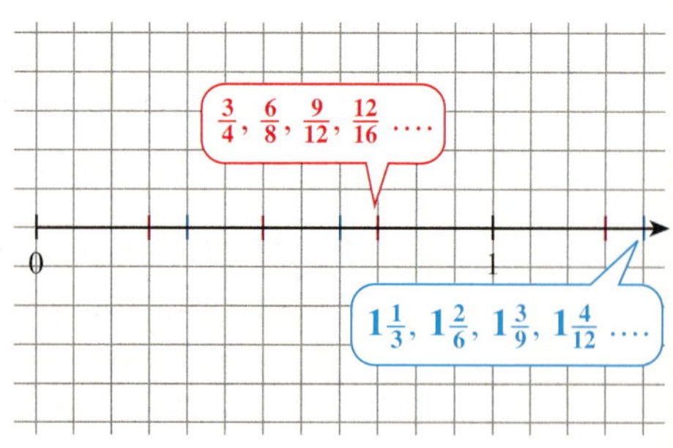

Beispiel: $\frac{3}{4}$, $\frac{6}{8}$, $\frac{9}{12}$ gehören zu demselben Punkt: $\frac{3}{4} = \frac{6}{8} = \frac{9}{12}$

Wir sagen:

$\frac{3}{4}$, $\frac{6}{8}$ *und* $\frac{9}{12}$ *sind verschiedene Namen für dieselbe Bruchzahl* oder auch:

die Brüche $\frac{3}{4}$, $\frac{6}{8}$ *und* $\frac{9}{12}$ *haben denselben Wert.*

Die natürlichen Zahlen sind besondere Bruchzahlen $\left(\text{z.B.: } 2 = \frac{2}{1} = \frac{8}{4}\right)$.

(2) Dezimalbrüche

Dezimalbrüche sind andere Schreibweisen für Bruchzahlen. Der gewöhnliche Bruch $\frac{7}{10}$ und der Dezimalbruch 0,7 sind nur *verschiedene* Namen für *dieselbe* Bruchzahl:
$0{,}7 = \frac{7}{10}$

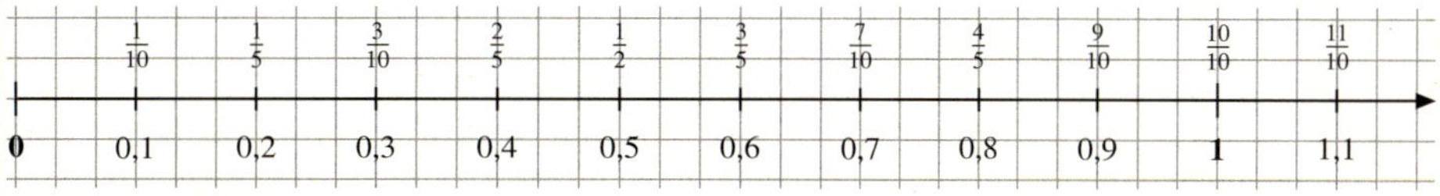

Zum Festigen und Weiterarbeiten

2. Trage auf einem Zahlenstrahl wie in Aufgabe 1 entsprechend ab.

a) $\frac{1}{3}$; $\frac{2}{3}$; $\frac{3}{3}$; $\frac{4}{3}$; $2\frac{1}{3}$ **b)** $\frac{1}{6}$; $\frac{2}{6}$; $\frac{3}{6}$; $\frac{4}{6}$; $\frac{5}{6}$; $1\frac{5}{6}$; $2\frac{1}{6}$ **c)** $\frac{1}{12}$; $\frac{4}{12}$; $\frac{5}{12}$; $\frac{9}{12}$; $\frac{11}{12}$; $2\frac{1}{12}$

3. Notiere zu den angegebenen Punkten einen Bruch und einen Dezimalbruch.

a)
b)

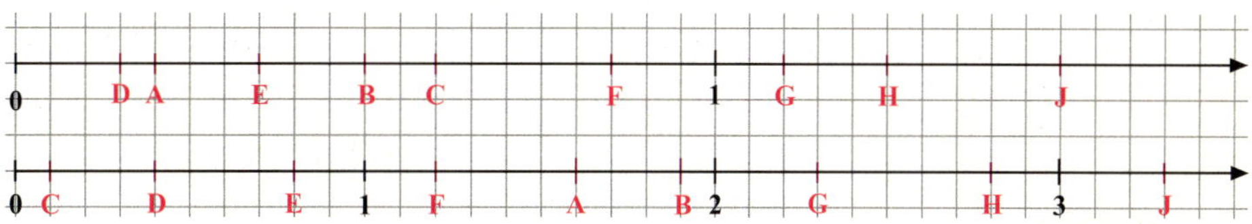

Übungen

4. Zeichne einen Zahlenstrahl; wähle 10 Kästchen für die Strecke von 0 bis 1.
Trage die Punkte für die angegebenen Bruchzahlen ein. Notiere verschiedene Namen.

a) $\frac{1}{10}$; $\frac{2}{10}$; $\frac{3}{10}$; $\frac{7}{10}$; $1\frac{5}{10}$; $2\frac{3}{10}$; $\frac{0}{10}$ **b)** $\frac{1}{5}$; $\frac{2}{5}$; $\frac{3}{5}$; $\frac{4}{5}$; $\frac{5}{5}$; $\frac{6}{5}$; $1\frac{4}{5}$; $2\frac{2}{5}$

5. Zeichne einen Zahlenstrahl; wähle für die Strecke von 0 bis 1 die angegebene Länge.
Trage die Punkte ein für:

a) $\frac{3}{2}$; $\frac{3}{4}$; $\frac{2}{3}$; $1\frac{2}{3}$; $1\frac{1}{6}$; $2\frac{1}{6}$ (6 cm)
b) $\frac{5}{12}$; $\frac{2}{3}$; $\frac{7}{6}$; $\frac{3}{4}$; $\frac{7}{12}$; $\frac{4}{6}$; $\frac{11}{24}$ (12 cm)
c) 0,4; 0,55; 0,75; 1,05; 1,35 (10 cm)
d) 0,35; $\frac{2}{5}$; 0,65; $\frac{17}{50}$; 1,25 (10 cm)

6. a) Gib zu den einzelnen Punkten des Zahlenstrahls die entsprechende Bruchzahl an.

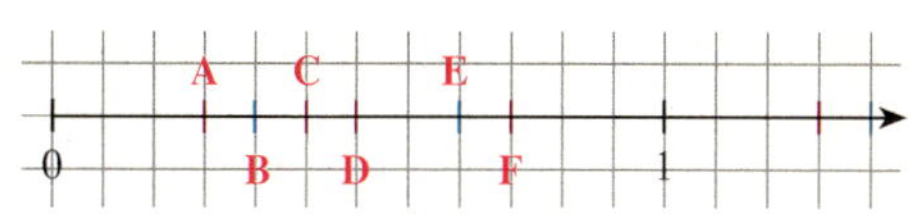

b) Markiere die Punkte für die Bruchzahlen $\frac{1}{6}$; $\frac{5}{6}$; $\frac{11}{12}$; $\frac{1}{8}$ und $1\frac{1}{12}$.

c) Gib für jeden der Punkte von Teilaufgabe a) noch zwei weitere Brüche an.

7. Zum Punkt P gehört der Bruch $\frac{2}{3}$.

a) Lies aus den Abbildungen (2) und (3) andere Brüche ab, die auch zum Punkt P gehören.

b) Denke dir den Zahlenstrahl noch weiter unterteilt.
Welche Brüche gehören dann auch zum Punkt P?
Wie viele findest du?

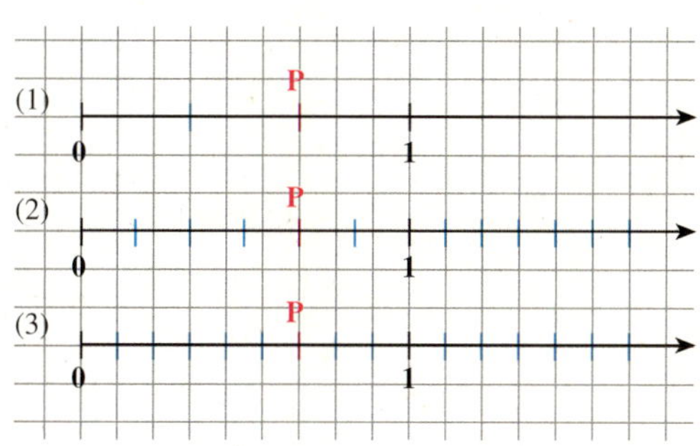

8. Welche der Bruchzahlen $\frac{1}{4}$; $\frac{10}{6}$; $\frac{8}{12}$; $\frac{4}{3}$; $\frac{2}{3}$; $\frac{2}{8}$; $\frac{15}{12}$; $\frac{5}{3}$; $\frac{3}{8}$; $\frac{9}{12}$; $\frac{4}{6}$; $\frac{3}{12}$; 0,25; 0,375 gehören jeweils zu demselben Punkt des Zahlenstrahls?

Dezimalbrüche

Zum Wiederholen

1. Bei sportlichen Wettkämpfen wird der 1. Platz, 2. Platz, 3. Platz, usw. so genau wie möglich ermittelt. Es ist darum oft zu ungenau, Zeitspannen in ganzen Sekunden anzugeben.

a) Was bedeutet die Angabe 7,8 s auf der Stoppuhr?

b) Sieh dir die Zeitangaben beim 1000-m-Eisschnelllauf der Frauen (WM 2009 in Moskau) und beim Rennrodeln der Frauen (WM 2009) in Lake Placid (USA) an. Was bedeuten die Ziffern rechts vom Komma?

Wiederholung

(1) 2,09; 8,145; 0,42; 0,706 sind **Dezimalbrüche.** Sie haben ein Komma. Rechts vom Komma stehen nacheinander die *Zehntel* (z), die *Hundertstel* (h), die *Tausendstel* (t).

Z	E	z	h	t	*Dezimalbruch*	*Zerlegung*	*Gemischte Schreibweise*	*Gewöhnlicher Bruch*
	2	0	9		2,09	$= 2 + \frac{0}{10} + \frac{9}{100}$	$= 2\frac{9}{100}$	$= \frac{209}{100}$
	8	1	4	5	8,145	$= 8 + \frac{1}{10} + \frac{4}{100} + \frac{5}{1000}$	$= 8\frac{145}{1000}$	$= \frac{8145}{1000}$
	0	4	2		0,42	$= \frac{4}{10} + \frac{2}{100}$		$= \frac{42}{100}$
	0	7	0	6	0,706	$= \frac{7}{10} + \frac{0}{100} + \frac{6}{1000}$		$= \frac{706}{1000}$

Dezimalbrüche kann man in gewöhnliche Brüche mit dem Nenner 10, 100, 1000 umrechnen.

(2) Dezimalbrüche werden auch als Maßzahlen für Größen verwendet: $2{,}8\ \text{s} = 2\frac{8}{10}\ \text{s}$

Aufgabe

2. Dezimalbrüche können mehr als drei Ziffern rechts vom Komma haben.

Spinnwebfaden
0,005 mm dick

Haarwuchs
0,00002 cm pro min

Dicke eines Ölflecks
0,000001 mm dick

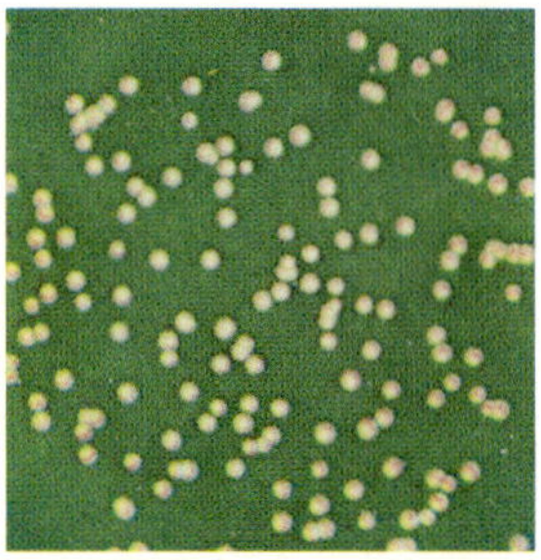

Bakterien
ca. 0,0005 mm groß

a) Trage die Dezimalbrüche in eine Stellenwerttafel ein. Damit du genug Platz hast, füge rechts von den Tausendsteln weitere Spalten an. Zu welchen Bruchteilen kommst du?

b) Rechne die Dezimalbrüche in gewöhnliche Brüche um.

Lösung

a) Jedesmal, wenn du in der Stellenwerttafel eine Spalte weiter nach rechts gehst, wird die Zahl durch 10 geteilt. Rechts von den Tausendsteln (t) erhältst du die Zehntausendstel (zt), Hunderttausendstel (ht), Millionstel (m) usw.

: 10 : 10 : 10 : 10 : 10 : 10 : 10

Z	E	z	h	t	zt	ht	m
	0	0	0	5			
	0	0	0	0	5		
	0	0	0	0	0	2	
	0	0	0	0	0	0	1

b) $0{,}005 = \frac{5}{1000}$ $\quad 0{,}00002 = \frac{2}{100000}$

$0{,}0005 = \frac{5}{10000}$ $\quad 0{,}000001 = \frac{1}{1000000}$

Zum Festigen und Weiterarbeiten

3. Schreibe die Dezimalbrüche und zerlege sie. Gib sie zuletzt als gewöhnliche Brüche an.

a)

E	z	h	t	zt
0	3	6	4	7
2	4	0	3	5
5	0	7	1	8
1	5	0	3	8

b)

E	z	h	t	zt	ht
0	3	6	9	0	1
0	1	2	3	5	7
7	0	1	4	7	5
2	4	0	0	6	7

0,7506

$= \frac{7}{10} + \frac{5}{100} + \frac{0}{1000} + \frac{6}{10000}$

$= \frac{7000}{10000} + \frac{500}{10000} + \frac{6}{10000}$

$= \frac{7506}{10000}$

4. Schreibe als Bruch. Wie kannst du an der Anzahl der Stellen rechts vom Komma sofort erkennen, welchen Nenner (10, 100, 1000, 10000, ...) der Bruch hat?

a) 2,765; 4,1265 **b)** 1,307; 4,0385 **c)** 1,6; 0,123 **d)** 1,2357; 0,0005 **e)** 0,00845; 0,010055 **f)** 0,007645; 0,32558

5. Verwandle in einen Dezimalbruch.

a) $\frac{2}{10}$; $\frac{3}{100}$; $\frac{7}{1000}$; $\frac{9}{100}$ **b)** $\frac{8}{100}$; $\frac{5}{10}$; $\frac{4}{1000}$; $\frac{1}{1000}$ **c)** $\frac{3}{10000}$; $\frac{5}{10000}$; $\frac{6}{100000}$; $\frac{1}{1000000}$

6. Schreibe als Dezimalbruch. Wie erkennst du am Nenner, wie viele Stellen der Dezimalbruch rechts vom Komma hat?

a) $\frac{12}{100}$; $\frac{56}{100}$ **b)** $\frac{354}{1000}$; $\frac{81}{1000}$ **c)** $\frac{46}{1000}$; $\frac{107}{1000}$ **d)** $\frac{7568}{10000}$; $\frac{106}{10000}$ **e)** $\frac{85625}{100000}$; $\frac{5673}{100000}$

$\frac{835}{1000}$

$= \frac{8}{10} + \frac{3}{100} + \frac{5}{1000}$

$= 0{,}835$

Übungen

7. Ein Birkenblatt verdunstet tagsüber in jeder Minute durchschnittlich 0,0003 ml Wasser, an heißen Tagen sogar 0,0015 ml. Schreibe diese Angaben als gewöhnliche Brüche.

8. Der menschliche Körper braucht täglich genügend Vitamine. Täglicher Bedarf:

Vitamin A	Vitamin B1	Vitamin B2	Vitamin C	Vitamin D
0,0015 g	0,001 g	0,002 g	0,075 g	0,000001 g

Verwandle die Dezimalbrüche in gewöhnliche Brüche.

9. a) Zerlege die Zeitspannen in ganze, zehntel, hundertstel Sekunden. Gib die Zeitspannen dann in gemischter Schreibweise an. Olympische Sommerspiele in Peking 2008:

	100-m-Lauf	200-m-Lauf	400-m-Lauf
Männer	U. Bolt (JAM) 9,69 s	U. Bolt (JAM) 19,30 s	L. Merritt (USA) 43,75 s
Frauen	S. Fraser (JAM) 10,78 s	V. Campell-Brown (JAM) 21,74 s	Ch. Ohuruogu (GBR) 49,62 s

b) Verfahre wie in a): 14,357 s; 31,045 s; 25,902 s; 18,006 s; 20,165 s; 10,027 s

10. Schreibe die Dezimalbrüche und zerlege sie. Gib sie auch als gewöhnliche Brüche bzw. in gemischter Schreibweise an.

a)

Z	E	z	h	t	zt
	1	2	4	3	0
1	6	3	5	9	4
0	5	0	3	2	7

b)

Z	E	z	h	t	zt	ht
4	0	5	1	0	8	
	0	0	0	3	9	4
2	0	0	5	8	6	

c)

Z	E	z	h	t	zt	ht	m
	6	0	0	4	5	0	5
	0	0	1	7	0	5	9
1	2	0	0	5	0	7	

11. Rechne die Dezimalbrüche in gewöhnliche Brüche um. Du kannst die Zahlen auch zunächst in eine Stellenwerttafel eintragen.

a) 6,34; 7,048 **b)** 0,0446; 20,6805 **c)** 19,04704; 9,50065 **d)** 1,48059; 0,04306 **e)** 0,007053; 9,21055 **f)** 0,104073; 0,000342

1+1=3

12. Kontrolliere die Hausaufgaben von Dennis.

(1) $0{,}75 = \frac{75}{10}$ (2) $1{,}3 = \frac{13}{10}$ (3) $0{,}207 = \frac{2}{10} + \frac{7}{100}$

13. Gib die Größenangaben in Bruchschreibweise an.

$1{,}45\ \text{m} = 1\frac{45}{100}\ \text{m}$
$1{,}569\ \text{km} = 1\frac{569}{1000}\ \text{km}$

a) 8,4 cm; 10,1 cm; 0,6 cm **b)** 14,75 m^2; 2,56 m^2; 0,48 m^2 **c)** 3,045 kg; 1,408 kg; 3,450 kg **d)** 3,456 m^3; 0,862 m^3; 1,055 m^3

14. Schreibe als Dezimalbruch.

a) $\frac{4}{100}$; $\frac{7}{1000}$ **b)** $2\frac{5}{1000}$; $4\frac{9}{100}$ **c)** $\frac{8}{1000}$; $\frac{2}{10}$ **d)** $5\frac{3}{10000}$; $1\frac{7}{10000}$ **e)** $\frac{6}{100000}$; $\frac{5}{100000}$ **f)** $\frac{3}{1000000}$; $\frac{4}{1000000}$

15. Schreibe die Summe als Dezimalbruch. Beachte das Beispiel rechts.

$\frac{3}{10} + \frac{7}{100} + \frac{1}{1000} = \frac{371}{1000} = 0{,}371$

a) $\frac{4}{10} + \frac{5}{100} + \frac{7}{1000}$ **b)** $\frac{3}{10} + \frac{4}{1000}$ **c)** $\frac{9}{100} + \frac{1}{1000} + \frac{3}{100000} + \frac{7}{1000000}$

16. Gib die zugehörigen Dezimalbrüche an.

a) $\frac{14}{100}$; $\frac{265}{1000}$ **b)** $\frac{61}{100}$; $\frac{695}{1000}$ **c)** $\frac{26}{1000}$; $\frac{375}{10000}$ **d)** $7\frac{29}{100}$; $12\frac{21}{1000}$ **e)** $1\frac{7}{1000}$; $14\frac{4}{100}$ **f)** $\frac{35}{10}$; $\frac{11}{10}$ **g)** $\frac{635}{10}$; $\frac{955}{100}$ **h)** $\frac{875}{10000}$; $\frac{2155}{100000}$

17. Gib die Größenangaben in einer kleineren Einheit an.

a)

b)

c)

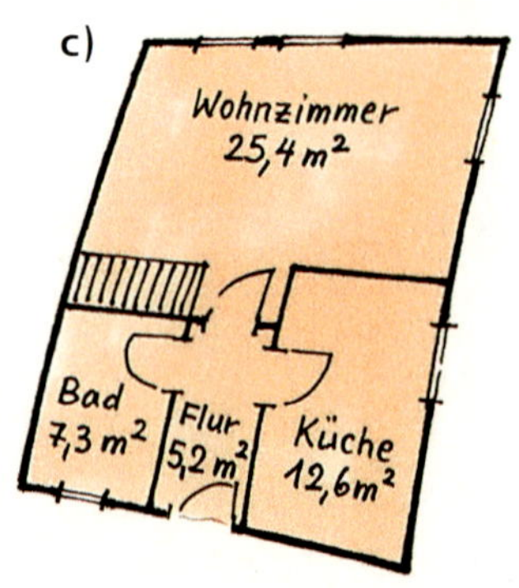

Umformen von gewöhnlichen Brüchen in Dezimalbrüche durch Erweitern und Kürzen

Einstieg

Lukas benötigt für ein Erfrischungsgetränk neben anderen Zutaten $\frac{1}{4}\,l$ Orangensaft und $\frac{1}{4}\,l$ Ananassaft. In einem Getränkehandel gibt es Flaschen mit 0,33 *l* Orangensaft und Packungen mit 0,2 *l* Ananassaft.

Aufgabe

1. a) Lisas Mutter hat Apfelsaft hergestellt und nach dem Abkühlen in unterschiedlichen Flaschen abgefüllt. Ist in beiden Flaschen gleich viel Saft enthalten?

b) Rechne in Dezimalbrüche um:
$\frac{2}{5}$; $1\frac{1}{4}$; $\frac{1}{8}$; $\frac{36}{40}$

c) Versuche, den Bruch $\frac{1}{3}$ durch passendes Erweitern in einen Dezimalbruch umzurechnen.

Lösung

a) Du musst $\frac{3}{4}$ auf einen Bruch mit dem Nenner 10, 100, 1 000, … erweitern.
Versuche zunächst $\frac{3}{4}$ auf Zehntel zu erweitern: $\frac{3}{4} = \frac{6}{8} = \frac{9}{12}$. Das gelingt nicht.
Erweitere $\frac{3}{4}$ jetzt auf Hundertstel: $\frac{3}{4} = \frac{3 \cdot 25}{4 \cdot 25} = \frac{75}{100} = 0{,}75$
Vergleiche nun die Literangaben: $\frac{3}{4} \neq 0{,}7$; denn $0{,}75 \neq 0{,}7$
Ergebnis: In die $\frac{3}{4}$-*l*-Flasche und in die 0,7-*l*-Flasche passt unterschiedlich viel Saft.

b) Erweitere oder kürze zunächst passend

auf Zehntel:	auf Hundertstel:	auf Tausendstel:	auf Zehntel:
$\frac{2}{5} = \frac{4}{10} = 0{,}4$	$1\frac{1}{4} = 1\frac{25}{100} = 1{,}25$	$\frac{1}{8} = \frac{125}{1000} = 0{,}125$	$\frac{36}{40} = \frac{9}{10} = 0{,}9$

c) $\frac{1}{3}$ kann man nicht auf Zehntel, Hundertstel, Tausendstel, … erweitern. Warum nicht?
Überlege dir:
10, 100, 1 000, … sind keine Vielfachen von 3, denn die Quersumme ist jeweils 1.
Den Bruch $\frac{1}{3}$ kann man daher durch Erweitern nicht in einen Dezimalbruch umformen.

Information

Merke:
$\frac{1}{2} = 0{,}5$ | $\frac{1}{4} = 0{,}25$
$\frac{1}{5} = 0{,}2$ | $\frac{3}{4} = 0{,}75$
$\frac{2}{5} = 0{,}4$ | $\frac{1}{8} = 0{,}125$

Umformen von gewöhnlichen Brüchen in Dezimalbrüche
Man erweitert oder kürzt den Bruch auf Zehntel, Hundertstel, Tausendstel, ... und schreibt ihn dann als Dezimalbruch.
Nicht jeden Bruch kann man auf diese Weise in einen Dezimalbruch umformen.

Zum Festigen und Weiterarbeiten

2. Forme in einen Dezimalbruch um. Bei welchen Brüchen von d) gelingt das nicht? Warum?

a) $\frac{4}{5}$; $\frac{5}{4}$; $\frac{3}{5}$; $\frac{7}{10}$ **b)** $1\frac{1}{5}$; $3\frac{3}{4}$; $4\frac{1}{8}$; $2\frac{57}{100}$ **c)** $\frac{18}{30}$; $\frac{49}{70}$; $\frac{36}{400}$; $\frac{60}{300}$ **d)** $\frac{5}{8}$; $\frac{13}{125}$; $\frac{2}{3}$; $\frac{1}{6}$

Übungen

3. Verwandle in einen Dezimalbruch.

a) $\frac{9}{20}$; $\frac{6}{25}$; $\frac{6}{5}$; $\frac{13}{25}$; $\frac{17}{20}$; $\frac{7}{8}$; $\frac{24}{50}$; $\frac{17}{50}$; $\frac{7}{4}$

b) $1\frac{3}{4}$; $4\frac{1}{4}$; $5\frac{7}{8}$; $10\frac{3}{5}$; $1\frac{7}{20}$; $3\frac{1}{2}$; $3\frac{11}{25}$; $12\frac{3}{8}$

c) $\frac{1}{5}$; $\frac{3}{4}$; $\frac{3}{2}$; $\frac{4}{5}$; $\frac{7}{10}$; $\frac{1}{20}$; $\frac{1}{8}$; $\frac{3}{8}$; $\frac{1}{25}$; $\frac{1}{50}$; $\frac{1}{100}$

d) $\frac{27}{30}$; $\frac{24}{40}$; $\frac{48}{60}$; $\frac{24}{30}$; $\frac{20}{80}$; $\frac{110}{200}$; $\frac{21}{300}$; $\frac{180}{300}$; $\frac{84}{400}$

e) $\frac{23}{125}$; $\frac{7}{125}$; $\frac{11}{50}$; $\frac{19}{250}$; $\frac{74}{500}$; $\frac{49}{50}$; $\frac{221}{250}$; $\frac{176}{500}$

f) $\frac{24}{64}$; $\frac{84}{56}$; $\frac{45}{180}$; $\frac{27}{72}$; $\frac{21}{35}$; $\frac{36}{48}$; $\frac{21}{24}$; $\frac{27}{45}$; $\frac{28}{80}$

4. Welche Zahlen auf dem Band sind gleich? Schreibe wie im Beispiel: $\frac{1}{8} = 0{,}125$

a) 0,4 0,25 0,5 $\frac{2}{8}$ $\frac{2}{5}$ $\frac{4}{8}$ $\frac{1}{4}$ $\frac{1}{2}$

b) $\frac{1}{5}$ 0,5 $\frac{3}{15}$ 0,1 0,2 $\frac{10}{100}$ $\frac{7}{35}$ $\frac{3}{6}$

c) $\frac{6}{10}$ 0,3 $\frac{8}{10}$ 0,6 $\frac{3}{10}$ $\frac{4}{5}$ $\frac{3}{5}$ 0,8

d) 0,10 0,05 $\frac{1}{10}$ 0,1 $\frac{5}{100}$ $\frac{1}{5}$ 0,20 $\frac{1}{20}$

5. Zu jedem gewöhnlichen Bruch gehört ein Dezimalbruch. Ergänze die Tabelle im Heft.

$\frac{1}{100}$	$\frac{1}{10}$	$\frac{1}{8}$	$\frac{1}{5}$	$\frac{1}{4}$	$\frac{3}{10}$	$\frac{3}{8}$	$\frac{2}{5}$	$\frac{1}{2}$	$\frac{3}{5}$	$\frac{5}{8}$	$\frac{7}{10}$	$\frac{3}{4}$	$\frac{4}{5}$	$\frac{7}{8}$	$\frac{9}{10}$
0,01															

6. Welche Brüche kannst du durch Erweitern oder Kürzen in einen Dezimalbruch umformen? Bei welchen Brüchen ist dies nicht möglich?

a) $\frac{3}{25}$; $\frac{1}{40}$; $\frac{2}{3}$; $\frac{1}{9}$; $\frac{3}{12}$ **b)** $\frac{3}{5}$; $\frac{3}{15}$; $\frac{5}{15}$; $\frac{8}{12}$; $\frac{18}{24}$ **c)** $3\frac{2}{5}$; $5\frac{5}{6}$; $1\frac{11}{20}$; $7\frac{7}{8}$; $2\frac{1}{8}$

7. Wo steckt der Fehler? Erkläre.

a) $\frac{27}{10} = 0{,}27$ b) $5{,}41 = \frac{5}{41}$ c) $0{,}58 = \frac{58}{10}$ d) $7{,}20 = \frac{720}{10}$

8. Welche Zahlen sind gleich? Begründe.

a) 0,4; 0,25; 0,5; $\frac{2}{8}$; $\frac{2}{5}$; $\frac{4}{8}$; $\frac{1}{4}$; $\frac{1}{2}$; $\frac{25}{100}$

b) $\frac{6}{10}$; 0,3; $\frac{8}{10}$; 0,6; $\frac{3}{10}$; $\frac{4}{5}$; $\frac{3}{5}$; 0,8; $\frac{3}{100}$

c) $\frac{1}{5}$; 0,5; $\frac{3}{15}$; 0,1; 0,2; $\frac{10}{100}$; $\frac{7}{35}$; $\frac{3}{6}$

d) 0,1; 0,05; $\frac{1}{10}$; 0,2; $\frac{5}{10}$; $\frac{1}{5}$; 0,20; $\frac{1}{20}$

9. Notiert auf der linken Seite eures Heftes 15 Dezimalbrüche oder gewöhnliche Brüche untereinander und auf der rechten Seite in anderer Reihenfolge die zugehörigen umgewandelten Brüche – ebenfalls untereinander.

a) Tauscht die Hefte aus und ordnet durch Pfeile die Dezimalbrüche den gewöhnlichen Brüchen mit demselben Wert zu.

b) Ein Partner diktiert seine gewöhnlichen Brüche, der andere notiert jeweils den zugehörigen Dezimalbruch.

10. Wie viele Stellen nach dem Komma kann ein Bruch mit dem folgenden Nenner haben?

a) 50 **b)** 4 **c)** 200 **d)** 8 **e)** 16 **f)** 40

VERGLEICHEN UND ORDNEN VON BRUCHZAHLEN

Vergleichen und Ordnen von gewöhnlichen Brüchen

Einstieg

Drei Geschwister waren gemeinsam in den Ferien. Tanja hat $\frac{3}{10}$ des Taschengeldes, Tim $\frac{1}{4}$ und Anne $\frac{9}{20}$ übrig.

→ Wer hat am meisten, wer am wenigsten übrig?

Aufgabe

1. Zu Sarahs Geburtstagsfeier gibt es Obsttorten.

a) Von der Himbeertorte bleiben $\frac{7}{12}$ übrig, von der Ananastorte $\frac{5}{12}$.
Von welcher Torte bleibt weniger übrig?

b) Von der Himbeertorte bleiben $\frac{7}{12}$ übrig, von der Kiwitorte $\frac{2}{3}$.
Von welcher Torte bleibt weniger übrig?

Lösung

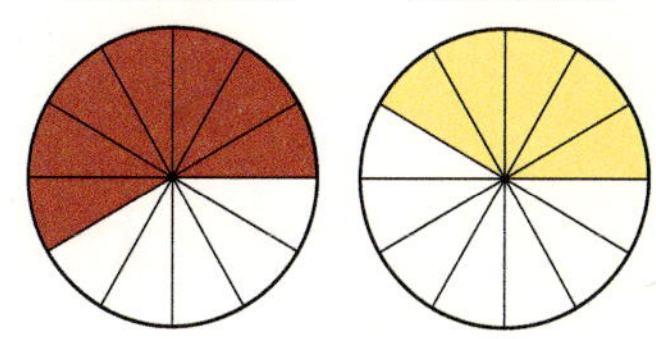

a) Der gleiche Nenner 12 der beiden Brüche zeigt: Himbeertorte und Ananastorte sind beide in 12 gleich große Stücke, also in Zwölftel, zerlegt worden.
Die Zähler zeigen uns:
Von der Himbeertorte $\left(\frac{7}{12}\right)$ sind 7 Teilstücke übrig, von der Ananastorte nur 5 Teilstücke, also weniger.
Wir erkennen: $\frac{5}{12} < \frac{7}{12}$ (5 Zwölftel < 7 Zwölftel)
Ergebnis: Von der Ananastorte bleibt weniger übrig.

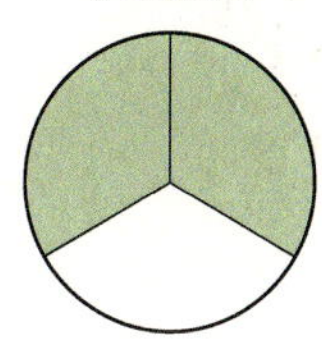

b) Hier lassen sich die beiden Brüche nicht so einfach vergleichen. Wir verfeinern zunächst die Einteilung der Kiwitorte, sodass auch hier jedes Teilstück $\frac{1}{12}$ der Torte ist. Das bedeutet:
Wir erweitern den Bruch $\frac{2}{3}$ mit 4: $\frac{2}{3} = \frac{8}{12}$
Wir erkennen: $\frac{7}{12} < \frac{8}{12}$
Ergebnis: Von der Himbeertorte bleibt weniger übrig.

Information

Kleiner-Beziehung bei Bruchzahlen

Bruchzahlen lassen sich vergleichen und der Größe nach ordnen.
Wenn die Nenner von Brüchen gleich sind, lassen sich die Bruchzahlen leicht ordnen. Man braucht nur die Zähler zu vergleichen.

Beispiel: $\frac{5}{12} < \frac{7}{12}$ (5 Zwölftel < 7 Zwölftel), denn 5 < 7

Wenn die Nenner der Brüche *verschieden* sind, kann man die Brüche so erweitern, dass sie gleiche Nenner haben (*gleichnamig* sind). Der kleinste gemeinsame Nenner heißt *Hauptnenner.*

Beispiel: $\frac{3}{8} < \frac{2}{5}$, da $\frac{15}{40} < \frac{16}{40}$

Zum Festigen und Weiterarbeiten

2. Wovon muss man für Eisschokolade am meisten nehmen, wovon am wenigsten?

3. a) Vergleiche; setze das passende Zeichen < oder >. Übertrage zunächst in dein Heft.

$\frac{3}{4}$ □ $\frac{1}{4}$; $\frac{3}{5}$ □ $\frac{7}{5}$; $\frac{3}{7}$ □ $\frac{5}{7}$; $\frac{14}{3}$ □ $\frac{11}{3}$;
$3\frac{1}{10}$ □ $2\frac{7}{10}$; $5\frac{3}{8}$ □ $5\frac{7}{8}$; $7\frac{5}{6}$ □ $7\frac{1}{6}$

b) Ordne nach der Größe; beginne mit der kleinsten Zahl.

(1) $\frac{5}{4}$; $\frac{13}{4}$; $\frac{3}{4}$; $\frac{9}{4}$ (2) $\frac{17}{12}$; $\frac{5}{12}$; $\frac{11}{12}$; $\frac{1}{12}$ (3) $4\frac{7}{9}$; $4\frac{8}{9}$; $4\frac{1}{9}$; $4\frac{5}{9}$

4. a) Welche Zeitspanne ist größer?

(1) $\frac{3}{4}$ h oder $\frac{7}{12}$ h (2) $\frac{5}{6}$ h oder $\frac{9}{10}$ h

b) Vergleiche durch Erweitern.
Überprüfe dein Ergebnis durch Umwandeln der Größen in eine kleinere Maßeinheit.

(1) $\frac{5}{8}$ kg und $\frac{11}{20}$ kg (3) $\frac{3}{4}$ m, $\frac{2}{5}$ m und $\frac{6}{25}$ m
(2) $\frac{7}{20}$ h und $\frac{5}{12}$ h (4) $\frac{3}{10}$ h, $\frac{1}{6}$ h und $\frac{5}{12}$ h

5. Vergleiche. Übertrage ins Heft und setze das passende Zeichen <, > oder = ein.

a) $\frac{3}{4}$ □ $\frac{5}{8}$; $\frac{2}{3}$ □ $\frac{5}{6}$ **b)** $\frac{4}{10}$ □ $\frac{2}{5}$; $\frac{5}{6}$ □ $\frac{11}{12}$ **c)** $\frac{2}{3}$ □ $\frac{3}{5}$; $\frac{6}{5}$ □ $\frac{8}{7}$ **d)** $\frac{3}{4}$ □ $\frac{2}{5}$; $\frac{4}{5}$ □ $\frac{5}{6}$ **e)** $\frac{11}{6}$ □ $\frac{13}{8}$; $\frac{7}{10}$ □ $\frac{11}{12}$

6. Von einer Kirschtorte bleiben $\frac{5}{16}$ übrig; von einer Himbeertorte $\frac{5}{12}$.
Von welcher der beiden bleibt weniger übrig? Begründe.

Bruchzahlen lassen sich auch leicht vergleichen, wenn die Brüche den gleichen Zähler besitzen.
$\frac{5}{16} < \frac{5}{12}$,
denn 1 Sechzehntel < 1 Zwölftel

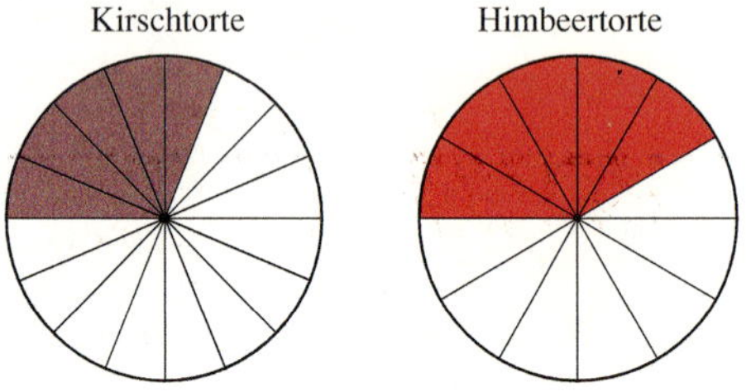

7. a) Vergleiche. Übertrage ins Heft und setze das passende Zeichen < oder > ein.

(1) $\frac{1}{4}$ □ $\frac{1}{5}$ (2) $\frac{1}{8}$ □ $\frac{1}{4}$ (3) $\frac{1}{100}$ □ $\frac{1}{10}$ (4) $\frac{3}{4}$ □ $\frac{3}{5}$ (5) $\frac{7}{10}$ □ $\frac{7}{100}$ (6) $4\frac{5}{6}$ □ $4\frac{5}{12}$

b) Ordne nach der Größe, beginne mit der kleinsten Zahl.

(1) $\frac{1}{3}$; $\frac{1}{5}$; $\frac{1}{9}$; $\frac{1}{4}$ (2) $\frac{7}{8}$; $\frac{7}{5}$; $\frac{7}{10}$ (3) $\frac{5}{6}$; $\frac{7}{8}$; $\frac{11}{12}$ (4) $3\frac{4}{9}$; $2\frac{4}{7}$; $2\frac{4}{5}$

c) Vergleiche durch Erweitern auf den gleichen Nenner oder den gleichen Zähler.

(1) $\frac{11}{8}$ und $\frac{13}{10}$ (2) $\frac{6}{7}$ und $\frac{9}{13}$ (3) $\frac{17}{12}$, $\frac{9}{8}$ und $\frac{7}{6}$ (4) $\frac{15}{11}$, $\frac{10}{7}$ und $\frac{20}{13}$

8. Zeichne einen Zahlenstrahl. Markiere die Punkte für die Bruchzahlen $\frac{2}{5}$ und $\frac{7}{10}$.
Vergleiche die Größe der Bruchzahlen und ihre Lage auf dem Zahlenstrahl. Beschreibe.

▲ **9.** Erweitere die Brüche $\frac{8}{10}$ und $\frac{9}{10}$ so, dass du zwischen $\frac{8}{10}$ und $\frac{9}{10}$

a) mindestens 2 **b)** mindestens 9 **c)** mindestens 1 000

Bruchzahlen leicht angeben könntest.

Information

(1) Kleiner-Beziehung am Zahlenstrahl

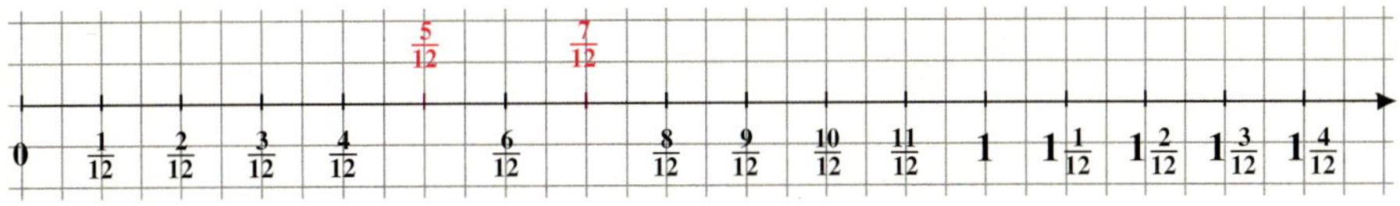

Auf dem Zahlenstrahl liegt die *kleinere* Bruchzahl *links* von der größeren Bruchzahl.

(2) Gemeinsamer Nenner zweier Brüche und gemeinsame Vielfache zweier Zahlen

Um zwei Brüche mit verschiedenen Nennern der Größe nach zu vergleichen, musst du sie in der Regel gleichnamig machen.

Beispiel: $\frac{3}{4}$, $\frac{5}{6}$; dazu gleichnamige Brüche sind $\frac{9}{12}$; $\frac{10}{12}$ oder $\frac{18}{24}$; $\frac{20}{24}$ oder $\frac{27}{36}$; $\frac{30}{36}$ usw.

Die Nenner 12, 24, 36 sind *gemeinsame Vielfache von 4 und 6.*

Die gemeinsamen Vielfachen von 4 und 6 bestimmen wir wie folgt:
Wir notieren erst Vielfache von 6, dann Vielfache von 4:
Vielfache von 4: 4, 8, 12, 16, 20, 24, 28, 32, 36, ...
Vielfache von 6: 6, 12, 18, 24, 30, 36, ...

Gemeinsame Vielfache von 4 und 6 sind: 12, 24, 36, ...

(3) Hauptnenner zweier Brüche – kleinstes gemeinsames Vielfaches zweier Zahlen

Für die Nenner gleichnamiger Brüche hast du also viele Möglichkeiten. Häufig wählt man als Nenner den kleinst möglichen, den sogenannten **Hauptnenner**. Er ist das **kleinste gemeinsame Vielfache** (kurz: **kgV**) der beiden verschiedenen Nenner. Für das Beispiel oben gilt:

Das kleinste gemeinsame Vielfache von 4 und 6 ist 12: kgV (4; 6) = 12

12 ist also der *Hauptnenner* der beiden Brüche $\frac{3}{4}$ und $\frac{5}{6}$.

(4) Schnelles Verfahren zum Bestimmen des kgV

Das kleinste gemeinsame Vielfache von zwei Zahlen, z.B. von 10 und 8, können wir vereinfacht so bestimmen:

(a) Wähle die größere der beiden Zahlen (hier: die Zahl 10) aus.

(b) Bilde das 1-Fache, 2-Fache, 3-Fache, ... dieser Zahl. Prüfe jeweils, ob es auch ein Vielfaches der anderen Zahl (hier: 8) ist.

Das erste gemeinsame Vielfache (hier: 40) ist das kgV der beiden Zahlen.

Wähle 10.
Ist 10 Vielfaches von 8? nein
Ist 20 Vielfaches von 8? nein
Ist 30 Vielfaches von 8? nein
Ist 40 Vielfaches von 8? ja
kgV(10; 8) = 40

Zum Festigen und Weiterarbeiten

10. Bestimme die ersten drei gemeinsamen Vielfachen der beiden Zahlen.

a) 4; 6 **b)** 8; 10 **c)** 7; 12 **d)** 26; 39

11. Bestimme das kleinste gemeinsame Vielfache der beiden Zahlen.

a)	b)	c)	d)
5; 6	6; 9	50; 60	21; 48
3; 7	8; 12	60; 120	125; 150

Mögliche Ergebnisse: a) 21; 30; 35 b) 18; 24; 28 c) 200; 300; 120 d) 336; 480; 750

12. Bestimme wie in der Information (4) das kleinste gemeinsame Vielfache der beiden Zahlen.

a) 20; 30 | 15; 20 **b)** 12; 15 | 5; 15 **c)** 80; 100 | 40; 50 **d)** 45; 60 | 100; 120 **e)** 160; 180 | 320; 400

Mögliche Ergebnisse:
a) 60; 60; 90 b) 15; 60; 120 c) 200; 300; 400 d) 180; 300; 600 e) 1 200; 1 440; 1 600

Übungen

13. Bestimme die ersten drei gemeinsamen Vielfachen der Zahlen.

a) 4; 8 | 5; 7 **b)** 4; 10 | 6; 8 **c)** 20; 18 | 15; 25 **d)** 10; 155 | 200; 800 **e)** 4; 6; 12 | 5; 10; 25

14. Bestimme das kleinste gemeinsame Vielfache der Zahlen.

a) 6; 10 | 3; 8 | 3; 11 **b)** 10; 12 | 6; 15 | 9; 12 **c)** 14; 21 | 15; 50 | 25; 35 **d)** 110; 160 | 260; 300 | 360; 480 **e)** 6; 9; 10 | 5; 8; 12 | 2; 5; 11

Mögliche Ergebnisse: a) 24; 30; 32; 33 b) 30; 36; 60; 200 c) 42; 150; 170; 175
d) 1 440; 1 600; 1 760; 3 900 e) 110; 48; 90; 240

15. a) Zeichne eine Strecke von 12 Karolängen dreimal untereinander ab.
Färbe dann jeweils rot: (1) $\frac{5}{12}$, (2) $\frac{11}{12}$, (3) $\frac{7}{12}$
Ordne die drei Bruchzahlen nach der Größe.

b) Zeichne das nebenstehende Rechteck dreimal ab.
Färbe dann jeweils rot: (1) $\frac{5}{8}$, (2) $\frac{3}{8}$, (3) $\frac{7}{8}$
Ordne die drei Bruchzahlen nach der Größe.

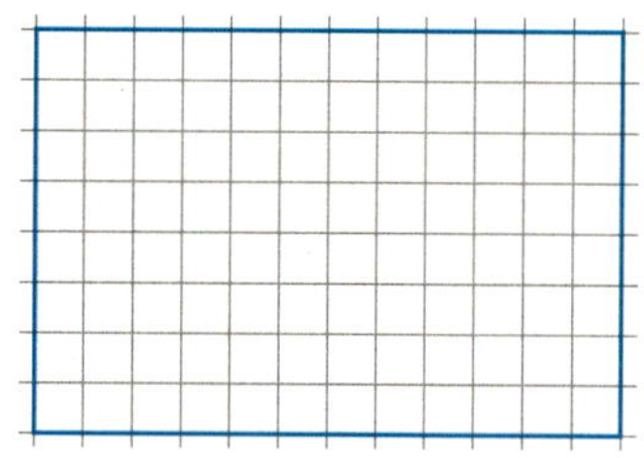

16. a) Welche Länge ist kleiner?
(1) $\frac{7}{10}$ m; $\frac{3}{5}$ m (2) $\frac{4}{5}$ m; $\frac{9}{10}$ m (3) $\frac{7}{10}$ m; $\frac{3}{4}$ m (4) $\frac{3}{4}$ m; $\frac{9}{10}$ m

b) Welche Zeitspanne ist größer?
(1) $\frac{3}{4}$ h; $\frac{7}{12}$ h (2) $\frac{5}{6}$ h; $\frac{11}{12}$ h (3) $\frac{3}{4}$ h; $\frac{2}{3}$ h (4) $\frac{5}{6}$ h; $\frac{3}{4}$ h (5) $\frac{9}{10}$ h; $\frac{11}{12}$ h

17. Übertrage ins Heft. Vergleiche. Setze das passende Zeichen < oder > ein.

a) $\frac{3}{5} \blacksquare \frac{2}{5}$; $\frac{3}{7} \blacksquare \frac{5}{7}$; $\frac{11}{8} \blacksquare \frac{9}{8}$; $\frac{15}{4} \blacksquare \frac{17}{4}$ **b)** $\frac{5}{8} \blacksquare \frac{7}{8}$; $\frac{3}{8} \blacksquare \frac{9}{8}$; $\frac{9}{11} \blacksquare \frac{7}{11}$; $\frac{11}{12} \blacksquare \frac{5}{12}$

18. Übertrage ins Heft. Vergleiche. Setze das passende Zeichen <, > oder = ein.

a) $\frac{3}{5} \blacksquare \frac{8}{15}$; $\frac{1}{24} \blacksquare \frac{5}{8}$; $\frac{2}{3} \blacksquare \frac{4}{7}$; $\frac{9}{11} \blacksquare \frac{5}{6}$

b) $\frac{7}{10} \blacksquare \frac{11}{20}$; $\frac{10}{15} \blacksquare \frac{2}{3}$; $\frac{5}{6} \blacksquare \frac{7}{10}$; $\frac{11}{6} \blacksquare \frac{7}{4}$

c) $\frac{3}{4} \blacksquare \frac{5}{6}$; $\frac{7}{10} \blacksquare \frac{11}{15}$; $\frac{7}{12} \blacksquare \frac{5}{8}$; $\frac{9}{12} \blacksquare \frac{15}{20}$

$\frac{7}{10} \blacksquare \frac{5}{8}$
$\frac{28}{40} > \frac{25}{40}$
also: $\frac{7}{10} > \frac{5}{8}$

19. Auf welcher der beiden Obstschalen ist der Anteil der Kiwi größer?

20. Übertrage ins Heft. Vergleiche. Setze das passende Zeichen < oder >.

a) $\frac{1}{8} \blacksquare \frac{1}{5}$; $\frac{3}{8} \blacksquare \frac{3}{5}$; $\frac{3}{4} \blacksquare \frac{3}{8}$; $\frac{7}{9} \blacksquare \frac{7}{10}$

b) $\frac{7}{10} \blacksquare \frac{7}{9}$; $\frac{10}{7} \blacksquare \frac{10}{9}$; $\frac{7}{4} \blacksquare \frac{7}{8}$; $\frac{4}{7} \blacksquare \frac{4}{9}$

21. Ordne nach der Größe. Verwandle zunächst in die gemischte Schreibweise.

a) 4 und $\frac{17}{4}$ c) $\frac{52}{5}$, $\frac{45}{4}$ und $\frac{68}{7}$ e) $\frac{62}{7}$, $\frac{89}{10}$ und $\frac{71}{8}$

b) $\frac{19}{3}$ und $\frac{23}{5}$ d) $\frac{38}{7}$, $\frac{43}{9}$ und $\frac{67}{11}$ f) $\frac{113}{9}$, $\frac{120}{11}$ und $\frac{105}{8}$

> $\frac{13}{5}$ und $\frac{22}{7}$
> $2\frac{3}{5} < 3\frac{1}{7}$
> also: $\frac{13}{5} < \frac{22}{7}$

22. Übertrage ins Heft. Schreibe in gemischter Schreibweise. Setze dann < oder >.

a) $\frac{9}{2}$ ▪ 3; $\frac{50}{8}$ ▪ $\frac{52}{9}$ b) $\frac{30}{7}$ ▪ 5; $\frac{17}{4}$ ▪ $\frac{18}{5}$ c) $\frac{41}{8}$ ▪ $\frac{49}{10}$; $\frac{70}{6}$ ▪ $\frac{71}{7}$ d) $\frac{75}{12}$ ▪ $\frac{171}{30}$; $\frac{80}{9}$ ▪ $\frac{89}{10}$ e) $\frac{45}{7}$ ▪ $\frac{34}{5}$; $\frac{15}{4}$ ▪ $\frac{23}{6}$

23. a) Ordne nach der Größe; beginne mit der kleinsten Zahl.

(1) $\frac{12}{5}$; $\frac{17}{5}$; $\frac{3}{5}$; $\frac{6}{5}$ (2) $\frac{11}{6}$; $\frac{1}{6}$; $\frac{21}{6}$; $\frac{5}{6}$ (3) $2\frac{9}{10}$; $2\frac{3}{10}$; $2\frac{7}{10}$; $2\frac{1}{10}$

b) Ordne nach der Größe; beginne mit der größten Zahl.

(1) $\frac{8}{3}$; $\frac{2}{3}$; $\frac{5}{3}$; $\frac{11}{3}$ (2) $\frac{4}{7}$; $\frac{24}{7}$; $\frac{14}{7}$; $\frac{5}{7}$ (3) $1\frac{17}{20}$; $1\frac{3}{10}$; $1\frac{13}{20}$; $1\frac{1}{20}$

24. Welche der Bruchzahlen $\frac{5}{8}$; $\frac{7}{4}$; $\frac{3}{7}$; $\frac{5}{9}$; $\frac{12}{5}$; $\frac{7}{5}$; $\frac{9}{8}$; $\frac{7}{20}$; $\frac{11}{9}$; $\frac{7}{15}$; $\frac{13}{8}$; $\frac{5}{3}$; $\frac{4}{9}$ sind

a) größer als 1; b) kleiner als 1; c) kleiner als $\frac{1}{2}$; d) größer als $1\frac{1}{2}$?

25. Gib fünf Bruchzahlen an, für die gilt:

a) kleiner als 1; b) größer als 1; c) kleiner als $\frac{1}{2}$; d) größer als $\frac{1}{2}$; e) größer als 2.

26. Setze im Heft das passende Zeichen < bzw. >.
Beachte: Durch Vergleich z. B. mit 1 oder mit $\frac{1}{2}$ oder mit einer anderen geeigneten Vergleichszahl kannst du manchmal leicht erkennen, welches die größere Bruchzahl ist.

> $\frac{5}{7}$ ▪ $\frac{3}{8}$
> $\frac{5}{7} > \frac{1}{2}$ und $\frac{3}{8} < \frac{1}{2}$
> also $\frac{5}{7} > \frac{3}{8}$

a) $\frac{11}{10}$ ▪ $\frac{3}{8}$; $\frac{8}{11}$ ▪ $\frac{9}{7}$ b) $\frac{9}{4}$ ▪ $\frac{7}{5}$; $\frac{51}{10}$ ▪ $\frac{20}{7}$ c) $\frac{3}{8}$ ▪ $\frac{7}{10}$; $\frac{5}{11}$ ▪ $\frac{9}{16}$ d) $\frac{7}{12}$ ▪ $\frac{5}{11}$; $\frac{12}{7}$ ▪ $\frac{11}{5}$ e) $\frac{2}{3}$ ▪ $\frac{3}{4}$; $\frac{3}{4}$ ▪ $\frac{4}{5}$ f) $\frac{11}{10}$ ▪ $\frac{9}{8}$; $\frac{9}{10}$ ▪ $\frac{7}{8}$

27. Suche einen Bruch zwischen:

a) $\frac{3}{8}$ und $\frac{7}{8}$ b) $\frac{2}{9}$ und $\frac{5}{9}$ c) $\frac{1}{3}$ und $\frac{2}{3}$ d) $\frac{1}{5}$ und $\frac{1}{3}$ e) $\frac{2}{15}$ und $\frac{2}{5}$

28. Beim Schießen auf eine Torwand erzielen Torsten bei 20 Schüssen 7 Treffer, Jonas bei 30 Schüssen 11 Treffer und Mehmet bei 40 Schüssen 17 Treffer.
Wer ist der beste Schütze? Begründe deine Antwort.

Spiel
(3 Spieler)

29. *Bruchzahlen-Skat*
Stellt euch Karten mit Bruchzahlen wie unten her. Es werden 3 Durchgänge gespielt. Jeder bekommt 5 Karten.
Reihum spielt jeweils ein Spieler gegen die beiden anderen. Zunächst spielt das Zweierteam je eine Bruchzahl aus. Der Einzelspieler muss versuchen, eine Bruchzahl auszuspielen, deren Wert zwischen den beiden bereits ausgespielten liegt. Gelingt es ihm, darf er die 3 Karten aufnehmen und zur Seite legen. Gelingt es ihm nicht, nehmen die beiden Gegenspieler die 3 Karten auf.
Sind alle Karten ausgespielt, werden die gewonnenen Karten den einzelnen Spielern als Punkte gutgeschrieben. Wer hat nach den 3 Durchgängen die meisten Punkte?

Vergleichen und Ordnen von Dezimalbrüchen

Einstieg

Auf dem Schwebebalken erzielten die Frauen bei den Olympischen Spielen von Peking 2008 die folgenden Punktzahlen:

Afanasjewa (RUS)	14,825	Liukin (USA)	16,025
Drăgoi (ROM)	15,625	Pawlowa (RUS)	15,900
Fei (CHN)	15,950	Shanshan (CHN)	15,300
Johnson (USA)	16,225	Tsurumi (JPN)	14,450

➜ Wer gewann die Goldmedaille, die Silbermedaille, die Bronzemedaille?

Aufgabe

1. a) Bei den Olympischen Spielen in Peking 2008 wurden die angegebenen Weiten im Kugelstoßen der Frauen erreicht.

Nadseja Astaptschuk (BLR)	19,86 m
Misleydis González (CUB)	19,50 m
Nadine Kleinert (GER)	19,01 m
Gong Lijiao (CHN)	19,20 m
Li Meiju (CHN)	19,00 m
Natallja Michnewitsch (BLR)	20,28 m
Anna Omarowa (RUS)	19,08 m
Valerie Vili (NZL)	20,56 m

Erstelle eine Rangfolge. Begründe sie.

b) Ordne folgende Dezimalbrüche nach ihrer Größe. Beginne mit dem kleinsten. Überlege, wie du vorgehst. 1,746; 0,45; 1,742; 1,71; 1,455

Lösung

a) Da alle Längenangaben in Metern sind, musst du nur die Dezimalbrüche nach ihrer Größe ordnen. Vergleiche zuerst die Ganzen vor dem Komma. Bei den Dezimalbrüchen 19,86; 19,50; 19,01; 19,20; 19,00; 19,08 stimmen die Ganzen überein. Vergleiche daher die Bruchteile.
Vergleiche ebenso die Bruchteile bei den Dezimalbrüchen 20,28; 20,56.
Insgesamt findest du:
$20{,}56 > 20{,}28 > 19{,}86 > 19{,}50 > 19{,}20 > 19{,}08 > 19{,}01 > 19{,}00$

Z	E	z	h
1	9	0	0
1	9	0	1
1	9	0	8
1	9	2	0
1	9	5	0
1	9	8	6

Platz	Land	Athletin	Weite	Platz	Land	Athletin	Weite
1	NZL	V. Vili	20,56 m	5	CHN	G. Lijiao	19,20 m
2	BLR	N. Michnewitsch	20,28 m	6	RUS	A. Omarowa	19,08 m
3	BLR	N. Astaptschuk	19,86 m	7	GER	N. Kleinert	19,01 m
4	CUB	M. González	19,50 m	8	CHN	L. Meiju	19,00 m

b) Vergleiche zuerst die Ganzen. Sind die Ganzen gleich, vergleiche die Zehntel. Sind auch die Zehntel gleich, vergleiche die Hundertstel. Sind auch die Hundertstel gleich, vergleiche die Tausendstel usw. Du findest:

$0{,}45 < 1{,}455 < 1{,}71 < 1{,}742 < 1{,}746$

0 E < 1 E

1 Ganzes
4 z < 7 z

1 Ganzes
7 Zehntel
1 h < 4 h

1 Ganzes
7 Zehntel
4 Hundertstel
2 t < 6 t

Information

Vergleich von Dezimalbrüchen

Vergleiche zuerst die Ganzen.	3,25	< 7,5	(3 < 7)
Sind sie gleich, vergleiche die Zehntel.	8,36	< 8,59	(3 z < 5 z)
Sind auch diese gleich, vergleiche die Hundertstel.	0,6758	< 0,691	(7 h < 9 h)
Sind auch die gleich, vergleiche die Tausendstel; usw.	0,7034	< 0,7044	(3 t < 4 t)

Zum Festigen und Weiterarbeiten

2. Übertrage ins Heft. Vergleiche; setze eines der Zeichen < oder > ein.

a) 0,538 □ 0,605; 0,732 □ 0,729; 5,892 □ 5,829
b) 4,509 □ 3,87; 7,458 □ 7,9; 0,75 □ 0,575
c) 0,348 □ 0,3451; 0,2876 □ 0,287; 2,7352 □ 2,73
d) 0,7 □ 0,65; 0,15 □ 0,2; 0,75 □ 0,125

3. a) Welche Dezimalbrüche werden durch die roten Striche markiert?
b) Wie erkennt man am Zahlenstrahl, welcher von zwei Dezimalbrüchen der kleinere ist?

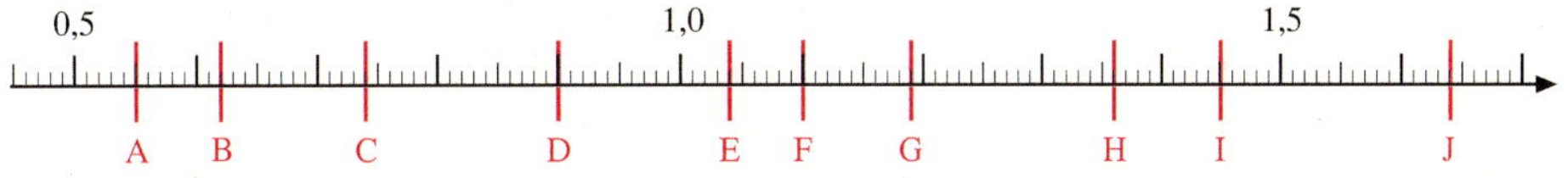

4. Ordne die Zahlen nach der Größe. Beginne mit der kleinsten Zahl.

a) 6,12; 6,2; 6,02; 6,5 **b)** 7,73; 7,37; 7,7; 7,703 **c)** 0,565; 0,655; 0,605; 0,566

5. *Endnullen bei Dezimalbrüchen*

a) Tom behauptet: „0,500 ist größer als 0,5."
Was meinst du dazu?

b) Hänge an den Dezimalbruch 0,7 eine, zwei Endnullen.
Vergleiche die Dezimalbrüche.
Betrachte dazu die Stellentafel.
Kannst du eine Regel entdecken?

E	z	h	t
0	7		
0	7	0	
0	7	0	0

$0{,}7 = \frac{7}{10}$

$0{,}70 = \frac{7}{10} + \frac{0}{100} =$ □

$0{,}700 = \frac{7}{10} + \frac{0}{100} + \frac{0}{1000} =$ □

6. Gib eine Zahl an, die zwischen den beiden folgenden Zahlen liegt.

a) 3,4505 und 3,4509 **b)** 0,48167 und 0,4817 **c)** 0,60413 und 0,60414

Information

Wenn man bei einem Dezimalbruch Endnullen anhängt oder weglässt, dann bleibt der Wert unverändert.

Beispiel: 0,4 = 0,40 = 0,400

Beachte:
Bei Größenangaben darf man Endnullen nicht weglassen.
Die Angabe 2,4 m zeigt, dass die Länge (z.B. eines Beetes) auf zehntel Meter, also auf Dezimeter genau gemessen wurde.
Wird dagegen 2,40 m angegeben, so wurde die Länge auf hundertstel Meter, also auf Zentimeter genau gemessen.

Übungen

7. Übertrage in dein Heft. Vergleiche; setze das passende Zeichen < oder > ein.

a)	b)	c)	d)
14,75 ■ 17,85	2,57 ■ 1,29	4,877 ■ 4,859	0,3415 ■ 0,3477
29,56 ■ 28,09	5,48 ■ 5,61	0,465 ■ 0,419	7,0351 ■ 7,0294
4,755 ■ 5,079	1,372 ■ 1,405	16,67 ■ 16,65	9,0787 ■ 9,0728
77,5 ■ 75,7	3,577 ■ 3,608	5,244 ■ 5,228	2,5079 ■ 2,5041

8. Übertrage in dein Heft. Vergleiche. Setze das passende Zeichen <, > oder = ein.

a)	b)	c)	d)
0,6 ■ 0,06	2,5 ■ 2,05	4,07 ■ 4,7	0,75 ■ 0,7
0,6 ■ 0,66	2,5 ■ 2,500	4,07 ■ 4,070	0,75 ■ 0,705
0,6 ■ 0,60	2,5 ■ 2,505	4,07 ■ 4,77	0,75 ■ 0,7500
0,6 ■ 0,606	2,5 ■ 2,55	4,07 ■ 4,0070	0,75 ■ 0,0750

9. Gib zu jeder der Zahlen 0,476; 0,135; 3,569; 8,4916; 0,1235 eine kleinere Zahl an.
Ändere **a)** nur die Zehntel; **b)** nur die Hundertstel; **c)** nur die Tausendstel.

10. Lass überflüssige Nullen weg.

0,4600 = 0,46

a) 0,800; 0,750; 0,0705; 0,0005; 1,5000

b) 1,0500; 3,1060; 5,00600; 0,0006; 0,0040

c) 0,500200; 0,8800; 0,03005; 0,707000 **d)** 0,0700; 0,01070; 1,04500; 2,505000

11. Welche Zahlen sind gleich?

a) 0,5; 0,500; 0,05; 0,50; 0,050; 0,5000

b) 0,40; 0,4000; 0,04; 0,004; 0,040; 0,4

c) 0,003; 0,300; 0,030; 0,0030; 0,30; 0,3

d) 0,1; 0,01; 0,10; 0,001; 0,100; 0,010

12. Ordne die Bruchzahlen. Beginne (1) mit der kleinsten; (2) mit der größten Zahl.

a) 0,03; 0,3; 0,003; 0,0003; 0,033

b) 0,13; 1,3; 1,03; 0,013; 0,103

c) 2,25; 2,52; 2,5; 2,052; 2,255

d) 0,089; 0,98; 0,908; 0,809; 0,09; 0,89

13. Gib fünf Zahlen an, die auf dem Zahlenstrahl zwischen den beiden Zahlen liegen.

a) 1,76 und 1,89 **c)** 0,52 und 0,528 **e)** 0,39 und 0,4 **g)** 0,6 und 0,61

b) 0,326 und 0,347 **d)** 0,4 und 0,49 **f)** 0,7 und 0,709 **h)** 1,1 und 1,11

1+1=3

14. Wo steckt der Fehler? Erkläre.

a) 0,35 < 0,278 *b) 3,43 < 3,234* *c) 0,4 = 0,04* *d) 0,9 < 0,90*

15. Gib für jede Sportart die Platzierung der Schüler an.

Name	Daniel	Christian	Lars	Michael	Tim	Tobias	Jan
Weitsprung	3,24 m	3,95 m	4,05 m	2,98 m	3,45 m	4,68 m	3,60 m
100-m-Lauf	15,1 s	15,9 s	15,7 s	17,1 s	16,4 s	15,6 s	15,0 s
Hochsprung	1,15 m	1,20 m	1,45 m	0,97 m	1,43 m	1,09 m	1,51 m

16. Übertrage ins Heft. Setze das passende Zeichen <, > oder = ein.

a) $\frac{3}{4}$ ■ 0,75 **c)** $\frac{1}{10}$ ■ 0,09 **e)** 0,95 ■ $\frac{9}{10}$ **g)** $\frac{1}{3}$ ■ 0,3

b) 0,59 ■ $\frac{3}{5}$ **d)** $3\frac{1}{2}$ ■ 3,45 **f)** 2,6 ■ $2\frac{2}{3}$ **h)** $\frac{1}{6}$ ■ 0,16

17. Hänge Endnullen an, sodass man die kleinere Einheit ablesen kann. Schreibe dann in der kleineren Maßeinheit.

1,7 km = 1,700 km = 1 700 m
2,5 m^2 = 2,50 m^2 = 250 dm^2

a) 0,4 km; 0,52 km; 1,05 km
b) 4,65 kg; 0,7 kg; 2,08 kg
c) 2,3 g; 0,03 g; 5,5 g
d) 1,5 kg; 3,88 kg; 0,75 kg
e) 3,2 t; 10,2 t; 3,75 t
f) 1,8 m^2; 7,3 m^2; 0,8 m^2
g) 1,4 km^2; 3,8 km^2; 0,9 km^2
h) 11,4 a; 6,3 a; 4,5 ha
i) 0,4 *l*; 0,25 *l*; 1,2 *l*
j) 2,6 cm^3; 8,25 cm^3; 10,3 cm^3

Spiel
3–5 Spieler

18. Jeder Mitspieler notiert auf 8 Spielkarten beliebige Dezimalbrüche zwischen 0,001 und 1,5 mit bis zu 3 Stellen nach dem Komma.
Jeder Spieler erhält 5 Karten. Der Rest wird als Stapel verdeckt auf den Tisch gelegt. Die beiden obersten Karten des Stapels werden aufgedeckt. Reihum dürfen jetzt alle höchstens 3 Karten ablegen, deren Wert zwischen den beiden Werten der aufgedeckten Karten liegt. Jetzt werden die nächsten beiden Karten des Stapels aufgedeckt ...
Sieger ist, wer zuerst alle Karten ablegen konnte.

19. Bei einem Kindergeburtstag wird ein Kirschkernspucken veranstaltet. Die folgenden Preise sollen nach ihrem Wert geordnet an die Teilnehmer vergeben werden.
Wer erhält den Bleistift, wer das Bonbon usw.?

Alexandra	4,80 m	Florian	6,89 m
Andrea	5,91 m	Michael	6,28 m
Christine	4,25 m	Sebastian	5,13 m
Daniela	5,98 m	Sascha	6,04 m

Bleistift	0,28 €	Luftballon	0,03 €
Bonbon	0,04 €	Notizblock	0,35 €
Wimpel	0,63 €	Aufkleber	0,09 €
Farbstift	0,38 €	Schokolade	0,48 €

Diagramme – Runden

Einstieg

Nach einer Umfrage werden in einem Vier-Personen-Haushalt jede Woche für Nahrungsmittel durchschnittlich nebenstehende Geldbeträge ausgegeben.

→ Zeichne ein Säulendiagramm. Wähle dazu einen geeigneten Maßstab.

Aufgabe

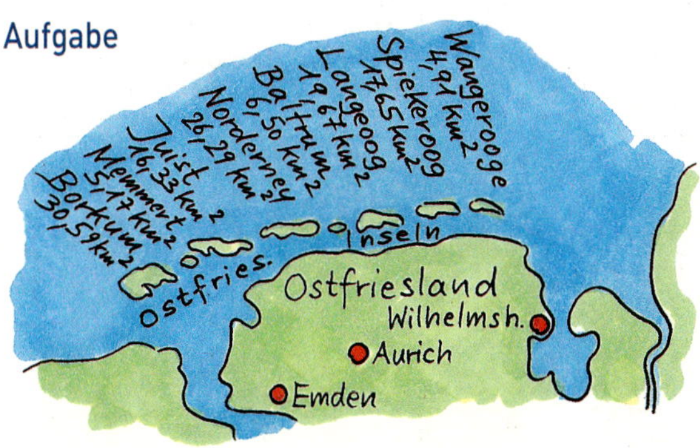

1. Die Klasse 6a beschäftigt sich im Projektunterricht mit den Ostfriesischen Inseln. Die Flächengrößen sollen in einem Säulendiagramm veranschaulicht werden. Zeichne ein solches Säulendiagramm.

Hinweise:
(1) Wähle für je 1 km^2 Flächeninhalt 1 mm Säulenhöhe.
(2) Da man nur auf Millimeter genau zeichnen kann, runde zunächst die Flächengrößen auf volle km^2.

Lösung

Flächengröße von Borkum:
30,59 km² liegt zwischen 30 km² und 31 km², aber näher bei 31 km².
Daher wird 30,59 km² *auf*gerundet:

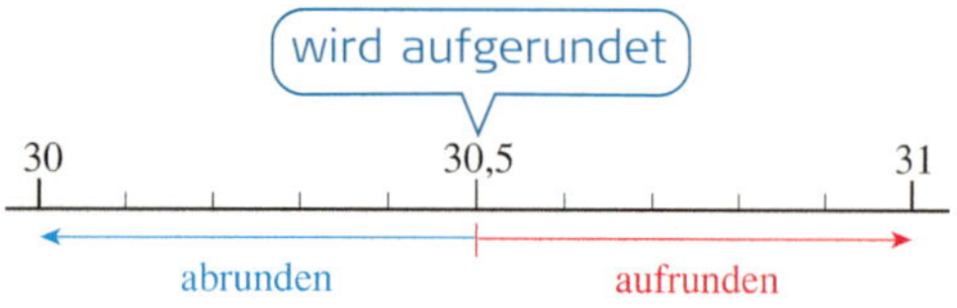

$30{,}59\ km^2 \approx 31\ km^2$

Insgesamt erhältst du:

Borkum	$30{,}59\ km^2 \approx 31\ km^2$	Langeoog	$19{,}67\ km^2 \approx 20\ km^2$
Juist	$16{,}33\ km^2 \approx 16\ km^2$	Spiekeroog	$17{,}65\ km^2 \approx 18\ km^2$
Norderney	$26{,}29\ km^2 \approx 26\ km^2$	Wangerooge	$4{,}91\ km^2 \approx 5\ km^2$
Baltrum	$6{,}50\ km^2 \approx 7\ km^2$	Memmert	$5{,}17\ km^2 \approx 5\ km^2$

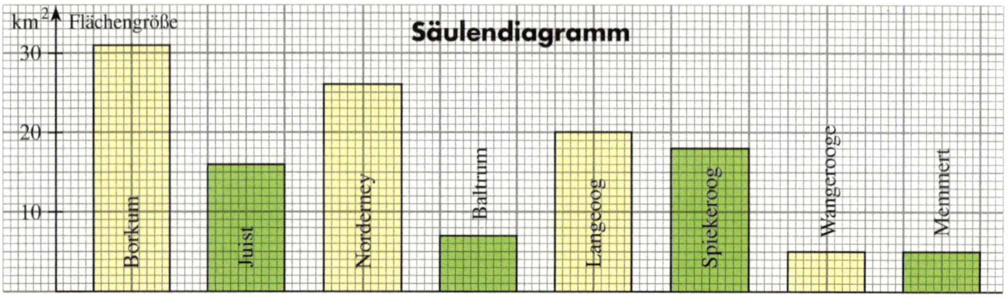

Information

Oft ist es nicht erforderlich, eine Zahl genau anzugeben. Dann kann man runden. Dabei geht man so vor:

1. Schritt: Suche die **Rundungsstelle.**

2. Schritt: **a)** Ist die erste Ziffer rechts von der Rundungsstelle kleiner als 5, bleibt die Rundungsstelle erhalten.
b) In allen anderen Fällen wird die Rundungsstelle um 1 erhöht.

3. Schritt: Alle Ziffern rechts von der Rundungsstelle werden 0.

auf Einer runden	*auf Zehntel*	*auf Hundertstel*	*auf Tausendstel*
6,8473 ≈ **7**	6,**8**473 ≈ 6,**8**	6,8**4**73 ≈ 6,8**5**	6,84**7**3 ≈ 6,84**7**
↑ Rundungsstelle (**auf**gerundet)	↑ Rundungsstelle (**ab**gerundet)	↑ Rundungsstelle (**auf**gerundet)	↑ Rundungsstelle (**ab**gerundet)

Zum Festigen und Weiterarbeiten

2. Runde 11,97 €, 25,28 €, 33,45 €, 16,32 €
a) auf volle €; **b)** auf 10 Cent.

Auf volle € gerundet: 6,25 € ≈ 6 €
Auf 10 Cent gerundet: 6,25 € ≈ 6,30 €

3. Runde **a)** auf Einer; **b)** auf Zehntel; **c)** auf Hundertstel; **d)** auf Tausendstel.

(1)	(2)	(3)	(4)	(5)	(6)
6,8457	1,5481	6,5385	14,5378	0,8057	7,9895
4,3742	0,7549	8,3528	10,0851	0,0675	1,8996

4. 1 kg Früchte enthalten jeweils folgende Mengen an Vitamin E.
Ordne sie nach dem Gehalt an Vitamin E und zeichne ein Säulendiagramm.

Vitamin E schützt Blutkörperchen und Immunsystem.

10,63 Mio. Zuschauer für „Wetten, dass" am 24.01.2009...

Ende 2008 hatte Deutschland 1,515 Bill. € Schulden.

In diesem Jahr sank der Umsatz der Firma Innowap von 10,7 Mrd. € auf 9,25 Mrd. €.

Von Januar bis Oktober 2008 wurden in Deutschland 325,94 Mio. Gästeübernachtungen gezählt.

5. Schreibe die Zahlenangaben in den obigen Zeitungsartikeln ohne Komma.

Übungen

6. Runde

a) auf €: 3,75 €; 78,50 €

b) auf m: 5,6 m; 3,48 m; 9,5 m

c) auf kg: 4,8 kg; 0,65 kg; 14,49 kg

d) auf g: 12,7 g; 543,5 g; 42,47 g

e) auf km: 6,3 km; 1,55 km; 8,5 km

f) auf m^3: 34,605 m^3; 45,099 m^3; 6,58 m^3

7. Runde **a)** auf Hundertstel; **b)** auf Zehntel; **c)** auf Einer; **d)** auf Tausendstel.

(1)	(2)	(3)	(4)	(5)	(6)
10,1473	12,8476	9,96784	2,43504	4,2999	0,77777
3,7586	0,80752	4,3476	1,9299	17,30807	3,845648
1,75341	9,8935	10,0877	18,0524	0,0467	8,0808

8. Runde so, dass du die Angabe in zwei Einheiten ohne Komma schreiben kannst.

4,7535 km ≈ 4,754 km
= 4 km 754 m

a) 6,4506 km; 4,9752 km **b)** 2,4085 kg; 7,0677 kg **c)** 13,0609 t; 9,6845 t **d)** 14,533 €; 1,089 € **e)** 17,09 cm; 28,24 cm

9. Die genaue Länge einer Strecke beträgt

a) 2,0473 m; **b)** 0,9415 m; **c)** 1,4523 m.

Sie wird nachgemessen (1) auf cm genau; (2) auf mm genau.
Gib jeweils die Messergebnisse an.

10. **a)** Nenne fünf Zahlen, die auf Einer gerundet 14 ergeben.

b) Nenne fünf Zahlen, die auf Zehntel gerundet 2,6 ergeben.

c) Nenne fünf Zahlen, die auf Hundertstel gerundet 7,13 ergeben.

d) Nenne fünf Zahlen, die auf Hundertstel gerundet 3,40 ergeben.

11. Einwohnerzahlen werden häufig als Dezimalbrüche angegeben. Für die Einwohnerzahl Deutschlands (82 469 000) findest du z. B. die Angabe 82,469 Mio.

a) Runde die Zahlen in der Grafik auf Mio. und zeichne ein Säulendiagramm. Wähle 1 mm Säulenhöhe für je 1 Mio. Einwohner.

b) Finde die Einwohnerzahlen der übrigen Mitgliedsländer der Europäischen Union (EU) heraus und ergänze das Säulendiagramm um fünf weitere Länder.

Frankreich	60,873 Mio
Spanien	43,398 Mio
Niederlande	16,320 Mio
Schweden	9,024 Mio
Dänemark	5,416 Mio

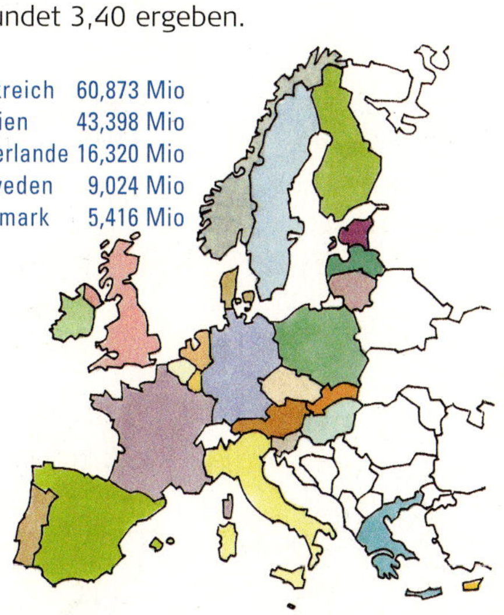

IM BLICKPUNKT: DER DREH MIT DEN BRÜCHEN

Wir bauen ein Glücksrad. Das brauchst du dazu:

- Karopapier
- Schere
- Klebstoff
- 1 Bierdeckel
- Fotokarton
- Zirkel, Geodreieck
- 1 Reißzwecke
- 1 kleine Holzperle
- Bleistift, Radiergummi

✂ Übertrage die Figuren auf Karopapier. Zähle dazu die Kästchen ab; gehe vom oberen roten Kreuzchen aus. Schneide die Scheiben aus und klebe sie auf Fotokarton oder dünne Pappe. In der Mitte stichst du mit der Zirkelspitze je ein kleines Loch.

✂ Die Zahlen der kleinen und der großen Scheibe sind Zähler und Nenner von Brüchen. Achte darauf, dass die Zahlen auf der großen Scheibe sehr weit außen stehen müssen, weil sie sonst von der kleinen Scheibe verdeckt werden.

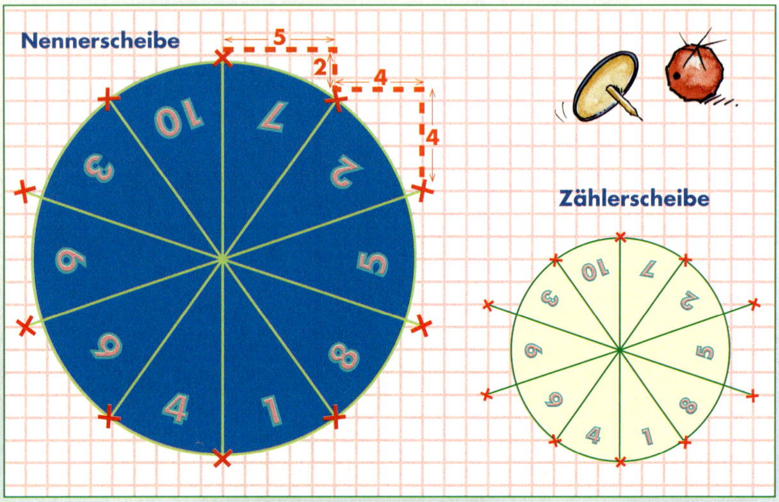

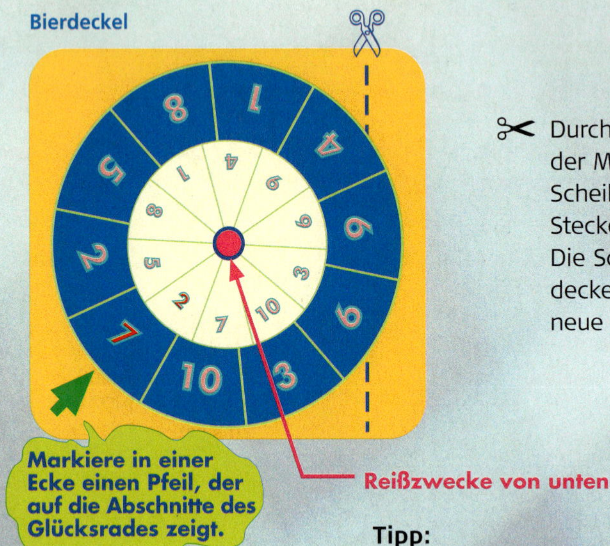

✂ Durchstich einen Bierdeckel von unten in der Mitte mit einer Reißzwecke und lege die Scheiben über die herausragende Spitze. Stecke auf die Spitze eine kleine Holzperle. Die Scheiben lassen sich jetzt auf dem Bierdeckel leicht drehen. Es ergeben sich ständig neue Kombinationen von Bruchzahlen.

Tipp:
Du brauchst nur die untere Scheibe zu drehen, die obere dreht sich dann mit. Du kannst die Scheibe leichter drehen, wenn du nach Fertigstellung des Glücksrades vom Bierdeckel einen Streifen abschneidest.

Partnerspiel

1. Dem Bruch auf den Grund gehen

Wer die größte Zahl auf der Außenscheibe erdreht, beginnt.

Erdrehst du einen vollständig gekürzten Bruch (Grunddarstellung), so erhältst du den Wert des Zählers als Punktzahl gutgeschrieben. Erdrehst du dagegen einen Bruch, der noch zu kürzen ist, bekommst du keinen Punkt. Im Beispiel links unten auf der vorigen Seite siehst du den Bruch $\frac{2}{7}$. Das ist ein Bruch in der Grunddarstellung, für den du 2 Punkte bekommen hättest.
Bei einem Durchgang dreht jeder Spieler 5-mal und addiert seine Punkte.
Das Spiel wird über 4 Runden gespielt.
Wer die meisten Punkte hat, gewinnt.

Variante:
Du kannst das Spiel auch so spielen, dass du nur dann Punkte bekommen kannst, wenn du den erdrehten Bruch kürzen kannst. In diesem Fall ist dann die Kürzungszahl die Punktzahl. Für Brüche in der Grunddarstellung gibt es dann keinen Punkt.

Gruppenspiel (2 bis 4 Spieler)

2. Einbruch nach Maß

Es beginnt derjenige, der auf der Innenscheibe die kleinste Zahl erdreht.
Jeder Spieler benötigt drei Spielmarken (z. B. Stifte, Papierschnitzel, ...)

Gedreht wird reihum. Der erste Mitspieler erdreht einen Bruch. Schafft es der nachfolgende Spieler einen gleich großen Bruch zu drehen, so darf er eine Spielmarke in die Mitte legen. Ansonsten darf er keine Marke ablegen.
Gewonnen hat, wer zuerst alle Marken abgeben konnte.

Spiel mit zwei Mannschaften je 2 Spieler

3. Ein Spiel für Kenner: Ganze Zahl $\frac{\text{Zähler}}{\text{Nenner}}$

Bei diesem Spiel sind die Zahlen auf dem äußeren Zahlenring die Zehner, die Zahlen auf dem inneren Zahlenring die Einer. Bei den Einern zählt die „10" als „0". So können Zahlen von 10 bis 109 erdreht werden.
Vier Mitspieler bilden zwei Mannschaften. Wer die kleinste Zahl erdreht, beginnt.
Beide Spieler dieser Mannschaft erdrehen je eine Zahl. Die größere der beiden Zahlen ist der Zähler, die kleinere der Nenner eines Bruches.
Die andere Mannschaft muss versuchen, diesen Bruch schneller als ihre Gegner in einen gekürzten Bruch in gemischter Schreibweise umzuwandeln und aufzuschreiben.
Schafft sie das, erhält sie einen Punkt, sonst nicht.

Die Mannschaften sind abwechselnd mit dem Drehen an der Reihe.
Wer zuerst 5 Punkte hat, gewinnt das Spiel.

ADDIEREN UND SUBTRAHIEREN VON BRUCHZAHLEN

Addieren und Subtrahieren von ungleichnamigen Brüchen

Einstieg

Jan und Anne haben mit ihren Freunden und Freundinnen eine Geburtstagsparty gefeiert. Hier siehst du die Reste von zwei Kirschtorten.

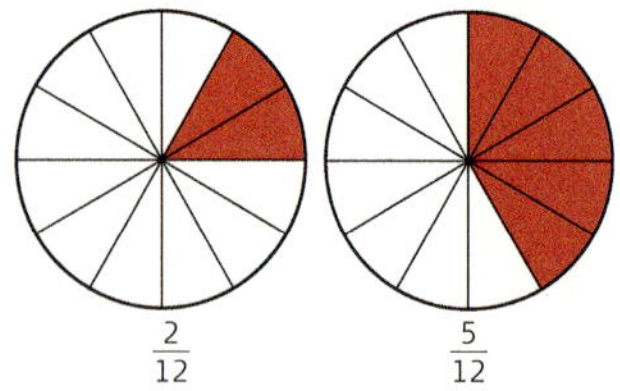

Wiederholung

Additions- und Subtraktionsregel bei gleichnamigen Brüchen

Addiere die Zähler.
Behalte den gemeinsamen Nenner bei.

$\frac{5}{8} + \frac{2}{8} = \frac{5+2}{8} = \frac{7}{8}$

Subtrahiere die Zähler.
Behalte den gemeinsamen Nenner bei.

$\frac{5}{8} - \frac{2}{8} = \frac{5-2}{8} = \frac{3}{8}$

Wir wollen nun das Addieren und Subtrahieren ungleichnamiger Brüche behandeln.

Aufgabe

1. Auf dem Schulfest gibt es einen Pizza-Stand. Hier kann man verschiedene Sorten Pizza aussuchen. Die Pizzas sind in unterschiedlicher Art aufgeschnitten. Claudio und Mario kaufen verschiedene Stücke Pizza.

(1) Claudio nimmt $\frac{3}{8}$ Pizza mit Champignons und $\frac{1}{4}$ Pizza mit Peperoni.

(2) Mario nimmt $\frac{2}{3}$ Pizza mit Thunfisch und $\frac{1}{4}$ Pizza mit Peperoni.

Wie viel Pizza nimmt jeder der beiden Jungen insgesamt?

Lösung

Einteilung verfeinern bedeutet Erweitern

(1) *Claudio*

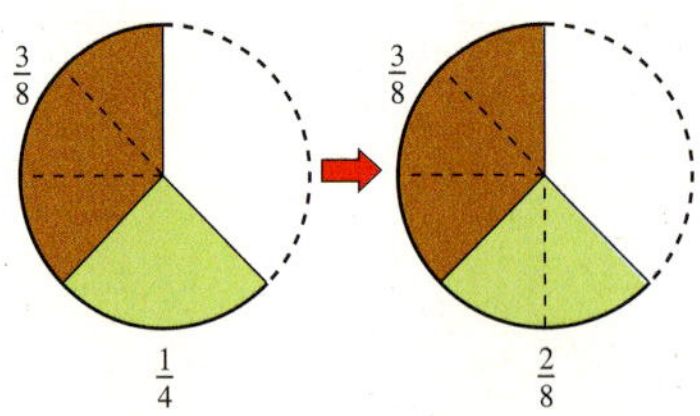

(2) *Mario*

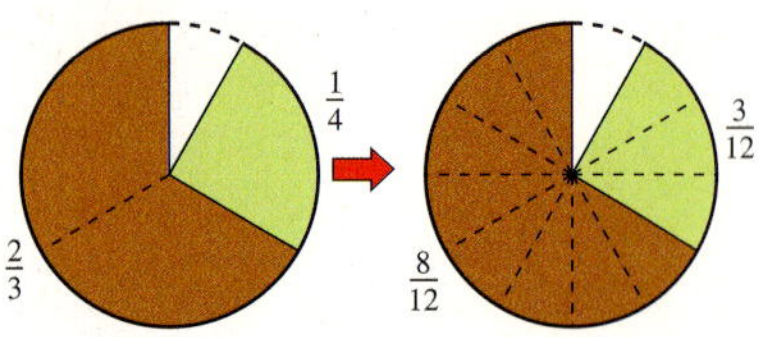

Brüche gleichnamig machen, dann addieren

$\frac{3}{8} + \frac{1}{4} = \frac{3}{8} + \frac{2}{8} = \frac{5}{8}$

Ergebnis:
Claudio nimmt insgesamt $\frac{5}{8}$ Pizza.

$\frac{2}{3} + \frac{1}{4} = \frac{8}{12} + \frac{3}{12} = \frac{11}{12}$

Ergebnis:
Mario nimmt insgesamt $\frac{11}{12}$ Pizza.

Information

Additions- und Subtraktionsregel bei ungleichnamigen Brüchen

Mache zuerst die Brüche gleichnamig. Verfahre dann wie bei gleichnamigen Brüchen.

Zuerst gleichnamig machen

$\frac{3}{4} + \frac{1}{6} = \frac{9}{12} + \frac{2}{12} = \frac{11}{12}$

Zuerst gleichnamig machen

$\frac{4}{5} - \frac{3}{20} = \frac{16}{20} - \frac{3}{20} = \frac{13}{20}$

Der kleinste gemeinsame Nenner von Brüchen heißt **Hauptnenner.**

Zum Festigen und Weiterarbeiten

2. Berechne; kürze dann das Ergebnis, falls möglich.

a) $\frac{2}{7} + \frac{3}{7}$ **b)** $\frac{5}{7} - \frac{3}{7}$ **c)** $\frac{11}{15} + \frac{7}{15}$ **d)** $\frac{14}{15} - \frac{7}{15}$ **e)** $\frac{17}{100} + \frac{19}{100}$ **f)** $\frac{35}{100} - \frac{13}{100}$

3. Lisas Mutter hat $\frac{3}{4}$ einer ganzen Schoko-Sahnetorte gekauft. Es wird gegessen:

a) $\frac{1}{2}$ der ganzen Torte; **b)** $\frac{1}{3}$ der ganzen Torte.

Welcher Anteil einer ganzen Torte bleibt übrig?
Notiere die Aufgabe und rechne.

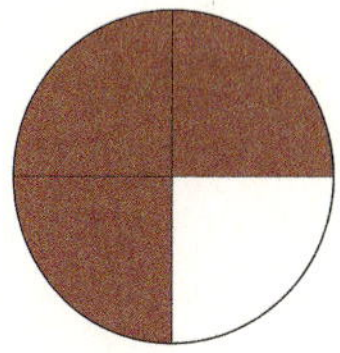

4. Mache die Brüche gleichnamig. Berechne.

a) $\frac{1}{4} + \frac{1}{2}$ **b)** $\frac{5}{6} - \frac{2}{3}$ **c)** $\frac{2}{15} + \frac{3}{5}$ **d)** $\frac{15}{16} - \frac{3}{4}$ **e)** $\frac{3}{10} + \frac{3}{100}$ **f)** $\frac{71}{125} + \frac{311}{1000}$

5. Mache die Brüche gleichnamig. Berechne. Kürze das Ergebnis, falls möglich.

a) $\frac{2}{3} + \frac{1}{4}$; $\frac{1}{2} + \frac{1}{3}$ **b)** $\frac{1}{2} - \frac{2}{5}$; $\frac{5}{6} - \frac{3}{4}$ **c)** $\frac{3}{4} + \frac{3}{5}$; $\frac{7}{10} - \frac{8}{15}$ **d)** $\frac{3}{10} + \frac{7}{12}$; $\frac{3}{4} - \frac{7}{25}$ **e)** $\frac{17}{125} + \frac{59}{100}$; $\frac{14}{15} - \frac{19}{21}$

6. Bilde die Summe aus $\frac{1}{2}$, $\frac{1}{4}$, $\frac{1}{8}$, $\frac{1}{16}$ und $\frac{1}{32}$.
Wie viel fehlt dann noch am nächsten Ganzen?

Übungen

7. Bei einem Schulfest ist an drei Ständen Kuchen übrig geblieben.

a) Wie viel Kuchen ist an jedem Stand insgesamt übrig geblieben?

b) An welchem Stand ist am wenigsten, an welchem am meisten übrig geblieben?

c) An welchem Stand wurde am meisten verkauft? Wie viel Kuchen ist an diesem Stand mehr verkauft worden als an den anderen beiden Ständen?

8. Hier siehst du jeweils die Reste von zwei Torten. Wie viel ist jeweils insgesamt übrig geblieben?

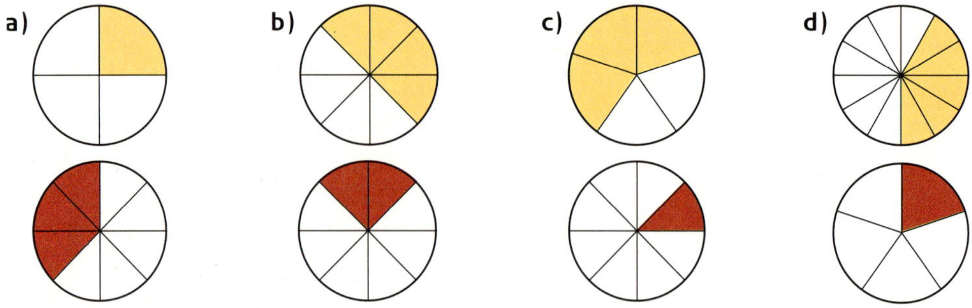

9. Berechne. Kürze das Ergebnis, falls möglich.

a) $\frac{3}{4}+\frac{1}{8}$; $\frac{1}{5}+\frac{1}{10}$; $\frac{1}{2}+\frac{5}{6}$
b) $\frac{9}{10}-\frac{3}{5}$; $\frac{7}{9}-\frac{2}{3}$; $\frac{1}{2}-\frac{3}{10}$
c) $\frac{3}{20}+\frac{2}{5}$; $\frac{2}{3}+\frac{7}{12}$; $\frac{3}{5}+\frac{7}{30}$
d) $\frac{23}{24}-\frac{3}{8}$; $\frac{17}{18}-\frac{5}{6}$; $\frac{7}{8}-\frac{11}{40}$
e) $\frac{3}{80}+\frac{2}{5}$; $\frac{4}{15}+\frac{67}{75}$; $\frac{5}{6}-\frac{7}{36}$
f) $\frac{11}{25}+\frac{17}{100}$; $\frac{77}{144}-\frac{5}{12}$; $\frac{7}{8}-\frac{863}{1000}$

10. Berechne. Kürze das Ergebnis, falls möglich.

a) $\frac{3}{4}+\frac{5}{6}$; $\frac{3}{10}+\frac{7}{12}$
b) $\frac{7}{10}-\frac{8}{15}$; $\frac{9}{12}-\frac{3}{20}$
c) $\frac{1}{2}-\frac{1}{7}$; $\frac{4}{5}-\frac{4}{13}$
d) $\frac{14}{15}+\frac{19}{21}$; $\frac{4}{35}+\frac{17}{45}$
e) $\frac{19}{125}-\frac{23}{250}$; $\frac{11}{75}-\frac{13}{100}$
f) $\frac{29}{45}+\frac{9}{10}$; $\frac{17}{125}+\frac{59}{100}$
g) $\frac{17}{24}-\frac{7}{20}$; $\frac{19}{20}-\frac{11}{30}$
h) $\frac{1}{19}-\frac{1}{31}$; $\frac{1}{25}-\frac{1}{32}$

$$\frac{7}{12}+\frac{4}{15}=\frac{35}{60}+\frac{16}{60}=\frac{51}{60}=\frac{17}{20}$$

11. Kontrolliere dein Ergebnis durch die entgegengesetzte Rechenart.

a) $\frac{5}{4}-\frac{1}{2}$
b) $\frac{17}{30}-\frac{4}{15}$
c) $\frac{15}{16}-\frac{4}{8}$
d) $\frac{59}{72}-\frac{4}{9}$
e) $\frac{47}{55}-\frac{8}{11}$
f) $\frac{71}{84}-\frac{3}{7}$

Rechnung: $\frac{22}{15}-\frac{2}{3}=\frac{4}{5}$ *Kontrolle:* $\frac{4}{5}+\frac{2}{3}=\frac{22}{15}$

12. Berechne.

a) $\frac{1}{6}+\frac{1}{4}+\frac{5}{12}$; $\frac{5}{18}+\frac{2}{9}+\frac{1}{3}$
b) $\frac{3}{20}+\frac{3}{10}+\frac{1}{5}$; $\frac{37}{50}+\frac{4}{5}+\frac{3}{10}$
c) $\frac{13}{20}+\frac{1}{10}-\frac{1}{2}$; $\frac{14}{15}+\frac{1}{3}-\frac{2}{5}$
d) $\frac{13}{15}-\frac{1}{90}-\frac{2}{9}$; $\frac{44}{75}-\frac{4}{25}-\frac{4}{15}$
e) $\frac{671}{1000}+\frac{19}{200}-\frac{3}{125}$; $\frac{7}{12}+\frac{5}{18}-\frac{301}{360}$

1+1=3

13. Kontrolliere die Hausaufgaben.

a) $\frac{2}{5}+\frac{1}{2}=\frac{3}{7}$ b) $\frac{5}{6}-\frac{3}{4}=\frac{2}{24}$ c) $\frac{3}{8}-\frac{1}{3}=\frac{2}{5}$ d) $\frac{3}{8}+\frac{1}{2}=\frac{14}{16}$

14. a) Addiere.

b) Subtrahiere.

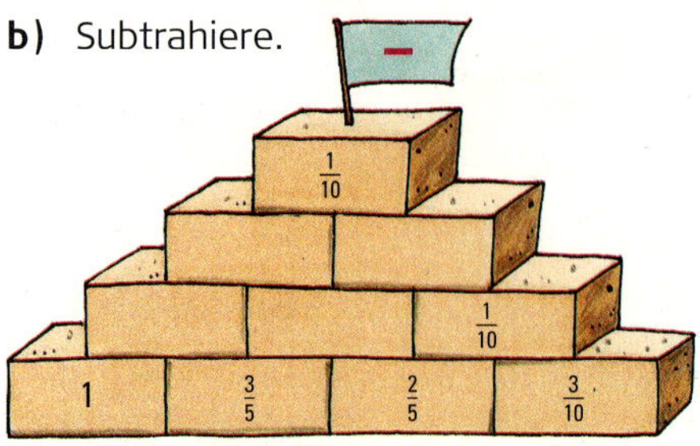

15. Berechne. Kommst du ohne Erweitern aus?

a) $\frac{9}{12}+\frac{1}{4}$ **b)** $\frac{12}{21}+\frac{8}{28}$ **c)** $\frac{4}{5}-\frac{21}{35}$ **d)** $\frac{50}{55}-\frac{42}{66}$ **e)** $\frac{35}{84}+\frac{45}{108}$ **f)** $\frac{52}{117}-\frac{60}{135}$

16. Ein Naturschutzgebiet besteht aus einem $\frac{7}{8}\,km^2$ großen See und einem angrenzenden Gelände, das $\frac{3}{10}\,km^2$ groß ist.
Wie groß ist das gesamte Naturschutzgebiet?

17. Julia kommt beim Fahrradrennen $\frac{3}{10}$ Sekunden später ins Ziel als die Siegerin. Sarah kommt $\frac{1}{2}$ Sekunde später ins Ziel als ihre Freundin Julia.
Um wie viel ist Sarah langsamer als die Siegerin?

18. $\frac{1}{8}\,l$ Himbeersirup soll mit Wasser so verdünnt werden, dass danach das Volumen $\frac{7}{10}\,l$ beträgt.
Wie viel Liter Wasser muss zugegossen werden?

19. Paulas Eltern wollen ein Haus bauen. Ein Drittel der Baukosten haben sie angespart, $\frac{3}{8}$ der Baukosten erhalten sie durch eine Erbschaft.

a) Über welchen Anteil an den Baukosten verfügen Paulas Eltern schon?

b) Welchen Anteil an den Baukosten müssen sie sich bei einer Bank leihen?

20. Eine Werbesendung für eine Eistorte im Fernsehen besteht aus zwei Teilen. Der erste Teil dauert $\frac{5}{12}$ Minuten, der zweite Teil $\frac{1}{4}$ Minute.

a) Welcher Teil dauert länger?
Um wie viel Minuten dauert dieser Teil länger? Gib das Ergebnis auch in Sekunden an.

b) Wie lange dauert die gesamte Werbesendung? Gib das Ergebnis in Minuten an. Gib das Ergebnis auch in Sekunden an.

21. Berechne die Summe und die Differenz der beiden Bruchzahlen.

a) $\frac{3}{5}; \frac{3}{8}$ **b)** $\frac{1}{2}; \frac{1}{9}$ **c)** $\frac{7}{15}; \frac{7}{20}$ **d)** $\frac{7}{8}; \frac{6}{7}$ **e)** $\frac{4}{5}; \frac{3}{4}$

22. Die Summanden sind **a)** $\frac{2}{3}, \frac{1}{10}$; **b)** $\frac{1}{2}, \frac{1}{6}$; **c)** $\frac{5}{6}, \frac{1}{8}$.
Welche der Bruchzahlen $\frac{2}{3}; \frac{23}{30}; \frac{7}{15}; \frac{23}{24}$ ist der richtige Wert der Summe?

23. Der Minuend ist $\frac{8}{9}$. Der Subtrahend ist

a) $\frac{2}{3}$; **b)** $\frac{1}{2}$; **c)** $\frac{5}{6}$.

Welche der Bruchzahlen $\frac{7}{18}; \frac{2}{9}; \frac{5}{18}; \frac{1}{18}$ ist der richtige Wert der Differenz?

$$\frac{7}{6} - \frac{2}{3} = \frac{1}{2}$$

Minuend – Subtrahend = Wert der Differenz

24. **a)** Schreibe die folgenden Zahlen auf drei verschiedene Weisen als Summe.
(1) $\frac{5}{6}$ (2) $\frac{2}{9}$ (3) $\frac{1}{3}$

b) Schreibe die folgenden Zahlen auf drei verschiedene Weisen als Differenz.
(1) $\frac{4}{9}$ (2) $\frac{9}{17}$ (3) $\frac{2}{5}$

$$\frac{8}{7} = \frac{5}{7} + \frac{3}{7} = \frac{2}{7} + \frac{6}{7} = 1 + \frac{1}{7}$$

$$\frac{4}{13} = \frac{12}{13} - \frac{8}{13} = \frac{6}{13} - \frac{2}{13} = \frac{9}{26} - \frac{1}{26}$$

25. Notiere die Gleichung im Heft und setze für x eine passende Bruchzahl ein. Gib diese auch gekürzt an.

a) $\frac{4}{9} + x = \frac{7}{9}$ **d)** $\frac{7}{8} - x = \frac{3}{8}$ **g)** $\frac{7}{8} - x = \frac{3}{8}$

b) $x + \frac{7}{20} = \frac{19}{20}$ **e)** $\frac{13}{15} - x = \frac{7}{15}$ **h)** $\frac{13}{15} - x = \frac{7}{15}$

c) $x - \frac{5}{12} = \frac{1}{12}$ **f)** $\frac{11}{21} + x = \frac{20}{21}$ **i)** $\frac{11}{21} + x = \frac{20}{21}$

26. Welche Bruchzahl musst du für x einsetzen?

a) $\frac{1}{3} + x = \frac{5}{9}$; $x + \frac{2}{5} = \frac{7}{10}$
b) $x - \frac{3}{4} = \frac{5}{8}$; $\frac{1}{2} - x = \frac{1}{6}$
c) $x + \frac{3}{10} = \frac{8}{15}$; $x - \frac{7}{12} = \frac{9}{10}$
d) $\frac{3}{9} = x + \frac{1}{6}$; $\frac{4}{15} = x - \frac{5}{12}$
e) $\frac{1}{6} = \frac{3}{4} - x$; $0 = \frac{17}{25} - x$

27. Anne erzählt ihrer Freundin:
„Von meinem Taschengeld gebe ich $\frac{1}{3}$ fürs Kino und $\frac{1}{5}$ für Eis aus. Das ist weniger als die Hälfte."

28. Jakob fotografiert gern. Seine Speicherkarte ist schon halb voll. Nach 6 weiteren Aufnahmen sagt seine Schwester Lisa:
„Jetzt ist bereits $\frac{2}{3}$ der Karte voll."

29. Schreibe die Brüche wie die Ägypter als Summe von Brüchen mit dem Zähler 1 auf (siehe Seite 46).
Gehe vor wie im Beispiel.

a) $\frac{5}{6}$ **b)** $\frac{3}{8}$ **c)** $\frac{9}{14}$ **d)** $\frac{5}{18}$ **e)** $\frac{7}{24}$

$$\frac{8}{15} = \frac{5+3}{15} = \frac{5}{15} + \frac{3}{15} = \frac{1}{3} + \frac{1}{5}$$

30. Skizziere die Rechenschlange im Heft und ergänze die fehlenden Zahlen.
In den gelben Feldern findest du Kontrollzahlen.

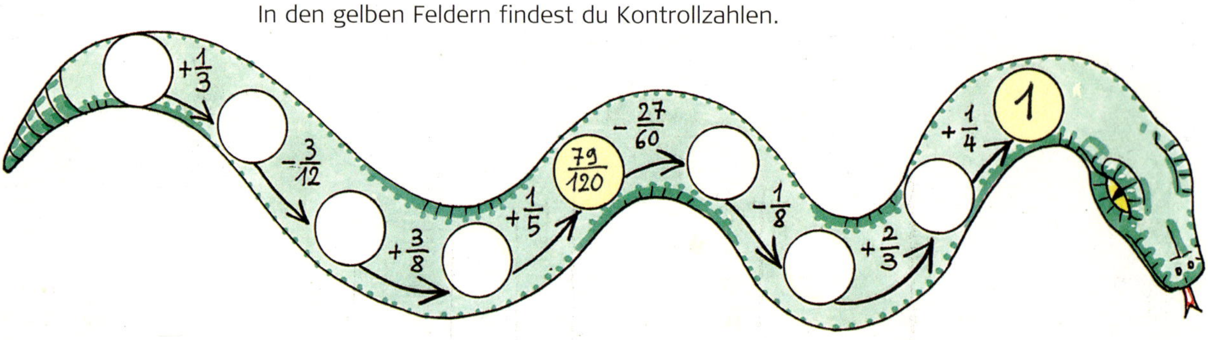

Addieren und Subtrahieren bei gemischter Schreibweise

Einstieg

Ein Konditor hat noch Himbeer- und Brombeertorte.

→ Wie viel Obsttorte hat er insgesamt noch?

Aufgabe

1. Berechne: **a)** $2\frac{1}{4} + 1\frac{7}{8}$ **b)** $2\frac{1}{4} - \frac{3}{8}$

Lösung

a)

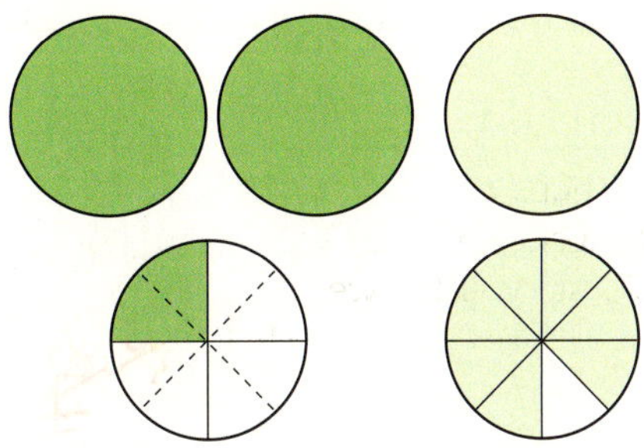

$2\frac{1}{4} + 1\frac{7}{8}$
$= 2\frac{2}{8} + 1\frac{7}{8}$
$= 3\frac{9}{8}$
$= 4\frac{1}{8}$

b)

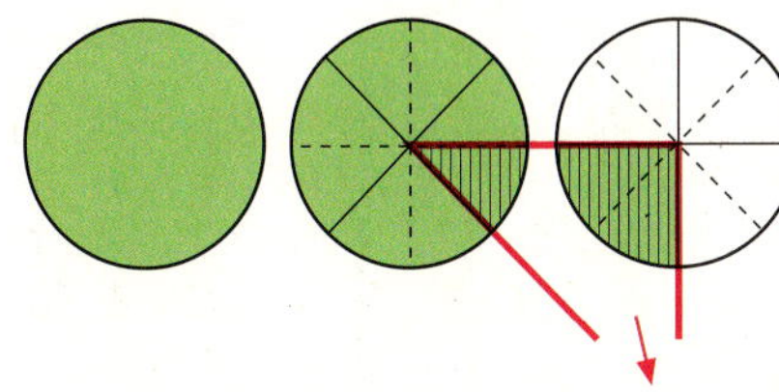

$2\frac{1}{4} - \frac{3}{8}$
$= 2\frac{2}{8} - \frac{3}{8}$
$= 1\frac{10}{8} - \frac{3}{8}$
$= 1\frac{7}{8}$

Fasse die Ganzen zusammen; fasse die Anteile zusammen; wandle gegebenenfalls um.

Zum Festigen und Weiterarbeiten

2. Mache die Brüche gleichnamig. Addiere.

a) $5\frac{1}{2} + \frac{1}{6}$ **e)** $2\frac{1}{2} + \frac{1}{3}$
b) $1\frac{3}{4} + \frac{5}{8}$ **f)** $6\frac{4}{5} + \frac{1}{2}$
c) $4\frac{7}{9} + 1\frac{2}{3}$ **g)** $1\frac{5}{6} + 2\frac{4}{9}$
d) $8\frac{5}{6} + 2\frac{7}{18}$ **h)** $4\frac{5}{8} + 3\frac{7}{10}$

$6\frac{2}{3} + 3\frac{7}{12} = 6\frac{8}{12} + 3\frac{7}{12}$
$= 9\frac{15}{12}$
$= 9 + \frac{12}{12} + \frac{3}{12}$
$= 10\frac{3}{12} = 10\frac{1}{4}$

3. **a)** $9 - \frac{2}{5}$ **e)** $6\frac{1}{3} - \frac{1}{2}$
b) $6 - 2\frac{3}{8}$ **f)** $4\frac{3}{5} - 1\frac{2}{3}$
c) $8\frac{2}{3} - \frac{4}{9}$ **g)** $4\frac{5}{8} - \frac{9}{20}$
d) $5\frac{9}{10} - 3\frac{1}{2}$ **h)** $6\frac{7}{25} - 5\frac{9}{20}$

$8 - \frac{2}{3}$
$= 7\frac{3}{3} - \frac{2}{3}$
$= 7\frac{1}{3}$

$5\frac{3}{8} - \frac{3}{4}$
$= 5\frac{3}{8} - \frac{6}{8}$
$= 4\frac{11}{8} - \frac{6}{8} = 4\frac{5}{8}$

Übungen

Addieren bei gemischter Schreibweise

4. **a)** $2\frac{1}{2} + \frac{1}{4}$; $\frac{3}{8} + 4\frac{1}{4}$ **b)** $5\frac{3}{4} + \frac{1}{2}$; $\frac{2}{3} + 1\frac{5}{6}$ **c)** $8\frac{1}{2} + 7\frac{1}{3}$; $5\frac{3}{4} + 4\frac{1}{6}$ **d)** $4\frac{2}{3} + 2\frac{1}{2}$; $2\frac{5}{6} + 1\frac{3}{8}$ **e)** $4\frac{5}{6} + 6\frac{4}{5}$; $2\frac{7}{8} + 5\frac{5}{12}$

1+1=3

5. Kontrolliere die Hausaufgaben.

a) $2\frac{4}{9} + 3\frac{5}{8} = 5\frac{9}{17}$ b) $6\frac{1}{3} + 4\frac{7}{11} = 10\frac{14}{11}$ c) $9\frac{4}{15} + 3\frac{1}{25} = 12\frac{13}{75}$

6. Ein Lastwagen ist $10\frac{1}{2}$ m lang, sein Anhänger $6\frac{3}{4}$ m. Wie viel Meter ist der ganze Lastzug lang?

7. Ein Landwirt hat auf seinen Feldern $5\frac{4}{5}$ ha mit Weizen, $6\frac{7}{8}$ ha mit Gerste und $3\frac{1}{2}$ ha mit Roggen angebaut. Wie groß sind seine Getreidefelder zusammen? Schätze zunächst ab.

8. Auf dem Wochenmarkt kauft Frau Ude bei einem Händler $2\frac{1}{2}$ kg Kartoffeln, $\frac{3}{4}$ kg Äpfel und $1\frac{1}{4}$ kg Weintrauben. Herr Wagner kauft bei demselben Händler $3\frac{1}{4}$ kg Kartoffeln, $1\frac{1}{2}$ kg Äpfel und $2\frac{1}{8}$ kg Weintrauben. Stelle geeignete Aufgaben und löse sie.

Subtrahieren bei gemischter Schreibweise

9. a) $1 - \frac{1}{7}$ b) $7 - \frac{3}{4}$ c) $9 - \frac{2}{5}$ d) $8 - \frac{5}{6}$ e) $7 - 1\frac{5}{8}$ f) $5 - 2\frac{3}{10}$

10. a) $5\frac{1}{2} - \frac{1}{4}$; $8\frac{2}{3} - \frac{1}{6}$ b) $5\frac{7}{10} - 2\frac{3}{5}$; $9\frac{2}{3} - 1\frac{2}{9}$ c) $6\frac{1}{4} - \frac{1}{2}$; $8\frac{1}{6} - \frac{2}{3}$ d) $4\frac{1}{2} + 1\frac{3}{4}$; $5\frac{3}{8} - 2\frac{1}{2}$ e) $7\frac{19}{60} - 4\frac{19}{20}$; $8\frac{11}{100} - 1\frac{11}{25}$

11. a) $9\frac{1}{2} - 1\frac{2}{5}$; $3\frac{4}{5} - 2\frac{3}{10}$ b) $7\frac{1}{2} - \frac{2}{3}$; $8\frac{2}{5} - \frac{1}{2}$ c) $6\frac{1}{4} - 2\frac{2}{3}$; $5\frac{3}{4} - 3\frac{5}{6}$ d) $8\frac{3}{50} - 2\frac{7}{40}$; $4\frac{11}{50} - 1\frac{37}{90}$ e) $3\frac{17}{30} - 1\frac{9}{80}$; $9\frac{51}{80} - 4\frac{113}{120}$

1+1=3

12. Kontrolliere die Hausaufgaben.

a) $3\frac{3}{8} - \frac{7}{8} = 3\frac{4}{8}$ b) $4\frac{3}{4} - 1\frac{1}{2} = 4\frac{1}{4}$ c) $3\frac{1}{6} - 1\frac{1}{5} = 2\frac{1}{30}$

13. Eine Ölkanne fasst $3\frac{1}{2}$ *l*. Sie ist mit $2\frac{3}{4}$ *l* Öl gefüllt. Wie viel *l* Öl kann noch zugegossen werden?

14. Ein Lastwagen wiegt unbeladen $1\frac{4}{5}$ t. Die zulässige Gesamtmasse beträgt $3\frac{1}{2}$ t. Wie viel t darf man höchstens zuladen?

15. Von einem $7\frac{1}{4}$ ha großen Waldstück werden $2\frac{2}{3}$ ha in ein Freizeitgelände umgestaltet. Außerdem werden für Straßen, Wege und Parkplätze noch $\frac{2}{5}$ ha Wald gerodet. Wie groß ist das verbleibende Waldstück? Schätze zunächst ab.

16. Franz transportiert 4-Kugeln vom Geräteschuppen zum Kugelstoßring. Sein Drahtkorb wiegt $1\frac{5}{8}$ kg. Er hat eine Kugel mit dem Gewicht von 6 kg 250 g sowie drei Kugeln mit dem Gewicht $7\frac{1}{4}$ kg eingeladen. Welches Gewicht muss Franz schleppen?

Addieren und Subtrahieren von Dezimalbrüchen

Einstieg

Bei den Olympischen Winterspielen 2006 in Turin gab es im Rodeln der Frauen einen dreifachen deutschen Sieg.

Olympische Winterspiele
14. 02. 2006 Torino ITA
Rennschlittensport
Einzelergebnisse

Kraushaar, Silke GER

1. Lauf 47,269 s	3. Lauf 46,991 s
2. Lauf 46,86 s	4. Lauf 46,995 s

Otto, Sylke GER

1. Lauf 47,041 s	3. Lauf 46,902 s
2. Lauf 46,82 s	4. Lauf 47,216 s

Huefner, Tatjana GER

1. Lauf 47,109 s	3. Lauf 47,101 s
2. Lauf 47,269 s	4. Lauf 46,981 s

→ Stelle zu den Angaben oben selbst Aufgaben und löse sie.

Aufgabe

1.

a) Löse die Aufgaben (1) bis (3) im Kopf. Wie findest du die Ergebnisse?

b) Löse die Aufgabe (4), indem du schriftlich addierst. Erkläre, wie du vorgehst.

Lösung

a) Denke beim Rechnen an Zehntel (z), Hundertstel (h) und Tausendstel (t).

$\frac{3}{10} + \frac{4}{10} = \frac{7}{10} = 0{,}7$ $\frac{18}{100} - \frac{6}{100} = \frac{12}{100} = 0{,}12$ $\frac{7}{1000} + \frac{9}{1000} - \frac{13}{1000} = \frac{3}{1000} = 0{,}003$

(1) 0,3 + 0,4 = 0,7 (2) 0,18 – 0,06 = 0,12 (3) 0,007 + 0,009 – 0,013 = 0,003

b) Schreibe die Zahlen stellengerecht untereinander (Komma unter Komma).
Addiere nacheinander die Tausendstel, die Hundertstel, die Zehntel, die Einer.
Beachte die Überträge.

	1,	5				
+	0,	1	2	5		
+	2,	7	4			
+	4,	2	7	9		
	1	1	1			
	8,	6	4	4		

	E	z	h	t
	1	5		
+	0	1	2	5
+	2	7	4	
+	4	2	7	9
	1	1	1	
	8	6	4	4

Tausendstel: 9 t + 5 t = 14 t;
das sind 4 t (hinschreiben) und 1 h (Übertrag)

Hundertstel: 1 h + 7 h + 4 h + 2 h = 14 h;
das sind 4 h (hinschreiben) und 1 z (Übertrag)

Zehntel: 1 z + 2 z + 7 z + 1 z + 5 z = 16 z;
das sind 6 z (hinschreiben) und 1 E (Übertrag)

Einer: 1 E + 4 E + 2 E + 1 E = 8 E (hinschreiben)

Information

Addieren und Subtrahieren von Dezimalbrüchen

Wie natürliche Zahlen werden Dezimalbrüche stellenweise addiert und subtrahiert. Dabei muss Komma unter Komma stehen. Es kann hilfreich sein, rechts vom Komma Endnullen zu ergänzen.

Beispiele:

```
  78,4320      136,350
+ 10,0897    -  84,275
     1 1       1   1 1
---------    ---------
  88,5217       52,075
```

Zum Festigen und Weiterarbeiten

2. Rechne im Kopf.

a)	b)	c)	d)	e)	f)
1,2 + 0,6	2 + 3,49	0,7 + 0,19	3,8 – 0,4	2,8 – 0,9	3 – 0,7
2,5 + 0,8	4,8 + 3,91	9,99 + 0,1	9,6 – 1,3	3,4 – 0,6	5 – 2,6
3,8 + 1,3	0,54 + 0,27	0,04 + 3,417	7,4 – 0,8	8,04 – 6,2	6,49 – 2

Runde so, dass du im Kopf rechnen kannst.

3. Führe zuerst einen Überschlag durch. Rechne dann schriftlich.

a)	b)	c)	d)	e)	f)
11,634	16,38	36,51	17,683	156,6301	438,347
+ 3,8931	– 9,87	+ 59,7284	– 1,085	+ 46,123	– 251,0896
+ 2,14		+ 7,653		+ 29,18	

4. Julia hat zum Geburtstag Inlineskater und einen Helm bekommen. Damit bei einem Sturz die Verletzungsgefahr nicht so groß ist, braucht sie noch Handgelenkschoner, Ellbogenschützer und Knieschützer. Ein Sportgeschäft hat ein Sonderangebot. Julia hat in ihrer Spardose 62,45 €. Wie viel bleibt noch übrig?

Übungen

5. Berechne. Führe zuerst einen Überschlag durch.

a) 27,246 + 10,031	e) 3,6571 + 0,9	i) 38,246 – 10,031	m) 29,09 – 12,7
b) 4,603 + 11,046	f) 38,79 + 4,378	j) 11,608 – 5,304	n) 143,96 – 27,053
c) 1,6843 + 5,0090	g) 0,95 + 10,6	k) 59,002 – 50,997	o) 0,7806 – 0,40681
d) 26,66 + 14,7	h) 16,15 + 7,387	l) 3,8642 – 1,0090	p) 6,7859 – 0,9

auffallende Ergebnisse

6.

a) 1,2745 + 2,0588	d) 6,20873 + 4,65547	g) 1,7671 – 0,5326
b) 0,5326 + 0,7019	e) 63,403 + 2,2332	h) 18,2366 – 8,2367
c) 0,98764 + 1,35803	f) 3,6842 – 1,462	i) 14,3765 – 4,5

7. Wo steckt der Fehler? Berichtige.

(1) 5,43 + 3,8 = 8,51	(3) 12,59 + 2,8 = 12,87	(5) 7,8 – 5 = 7,3
(2) 0,4 + 3 = 0,7	(4) 3,64 – 1,3 = 2,61	(6) 9,58 – 1,4 = 9,44

8. Berechne. Überschlage zunächst.

a) 25,74 + 18,637 + 12,3

b) 11,65 + 3,787 + 35,1

c) 9,764 + 26,349 + 227,482 + 5,249

d) 4,2357 + 17,6529 + 128,7645 + 0,708

▲ **9.** Rechne wie im Beispiel.

a)
```
  463,747
- 106,052
-  18,524
```

b)
```
  92,549
-  7,851
- 24,923
```

c)
```
  80,675
-  7,24
- 14,1
```

d)
```
  479,9
-  38,423
- 104,35
```

```
  43,75
-  7,28
- 12,54
  1 1 1
  23,93
```

Zuerst die Hundertstel:
4 + 8 = 12; 12 + 3 = 15
3 hinschreiben; 1 Übertrag

Dann die Zehntel:
1 + 5 + 2 = 8; 8 + 9 = 17
9 hinschreiben, 1 Übertrag

▲ **10.** **a)** 214,6 – 37,98 – 2,40 **c)** 93,55 – 14,003 – 22,1 **e)** 34,075 – 0,081 – 7,4
b) 176,5 – 8,91 – 3 **d)** 200 – 18,75 – 44,557 **f)** 3,4032 – 0,48 – 1,00245

11. Mit den Zahlen rechts kannst du selbst Aufgaben stellen.

a) Wähle jedes Mal fünf Zahlen. Berechne die Summe. Wie viele Additionsaufgaben mit fünf Zahlen findest du?

b) Berechne die Summe aller sechs Zahlen. Wähle jeweils drei Zahlen für Subtraktionen von dieser Summe.

12. Zu jedem Ergebnis gehört ein Buchstabe. Die Buchstaben ergeben in der Reihenfolge der Ergebnisse einen Text. Ihr könnt die Aufgabe in Teamarbeit lösen.

51,6 – 27,44	100 – 5,806	7,39 + 3,805
6,045 + 0,58	33,05 + 13,96	70,02 – 58,9
12,806 + 11,95	50,9 – 31,25	5,008 + 0,996
0,968 + 0,083	1,68 + 34,09	4,17 + 0,856
46,14 – 2,49	78 – 59,66	10 – 8,677
4,06 + 22,38	5,38 – 4,611	12,5 + 6,088
10,5 – 1,048	180 – 31,05	6,013 – 0,847
993,1 – 822,85	12,4 + 41,68	

6,625	A
148,95	A
6,004	A
43,65	E
19,65	E
0,769	E
18,588	E
11,12	F
1,051	H
47,01	H
5,026	L
1,323	L

170,25	L
94,194	L
24,16	M
5,166	N
9,452	O
26,44	S
11,195	S
24,756	T
18,34	T
35,77	U
54,08	U

13. Auf einer Wanderkarte sind die Längen der Wege in Kilometern angegeben.

a) Tim möchte vom Parkplatz P über E nach B den kürzesten Weg gehen. Wie lang ist dieser Weg?

b) Ein Sportverein plant einen Wandertag. Start und Ziel sollen am Parkplatz sein. Senioren legen dabei eine Strecke von 5 bis 7 Kilometern zurück. Für Kinder ist eine Strecke von 6 bis 8 Kilometern und für alle anderen eine Strecke von 8 bis 10 Kilometern vorgesehen.

VERMISCHTE UND KOMPLEXE ÜBUNGEN

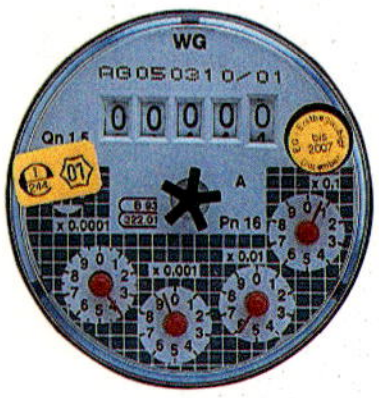

1. Frau Weise liest jeden Monat den Stand ihrer Wasseruhr ab.

a) Wie viel m^3 Wasser hat sie im Januar, im Februar, im März verbraucht?

b) Stelle weitere sinnvolle Fragen und beantworte sie.

Datum	Stand der Wasseruhr
1. Januar	1 923,225 m^3
1. Februar	1 939,164 m^3
1. März	1 958,966 m^3
1. April	1 976,346 m^3

2. Berechne den Umfang folgender Grundstücke (Angaben in Meter).

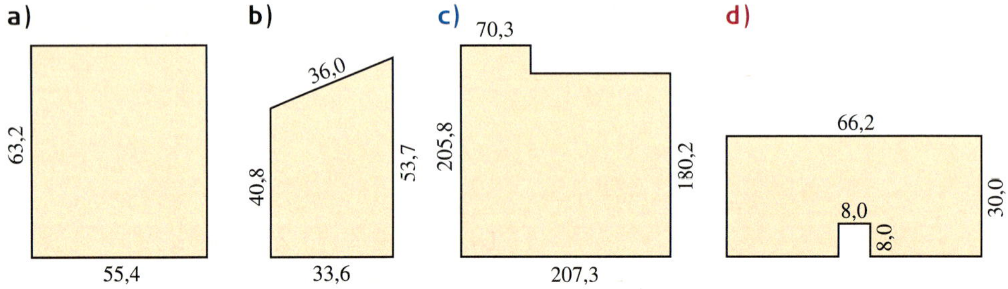

3. Ein Versandhändler hat für alle Waren das Gewicht tabelliert. Ein Kunde bestellt ein 1,023 kg schweres Buch, ein 0,523 kg schweres Buch, ein 0,196 kg schweres Taschenbuch und eine 0,087 kg schwere CD. Das Verpackungsmaterial wiegt 0,127 kg.
Sendungen bis zu einem Gewicht von 2 kg sind Päckchen, schwerere sind Pakete.
Stelle geeignete Fragen und beantworte sie.

4. Europa ist 10 Mio. km^2 groß. Davon entfällt auf Deutschland etwa $\frac{9}{250}$, auf Frankreich $\frac{11}{200}$ und auf die Schweiz $\frac{1}{250}$ der Fläche.

a) Vergleiche die Größe der Fläche von Deutschland und der Schweiz.

b) Stelle selbst weitere Fragen und beantworte sie.

5. Stelle aus den Zahlen Additionsaufgaben mit dem Ergebnis 1 zusammen.

0,166 0,1784 0,204 0,2417 0,18047 0,137

0,7583 0,8216 0,796 0,863 0,834 0,81953

6. Ergänze die fehlenden Ziffern in deinem Heft.

a) 1■,■8 + 4,3■ = 20,14

b) 1■6,■0■ + 4■,095 = 204,8■0

c) 96,■4 + 24,9■ = 12■,97

d) ■7■,19■ – 2■6,■05 = 156,7■6

e) ■,5■31 – 0,804■ = 0,■4■6

f) ■5,8■9 – 7,20■ – 12,■8 = ■,653

Achtung:
2,5 h ≠ 2 h 50 min

7. Familie Heide startet um 8.30 Uhr zu einer Tageswanderung. Nach 1,5 Stunden macht sie zum ersten Mal Rast ($\frac{3}{4}$ Stunde). Dann geht es in $2\frac{1}{4}$ Stunden zum Bergsee.
Hier bleibt sie 2 Stunden 20 Minuten zum Baden und macht sich dann auf den $1\frac{3}{4}$ Stunden dauernden Heimweg. Wann ist Familie Heide wieder zu Hause?

8. Im Losbehälter A befinden sich unter 150 Losen 10 Hauptgewinne. Losbehälter B enthält unter 200 Losen 15 Hauptgewinne. Losbehälter C unter 250 Losen 18 Hauptgewinne.
An welchem Losbehälter hast du die größten, an welchem die geringsten Chancen?

9. Bei einer Tombola anlässlich eines Schulfestes werden von den 6. Klassen Lose verkauft: Die Klasse 6a hat $\frac{2}{15}$, die 6b 30%, die 6c $\frac{1}{12}$ und die 6d 15% der Lose verkauft.

a) Ordne die Klassen nach dem Anteil der verkauften Lose.

b) Die 6d hat 54 Lose verkauft. Wie viele wurden in den anderen Klassen verkauft?

10. Marie ist 14,5 Jahre, Laura $12\frac{2}{3}$ Jahre, Felix $10\frac{3}{4}$ Jahre und Anne 8 Jahre 10 Monate alt. Zwischen welchen beiden Schulkindern ist der Altersunterschied am kleinsten?

11. Welcher Bruch liegt auf dem Zahlenstrahl in der Mitte von:

a)	b)	c)	d)	e)
4 und 5	$3\frac{1}{2}$ und 4	$3\frac{2}{9}$ und $4\frac{5}{9}$	$\frac{8}{7}$ und $\frac{10}{7}$	2,5 und $2\frac{3}{4}$
2,5 und 3	$3\frac{1}{2}$ und 4,5	$3\frac{4}{9}$ und $4\frac{1}{9}$	$\frac{2}{5}$ und 0,6	$2\frac{1}{2}$ und 3,75

12. Aus je zwei Zahlen kannst du eine Additionsaufgabe stellen.

a) Suche die Aufgabe mit dem größten Ergebnis und löse sie.

b) Suche die Aufgabe mit dem kleinsten Ergebnis und löse sie.

c) Suche Aufgaben, bei denen das Ergebnis zwischen 20 und 30 liegt.

13. **a)** Der erste Summand ist $\frac{1}{6}$, der Wert der Summe $\frac{7}{9}$. Wie heißt der zweite Summand?

b) Der Minuend ist $\frac{1}{2}$, der Wert der Differenz $\frac{1}{10}$. Wie heißt der Subtrahend?

c) Der zweite Summand ist $\frac{4}{5}$, der Wert der Summe $\frac{19}{20}$. Wie heißt der erste Summand?

d) Der Subtrahend ist $\frac{12}{5}$, der Wert der Differenz $\frac{4}{15}$. Wie heißt der Minuend?

e) Der Wert der Differenz ist $\frac{1}{7}$, der Minuend $\frac{1}{3}$. Wie heißt der Subtrahend?

f) Der erste Summand ist $\frac{1}{3}$. Der zweite Summand ist $\frac{1}{6}$ größer als der erste Summand. Berechne den Wert der Summe.

14. Der Wert der Differenz zweier Bruchzahlen beträgt $1\frac{3}{4}$.

a) Um wie viel ist der Minuend größer als der Subtrahend?

b) Der Minuend ist um $2\frac{1}{3}$ größer als der Wert der Differenz. Wie heißt der Subtrahend?

c) Der Subtrahend ist um $1\frac{1}{10}$ kleiner als der Wert der Differenz. Wie heißt der Minuend?

15. Berechne die Differenz [Summe] aus $\frac{1}{2}$ und $\frac{1}{3}$, aus $\frac{1}{3}$ und $\frac{1}{4}$, aus $\frac{1}{4}$ und $\frac{1}{5}$, aus $\frac{1}{5}$ und $\frac{1}{6}$. Was stellst du fest? Überprüfe deine Vermutung an weiteren Beispielen. Vielleicht kannst du auch eine Erklärung finden.

16. Die Erdoberfläche ist 510 Mio. km^2 groß. 30 % der Erdoberfläche ist festes Land, der Rest ist mit Wasser bedeckt.
Wie viel km^2 der Erdoberfläche ist mit Land, wie viel mit Wasser bedeckt?

17. Marcus und Tim machen eine 3-tägige Fahrradtour. Nach 2 Tagen haben sie 108 km zurückgelegt. Tim sagt stolz: „Das sind schon $\frac{4}{5}$ der gesamten Strecke."
Wie viel km müssen sie noch zurücklegen?

18. Begründe deine Antworten.

a) Wie groß ist bei einem Quadrat der Anteil einer Seitenlänge am Umfang?

b) Wie groß ist bei einem Würfel der Anteil einer Seitenfläche an der Oberfläche?

c) Wie groß ist bei einem Würfel der Anteil einer Kantenlänge an der gesamten Kantenlänge?

19. Paul verkaufte CDs auf einem Flohmarkt. Er verkaufte am Vormittag $\frac{1}{4}$ seiner CDs und am Nachmittag $\frac{1}{3}$ der restlichen CDs. Schließlich hatte er noch 12 CDs übrig.
Wie viele CDs hatte Paul anfangs?

20. Leon erzählt Tobias: „Wir waren 14 Tage im Urlaub und hatten 4 Regentage."
„Wir hatten aber nur 3 Regentage bei 10 Urlaubstagen", erwidert Tobias.
Wer hatte das bessere Wetter? Begründe.

21. Das Streifendiagramm zeigt den Besitz eines Weinbauern.

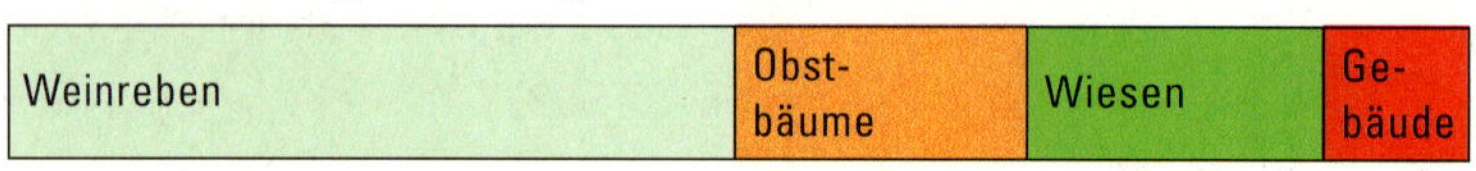

Welchen Anteil des Besitzes nehmen jeweils die Weinreben, die Obstbäume, die Wiesen, die Gebäude ein?

22. In Lebensmittelgeschäften muss jeweils auch angegeben werden, was 1 *l* bzw. 1 kg der Ware kostet. Welche Schilder müssen hier zusätzlich angebracht werden?

BIST DU FIT?

1. Wandle in Brüche mit dem angegebenen Nenner um. Notiere in Teilaufgabe a) die Brüche auch in der Prozentschreibweise.

a) $\frac{3}{2}$; $\frac{7}{4}$; $\frac{6}{5}$; $\frac{7}{10}$; $\frac{11}{20}$; $\frac{18}{25}$; $\frac{14}{35}$ (Nenner 100) **b)** $\frac{5}{4}$; $\frac{11}{25}$; $\frac{9}{8}$; $\frac{11}{125}$; $\frac{41}{200}$; $\frac{9}{50}$; $\frac{27}{75}$ (Nenner 1000)

2. Verwandle in gewöhnliche Brüche bzw. in die gemischte Schreibweise.

a) 0,06; 0,008; 0,475; 0,053; 0,48; 0,206; 1,36; 2,145; 5,095; 9,603

b) 0,0009; 0,00008; 0,0038; 0,4055; 0,0485; 1,0007; 2,00005; 1,00082; 3,03506

3. Verwandle in Dezimalbrüche.

a) $\frac{3}{4}$ **b)** $\frac{1}{8}$ **c)** $\frac{3}{2}$ **d)** $\frac{7}{20}$ **e)** $\frac{3}{40}$ **f)** $\frac{7}{8}$

4. a) Die Wandfläche in Tims Zimmer ist 36 m^2 groß. Auf $\frac{4}{9}$ der gesamten Wandfläche hängen Poster von Tims Lieblingsband. Wie groß ist diese Fläche?

b) Patrick muss oft rennen, um pünktlich in der Schule zu sein. Er schafft $\frac{2}{5}$ des Schulweges im Dauerlauf. Das sind 400 m. Wie lang ist sein Schulweg?

c) Beim Schulfest führt die Klasse 6b ein Theaterstück vor. Es beteiligen sich 21 von 28 Schüler(innen). Welcher Anteil ist das?

5.

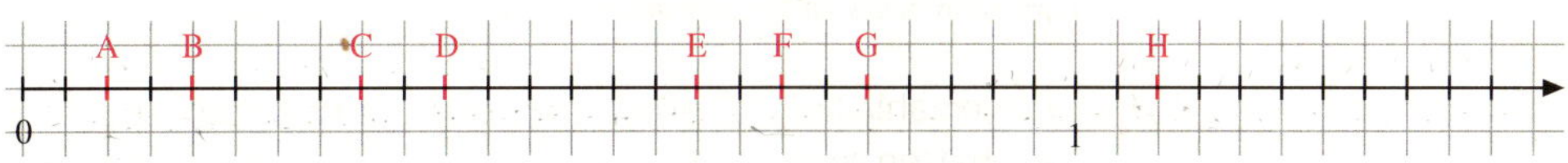

Gib zu jedem der Punkte A bis H des Zahlenstrahls den zugehörigen Bruch an. Kürze falls möglich.

6. Ordne die Zahlen der Größe nach. Beginne mit der kleinsten.

a) 0,3; 0,003; 0,333; 0,033; 0,303

b) $\frac{37}{8}$; $\frac{52}{4}$; $\frac{17}{6}$; $\frac{55}{12}$; $\frac{19}{2}$

c) $\frac{2}{10}$; 0,02; 0,2; 2,2; $2\frac{2}{100}$; $\frac{2}{100}$

d) 4,75; $\frac{17}{4}$; $4\frac{1}{2}$; 4,7; $4\frac{1}{3}$

7. a) 18,653 + 9,87 567,034 + 746,69 **b)** 52,43 – 37,684 85,3 – 7,438 **c)** 0,253 + 0,4875 28,95 + 1,753 **d)** 20,91 – 13,077 50,2 – 10,375

8. Maria bekommt für ihr Zimmer einen neuen Schrank. Dieser ist 2,25 m breit. Maria möchte ihn an die $4\frac{1}{2}$ m lange Wand stellen.
Wie viel Platz bleibt dann noch?

9. Familie Abdick hatte von ihrem Ferienhaus bis zum Strand 1,536 km zurückzulegen; zum Lebensmittelladen 1,041 km, zur Eisdiele 0,948 km und zur Disko 2,895 km.
Runde die Entfernungen auf ganze [zehntel; hundertstel] Kilometer.

△ **10.** In der Klasse 6c sind 24 Schüler(innen). Das Verhältnis Jungen zu Mädchen beträgt 5 : 7. Gib den Anteil der Mädchen an.

11. a) Bilde die Summe aus $\frac{1}{2}$, $\frac{1}{4}$, $\frac{1}{8}$, $\frac{1}{16}$ und $\frac{1}{32}$. Wie viel fehlt dann noch am nächsten Ganzen?

b) Berechne die Differenz aus $\frac{1}{2}$ und $\frac{1}{3}$ sowie die Differenz aus $\frac{1}{3}$ und $\frac{1}{4}$.
Um wie viel ist die erste Differenz größer als die zweite?

PROJEKT: SPIELE MIT BRUCHZAHLEN

• Vorschlag 1: Bruchwürfelspiel

Das Würfelspiel „Mensch ärgere dich nicht“ kann man auch mit Brüchen spielen. Stelle dir z. B. einen eigenen Würfel mit den Zahlen $\frac{1}{3}$, $\frac{1}{6}$, $\frac{1}{2}$, $\frac{1}{4}$, $\frac{2}{3}$, 1 her. Wie muss dann das passende Spielfeld dazu aussehen? Wie viele Felder darf man bei $\frac{1}{2}$ oder bei $\frac{1}{3}$ gehen? Vielleicht könnt ihr auch andere Brüche verwenden oder andere Würfelspiele mit Brüchen spielen. Vielleicht fällt euch auch ein eigenes Spezialbruchspiel ein.

Du hast bisher die natürlichen Zahlen und die Bruchzahlen kennen gelernt. Bei den meisten Spielen, die du aus dem Alltag kennst, werden Punkte oder Spielstände mit natürlichen Zahlen angegeben. Bruchzahlen kann man auch sehr gut zum Spielen verwenden. So sollt ihr bei diesem Projekt Spiele erfinden oder bekannte Spiele so abändern, dass man sie mit Brüchen oder Dezimalbrüchen spielen kann. Natürlich dürft ihr auch ganz andere oder eigene Spielideen verwirklichen. Neben einer guten Idee müsst ihr

• Vorschlag 2: Bruchmemory

Sicher kennt ihr das normale Bildermemory. Diese Spielidee kann man gut in ein Zahlenmemory umwandeln. Ein Memorypaar besteht diesmal aus zwei Bruchzahlen, die zwar denselben Wert haben, aber nicht unbedingt gleich geschrieben werden müssen (z. B. 0,3 und $\frac{3}{10}$). Man kann das auch noch schwieriger machen, indem man Memoryvierlinge herstellt; hier müssen dann vier Bruchzahlen den gleichen Wert haben.

• Vorschlag 3: Bruchschwarzer Peter

Hier müsst ihr für eine Bruchzahl vier verschiedene Darstellungen finden. Diese notiert ihr auf vier Spielkarten. Insgesamt braucht ihr 8 verschiedene Bruchzahlen in jeweils vier verschiedenen Darstellungen und einen Schwarzen Peter mit einer Bruchzahl, die auf den anderen Karten nicht vorkommt. Das Spiel funktioniert wie üblich: Die Karten werden an die Mitspieler verteilt. Jeder Spieler zieht ein Blatt aus den verdeckten Karten seines rechten Nachbarn und kann ein Paar aus zwei Karten mit derselben Bruchzahl abwerfen. Wer die einzelne Karte zum Schluss behält, hat verloren.

• Vorschlag 4:
Bruchdomino

Beim Bruchdomino werden die Spielsteine aus Karton hergestellt. Auf jedem Spielstein werden zwei Bruchzahlen notiert. Die gleichen Bruchzahlen müssen auf verschiedenen Spielsteinen mit unterschiedlichem Wert auftauchen, z. B. 0,75 und $\frac{3}{4}$. Nun dürft ihr wie beim richtigen Domino nur die Spielsteine mit der Seite aneinanderlegen, die den gleichen Wert haben.

aber auch gutes Spielmaterial herstellen. Fragt dazu einmal eure Kunsterzieherin oder euren Kunsterzieher. Denkt auch an eine gute und genaue Spielanleitung; ohne sie wird euer Spiel nur die Hälfte wert sein; hier hilft sicherlich eure Deutschlehrerin oder euer Deutschlehrer.
Wir haben hier für euch einige Spielideen vorbereitet, die ihr aufgreifen könnt.
Weitere Anregungen könnt ihr im Internet bekommen:
www.mathematik-heute.de

• Vorschlag 5:
Bruchrechenübungsspiel

Auch hier müsst ihr euch Spielkarten anfertigen:
Die Spielkarten sollen nur Brüche mit dem Nenner 2, 3, 4, 6, 12 oder entsprechende Dezimalbrüche tragen. Wichtig ist, dass beim Addieren oder Subtrahieren der Brüche keine neuen Nenner entstehen. Nun werden die Karten der Reihe nach abgelegt und die Werte addiert oder subtrahiert. Ergibt sich nach dem Ablegen einer Karte eine natürliche Zahl als Ergebnis, so erhält der Spieler einen Punkt, der den letzten Bruch abgelegt hat.
Vielleicht findet ihr auch eigene Spielregeln.

• Vorschlag 6:
Bruchlegespiel

Hier müsst ihr euch zwei Spielwürfel basteln. Ihr benötigt einen gewöhnlichen Würfel, auf dessen sechs Seitenflächen aber verschiedene Brüche geschrieben sind, z. B. $\frac{1}{4}$, $\frac{1}{8}$, $\frac{1}{2}$, $\frac{3}{4}$, $\frac{3}{8}$ und 1. Ferner benötigt ihr einen zwölfflächigen Würfel, einen Dodekaeder, auf dessen Seitenflächen die Zahlen von 1 bis 12 notiert sind. Nun gibt es noch Quadrate als Steine und verschiedene Bruchteile davon, nämlich $\frac{1}{8}$, $\frac{1}{4}$, $\frac{1}{2}$ in Form von Quadraten, Rechtecken oder Dreiecken. Bei einem Wurf mit beiden Würfeln kann man das Produkt der Ergebnisse der beiden Würfel bilden. Anschließend muss man dieses Produkt mit Quadraten und den Teilen davon legen. Allerdings darf man nur so viele Steine legen, dass das Legebild zur Spielachse symmetrisch bleibt.

3 Kreis – Winkel – Drehung

Für uns Menschen erscheint es selbstverständlich, dass wir (ohne zusätzliche Augen- und Kopfbewegungen) nicht sehen können, was hinter uns geschieht.
Beim Pferd ist das anders. Von Natur aus können Pferde auch sehen, was hinter ihnen geschieht. Auf diese Weise können sie einen nahenden Feind aus nahezu allen Richtungen erkennen. Durch Scheuklappen kann das Gesichtsfeld von Pferden eingeschränkt werden, sodass sie dann weniger nervös sind.

→ Was meint man, wenn man von einem Menschen sagt, er laufe mit Scheuklappen durch die Welt?

→ Du kannst dein eigenes Gesichtsfeld durch ein kleines Experiment überprüfen:
Schau gerade aus auf einen festen Punkt und führe einen Stift auf Augenhöhe langsam von rechts bzw. links hinten in dein Gesichtsfeld.
Ab welcher Stelle kannst du ungefähr den Stift wahrnehmen?

Mensch

Um das Gesichtsfeld des Menschen anschaulich zu machen, zeichnen wir den Kopf eines Menschen von oben und markieren, welchen Bereich er ohne Kopf- und Augenbewegung wahrnehmen kann.
Tiere haben Gesichtsfelder anderer Größe. Hier einige Beispiele:

Eule

Pferd

Ente

Um Gesichtsfelder zu beschreiben und zu messen, benutzt man Winkel.

In diesem Kapitel lernst du ...

... wie man Winkel zeichnen und messen kann; weiterhin lernst du, wie man Kreise und drehsymmetrische Figuren zeichnet.

KREISE

Einstieg

- Auf dem linken Bild siehst du, wie auf einem Fußballfeld der Mittelkreis markiert wird. Beschreibe, wie das geschieht und worauf geachtet werden muss.
- Zeichne mit einem Bindfaden, einem Gummiring, einer Heftklammer einen Kreis.
  Welche dieser Gegenstände eignen sich dazu gut, welche weniger gut?
- Nenne weitere Gegenstände aus dem Alltag, mit denen du Kreise zeichnen kannst.

Information

Alle Punkte auf einem **Kreis** haben von dem festen Punkt M denselben Abstand r.

Der Punkt M heißt **Mittelpunkt des Kreises**; den Abstand r nennt man den **Radius des Kreises.**

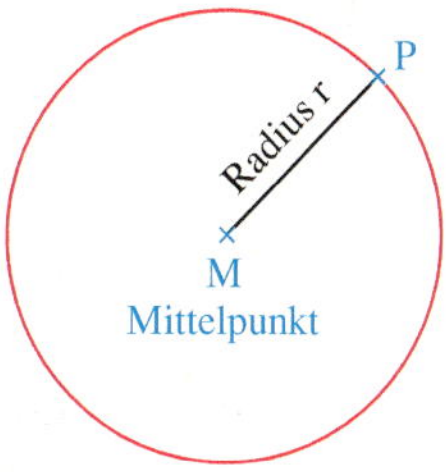

Zum Festigen und Weiterarbeiten

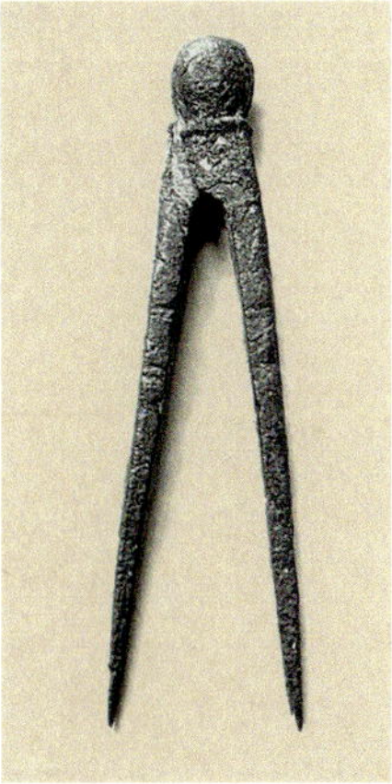

Altrömischer Zirkel aus Bronze

1. a) Wie kann ein Gärtner ein kreisförmiges Beet anlegen?

b) *Gehe auf Entdeckungsreise:* Wo findest du Kreise oder Teile von Kreisen in deiner Umwelt?

2. Markiere einen Punkt M und einen weiteren Punkt P.
Zeichne mithilfe des Zirkels den Kreis um den Mittelpunkt M durch den Punkt P.

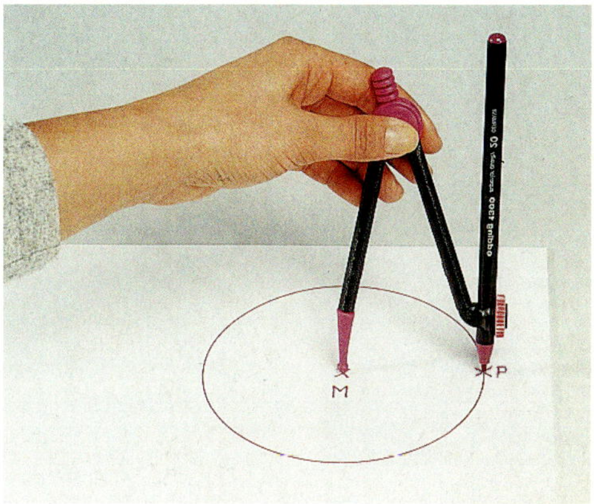

3. Übertrage die Figur in dein Heft. Zeichne dann Symmetrieachsen ein.
Wie viele findest du?

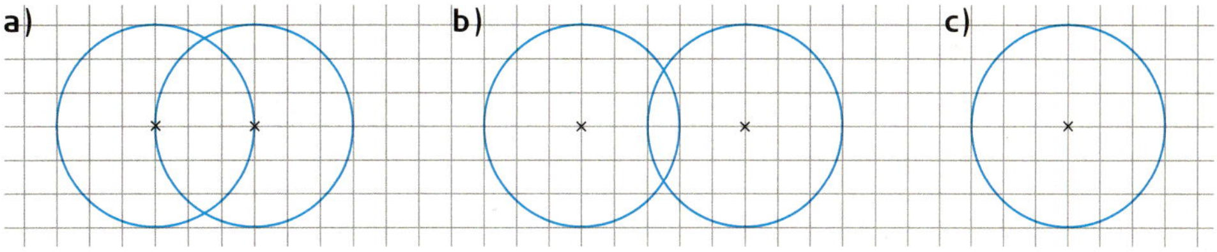

4. a) Rechts seht ihr einen Scherenschnitt. Stellt ihn selbst her und beschreibt euer Vorgehen.

b) Erfindet selbst solche Scherenschnitte. Ihr könnt sie dann im Klassenraum präsentieren.

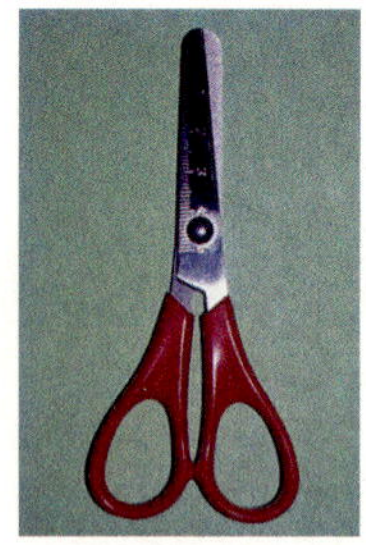

5. a) Zeichne mit einem möglichst großen Geldstück z.B. einer Zwei-Euro-Münze, einen Kreis auf ein Blatt Papier. Versuche den Radius zu bestimmen. Es gibt mehrere Möglichkeiten.

b) Zeichne einen Kreis mit dem Radius r = 3,5 cm.
Die Länge einer Strecke, die zwei Punkte des Kreises verbindet und durch den Mittelpunkt geht, heißt *Durchmesser.*
Zeichne nun mehrere solche Strecken ein.
Welche Beziehung besteht zwischen dem Radius r und dem Durchmesser d eines Kreises?

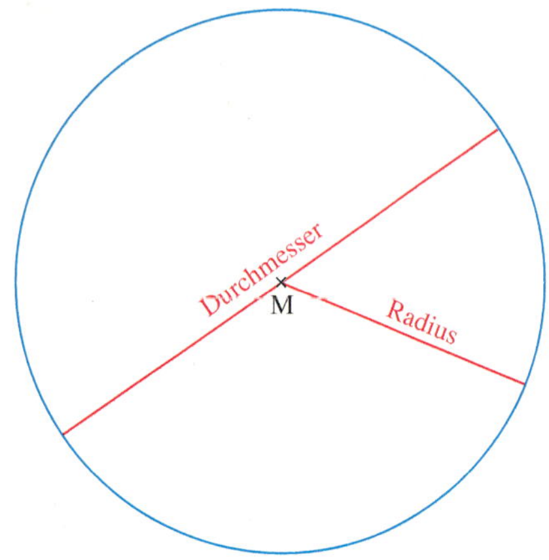

c)

Durchmesser	6 cm		12 cm	18 mm		
Radius		5 cm			16 mm	2,5 km

> Der **Durchmesser** eines Kreises ist die Länge einer Strecke, die zwei Kreispunkte verbindet und die durch den Mittelpunkt des Kreises geht.
> Ein Durchmesser ist doppelt so groß wie der Radius: **d = 2 · r**

6. a) Wie muss man einen Zylinder, einen Kegel, eine Kugel durchschneiden, damit als Schnittflächen Kreisflächen entstehen?

b) Wo findest du Kreise auf einem Globus?

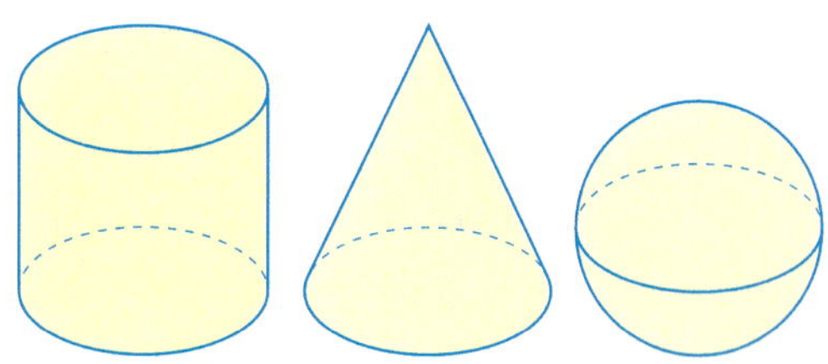

Zylinder Kegel Kugel

Übungen

7. Übertrage die Figur in dein Heft. Du kannst sie auch färben.

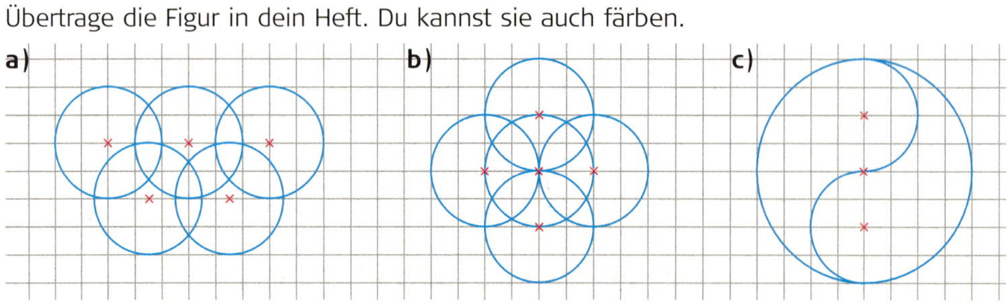

8. Zeichne mit dem Zirkel einen Kreis mit dem angegebenen Radius r. Markiere zuerst den Mittelpunkt M. Gib den Durchmesser d des Kreises an.

a) r = 3 cm **b)** r = 36 mm **c)** r = 2 cm 3 mm **d)** r = 4,5 cm

9. Zeichne mit dem Zirkel einen Kreis mit dem angegebenen Durchmesser d. Markiere zuerst den Mittelpunkt M. Gib den Radius r des Kreises an.

a) d = 6 cm **b)** d = 64 mm **c)** d = 8 cm 4 mm **d)** d = 7,8 cm

10. Zeichne Kreise mit demselben Mittelpunkt M. Die Durchmesser sollen 4 cm, 6 cm, 8 cm, 10 cm und 12 cm betragen.
Du kannst die Ringe verschieden färben.

11. a) Zeichne eine Mondsichel. Beschreibe dein Vorgehen.

b) Zeichne die olympischen Ringe. Informiere dich, wie sie angeordnet sind, welche Farben du brauchst und welche Bedeutung sie haben.

12. Das Bild zeigt dir, wie du ein schönes Ei in beliebiger Größe zeichnen kannst. Beginne mit dem Kreis und den beiden eingezeichneten Durchmessern.

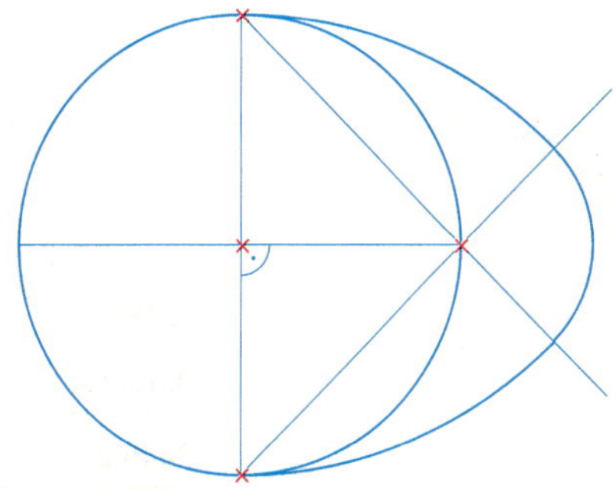

13. Zeichne zwei Kreise mit den Radien 2 cm und 3 cm, die
(1) keinen Punkt gemeinsam haben;
(2) sich in zwei Punkten schneiden;
(3) sich in einem Punkt berühren.

14. Sicher kennst du *Mandalas* (altindisch: Kreise) als Ausmalvorlagen. Die Geschichte dieser Bilder ist sehr alt. Mönche des Buddhismus meditieren seit über 500 Jahren mithilfe von Mandalas. In einem heiligen Buch des Buddhismus beginnt jedes Kapitel mit einem Mandala. Vermutlich soll dadurch größere Konzentration und tiefere Versenkung in den Text gelingen. Mandalas wird eine beruhigende und konzentrationsfördernde Wirkung zugesprochen.
Es gibt einfache Formen.

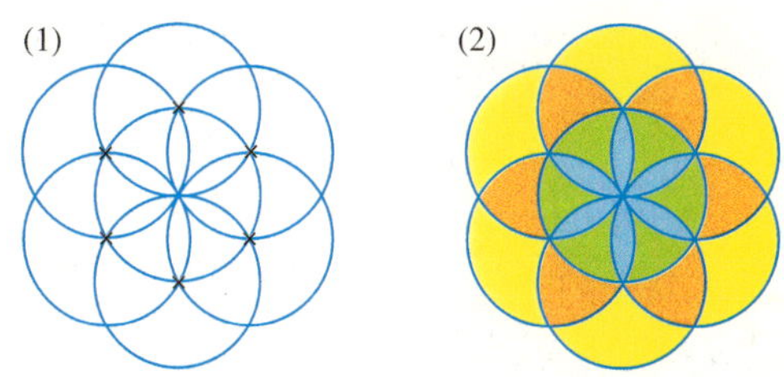

a) Zeichne das Mandala (1) vergrößert auf ein Zeichenblatt.
Färbe es mit deinen Lieblingsfarben ähnlich wie in Bild (2).

b) Zeichne die Mandalas ab und färbe sie.

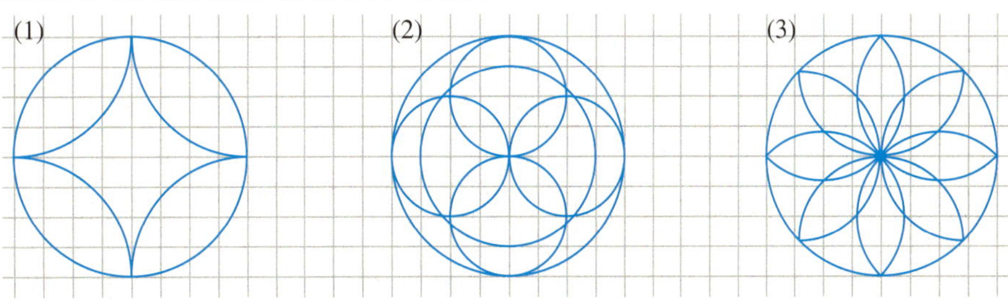

c) Erfinde selbst schöne Mandalas.

15. Zeichne in ein Koordinatensystem (Einheit 1 cm) einen Kreis. Der Mittelpunkt soll der Punkt M(5|6) sein. Der Radius beträgt 5 cm.
Zeichne nun die folgenden Punkte ein:
A(5|1), B(8|4), C(3|2), D(10|12), E(1|9), F(8|2), G(5|10), H(1|2).
Welche dieser Punkte liegen
(1) auf dem Kreis;
(2) im Inneren des Kreises;
(3) außerhalb des Kreises?

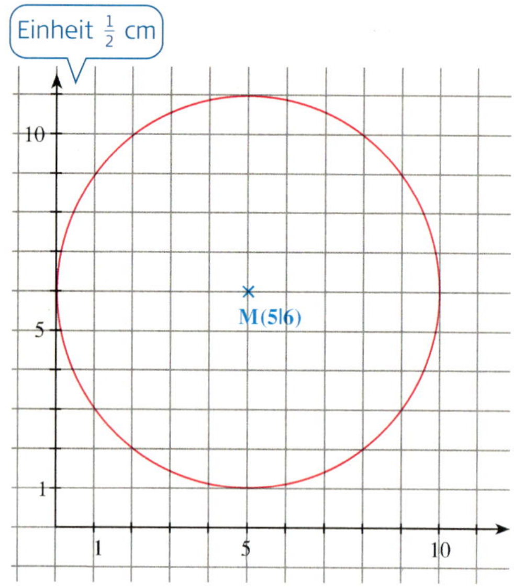

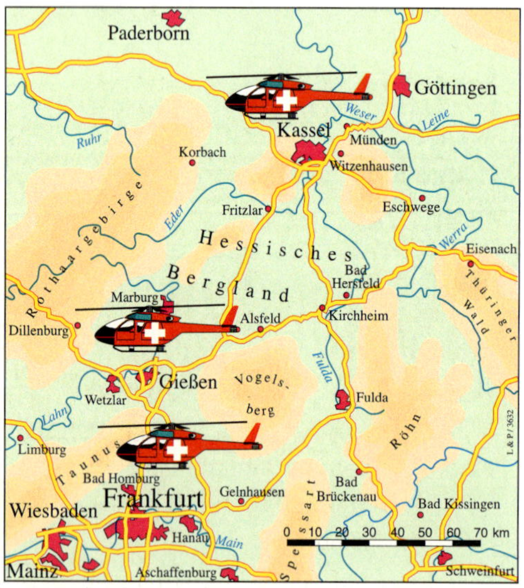

16. In Kassel, Gießen und Frankfurt sind Rettungshubschrauber stationiert.
Sie haben einen Einsatzradius von 70 km, d. h. sie können Orte bis zu einer Entfernung von 70 km anfliegen.

a) Bestimme auf der Landkarte diejenigen Gebiete, die von diesen Rettungshubschraubern erreicht werden können.
Arbeite mit Transparentpapier und Zirkel.

b) Markiere den Standort für einen vierten Hubschrauber.
Begründe die Wahl des Standortes.

17. Zeichne in ein Koordinatensystem (Einheit 1 cm) die Punkte A(8|0), B(14|6), C(8|12) und D(2|6).

a) Zeichne den Kreis, der durch alle vier Punkte geht.

b) Gib die Koordinaten seines Mittelpunktes an.

c) Beschreibe, wie du den Mittelpunkt gefunden hast.

18. Zeichne einen Kreis mit einem Radius von 3 cm. Zeichne ein Rechteck, das mit seinen Ecken auf dem Kreis liegt. Eine Seite des Rechtecks soll

a) 5 cm, **b)** 4,5 cm lang sein. Wie lang ist die andere Seite?

19. Viele Figuren bestehen nicht aus ganzen Kreisen, sondern aus Teilen von Kreisen.
Wähle eine Figur aus und zeichne sie in dein Heft.

(1) 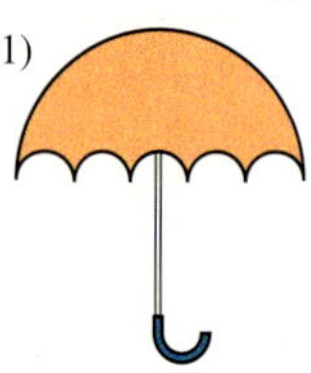 (2)  (3) 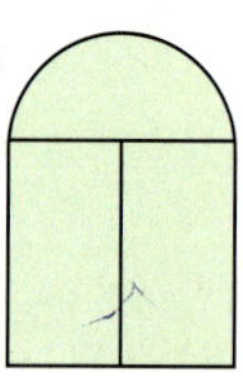 (4) 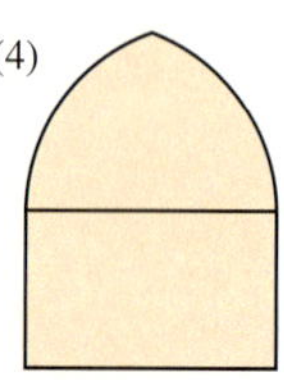

WINKEL – MESSEN UND ZEICHNEN

Halbgerade – Winkel

Einstieg

Auf dem Bild links siehst du ein Thermometer in einem Auto. Wenn das Kühlwasser warm wird, schlägt der Zeiger langsam aus (Bild rechts). Er überstreicht dabei den Ausschnitt eines Kreises.

→ Zeichne einen solchen Ausschnitt in dein Heft; färbe ihn.

Auf dem linken Bild siehst du einen Radarturm mit Sender und Antenne. Er dreht sich und der Sender sendet dabei ständig einen Radarstrahl aus. Radarstrahlen breiten sich wie Lichtstrahlen geradlinig aus. Trifft ein Strahl auf ein Hindernis, z. B. ein Flugzeug, so wird er zurückgeworfen und von der Antenne empfangen.

→ Informiere dich, was der Fluglotse auf dem Bildschirm rechts beobachtet, und beschreibe es.

Information

Denke dir in der Zeichnung rechts den Radius des Kreises unbegrenzt geradlinig fortgesetzt. Es entsteht dann eine **Halbgerade** (ein *Strahl*) mit dem *Anfangspunkt S*.
Wie den Radarstrahl kann man die Halbgerade um den Punkt S drehen.
Beachte den Unterschied zwischen einer Geraden, einer Halbgeraden und einer Strecke:

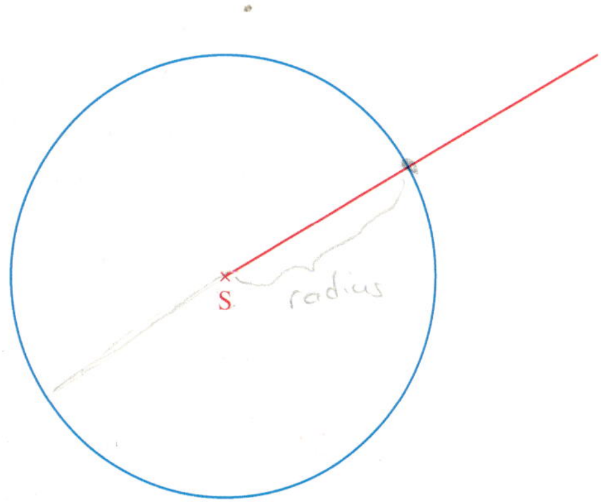

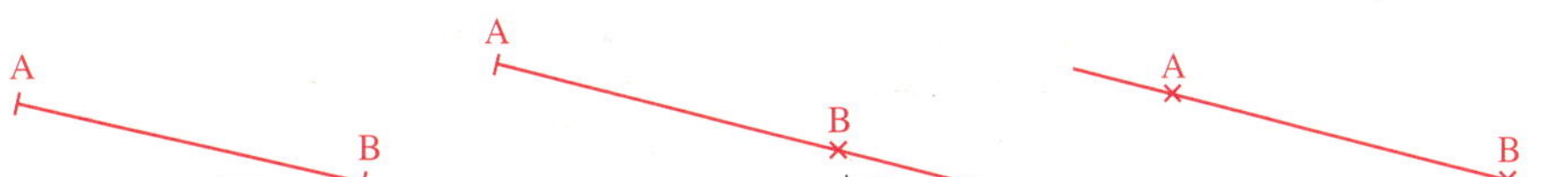

Strecke $\overline{AB}$
nach beiden Seiten begrenzt

Halbgerade (Strahl) $\overset{\vdash}{AB}$
nach einer Seite unbegrenzt

Gerade AB
nach beiden Seiten unbegrenzt

$\overset{\vdash}{AB}$ ist die Halbgerade mit dem Anfangspunkt A, die durch den Punkt B geht.

Aufgabe

1. Zeichne die Figur in dein Heft.

a) Drehe mithilfe von Transparentpapier und Zirkelspitze die Halbgerade g um ihren Anfangspunkt S.
Welche Möglichkeiten gibt es, die Halbgerade g so zu drehen, dass sie auf die Halbgerade h fällt?
Färbe mit verschiedenen Farben die Flächen, die die Halbgerade g dabei überstreicht. Sie heißen *Winkelfelder*, kurz *Winkel*.

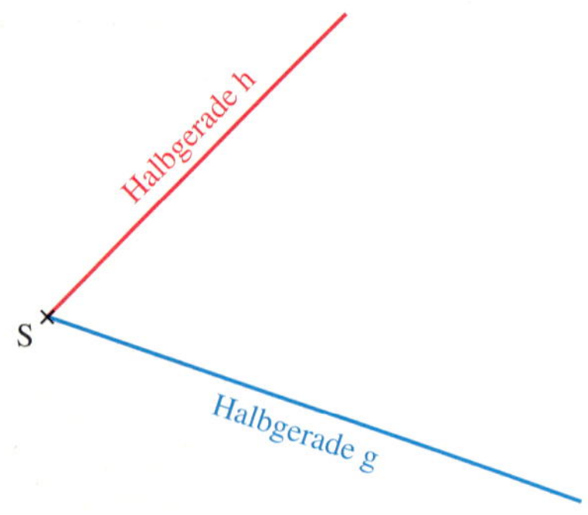

b) Drehe die Halbgerade h um den Punkt S, bis sie auf die Halbgerade g fällt. Welche Möglichkeiten gibt es?

Lösung

a) Wenn man die Halbgerade g gegen den Uhrzeigersinn (linksherum) dreht, erhält man den gelben Winkel. Dreht man die Halbgerade g im Uhrzeigersinn (rechtsherum), erhält man den grünen Winkel.

b) Wenn man die Halbgerade h gegen den Uhrzeigersinn (linksherum) dreht, erhält man den gelben Winkel. Dreht man die Halbgerade h im Uhrzeigersinn (rechtsherum), erhält man den grünen Winkel.

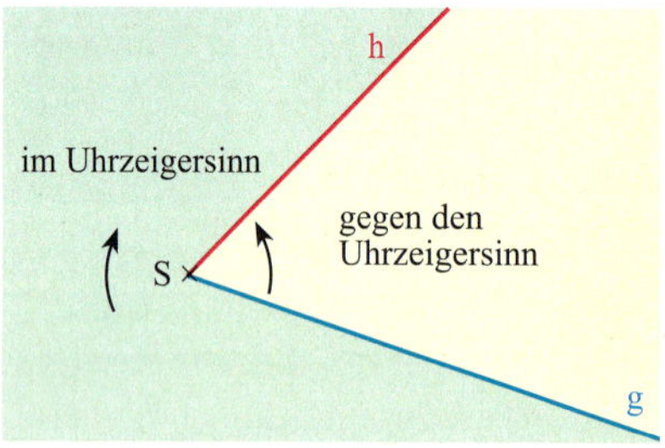

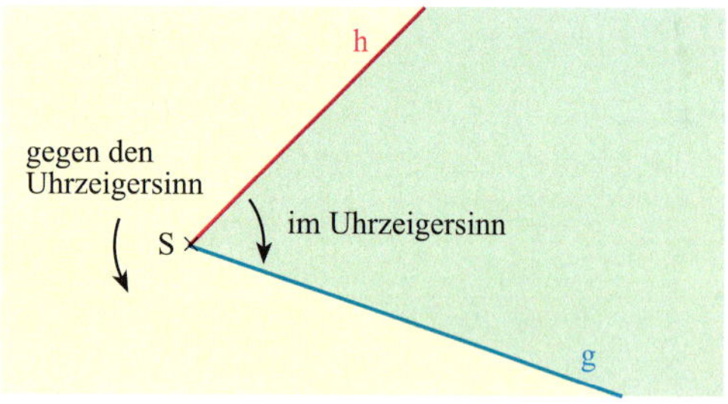

Information

(1) Erklärung des Winkels

(a) Dreht man eine Halbgerade um ihren Anfangspunkt S in eine neue Lage, so wird eine Fläche überstrichen. Dieses Gebiet heißt **Winkel.**
Der gemeinsame Punkt S der beiden Halbgeraden heißt **Scheitel** *(Scheitelpunkt)*, die beiden Halbgeraden heißen **Schenkel** des Winkels.

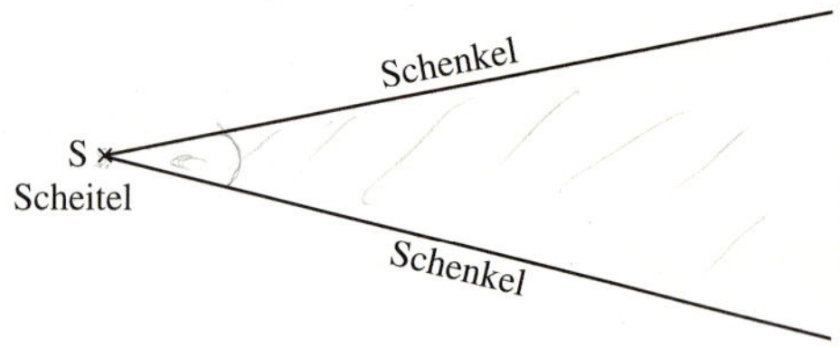

(b) Durch zwei Halbgeraden sind zwei Winkel festgelegt.

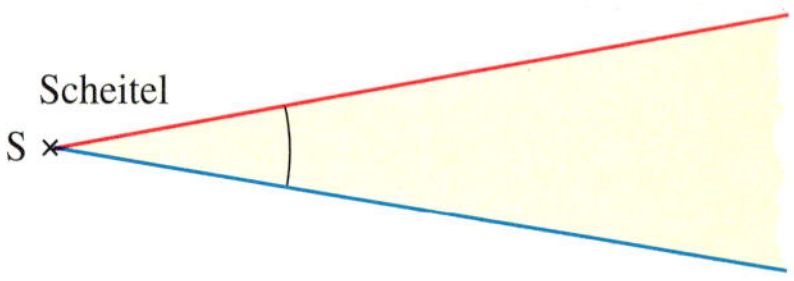

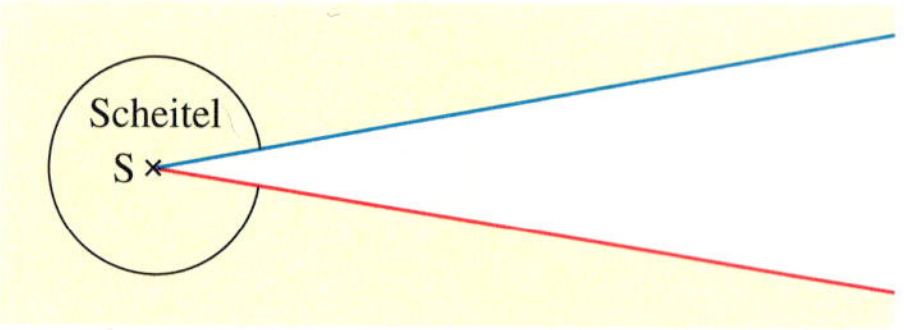

Statt einen Winkel zu färben, kann man ihn auch durch einen Kreisbogen kennzeichnen.

Griechische Buchstaben

α Alpha	β Beta
γ Gamma	δ Delta
ε Epsilon	φ Phi

(2) Bezeichnung von Winkeln mit griechischen Buchstaben

Es ist üblich, Winkel kurz mit griechischen Buchstaben zu bezeichnen.

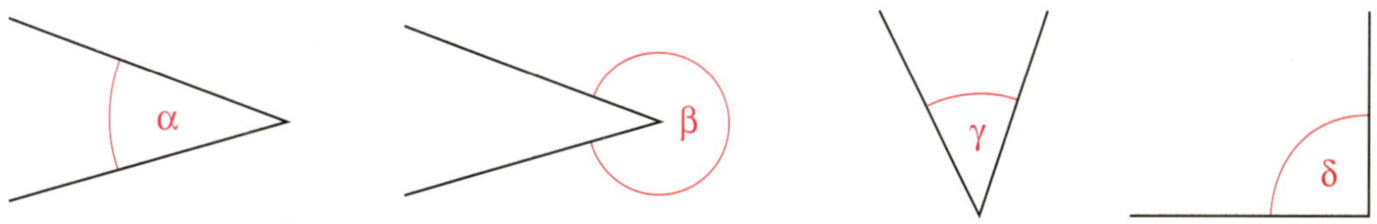

Zum Festigen und Weiterarbeiten

2. Erkläre die Entstehung des Winkels β

a) durch Drehung der Halbgeraden d;

b) durch Drehung der Halbgeraden c.

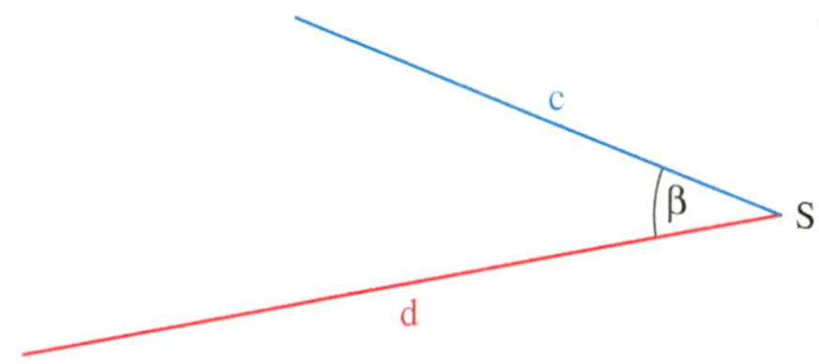

3. Übertrage die Figur in dein Heft. Durch die beiden Halbgeraden a und b sind zwei Winkel festgelegt. Erkläre ihre Entstehung und bezeichne in deinem Heft jeden Winkel durch einen Bogen und einen griechischen Buchstaben.

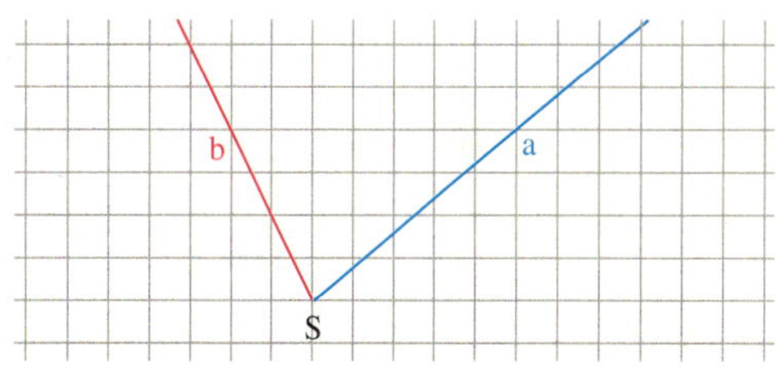

4. Auch in Figuren (z. B. im Dreieck ABC) treten Winkel auf, obgleich hier Strecken die Begrenzungslinien bilden. Man muss sich nur die Seiten (z. B. $\overline{AB}$ und $\overline{AC}$) unbegrenzt fortgesetzt denken.
In einem Dreieck werden die markierten Winkel so bezeichnet:
Zum Eckpunkt A gehört der Winkel α,
zum Eckpunkt B gehört der Winkel β,
zum Eckpunkt C gehört der Winkel γ.

a) Bezeichne im Heft die markierten Winkel.

b) Erkläre die Entstehung der Winkel durch Drehung von Halbgeraden.

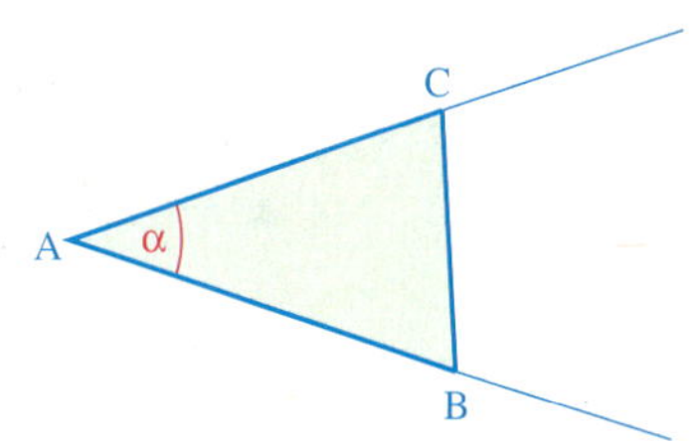

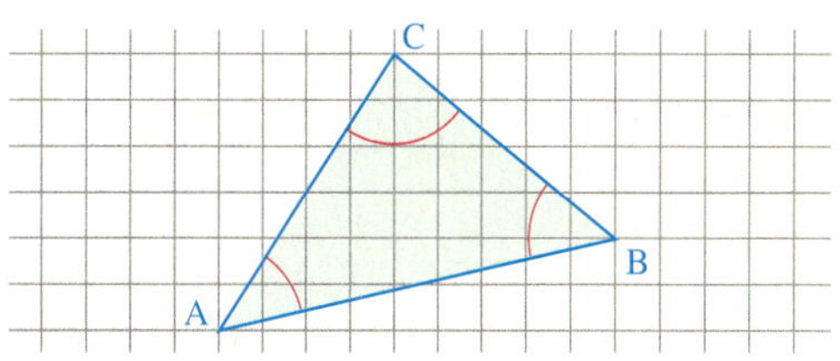

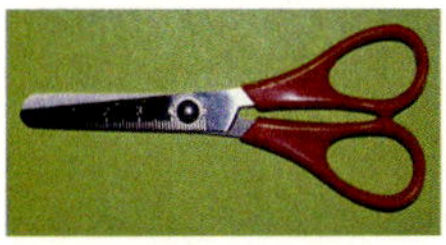

5. a) Wenn man die Schere öffnet, erzeugt man einen Winkel. Nenne andere Gegenstände des Alltags, mit denen du einen Winkel erzeugen kannst.

b) *Gehe auf Entdeckungsreise:* Wo findest du im Alltag Winkel? Beschreibe.

Übungen

6. Schreibe eine ganze Zeile mit dem griechischen Buchstaben α, eine Zeile mit dem griechischen Buchstaben β usw.

7. Zeichne die Figur nach Augenmaß in dein Heft. Welche Winkel entdeckst du? Bezeichne sie jeweils mit einem Bogen und einem griechischen Buchstaben.

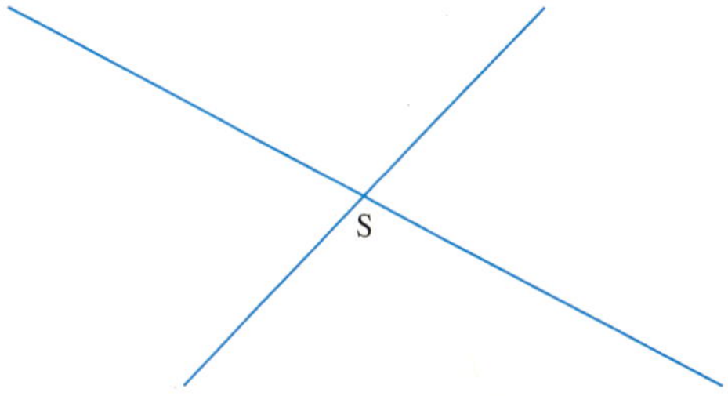

8. Übertrage nach Augenmaß die beiden Halbgeraden k und l in dein Heft und bezeichne die beiden Winkel, die durch die Halbgeraden festgelegt sind.

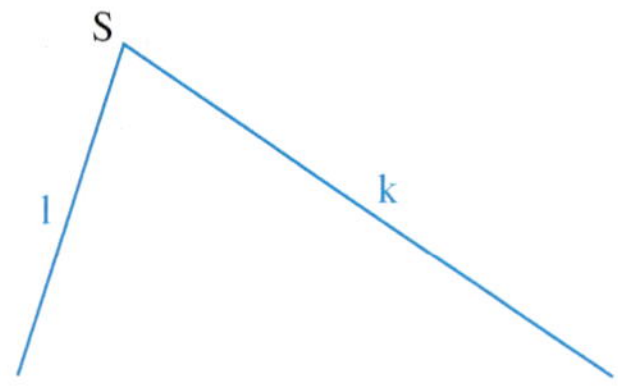

9. Suche dir einen Winkel aus. Beschreibe deinem Nachbarn den Winkel; verwende dabei die eingetragenen Bezeichnungen. Findet er den von dir gemeinten Winkel?
Nun sucht sich dein Nachbar einen Winkel aus.

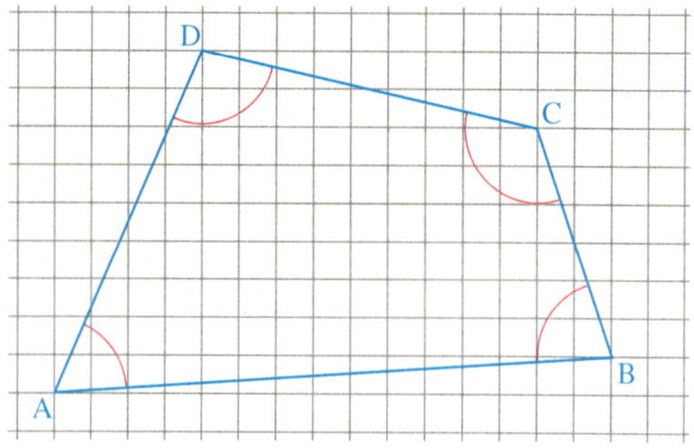

Vergleich von Winkeln – Winkelarten

Einstieg

Ein Blatt Papier hat die Form eines Rechtecks. In den Ecken treten jeweils Winkel auf, die alle gleich groß sind. Die Kanten stehen senkrecht aufeinander.
Man sagt auch, die Kanten bilden einen **rechten Winkel.**

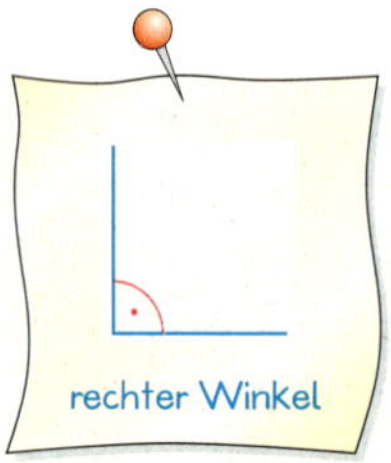

→ Erzeuge durch zweimaliges Falten aus einem Papierschnipsel einen rechten Winkel.

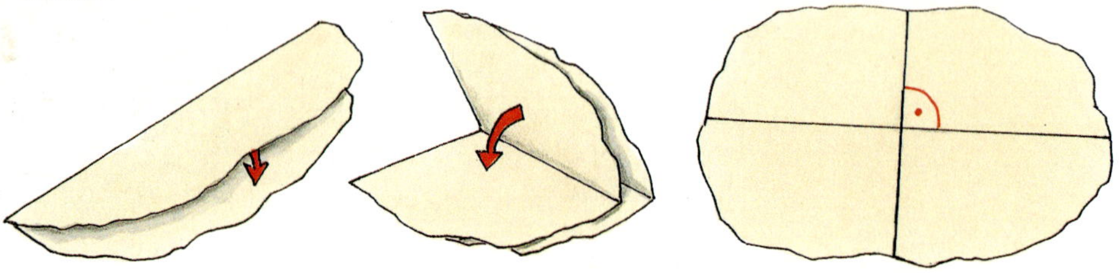

Der Winkel α in der Abbildung unten ist größer als der Winkel β.

→ Vergleiche die Winkel γ und δ, α und ε, α und δ, β und γ. Du kannst dazu Transparentpapier verwenden.
Beschreibe dein Ergebnis.
Vergleiche auch mit dem rechten Winkel.

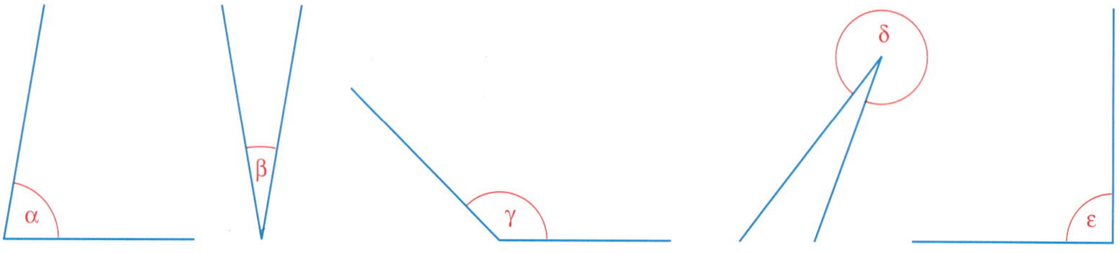

Information

Wenn die Schenkel a und b senkrecht zueinander sind, so bilden sie einen **rechten Winkel.**

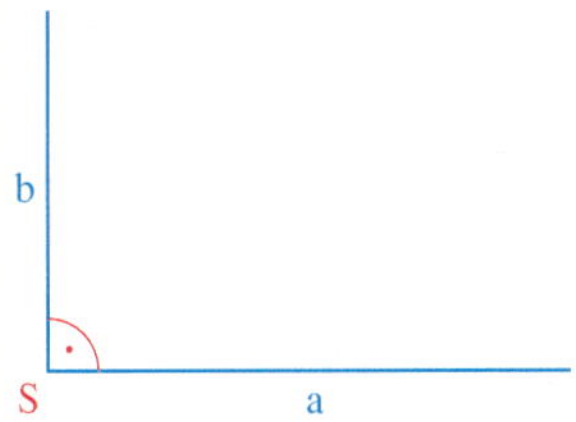

Wenn die Schenkel a und b eine Gerade ergeben, so bilden sie einen **gestreckten Winkel.**

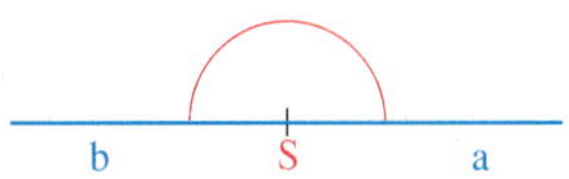

Fallen die beiden Schenkel a und b zusammen, so bilden sie einen **Vollwinkel.**

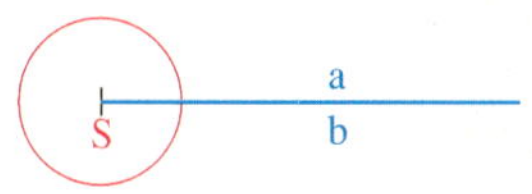

Ein Winkel, der kleiner als ein rechter Winkel ist, heißt **spitzer Winkel.**

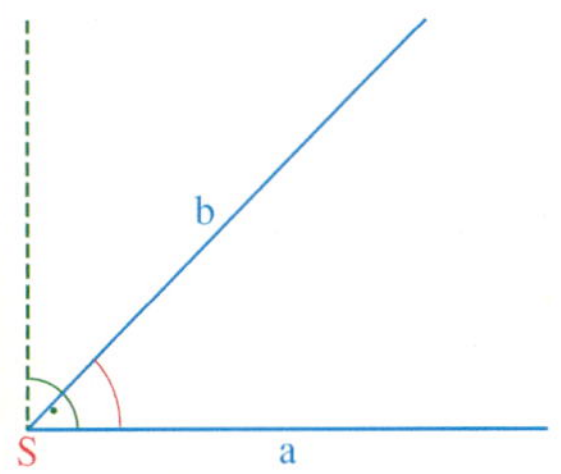

Ein Winkel, der größer als ein rechter und kleiner als ein gestreckter ist, heißt **stumpfer Winkel.**

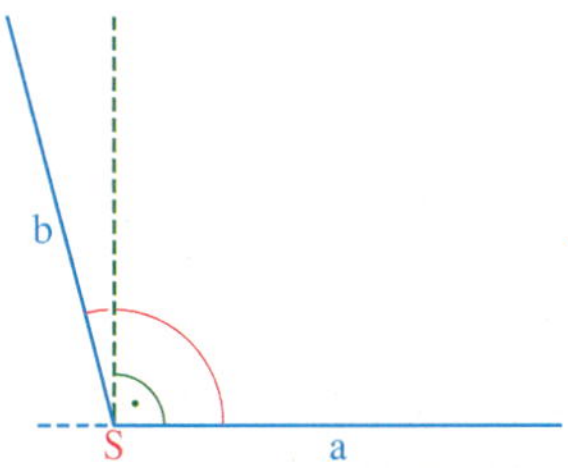

Ein Winkel, der größer als ein gestreckter ist, heißt **überstumpfer Winkel.**

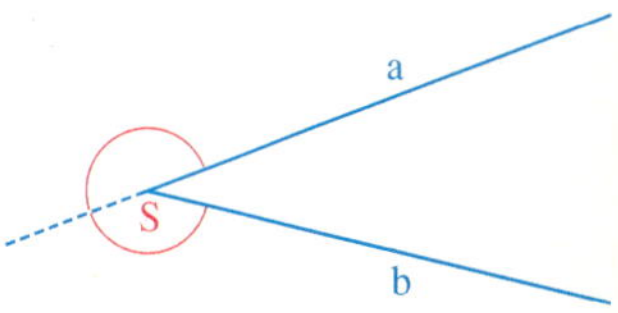

Zum Festigen und Weiterarbeiten

1. a) Julia kann jeden Winkeltyp mit einem Zirkel einstellen.
Beschreibe, wie sie einen spitzen, stumpfen, rechten oder gestreckten Winkel zeigen kann.

b) Bilde mit deinen Armen einen spitzen, einen rechten, einen stumpfen, einen gestreckten, einen überstumpfen Winkel.

2. *Geht auf Entdeckungsreise:*
Sucht rechte Winkel, spitze Winkel und stumpfe Winkel in eurer Umwelt.
Ihr könnt auch fotografieren und ein Plakat für den Klassenraum erstellen.

3. Vergleiche die drei Winkel α, β und γ ihrer Größe nach. Verwende Transparentpapier.
Was fällt dir auf? Beschreibe dein Ergebnis.

a)

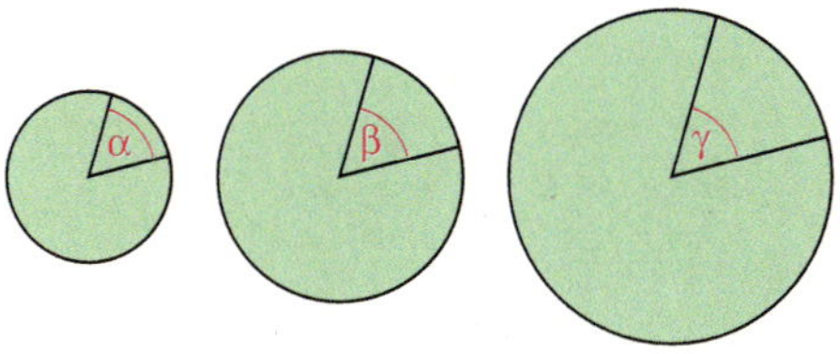

b)

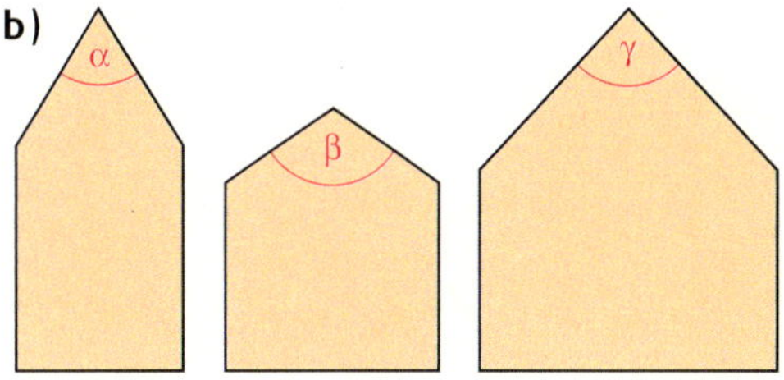

4. Vergleiche die Winkel nach der Größe.
Ergänze die Tabelle in deinem Heft.

	α	β	γ	δ	ε
α		<			
β	>				
γ					

Beachte: Es kommt nicht auf die Länge der Schenkel an. Du kannst auch Transparentpapier benutzen.

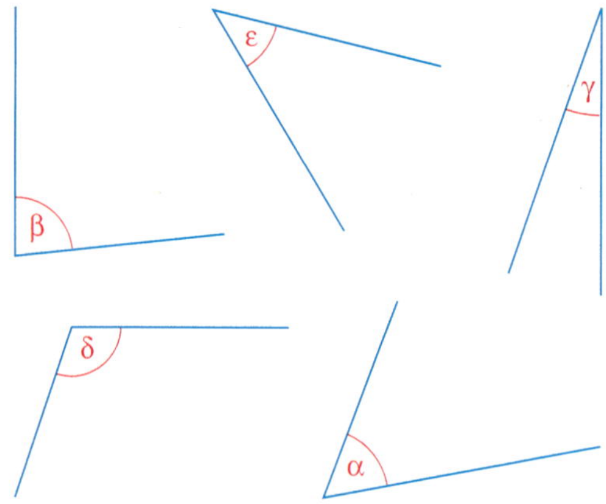

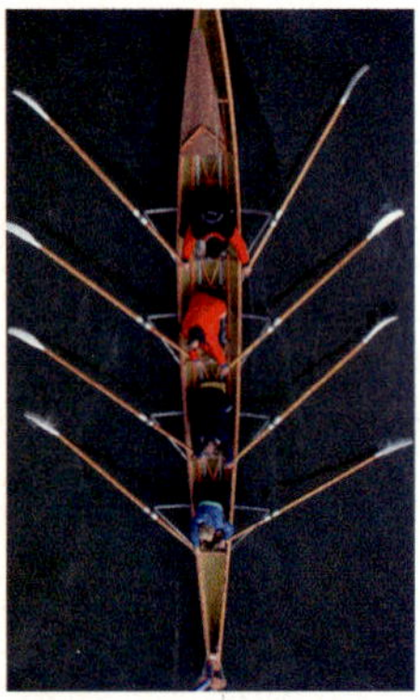

5. Ordne die Winkel nach der Größe. Gib an, ob es sich um einen spitzen, einen stumpfen, einen überstumpfen oder einen rechten Winkel handelt.

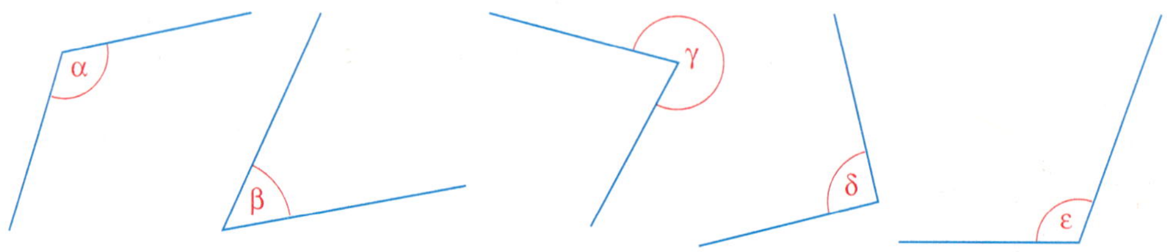

Übungen

6. Ordne die Winkel nach der Größe.
Gib an, ob es jeweils ein stumpfer, ein überstumpfer oder ein spitzer Winkel ist.

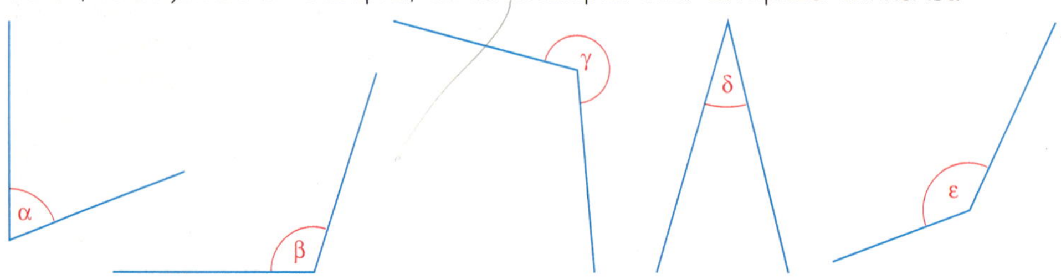

7. Gib bei jedem Winkel des Vierecks an, um was für einen Winkel es sich handelt.

a)

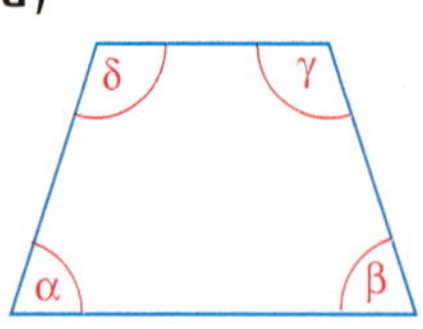

b)

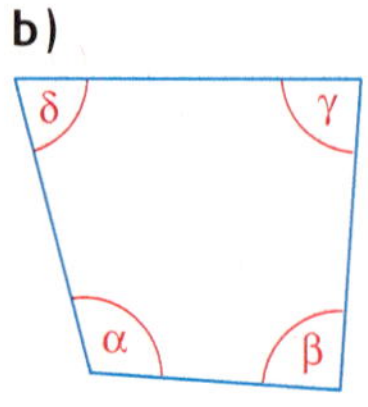

c)

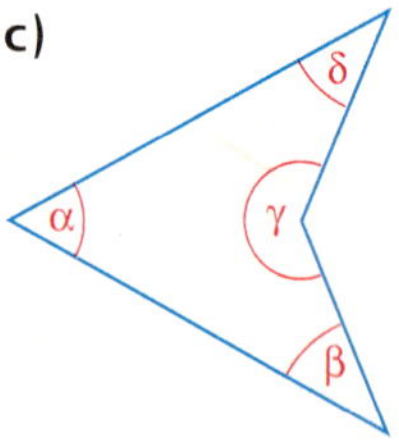

8. a) Versuche ein Dreieck zu zeichnen
(1) mit drei spitzen Winkeln;
(2) mit einem rechten Winkel;
(3) mit einem stumpfen Winkel;
(4) mit zwei rechten Winkeln;
(5) mit zwei stumpfen Winkeln.

b) Versuche ein Viereck zu zeichnen
(1) mit zwei stumpfen und zwei spitzen Winkeln;
(2) mit drei spitzen u. einem stumpfen Winkel;
(3) mit mindestens einem rechten Winkel;
(4) mit einem überstumpfen Winkel;
(5) mit zwei überstumpfen Winkeln.

Messen von Winkeln

Einstieg

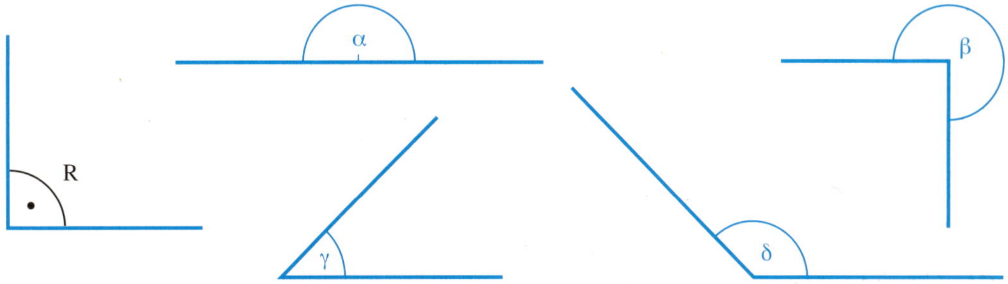

→ Vergleiche die Größe der Winkel.

→ Julia und Maria wollen die Winkel messen. Maria schlägt vor, den rechten Winkel als Maßeinheit R zu wählen. Zu welchem Ergebnis kommen sie?

Information

(1) Angabe der Größe eines Winkels durch Maßzahl und Maßeinheit

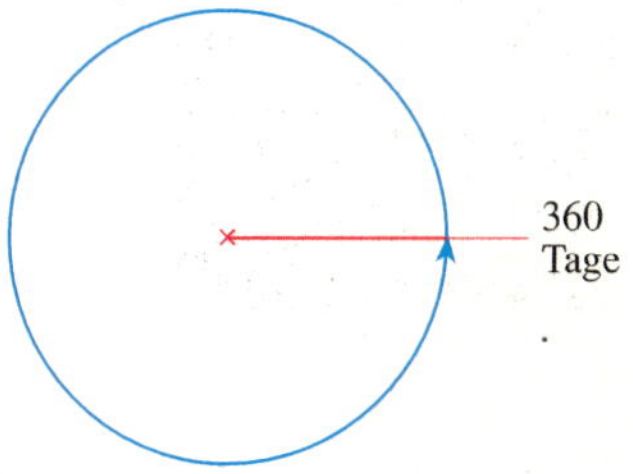

Die Ägypter und Babylonier haben ein Maß für Winkel benutzt, das auch noch bis heute üblich ist. Der Kreislauf der Erde in rund 360 Tagen um die Sonne war wohl der Grund für die Einteilung des Vollwinkels in 360 gleich große Teilwinkel.
Auch bei einem Kompass hat man den Vollwinkel in 360 gleich große Teilwinkel unterteilt.

Der 360. Teil eines Vollwinkels hat die Größe **1 Grad** (geschrieben 1°). Seine Öffnungsweite ist nur sehr gering; man kann die beiden Schenkel erst in einiger Entfernung vom Scheitelpunkt voneinander unterscheiden.

Einheitswinkel der Größe 1° (Öffnungsweite 1°)

Der Winkel α hat die Größe 34°.
Das bedeutet: Der Winkel α ist so groß, wie 34 Winkel von 1° zusammen.
34° ist ein Maß für die Öffnungsweite des Winkels.

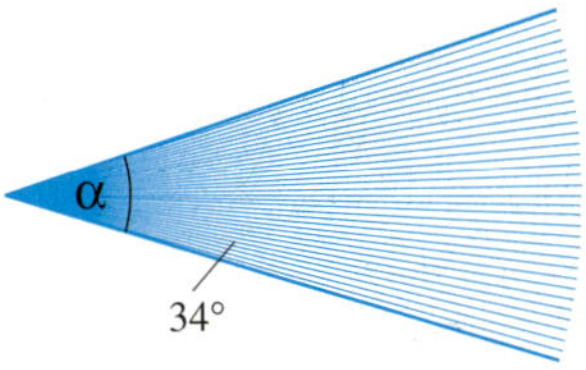

Beachte:

Wir haben α als Bezeichnung für einen Winkel eingeführt. Wir wollen den griechischen Buchstaben aber auch für die Größe dieses Winkels benutzen und schreiben deshalb α = 34°.

$\alpha = 34°$

Maßzahl Maßeinheit

(2) Winkelmesser

Mit dem Geodreieck kannst du auch Winkel messen. Dazu besitzt es zwei Skalen von 0° bis 180°, eine innere und eine äußere. Die innere Skala beginnt links mit 0°; die äußere Skala beginnt rechts mit 0°.
Sieh dir diese Skalen des Geodreiecks genau an.

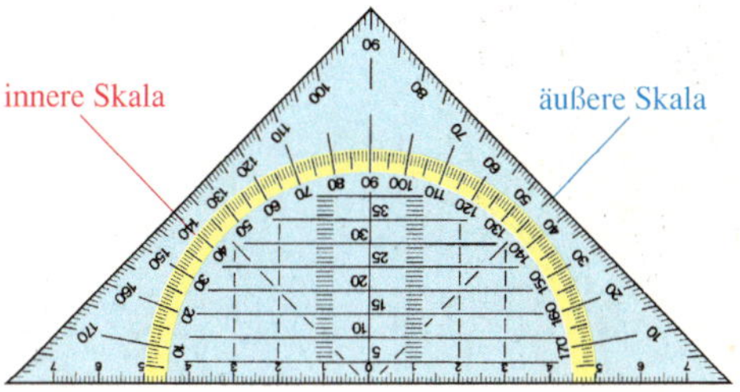

Einstieg

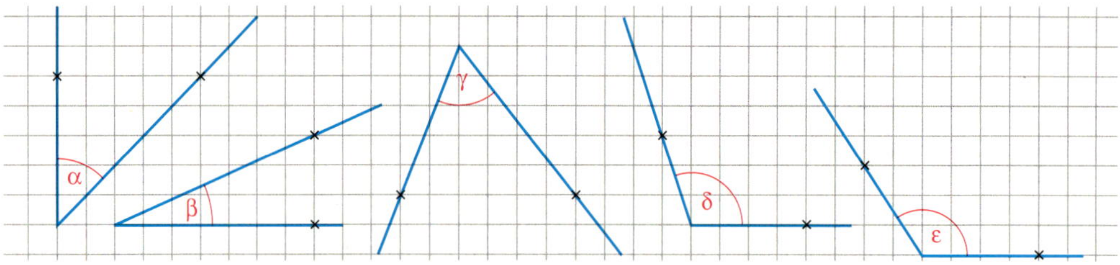

Übertrage die Winkel in dein Heft. Schätze ihre Größe.
Versuche dann, genau zu messen. Du kannst die Schenkel auch verlängern.

Aufgabe

1. Zeichne den Winkel in dein Heft.
Miss mit dem Geodreieck die Größe des Winkels β.

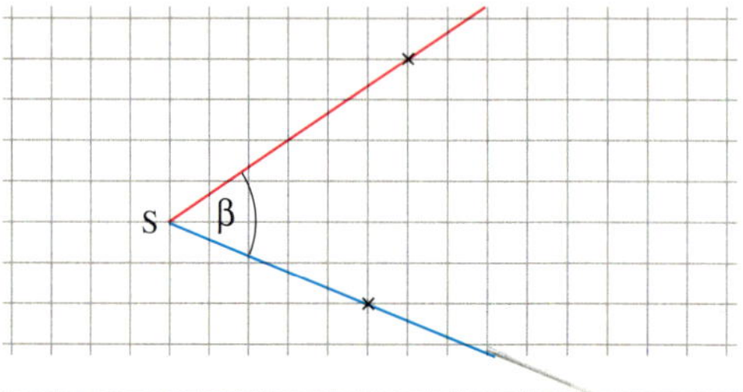

Lösung

1. Möglichkeit

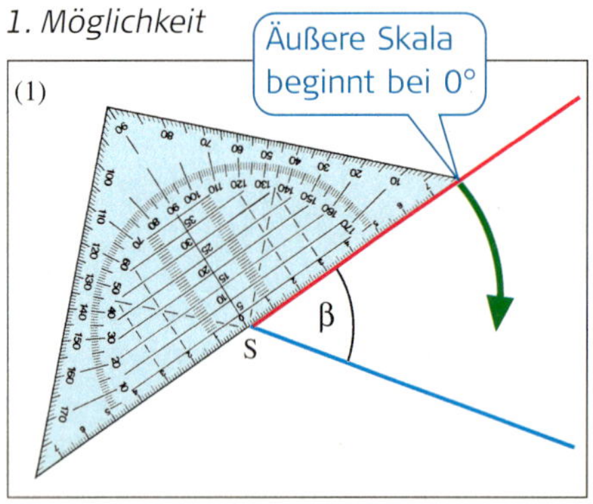

1. Schritt: Lege das Geodreieck zunächst so an wie in Bild (1).
Beachte: Der 0-Punkt der Zentimeterskala muss genau auf dem Scheitel S liegen.

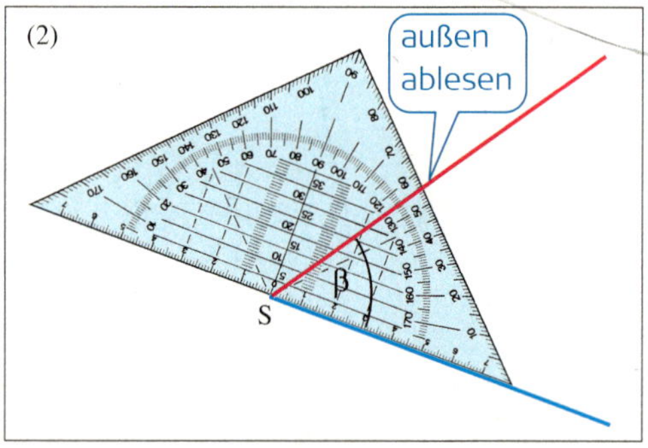

2. Schritt: Drehe das Geodreieck dann um S rechtsherum bis in die Lage von Bild (2).
Lies nun die Größe des Winkels β ab.
Ergebnis: β = 55°

2. Möglichkeit

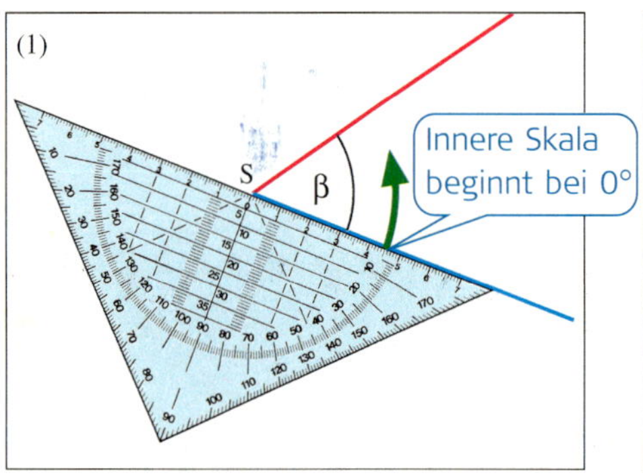

1. Schritt: Lege das Geodreieck zunächst so an wie in Bild (1).

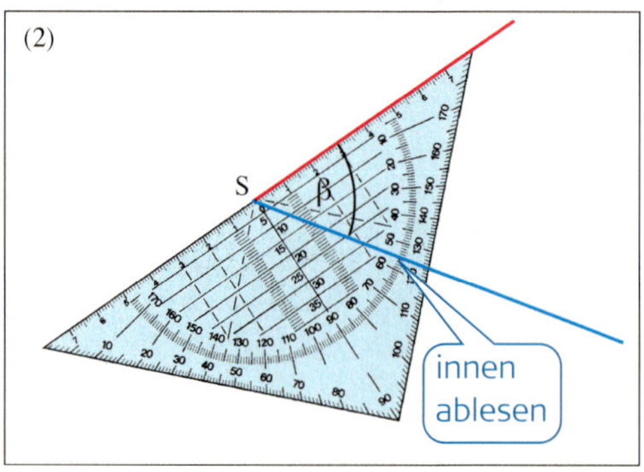

2. Schritt: Drehe das Geodreieck dann um S linksherum bis in die Lage von Bild (2).
Lies nun die Größe des Winkels β ab.
Ergebnis: β = 55°

Zum Festigen und Weiterarbeiten

2. Miss den Winkel α mit
(1) der inneren Skala des Geodreiecks.
(2) der äußeren Skala des Geodreiecks.
Beschreibe, wie du vorgehst.

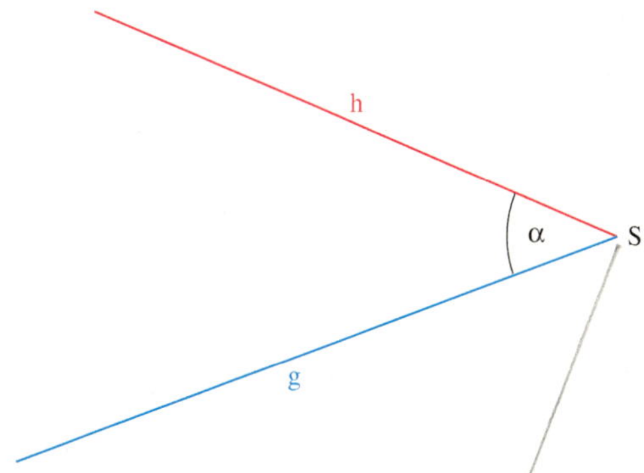

3. Übertrage die Winkel in dein Heft und miss die Größe der Winkel.
Schätze vorher.
Beachte: Du musst die Schenkel der Winkel verlängern. Zum genauen Messen muss ein Schenkel bis zur Skala auf dem Geodreieck reichen.

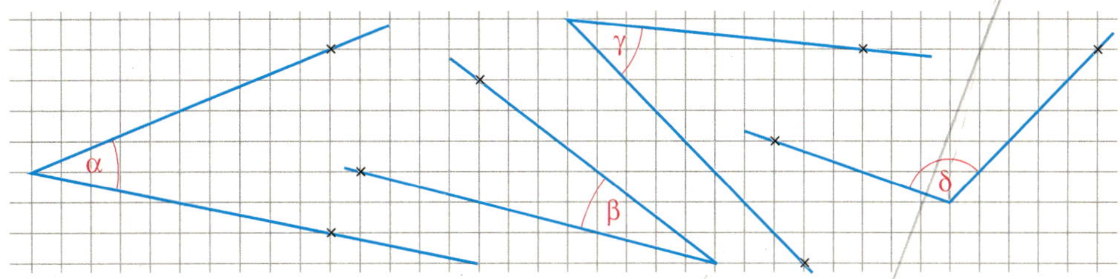

4. Die Winkelskala des Geodreiecks reicht nur bis 180°.
Übertrage den überstumpfen Winkel in dein Heft und erläutere, wie man seine Größe trotzdem bestimmen kann.
Es gibt verschiedene Möglichkeiten.

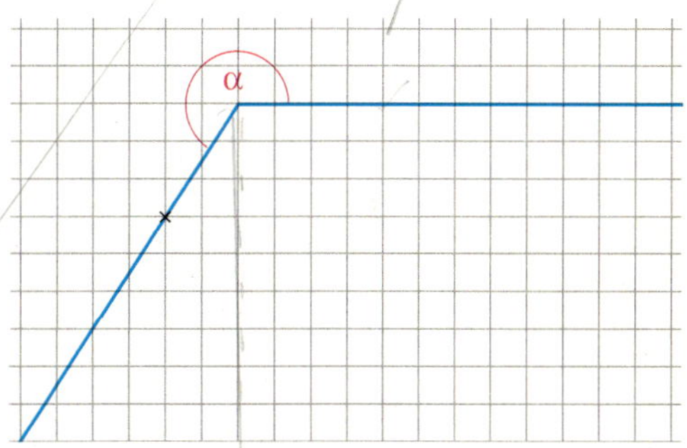

5. Was kannst du über die Größe eines spitzen, rechten, stumpfen, gestreckten und eines überstumpfen Winkels aussagen?

Information

(1) Einteilung der Winkel

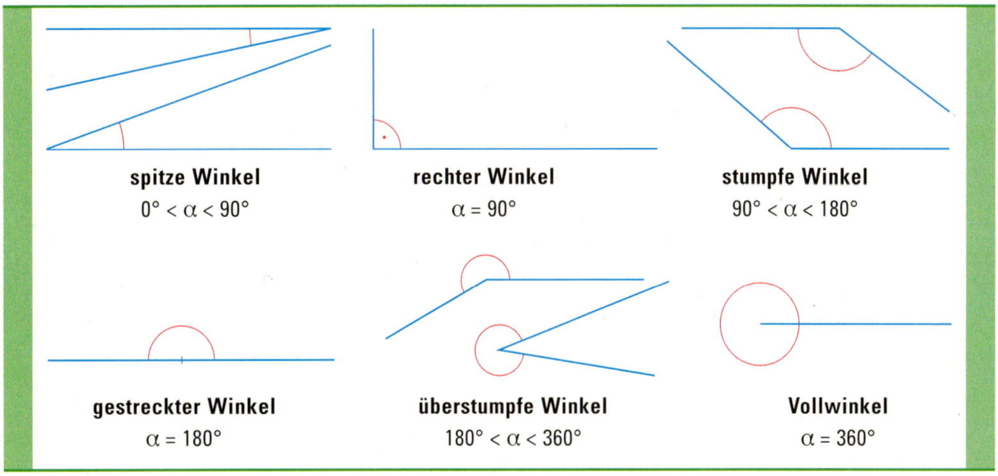

spitze Winkel $0° < \alpha < 90°$

rechter Winkel $\alpha = 90°$

stumpfe Winkel $90° < \alpha < 180°$

gestreckter Winkel $\alpha = 180°$

überstumpfe Winkel $180° < \alpha < 360°$

Vollwinkel $\alpha = 360°$

(2) Messen eines überstumpfen Winkels

1. Möglichkeit

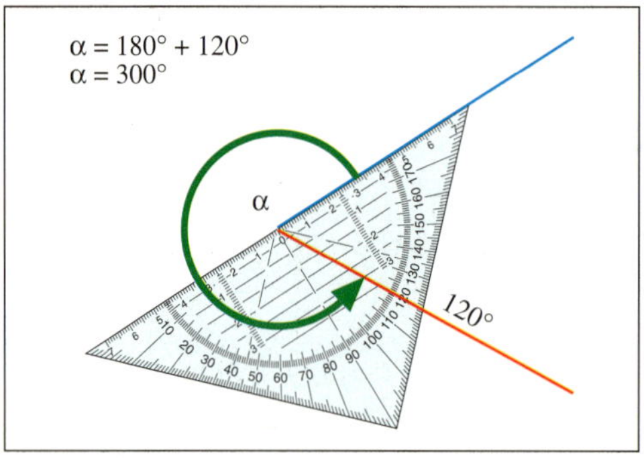

2. Möglichkeit

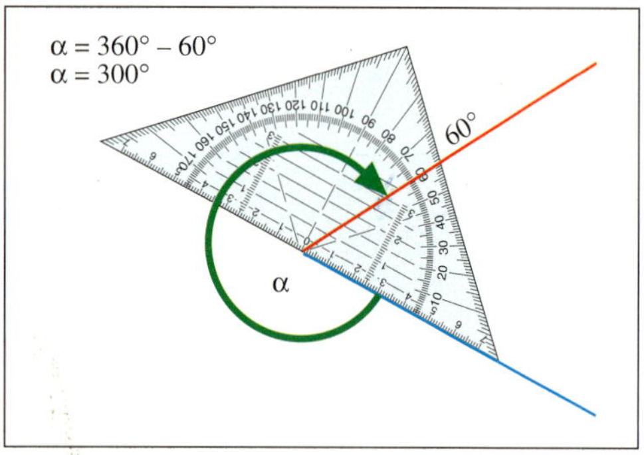

Spiel

6. Stellt euch eine „Winkelscheibe" her. Zeichnet dazu auf einen roten und einen grünen Karton jeweils einen Kreis mit demselben Radius 7 cm. Markiert den Mittelpunkt und schneidet die Kreise aus. Schneidet dann beide Kreise bis zum Mittelpunkt ein und steckt sie ineinander.
Der eine Partner stellt mit der Scheibe einen grünen Winkel ein, der andere schätzt seine Größe. Dann wird gemessen. Wechselt euch ab. Bildet die Summe der Unterschiede. Sieger ist, wer (bei gleicher Anzahl der Schätzungen) das kleinste Ergebnis hat.
Statt mit der Scheibe einen Winkel einzustellen, kann man ihn auch zeichnen.

Geschätzt	Gemessen	Unterschied

Übungen

7. Übertrage die Winkel in dein Heft. Schätze zunächst ihre Größe. Miss dann genau.

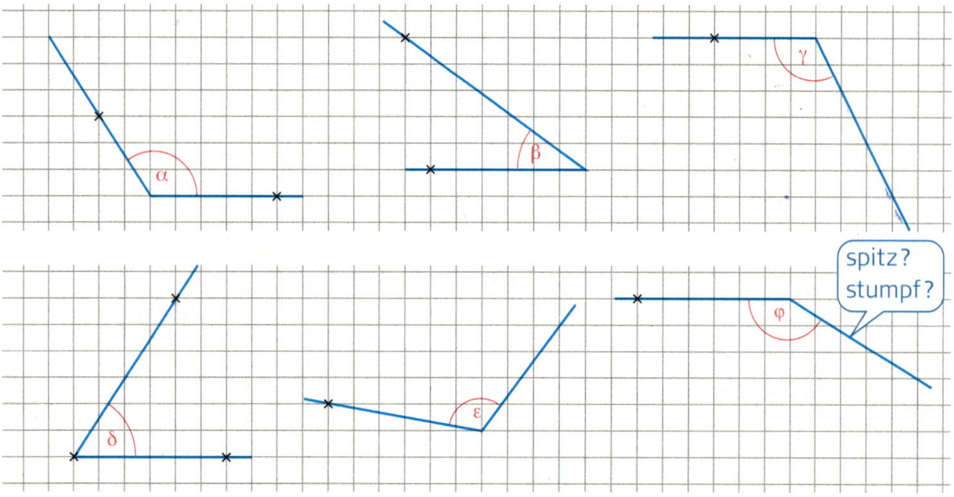

8. Die folgenden Winkel sind 117°, 56°, 37° und 124° groß.
Ermittle ohne zu messen die Größe von α, β, γ und δ. Begründe.

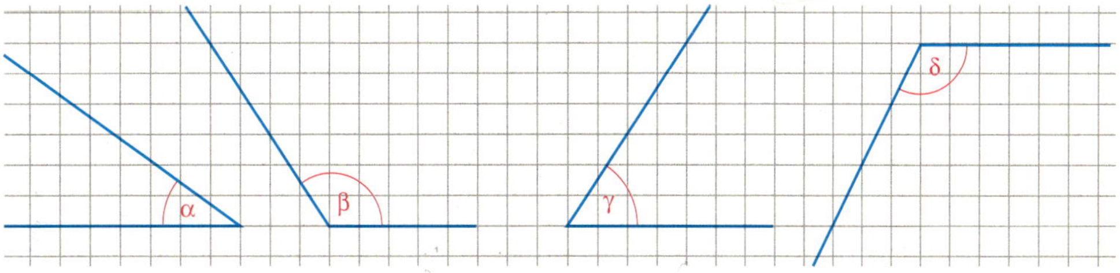

9. Übertrage das Dreieck in dein Heft. Miss die drei Winkel in dem Dreieck ABC. Schätze vorher. Addiere die Winkelgrößen. Was stellst du fest?

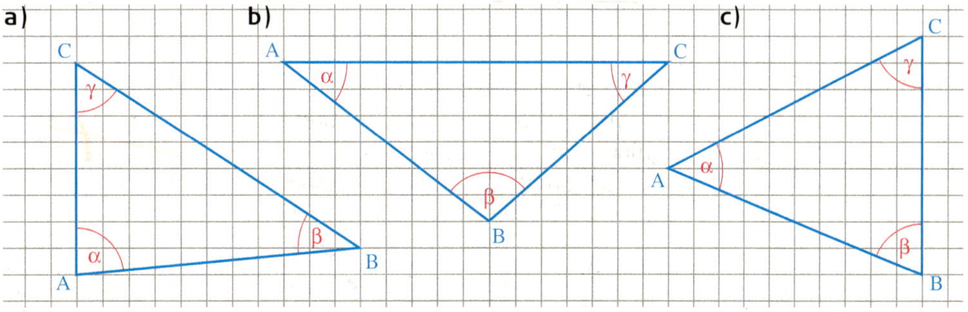

10. Zeichne die überstumpfen Winkel in dein Heft und bestimme ihre Größe. Verlängere vorher die Schenkel.

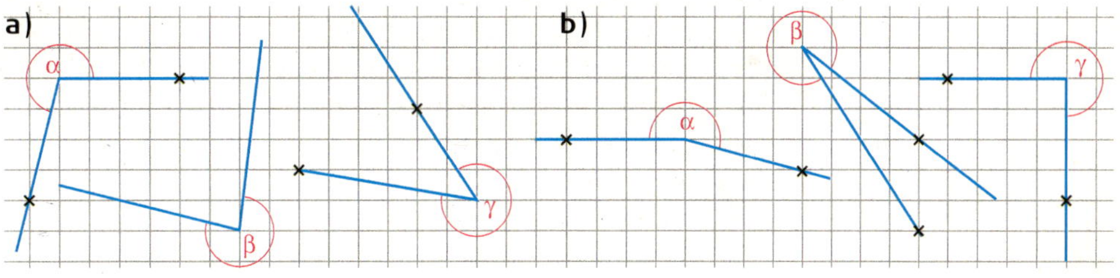

11. Zeichne das Dreieck ABC in ein Koordinatensystem (Einheit 1 cm) und miss die drei Winkel in dem Dreieck. Prüfe wie in Aufgabe 9.

a) A(1|2), B(16|1), C(13|11) **b)** A(1|10), B(9|2), C(21|8)

12. Zeichne in ein Koordinatensystem (Einheit 1 cm) das Viereck ABCD mit A(2|2), B(18|1), C(22|10), D(10|18) und miss die vier Winkel in dem Viereck.
Addiere die Winkelgrößen. Was stellst du fest?

13. Gegeben sind Winkel mit folgenden Größen:
34°; 112°; 77°; 90°; 315°; 105°; 180°; 89°; 210°; 310°; 76°; 199°; 90°; 270°; 78°; 3°; 335°; 200°; 9°; 91°; 181°; 269°; 99°; 27°
Welche dieser Winkel sind spitze, welche rechte, welche stumpfe, welche überstumpfe?

14. **a)** Zeichne ein Rechteck mit den Seitenlängen 5 cm und 7 cm. Zeichne die beiden Diagonalen. Miss die vier Winkel, die die beiden Diagonalen miteinander bilden.

b) Löse Teilaufgabe a) für ein Quadrat [eine Raute] mit der Seitenlänge 6 cm.
Was fällt auf? Begründe.

15. Der Scheinwerfer eines Leuchtturms benötigt für eine volle Umdrehung 30 Sekunden. Wie groß ist der Winkel, der von dem Lichtbündel des Scheinwerfers überstrichen wird in

a) 1 s; **b)** 3 s; **c)** 17 s; **d)** 26 s?

16. **a)** Eine runde Torte wird in acht gleich große Teile zerschnitten. Wie groß ist der Winkel an der Spitze der Tortenstücke?

b) Übertrage die Tabelle in dein Heft und fülle sie aus.

Zahl der Stücke	2	3	4	5	6	8	9	10	12
Größe des Winkels									

17. **a)** Wer von den drei Fußballspielern hat den größten Einschusswinkel und damit die beste Chance ein Tor zu erzielen?
Arbeite mit Transparentpapier.

b) Äußere dich zu:
„Der Torwart verkürzt den Winkel durch Herauslaufen."

18. Der Stundenzeiger einer Uhr überstreicht in einer bestimmten Zeit einen Winkel. Wie groß ist der Winkel, den der Stundenzeiger überstreicht

a) in 3 Stunden; **d)** in 1 Stunde;
b) in 6 Stunden; **e)** in 5 Stunden;
c) in 9 Stunden; **f)** in 11 Stunden?

19. zu **a)**

zu **b)**

a) Neben einer Treppe ist eine Auffahrt (eine „schiefe Ebene") für Rollstuhlfahrer gebaut. Zeichne die Auffahrt in dein Heft und miss den Steigungswinkel α.
Wähle einen geeigneten Maßstab.

b) In der Bauvorschrift steht, dass die Dachneigung α eines Hauses in diesem Wohngebiet zwischen 30° und 40° liegen muss.
Prüfe, ob die Vorschrift hier eingehalten ist.

c) Parallel zur Treppe einer Straßenunterführung für Fußgänger verläuft eine Fahrradrampe. Die Treppe hat eine Stufenhöhe von 14 cm und eine Stufentiefe von 38 cm.
Zeichne einen Teil der Rampe in dein Heft und bestimme den Neigungswinkel der Rampe.

zu **c)**

Zeichnen von Winkeln

Einstieg

Die Sonnenstrahlen bilden mit dem waagerechten Boden einen Winkel von 30°. Dabei wirft ein Baum einen 8 m langen Schatten.

➜ Bestimme durch eine Zeichnung die Höhe des Baumes.
Fertige zuerst eine Skizze an.

Aufgabe

1. Zeichne mit dem Geodreieck an die Halbgerade g nach oben einen Winkel mit dem Scheitel S und der Größe 65°.

Lösung

1. Möglichkeit

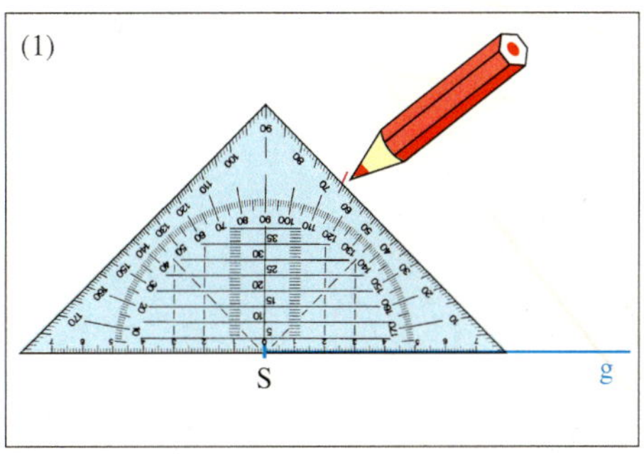

Lege das Geodreieck so auf die Halbgerade g wie in Bild (1). Markiere bei 65° einen Punkt.

Beachte: Der 0-Punkt des Geodreiecks muss auf dem Scheitel S liegen.
Verbinde den Markierungspunkt (Bild (2)) mit dem Scheitel S (Bild (3)).

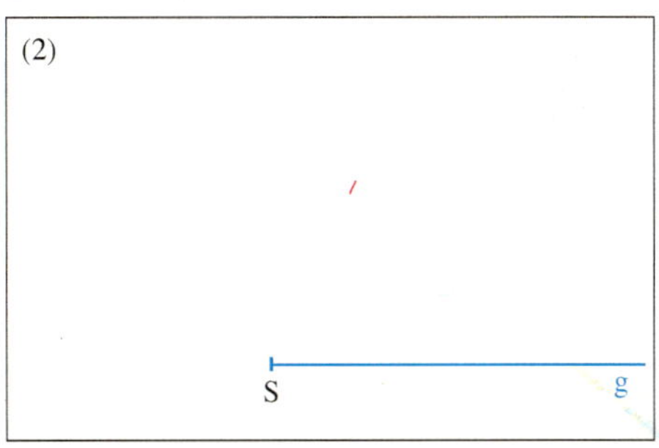

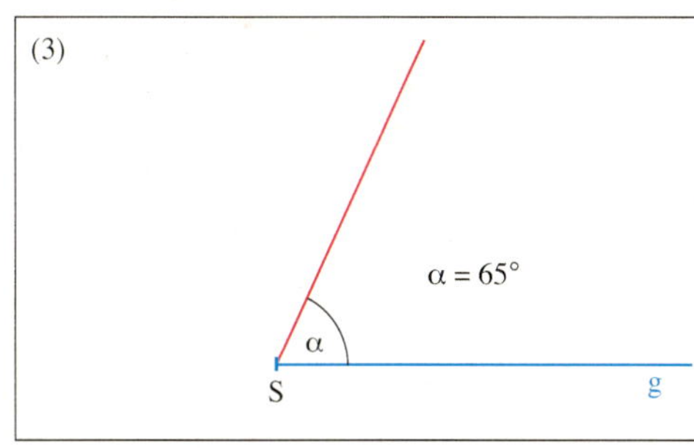

2. Möglichkeit

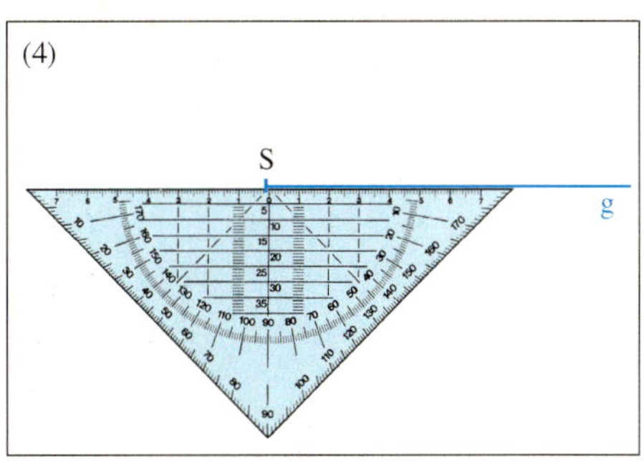

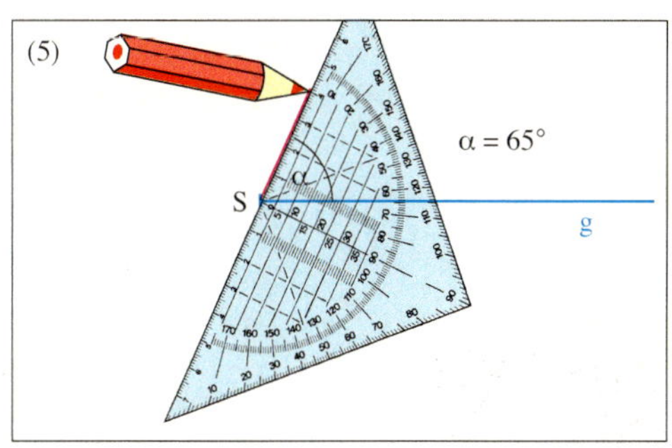

Lege das Geodreieck so auf die Halbgerade g wie in Bild (4).
Drehe das Geodreieck entgegen dem Uhrzeigersinn um 65°, bis es die Lage in Bild (5) erreicht hat. Zeichne den zweiten Schenkel des Winkels α von S aus.

Jnnere oder äußere Skala? Überlege: spitz oder stumpf?

Zum Festigen und Weiterarbeiten

2. Zeichne einen Winkel mit der angegebenen Größe.

a) 30° **b)** 90° **c)** 105° **d)** 45° **e)** 150° **f)** 135° **g)** 55° **h)** 165°

3. **a)** Erkläre, wie man den überstumpfen Winkel mit der Größe 235° zeichnen kann.
Beachte: 235° = 180° + 55°
Finde noch eine zweite Möglichkeit.

b) Zeichne einen Winkel mit der Größe:
(1) 185° (3) 245° (5) 305° (7) 320°
(2) 190° (4) 270° (6) 336° (8) 195°

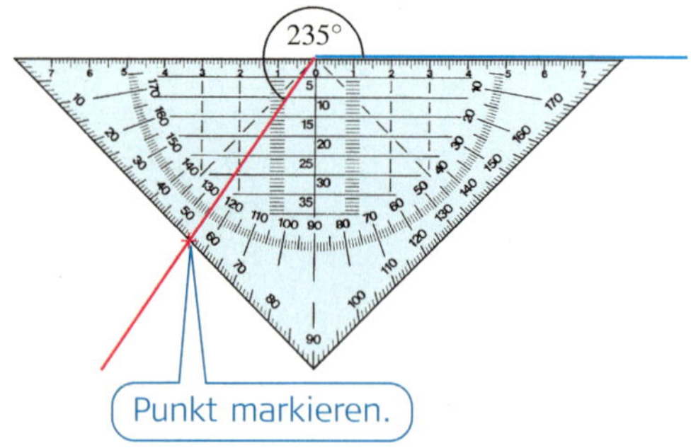

Übungen

4. Zeichne einen Winkel mit der angegebenen Größe. Überlege dir vorher, um was für einen Winkel es sich handelt.

a) 40°	**d)** 26°	**g)** 110°	**j)** 113°	**m)** 300°	**p)** 267°	**s)** 311°
b) 77°	**e)** 90°	**h)** 170°	**k)** 147°	**n)** 270°	**q)** 249°	**t)** 358°
c) 57°	**f)** 180°	**i)** 155°	**l)** 139°	**o)** 330°	**r)** 293°	**u)** 360°

5. Zeichne das Dreieck mit den angegebenen Maßen in dein Heft. Beginne mit der Strecke $\overline{AB}$. Bestimme die Größe des dritten Winkels.

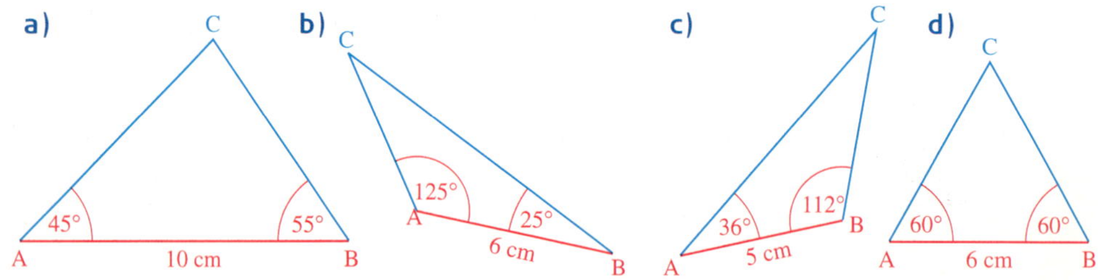

6. **a)** Eine 5 m lange Leiter ist an eine Hauswand gelehnt. Die Leiter ist unten 1,8 m von der Wand entfernt. Übertrage die Zeichnung in einem geeigneten Maßstab in dein Heft.
(1) Wie hoch reicht die Leiter?
(2) Aus Sicherheitsgründen muss der Anstellwinkel α zwischen 68° und 75° groß sein.
Trifft dies zu?

b) Eine steile Gebirgsstraße hat einen Steigungswinkel von α = 11°.
Welche Höhe würde man erreichen, wenn man 12 km geradeaus fahren könnte?
Lege eine geeignete Zeichnung an.

7. Die Sonnenstrahlen bilden mit dem waagerechten Boden einen Winkel von 55°. Dabei wirft ein Turm einen 7 m langen Schatten.
Wie hoch ist der Turm? Fertige eine passende Zeichnung an.

8. Beim Diskuswerfen beträgt der Radius des Wurfkreises 1,25 m, der Winkel des Wurfsektors ist 45° groß.
Zeichne die Anlage in dein Heft. Wähle 2 cm für 1 m.

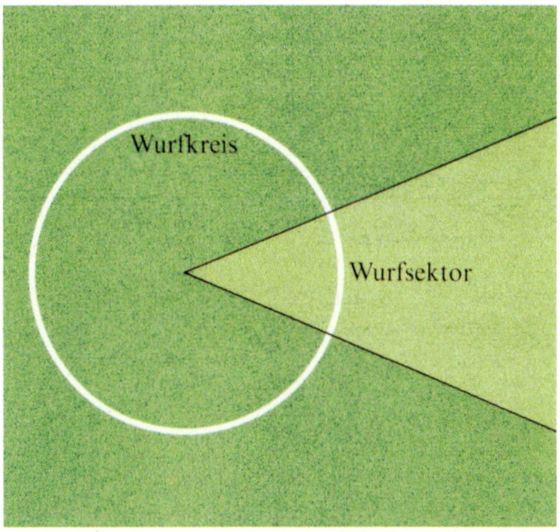

9. a) Zeichne einen Kreis mit dem Radius 3 cm. Markiere vorher den Mittelpunkt M.
Lege den *Mittelpunktswinkel* $\alpha = 72°$ von M aus fünfmal aneinander.

b) Zeichne einen Kreis mit dem Radius 3 cm. Teile ihn mithilfe des Mittelpunktswinkels in drei gleiche Teile.
Zeichne ebenso einen Farbkreis, der in 6 [in 9] gleich große Teile zerlegt ist.

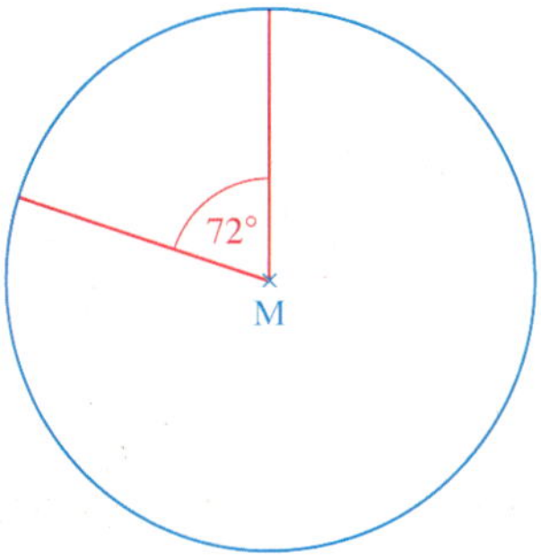

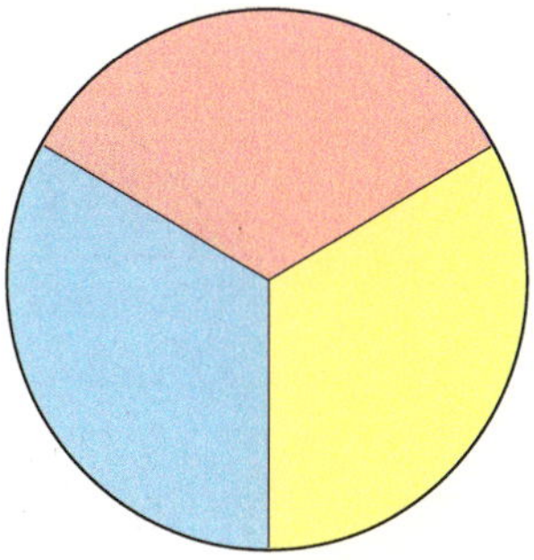

10. Bei einem Fotoapparat kann man mit dem Zoom unterschiedliche Brennweiten und damit unterschiedliche Bildwinkel erhalten.

Brennweite	Bildwinkel
28 mm	75°
50 mm	47°
200 mm	13°

Zeichne die drei Winkel nebeneinander und erkläre, wie sich durch die unterschiedlichen Winkel (bei gleicher Entfernung) der Bildausschnitt ändert.

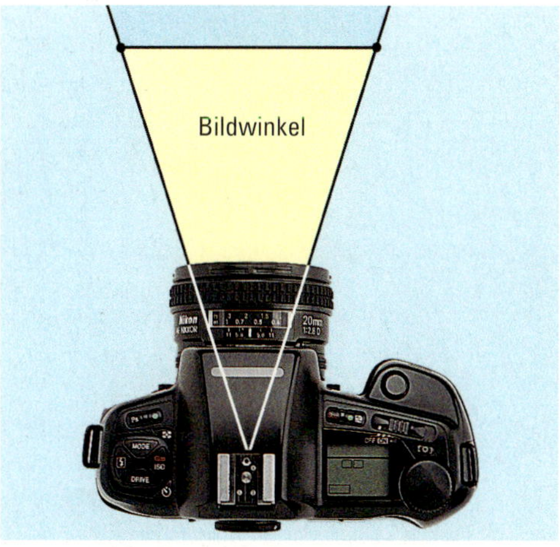

IM BLICKPUNKT: WINKEL IN DER GEOGRAFIE

Das Gradnetz der Erde

Das Bild zeigt die Markierung des 48. Breitenkreises nördlicher Breite auf der Habsburger Straße in Freiburg im Breisgau. Ungefähr 10 km entfernt von dieser Stelle verläuft der 8. Längenkreis östlicher Länge.

In der Wirklichkeit kann man die Breiten- und Längenkreise natürlich nicht sehen. Das Netz der Längen- und Breitenkreise dient dazu, jeden Ort der Erde genau zu bestimmen.

Dies ist z. B. für Schiffe wichtig, die irgendwo auf dem Ozean in Seenot geraten sind und ihre genaue Position durchgeben müssen.

Du kennst bereits die Möglichkeit, Punkte im Koordinatensystem durch zwei Zahlen, die Koordinaten, festzulegen.

In der Abbildung rechts ist der Punkt A(2|4) durch die Koordinaten 2 und 4 festgelegt.

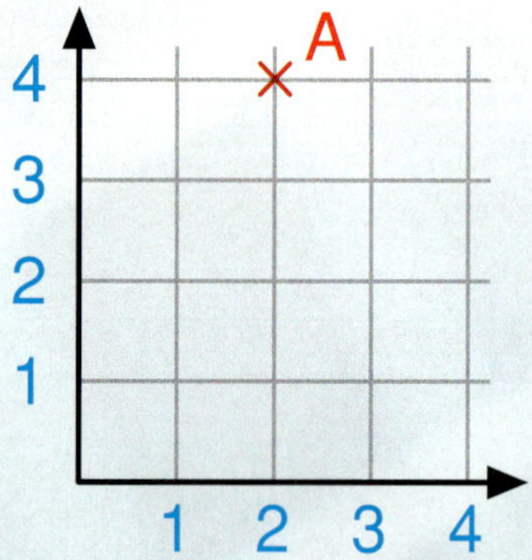

Wie die Abbildung rechts unten zeigt, sind die Längen- und Breitenkreise durch Winkel festgelegt. Jeder Punkt der Erdoberfläche ist somit durch die Angabe der beiden Winkel

- geografische Länge λ
- geografische Breite φ

als Koordinaten eindeutig bestimmt.

Gemessen wird der Winkel λ auf dem Äquator in östlicher und westlicher Richtung, ausgehend vom Schnittpunkt des Längenkreises durch Greenwich (in der Nähe von London) mit dem Äquator ($0° \leq \lambda \leq 180°$).

Auf jedem Längenkreis wird der Winkel φ ausgehend von der Äquatorebene zum Nord- bzw. Südpol gemessen ($0° \leq \varphi \leq 90°$).

griechische Buchstaben
φ Phi
λ Lambda

Das Bild rechts zeigt die geografischen Koordinaten von Kiew (Ukraine):

$\lambda = 30°$ öL; $\varphi = 50°$ nB.

Dabei bedeutet

öL östliche Länge und
nB nördliche Breite

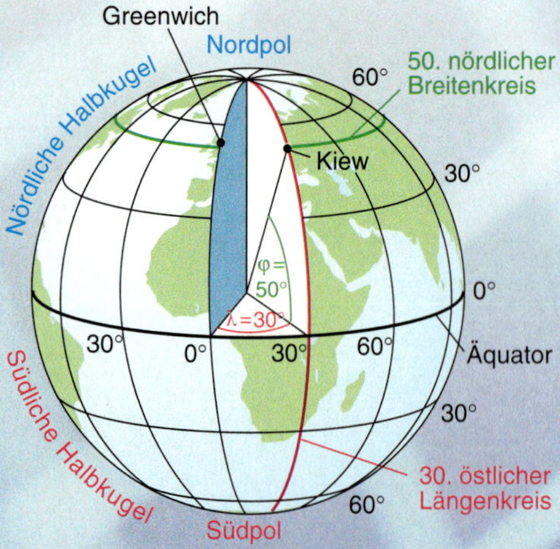

Koordinaten von Orten auf der Erdoberfläche

1. Berlin hat die Koordinaten $\lambda = 13°$ öL und $\varphi = 52°$ nB. Zeige das an einem Globus oder einer Karte.

2. Bestimme mithilfe eines Globus die ungefähren geografischen Koordinaten von Paris, Moskau, Hongkong, Sydney, Los Angeles, Mexiko Stadt und Buenos Aires.

3. Finde selbst in Deutschland, in Europa oder weltweit Inseln und bekannte Städte mit leicht ablesbaren Koordinaten (z. B. New Orleans (USA): $\lambda = 90°$ wL; $\varphi = 30°$ nB). Benutze dazu einen Atlas.

4. Die geografischen Koordinaten lauten $\lambda = 120°$ öL (östliche Länge); $\varphi = 10°$ sB (südliche Breite). Was findest du dort?

Winkel und Kompass

5. a) Um die Fahrtrichtung (den Kurs) eines Schiffes festzulegen, gibt man in der Seefahrt den Winkel als Abweichung von der Nord-Richtung bei einer Rechtsdrehung an. Die in der Abbildung eingetragene Richtung ist 70°.
Wie viel Grad gehören zu den Richtungen S, SO, W, NO, NW, O?

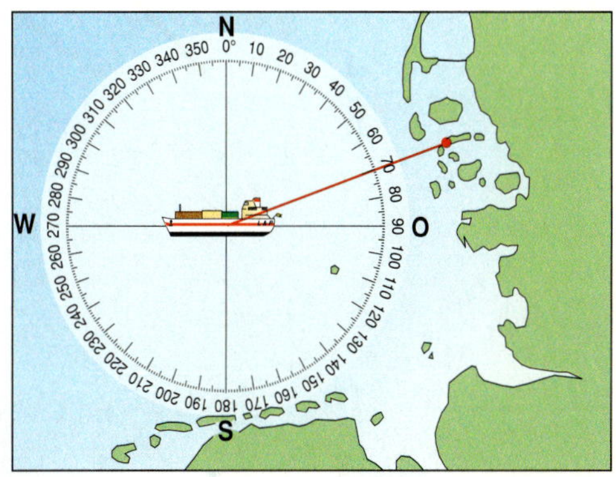

b) Früher benutzte man für die Kursangabe die Einteilung, die in der Abbildung dargestellt ist. Den Kurs 40° gab man mit N 40 O an, den Kurs 150° mit S 30 O, den Kurs 320° mit N 40 W.
Gib die alten Kursangaben in der heute verwendeten Form an.

(1) N 35 O
(2) S 35 O
(3) N 30 O
(4) N 80 W
(5) S 35 W
(6) S 45 W

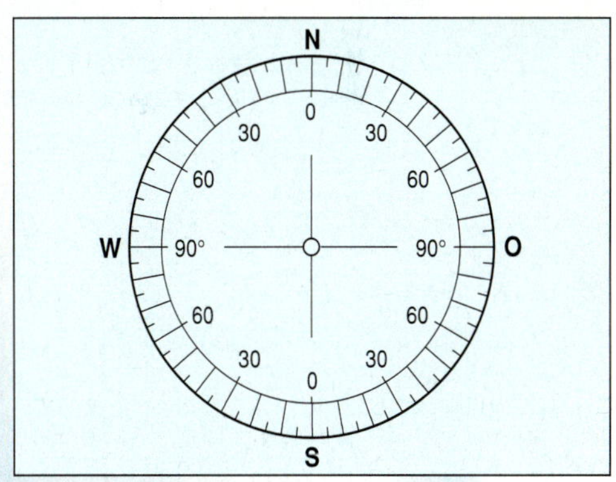

Die Erddrehung

6. Die Erde dreht sich in 24 Stunden einmal um ihre gedachte Achse.

a) Um wie viel Grad dreht sie sich in 12 Stunden, 4 Stunden, 1 Stunde?

b) Um wie viel Grad dreht sie sich in 20 Minuten, 40 Minuten, 4 Minuten?

c) Wie lange braucht die Erde für eine Drehung um 45°, 150°, 270°, 345°?

PUNKTSYMMETRIE – HALBDREHUNG

Einstieg

Betrachte die Spielkarte rechts.

- → Versuche zu beschreiben, was das Besondere an der Spielkarte ist.
- → Welche Beziehung besteht zwischen den beiden Bildhälften?
- → Welchen Vorteil hat eine solche Spielkarte?

Die Spielkarte ist *punktsymmetrisch*. Tim und Anne wollen selbst solche Karten herstellen.

Rechts haben sie schon die Hälfte einer Figur aufgezeichnet.

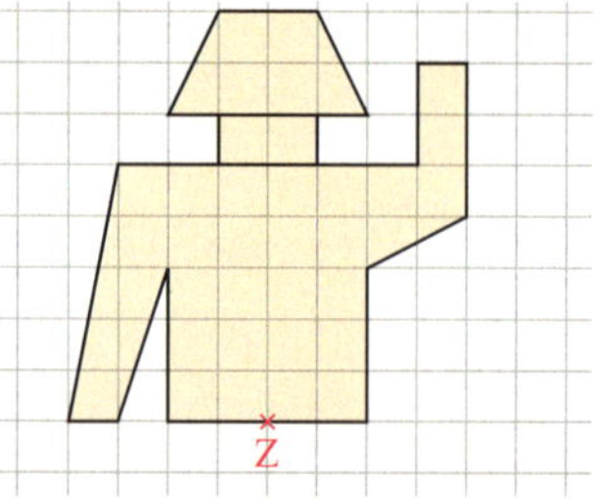

- → Wie können sie die Figur punktsymmetrisch ergänzen? Zeichne selbst.

Aufgabe

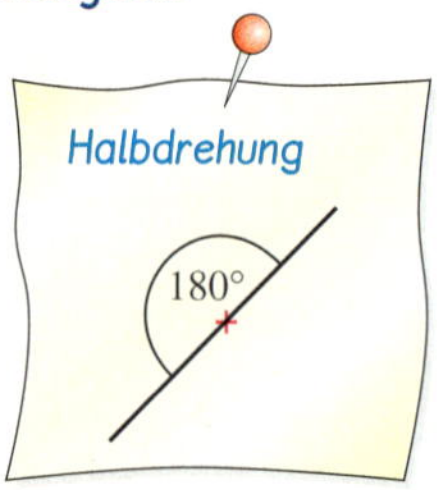

1. a) Ergänze das Dreieck ABC durch eine Halbdrehung (Drehung um 180°) um den Eckpunkt A zu einer punktsymmetrischen Figur.

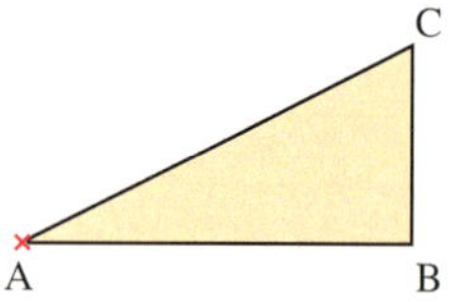

b) Gegeben ist ein Dreieck ABC und ein Punkt Z außerhalb des Dreiecks. Zeichne das Bilddreieck A′B′C′ bei der Punktspiegelung an Z, das heißt bei der Drehung um Z mit dem Drehwinkel 180°.
Beschreibe die Konstruktion.
Welches ist der Bildpunkt von Z?

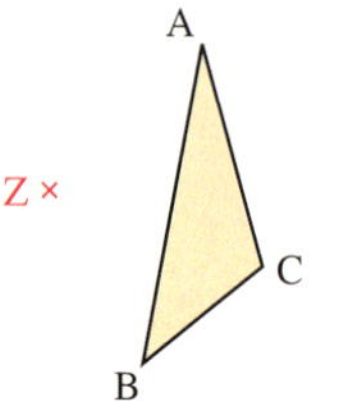

Lösung

a)

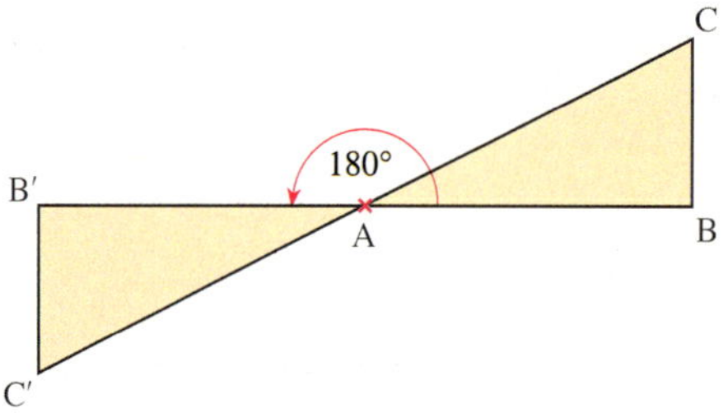

Wir drehen die Seite $\overline{AB}$ um A um 180° bzw. wir verlängern die Strecke $\overline{BA}$ über A hinaus um die Länge der Strecke $\overline{AB}$ und erhalten die Seite $\overline{AB'}$.
Ebenso drehen wir die Seite $\overline{AC}$ um A um 180° bzw. wir verlängern die Seite $\overline{CA}$ über A hinaus um die Länge der Strecke $\overline{CA}$.

Wir erhalten die Strecke $\overline{AC'}$.
Wir verbinden schließlich B′ und C′.
Das Dreieck ABC und das Bilddreieck AB′C′ bilden zusammen eine punktsymmetrische Figur.

b) (1)

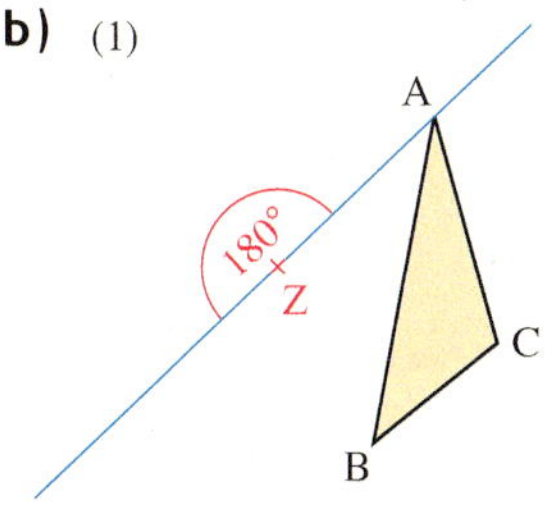

Zeichne die Gerade ZA.

(2)

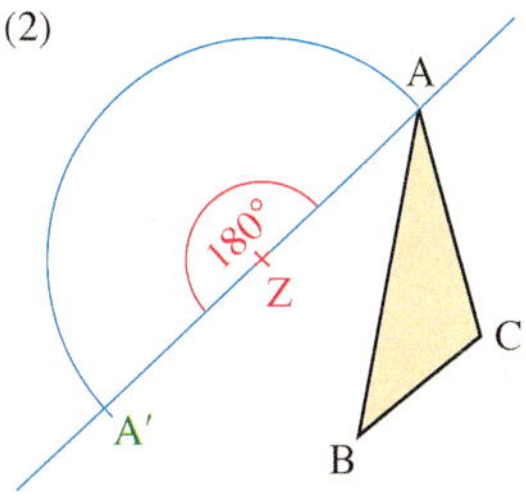

Zeichne einen Kreis um Z mit dem Radius $\overline{ZA}$. Sein von A verschiedener Schnittpunkt mit der Geraden ZA ist der Bildpunkt A′.

(3)

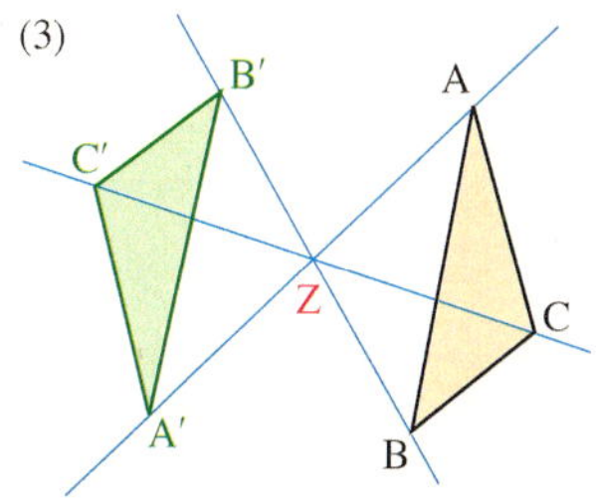

Zeichne die Bildpunkte B′ und C′ entsprechend. Verbinde die Bildpunkte zum Dreieck A′B′C′.

Information

Eine **Punktspiegelung** am **Spiegelzentrum Z** ist eine **Halbdrehung** (Drehung um 180°) um den Punkt Z.

So erhältst du zu einem Punkt P den Bildpunkt P′:

(1) Zeichne die Gerade ZP.

(2) Markiere auf der anderen Seite von Z den Bildpunkt P′ so, dass er
- auf der Geraden ZP liegt und
- von Z genauso weit entfernt ist wie P.

Das Spiegelzentrum Z bleibt an seiner Stelle; Z ist sein eigener Bildpunkt.

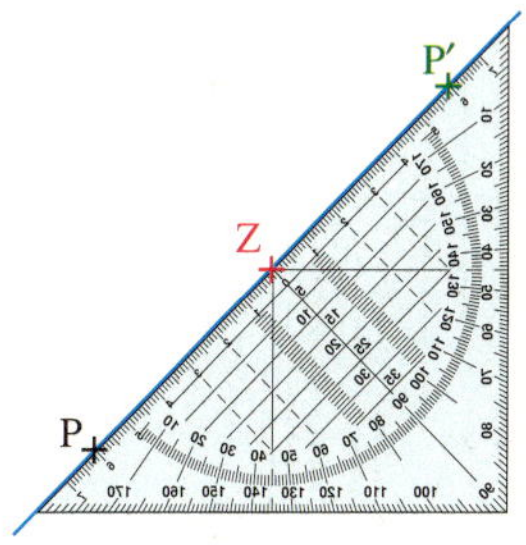

Zum Festigen und Weiterarbeiten

2.

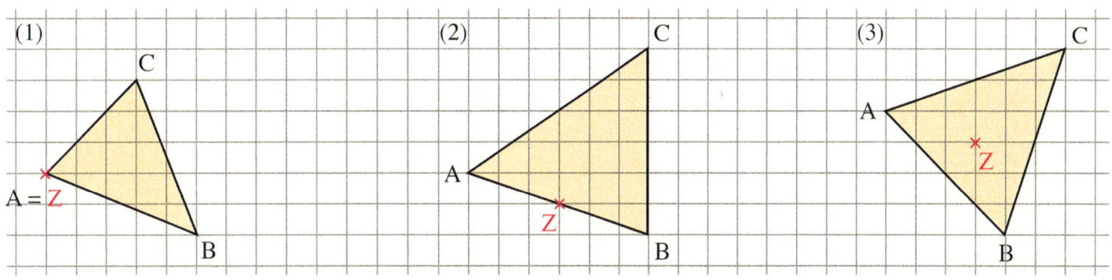

a) Übertrage die Dreiecke in dein Heft. Konstruiere jeweils das Bilddreieck A′B′C′ bei der Punktspiegelung am Spiegelzentrum Z. Wähle auch drei Punkte innerhalb und außerhalb des Dreiecks und konstruiere ihre Bildpunkte.

b) Beschreibe deinem Nachbarn die Lage des Spiegelzentrums Z zu den Verbindungsstrecken $\overline{AA'}$, $\overline{BB'}$ und $\overline{CC'}$.

3. *Zusammenhang zwischen Punktspiegelung und Punktsymmetrie*

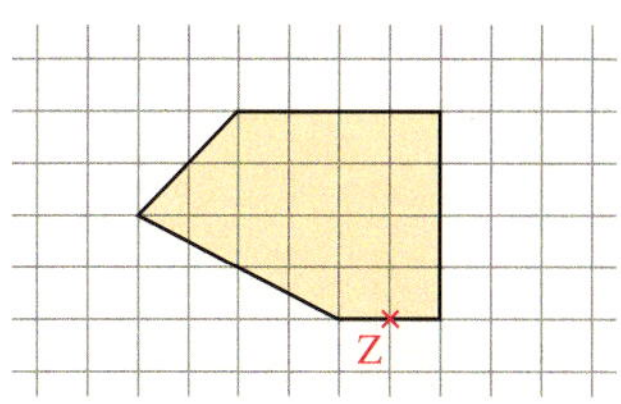

a) Übertrage das Fünfeck in dein Heft. Ergänze es zu einer punktsymmetrischen Figur mit dem *Symmetriezentrum Z*. Beschreibe dein Vorgehen.

b) Spiegele die bei Teilaufgabe a) erhaltene punktsymmetrische Figur am Symmetriezentrum.
Was stellst du fest? Notiere.

4. Rechts seht ihr ein Teil aus einem gotischen Maßwerkfenster; es ist punktsymmetrisch.

a) Versucht punktsymmetrische Figuren in eurer Umwelt zu finden.
Denkt auch an Spielfelder im Sport, an Markenzeichen von Autos, an Flaggen.

b) Welche Druckbuchstaben sind punktsymmetrisch?

c) Welche Ziffern sind punktsymmetrisch?

5. Zeichne die Dreiecke von Aufgabe 2 auf Transparentpapier, lege sie auf das jeweilige Bilddreieck.
Was stellst du fest? Begründe.

Information

(1) Punktsymmetrie und Punktspiegelung (Halbdrehung)

Die Aufgabe 3 zeigt den Zusammenhang zwischen Punktsymmetrie und Punktspiegelung.

Eine Figur heißt **punktsymmetrisch** zum Punkt Z, wenn sie bei der Punktspiegelung an Z auf sich abgebildet wird.
Das Spiegelzentrum heißt dann auch **Symmetriezentrum.**

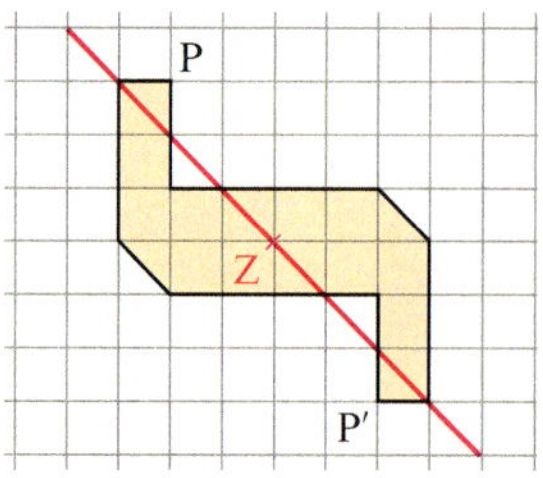

(2) Eigenschaften von Originalfigur und Bildfigur

Die Lösung der Aufgabe 5 zeigt uns:

Originalfigur und Bildfigur bei einer Punktspiegelung (Halbdrehung) sind zueinander deckungsgleich, das bedeutet:
Beide Figuren besitzen dieselbe Form und dieselben Maße.

Bei einer Punktspiegelung sind daher
- Originalstrecke und Bildstrecke gleich lang.
- Originalwinkel und Bildwinkel gleich groß.

Übungen

6. Zeichne die Figur ins Heft und konstruiere ihr Bild bei der Punktspiegelung am Punkt Z. Beschreibe wie du vorgehst.

a)

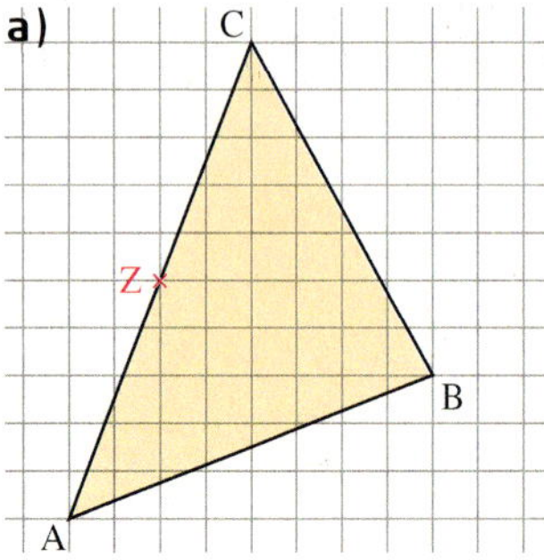

b)

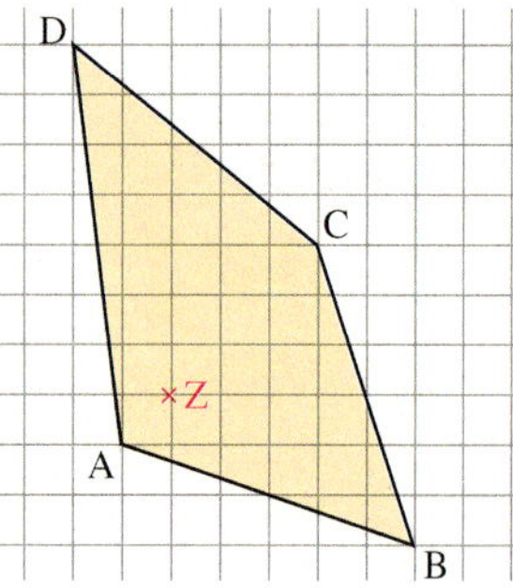

c)

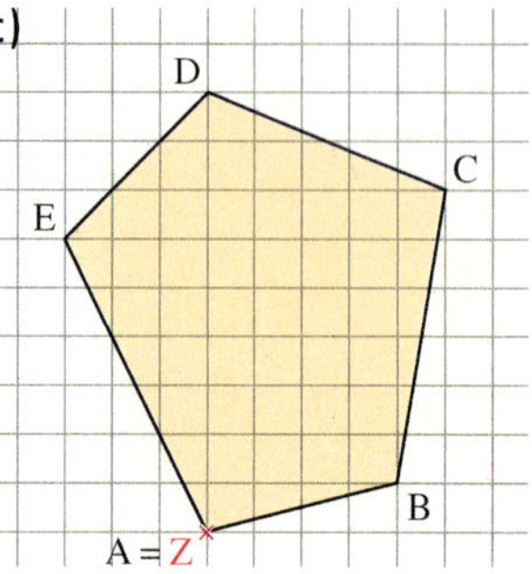

7. Zeichne in ein Koordinatensystem (Einheit 1 cm) das Dreieck ABC mit A(1,5|2), B(6|1,5) und C(3,5|5).
Konstruiere dann das Bild des Dreiecks ABC bei Spiegelung am Punkt Z mit:

a) Z(3|2,5) **b)** Z(3,5|5) **c)** Z(4|3,5) **d)** Z(5,5|4)

8. Zeichne in ein Koordinatensystem (Einheit 1 cm) den Kreis um M(5|4) mit r = 2,5 cm. Konstruiere dann das Bild des Kreises bei Spiegelung am Punkt Z mit:

a) Z(5|5) **b)** Z(3,5|2) **c)** Z(7|4) **d)** Z(5|4)

Versuche verschiedene Möglichkeiten der Konstruktion zu finden. Erläutere dein Vorgehen.

9. Konstruiere ein Quadrat ABCD mit der Seitenlänge 3,5 cm.
Konstruiere dann das Bild des Quadrates bei Spiegelung am Punkt B [am Mittelpunkt der Seite $\overline{BC}$].
Versuche verschiedene Möglichkeiten der Konstruktion zu finden. Erläutere dein Vorgehen.

10. Gegeben sind im Koordinatensystem (Einheit 1 cm) das Dreieck ABC mit A(3|2), B(6|5) und C(1|6) sowie das Bild A′ von A bei Spiegelung am Punkt Z.

a) A′(7|3) **b)** A′(3,5|5,5) **c)** A′(6|5) **d)** A′(2|5)

Konstruiere das Spiegelzentrum Z sowie das Bilddreieck A′B′C′.

11. Übertrage die Figur in dein Heft. Ergänze sie zu einer punktsymmetrischen Figur.

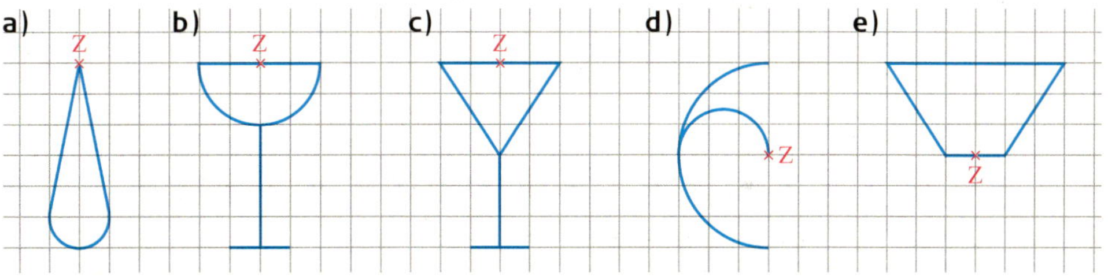

12. Stelle durch Punktspiegelung am Zentrum Z ein punktsymmetrisches Vieleck her.

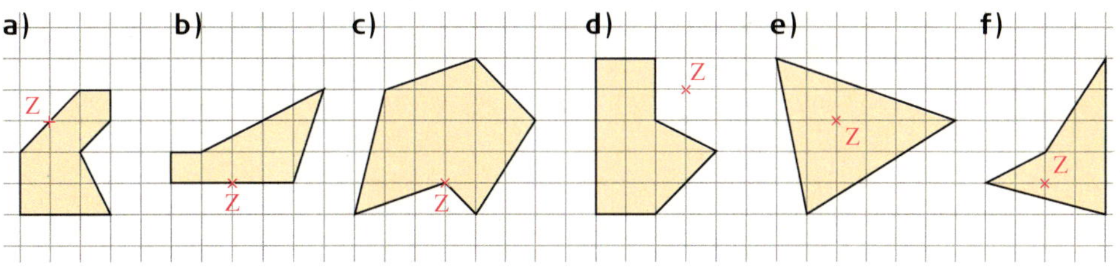

13. Betrachte die Teilfiguren aus einem Wabenmuster.
Welche der Figuren sind punktsymmetrisch, welche sind achsensymmetrisch?
Zeichne gegebenenfalls das Symmetriezentrum bzw. die Symmetrieachse ein.
Übertrage dazu das Muster in dein Heft.

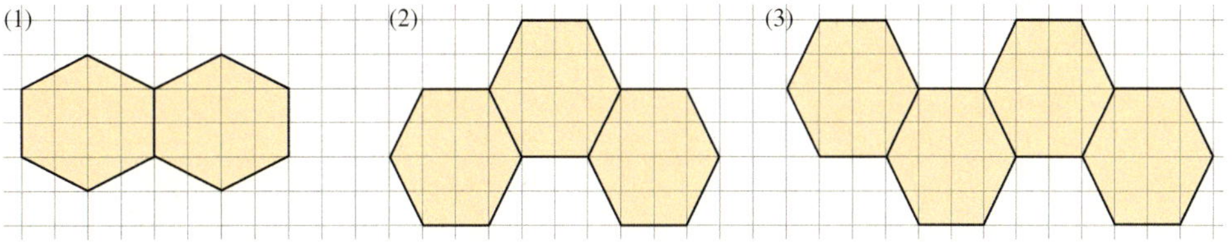

14. **a)** Entscheide, ob die Figur punktsymmetrisch ist.

b) Suche weitere punktsymmetrische Firmenlogos. Zeichne sie auf und gib jeweils das Symmetriezentrum an.

15. Welche Figuren sind punktsymmetrisch? Gib – falls möglich – das Symmetriezentrum an.

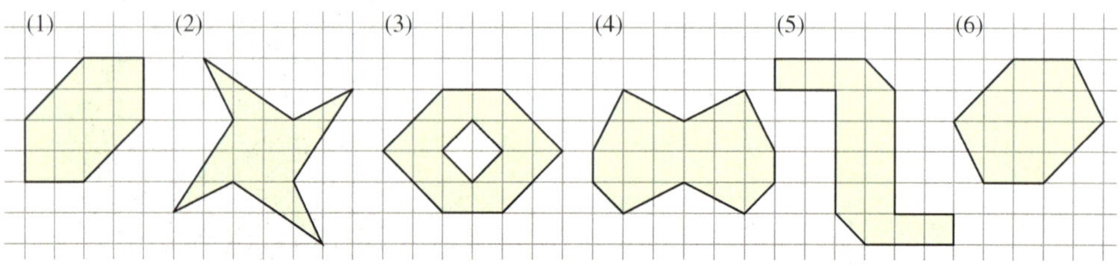

16. Die Bilder sind nicht genau punktsymmetrisch. Jedes enhält Fehler. Finde sie.

a)

b)

c)

17. Färbe mit zwei Farben die Teile des Rechtecks so, dass das gefärbte Muster

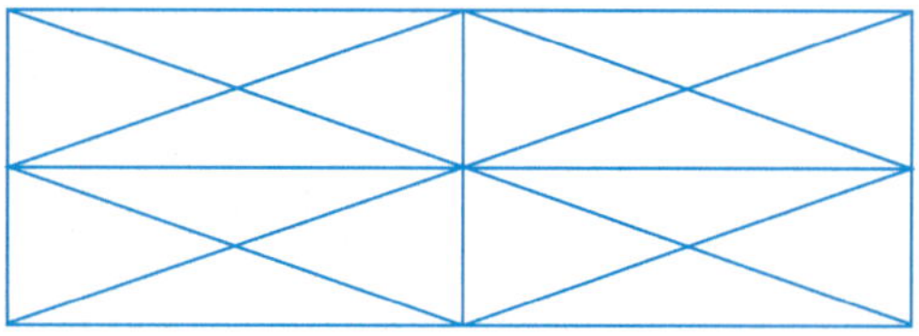

a) achsensymmetrisch, aber nicht punktsymmetrisch ist;

b) punktsymmetrisch, aber nicht achsensymmetrisch ist;

c) weder achsensymmetrisch noch punktsymmetrisch ist.

18. Zeichne **a)** zwei Kreise, **b)** einen Kreis und eine Gerade, **c)** drei Geraden so, dass sie zusammen eine punktsymmetrische Figur ergeben.

19. Färbe im Heft den Rest der Figur so, dass ein punktsymmetrisches Muster entsteht.

a)

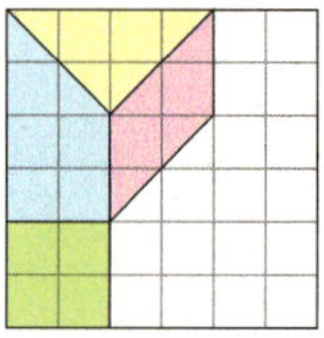

b)

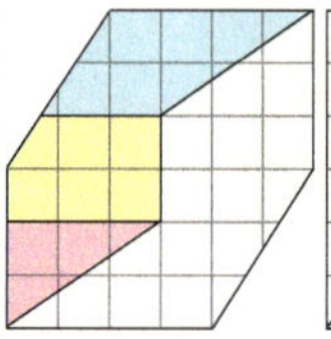

c)

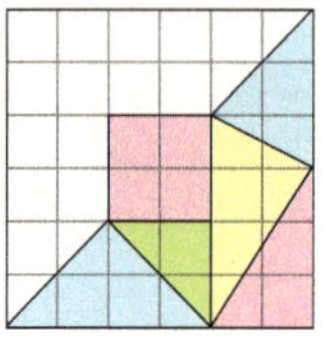

DREHSYMMETRIE — DREHEN EINER FIGUR

Einstieg

Betrachte die Bilder rechts.
→ Versuche zu beschreiben, was das Besondere an diesen Figuren ist.

(1)

(2)

(3)

(4)

Aufgabe

1. *Untersuchen auf Drehsymmetrie*

Auf dem Bild siehst du eine Windkraftanlage. Das Flügelrad einer solchen Anlage ist rechts oben vereinfacht dargestellt; es ist drehsymmetrisch. Übertrage diese Figur auf Transparentpapier. Hefte das Transparentpapier mit der Zirkelspitze im Punkt Z fest und drehe es gegen den Uhrzeigersinn (Linksdrehung) mit Z als Drehpunkt.
Bei welchen Drehungen kommt die Figur mit sich zur Deckung?

Lösung

Bei den Drehungen um 120°, um 240° und um 360° kommt die Figur mit sich zur Deckung.
Man sagt auch:
Die Figur wird auf sich selbst abgebildet.

Aufgabe

2. *Zeichnen der Bildfigur bei einer Drehung*

Drehe das Dreieck ZAB um den Punkt Z gegen den Uhrzeigersinn mit einem Drehwinkel von 90°.
Verwende Transparentpapier.

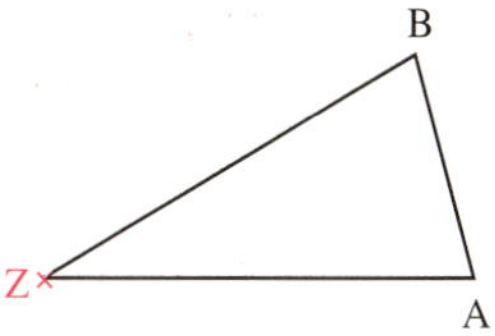

Lösung

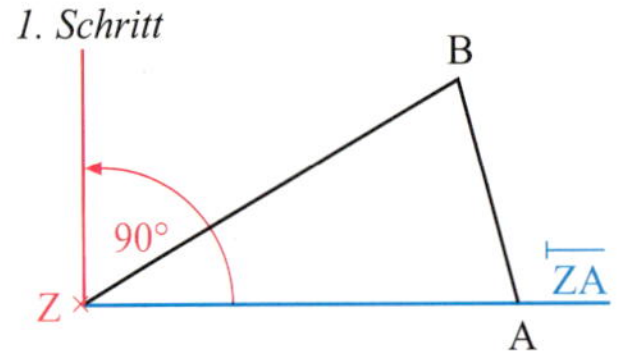

Drehen der Halbgerade $\overline{ZA}$ um Z mit 90° gegen den Uhrzeigersinn durch Antragen des Winkels von 90° an $\overline{ZA}$ in Z.

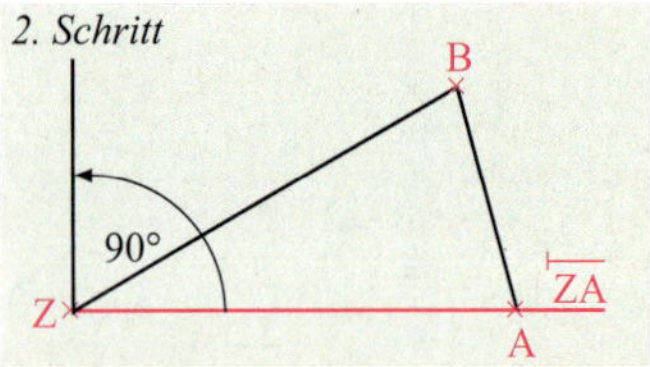

Übertragen von Z, A, B und $\overline{ZA}$ auf Transparentpapier.

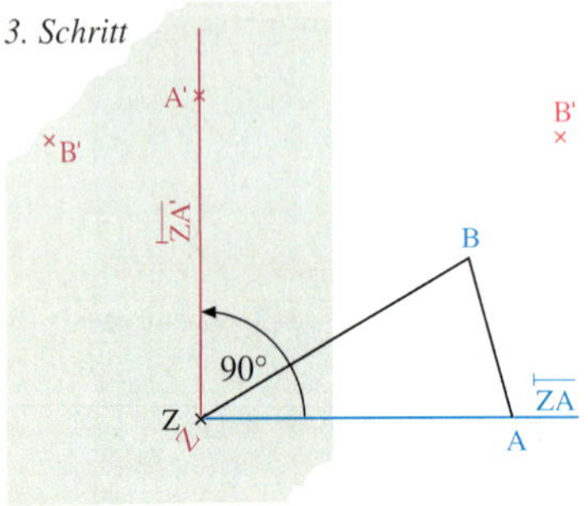

Drehen des Transparentpapiers um 90°.

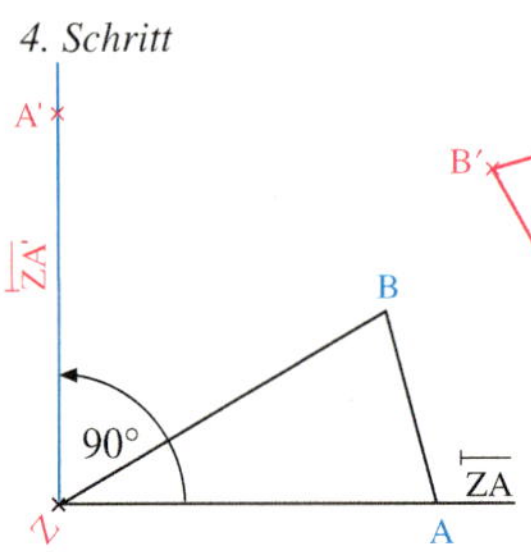

Markieren der Bildpunkte A′ und B′.

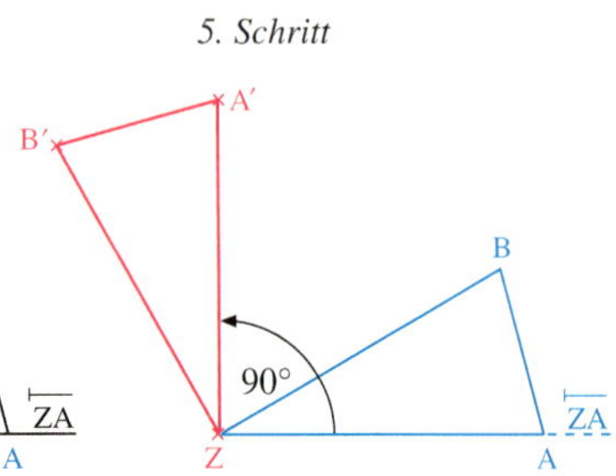

Zeichnen des Bilddreiecks ZA′B′.

Information

Griechischer Buchstabe φ, gelesen: phi

(1) Drehen um einen Punkt

Man kann eine Figur sowohl gegen den Uhrzeigersinn als auch im Uhrzeigersinn drehen. Wir wollen im Folgenden nur Drehungen gegen den Uhrzeigersinn (Linksdrehungen) durchführen.

Eine **Drehung** wird festgelegt durch das **Drehzentrum** Z und den **Drehwinkel** φ.
Zum Punkt P erhältst du den Bildpunkt P′ wie folgt:

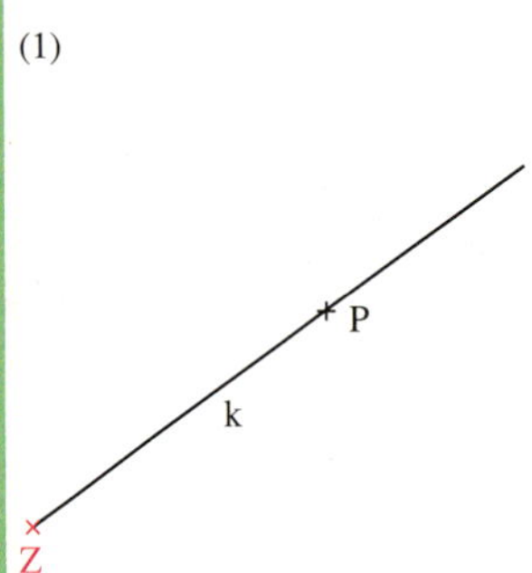

Zeichne die Halbgerade $\overline{ZP}$.

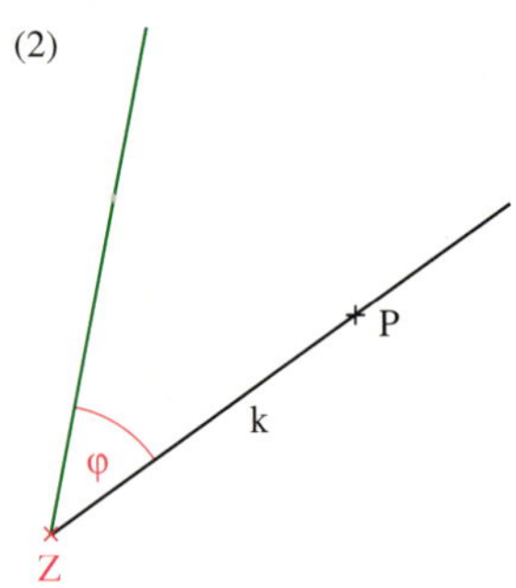

Trage an die Halbgerade $\overline{ZP}$ entgegen dem Uhrzeigersinn den Winkel mit der Größe φ an.

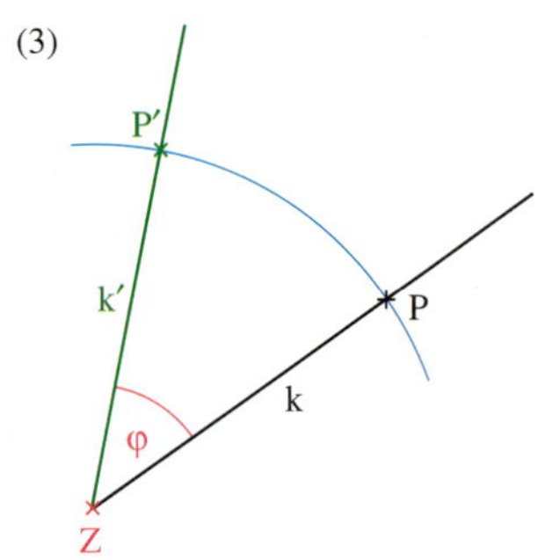

Markiere den Bildpunkt P′ so, dass er
- auf dem zweiten Schenkel des Winkels φ liegt,
- von Z genauso weit entfernt ist wie P (Kreisbogen).

Das Drehzentrum Z bleibt an seiner Stelle; Z ist sein eigener Bildpunkt.

Rosette (frz. Röschen)

(2) Drehsymmetrie und Drehung

Wenn eine Figur bei einer Drehung um einen Punkt Z mit einem Drehwinkel zwischen 0° und 360° mit sich zur Deckung kommt, dann ist die Figur **drehsymmetrisch zum Punkt Z.**
Der Punkt Z heißt das **Symmetriezentrum.**

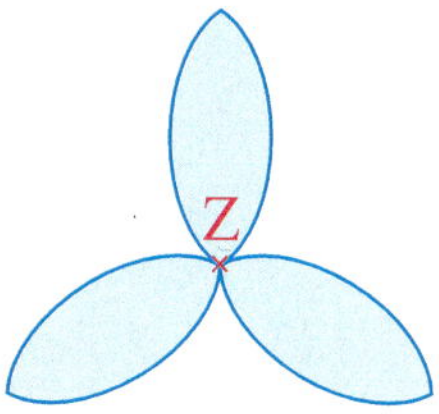

Zum Festigen und Weiterarbeiten

3. Übertrage das Dreieck ABC in dein Heft. Drehe es (gegen den Uhrzeigersinn) um das *Drehzentrum* Z mit dem *Drehwinkel*
(1) 90°; (2) 180°; (3) 45°; (4) 150°; (5) 270°.

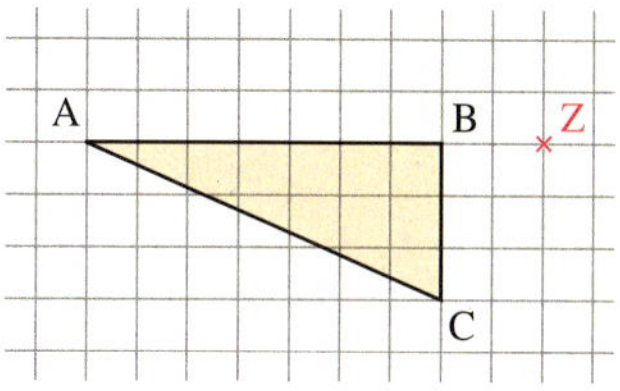

a) Zeichne das Bilddreieck A'B'C'.

b) Zeichne das Originaldreieck auf Transparentpapier, lege es auf das Bilddreieck. Was stellst du fest? Beschreibe.

4. a) Übertrage die Figur auf Transparentpapier und drehe sie um den Punkt Z gegen den Uhrzeigersinn (Linksdrehung).
Wie viele solche Drehungen gibt es, bei denen die Figur auf sich abgebildet wird?
Gib auch die *Drehwinkel* an.

b) Versuche, die Figur in Teilaufgabe a) durch Drehungen im Uhrzeigersinn (Rechtsdrehungen) auf sich abzubilden. Gib zu jeder Drehung im Uhrzeigersinn an, welche Drehung gegen den Uhrzeigersinn (Linksdrehung) ihr entspricht.

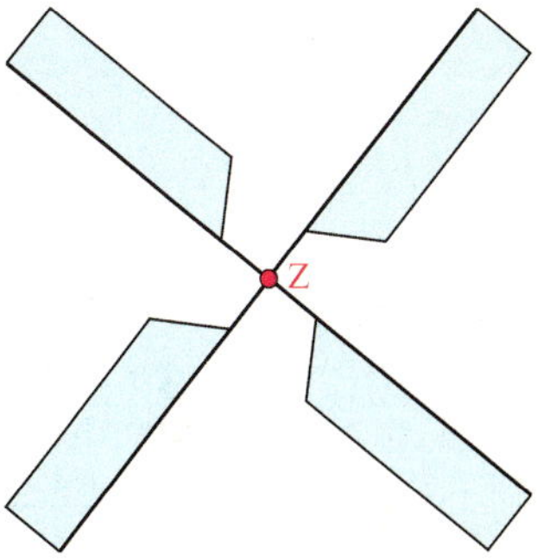

5. a) Ist das Verkehrszeichen bezüglich eines Punktes drehsymmetrisch? Gib gegebenenfalls den kleinsten Drehwinkel an.

b) *Geht auf Entdeckungsreise:* Sucht drehsymmetrische Figuren in eurer Umgebung.

Information

(1) Deckungsgleiche Figuren bei einer Drehung

Die Lösung zu Aufgabe 3b) zeigt uns:

Originalfigur und Bildfigur bei einer Drehung sind zueinander *deckungsgleich*.

Bei einer Drehung sind daher
- Originalstrecke und Bildstrecke gleich lang.
- Originalwinkel und Bildwinkel gleich groß.

(2) Punktsymmetrie als besondere Drehsymmetrie

In der Aufgabe 5 hast du drehsymmetrische Figuren mit dem kleinsten Drehwinkel 180° gefunden. Solche Figuren sind *punktsymmetrisch*.

Übungen

6. Ist die Figur drehsymmetrisch? Gib gegebenenfalls den kleinsten Drehwinkel an.

(1)

(2)

(3)
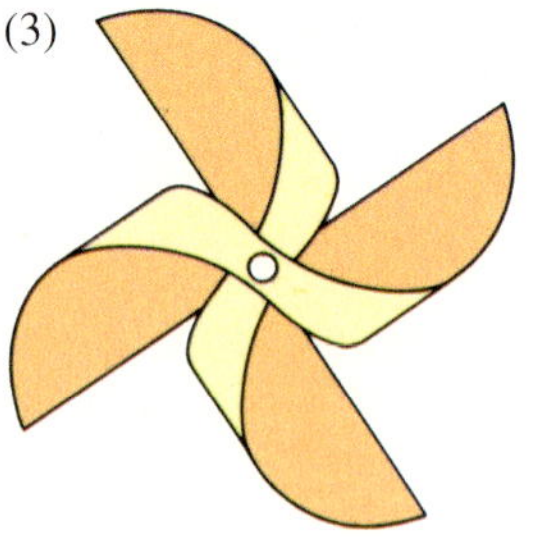

(4)

7. Bei welchen Drehwinkeln kommt die Figur mit sich selbst zur Deckung?

a)
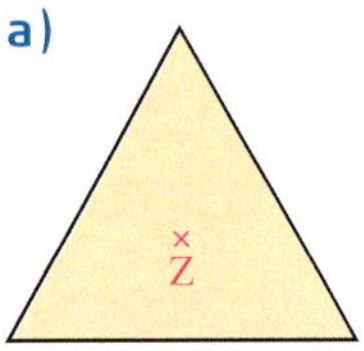

b)
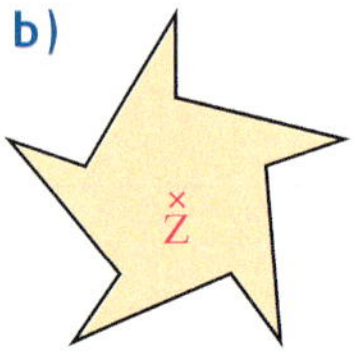

c)
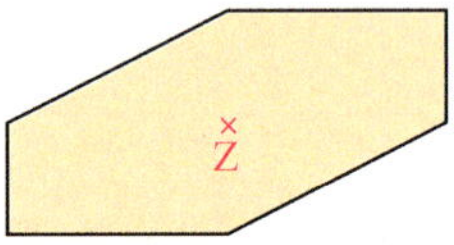

d)
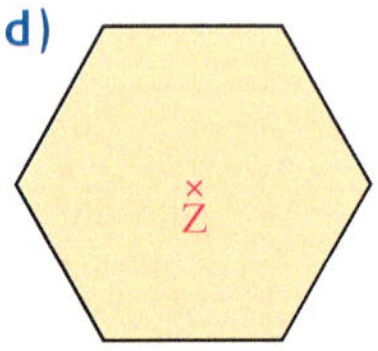

8. Formuliere eine Aussage über die Drehsymmetrie der Figur. Gib den kleinsten Drehwinkel an, bei dem die Figur mit sich selbst zur Deckung kommt.
Zeichne die Figur vergrößert in dein Heft und färbe sie.

a)
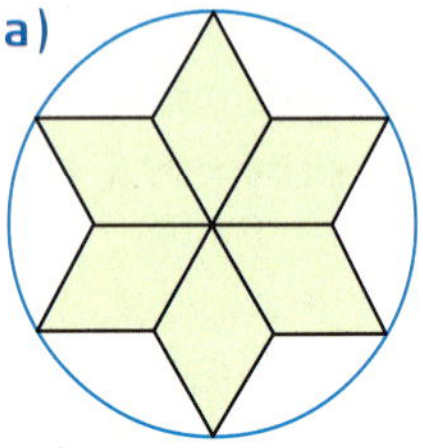

b)
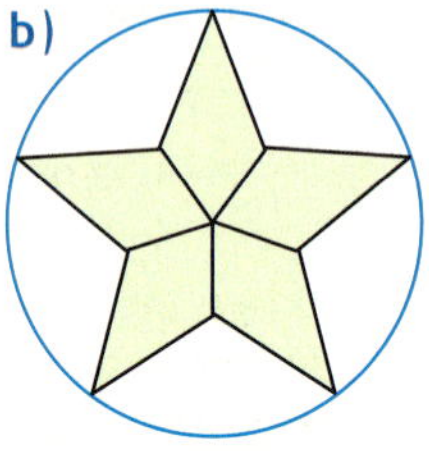

c)
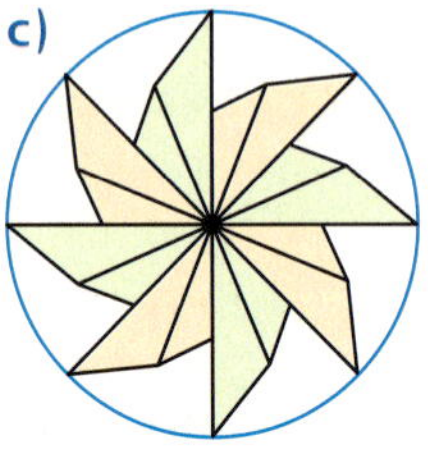

d)
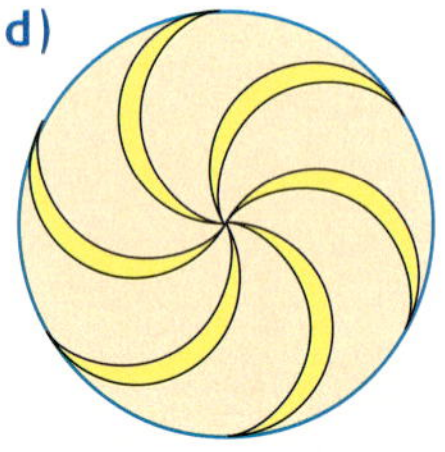

9. Gib die Bildpunkte bei einer Drehung um das Drehzentrum Z mit dem Drehwinkel an. Trage sie im Heft in eine Tabelle ein.

a) 90°; **d)** 360°; **g)** 225°;
b) 180°; **e)** 45°; **h)** 315°;
c) 270°; **f)** 135°; **i)** 340°.

Originalpunkt	A	B	C	D	…	Z
Bildpunkt						

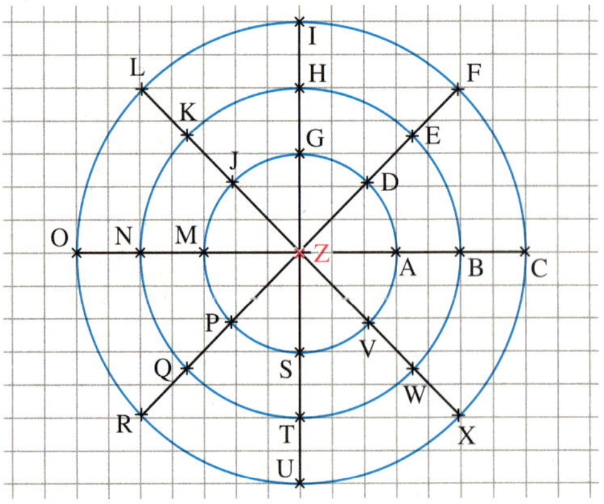

10. Wir haben festgestellt: Bei einer Drehung sind Winkel und Bildwinkel gleich groß.
Was stellst du bei einer Achsenspiegelung, was bei einer Punktspiegelung, was bei einer Verschiebung fest? Formuliere dein Ergebnis.

11. Übertrage die Figur in dein Heft. Drehe die Figur um das Drehzentrum Z mit dem Drehwinkel (1) 90°; (2) 180°; (3) 30°; (4) 120°; (5) 270°.

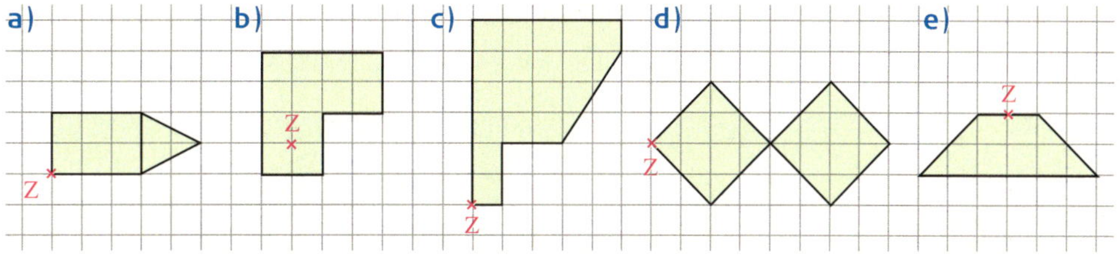

12. Übertrage die Figur in dein Heft. Führe nacheinander drei Drehungen um jeweils 90° mit Z als Drehzentrum aus. Zeichne jeweils die Bildfigur. Färbe die Gesamtfigur.
Bei welchen Drehwinkeln wird die Gesamtfigur auf sich abgebildet?

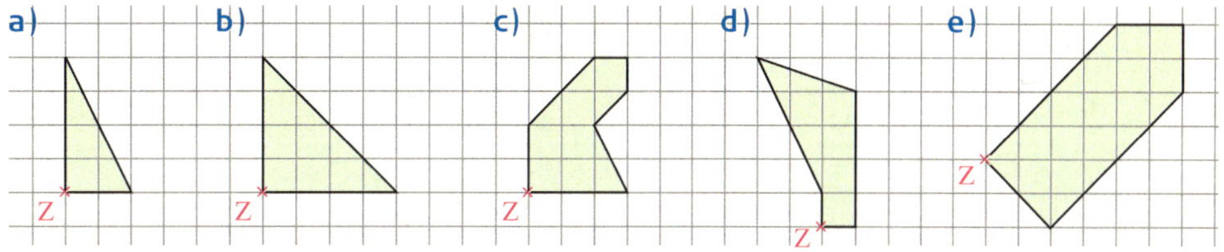

13. In einem Koordinatensystem haben die Eckpunkte des Dreiecks ABC die Koordinaten A(6|6), B(12|6) und C(6|9). Zeichne das Dreieck, drehe es dreimal nacheinander um A mit dem Drehwinkel 90°.

14. Zeichne in ein Koordinatensystem (Einheit 1 cm) das Viereck ABCD mit den Eckpunkten A(1|2), B(4|1), C(4|4) und D(2|6).
Zeichne die Bildfigur bei Drehung um das Drehzentrum Z mit dem Drehwinkel φ.

a) Z(4|4); $\varphi = 90°$ **b)** Z(2|3); $\varphi = 45°$ **c)** Z(5|5); $\varphi = 135°$

Gib auch näherungsweise die Koordinaten der Bildpunkte A′, B′, C′, und D′ an.

15. a) Macht eine Aussage über die Drehsymmetrie der Figur. Gebt den kleinsten Drehwinkel an, bei dem die Figur mit sich selbst zur Deckung kommt.

b) Entwerft selbst hübsche kreisförmige Ornamente (Rosetten) und hängt sie im Klassenraum auf.

16. a) Ein rechteckiges Poster mit den Maßen 60 cm und 85 cm ist an der kürzeren Seite mit zwei Reißzwecken befestigt. Die rechte Reißzwecke löst sich. Dadurch dreht sich das Poster so, dass sein Mittelpunkt genau unter der zweiten Reißzwecke ist.
Um wie viel Grad hat sich das Poster gedreht?

b) Um wie viel Grad würde sich das Poster drehen, wenn es quer aufgehängt worden wäre?

VERMISCHTE UND KOMPLEXE ÜBUNGEN

1. Zeichne die Figur auf Karopapier in ein Quadrat mit der Seitenlänge 6 cm.
Ist die Figur symmetrisch?
Zeichne dann die Symmetrieachsen bzw. das Symmetriezentrum ein.

a) 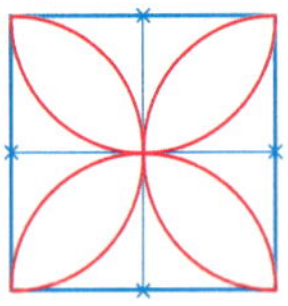
b) 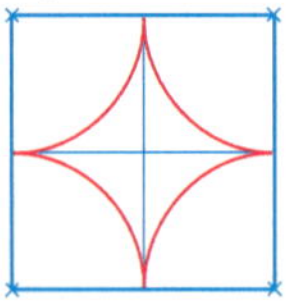
c) 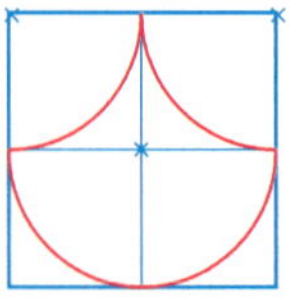
d) 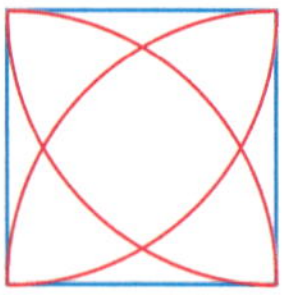
e) 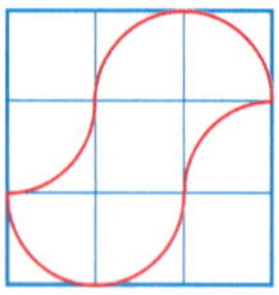
f) 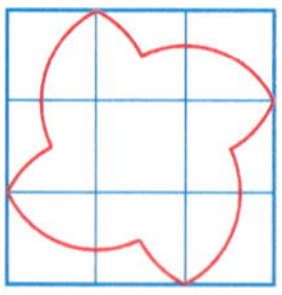

2. a) Zeichne ein Quadrat mit der Seitenlänge 10 cm. Zeichne in das Quadrat einen Kreis, der die Quadratseiten berührt.
Wie groß ist sein Radius?
Wie findest du seinen Mittelpunkt?

b) Setze diese Figur weiter nach innen fort.
Färbe die Figur.

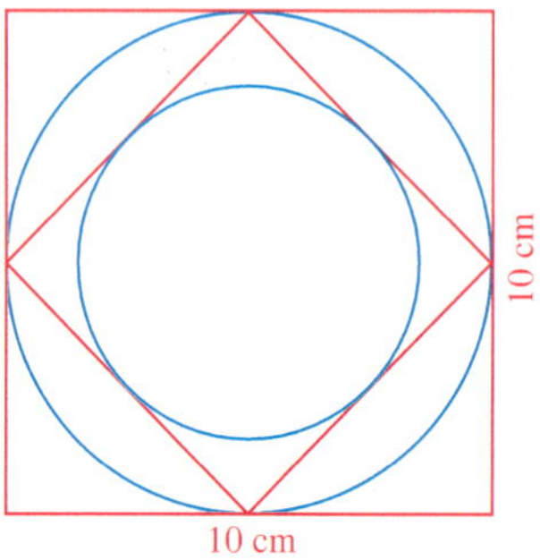

3. a) Zeichne die Figuren ab. Achte auf exakte Kreise.
Welcher Eindruck entsteht?

b) Versuche selber Figuren zu zeichnen, die zu optischen Täuschungen führen.

(1)

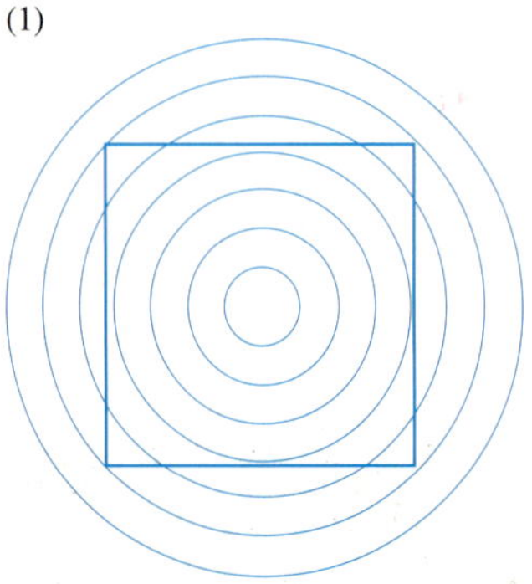

(2)

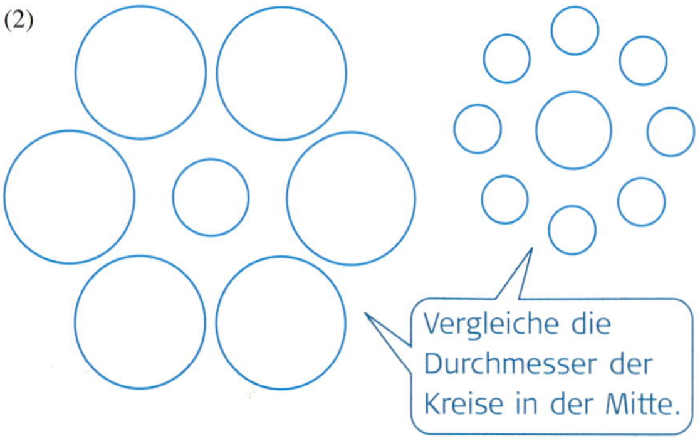

4. Stelle verschiedene Möglichkeiten zusammen, wie man einen Kreis zeichnen kann.
Beschreibe Vor- und Nachteile.

5. Zeichne einen Kreis und zerlege ihn mit dem Zirkel **a)** in 5, **b)** in 6, **c)** in 7 gleich große Kreisbogen. Finde die Zirkelspanne durch Probieren. Vergleiche sie mit dem Radius.

6. Ein Hund wird mit einer 5 m langen Leine an einer Ecke eines quadratischen Brunnengeländers mit der Kantenlänge 3 m gebunden. Welchen Bereich kann der Hund erreichen? Konstruiere mit dem Zirkel.
Wähle in deiner Zeichnung 1 cm für 1 m in der Wirklichkeit.

7. zu **a)**

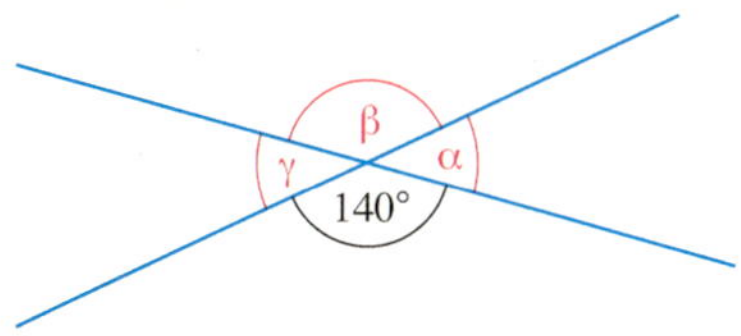

zu **b)**

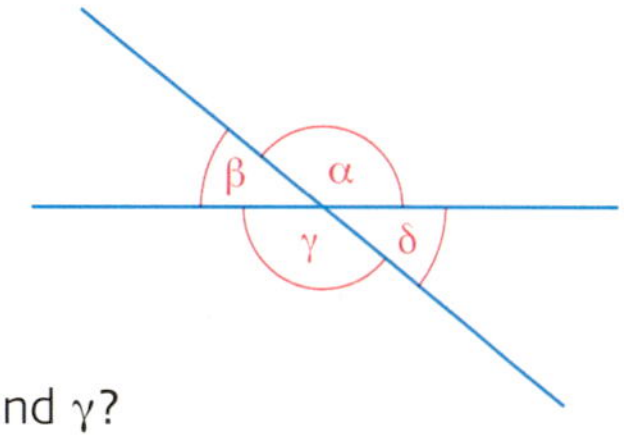

zu **c)**

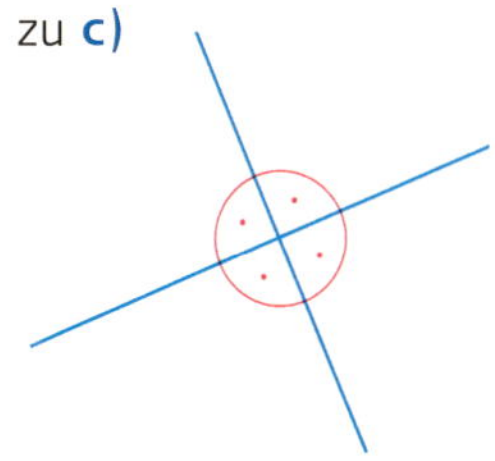

a) Wie groß sind die Winkel α, β und γ?

b) Welche Winkel sind gleich groß?
Welche Winkel ergänzen sich zu 180°?
Welche Winkel ergänzen sich zu einem Vollwinkel?

c) Begründe die Aussage: Wenn sich zwei Geraden senkrecht schneiden, entstehen vier rechte Winkel.

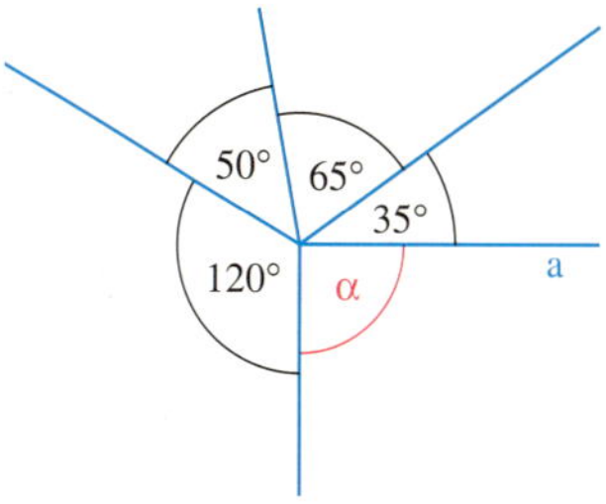

8. **a)** Zeichne die Figur rechts in dein Heft.
Beginne mit der Halbgeraden a.

b) Wie groß ist der Restwinkel α? Miss und rechne.

9. Zeichne das Dreieck ABC mit den angegebenen Maßen in dein Heft. Beginne mit der Strecke $\overline{AB}$.
Bestimme die Größe des dritten Winkels.

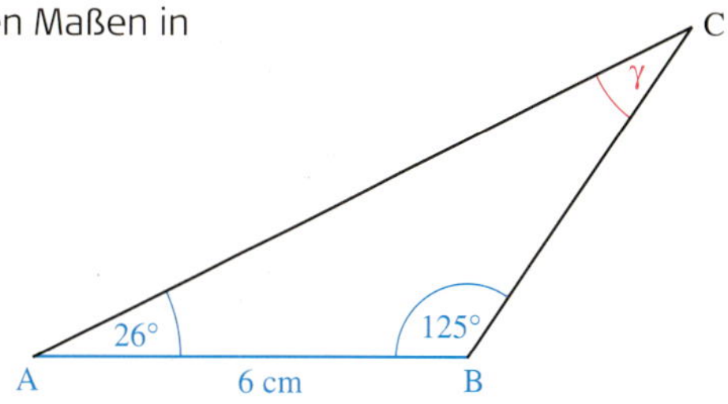

▲ **10.** Ein Kran benötigt für eine volle Drehung 120 Sekunden.
Welche Zeit benötigt er für eine Drehung um

a) 90°; **b)** 60°; **c)** 120°; **d)** 30°?

11. Links seht ihr ein gotisches Maßwerkfenster; es zeigt auch Kreise und Kreisteile.
Findet in eurer Umgebung solche Fenster, fotografiert sie und entwerft ein Plakat.

12. Tim hat den Weg zum Eingang einer Höhle entdeckt. Er beschreibt seinem Freund Markus den Weg dorthin wie folgt:
(1) Gehe 50 m nach Norden.
(2) Drehe dich um 120° nach rechts.
(3) Gehe 40 m geradeaus.
(4) Drehe dich um 90° nach links.
(5) Gehe 80 m geradeaus.
Zeichne den Weg zur Höhle. Wähle 1 mm für 1 m in der Wirklichkeit. Gib eine einfachere Beschreibung zum Eingang.

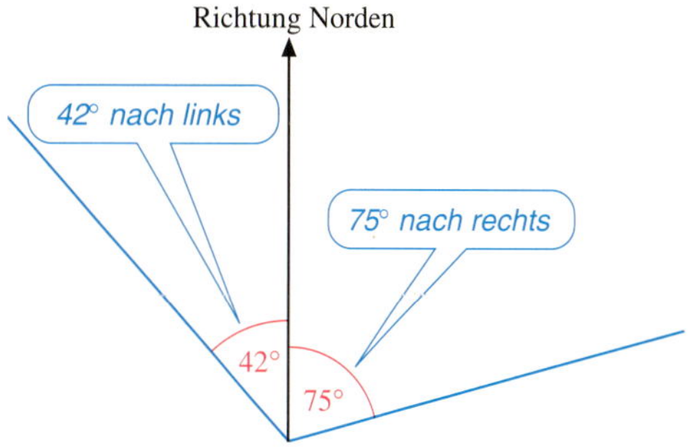

13. Hier siehst du Briefmarken abgedruckt. Welche Symmetrien weisen diese Motive auf?

14.

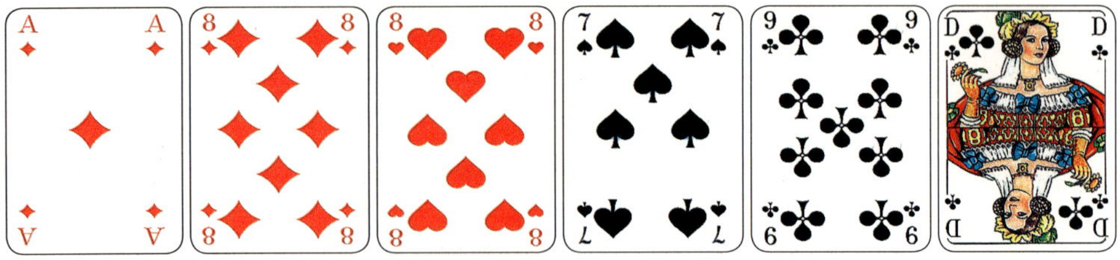

a) Welche Karten sind achsensymmetrisch?

b) Welche Karten sind punktsymmetrisch?

c) Welche Karten sind achsen-, aber nicht punktsymmetrisch?

d) Welche Karten sind punkt-, aber nicht achsensymmetrisch?

e) Welche Karten sind weder punkt- noch achsensymmetrisch?

15. **a)** Welche der Fahnen sind als Ganzes achsensymmetrisch, welche punktsymmetrisch?

b) Betrachte in den Fahnen die Teilfiguren. Was für Symmetrien weisen sie auf?

Kanada

Israel

Südafrika

Europarat

16. Gegeben ist das Dreieck ABC mit A(1|3), B(5|1) und C(4|6).
Konstruiere das Bild von ABC bei einer

a) Spiegelung an dem Spiegelzentrum Z(3|4);

b) Drehung um das Drehzentrum Z(6|6) mit dem Drehwinkel $\varphi = 55°$ [145°; 250°].

17. Läuft man auf dem Dreieck ABC von A über B nach C, so bewegt man sich linksherum (entgegen dem Uhrzeigersinn).

a) Spiegele das Dreieck an der Achse g. Wie bewegt man sich, wenn man bei dem Bilddreieck von A′ über B′ nach C′ läuft? Was stellst du fest? Verwende das Wort Umlaufsinn.

b) Untersuche das auch bei einer Punktspiegelung, bei einer Drehung und bei einer Verschiebung.

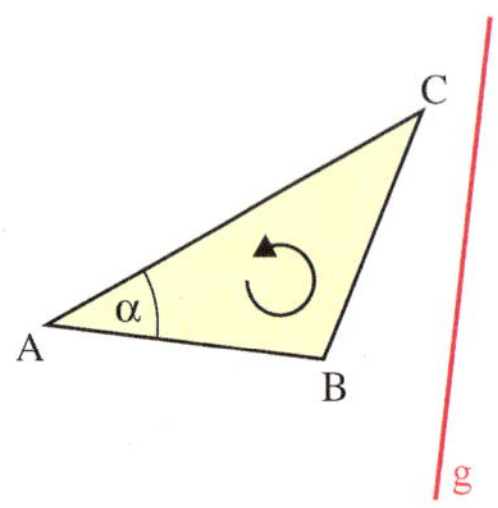

18. Nenne gemeinsame Eigenschaften von Achsenspiegelung, Verschiebung, Drehung und Punktspiegelung. Worin unterscheiden sich diese Abbildungen? Lege eine Tabelle an.

19. Hier siehst du die Wappen einiger hessischer Städte und Landkreise. Untersuche sie auf Symmetrie.

Wiesbaden

Kassel

Odenwaldkreis

Main-Taunus-Kreis

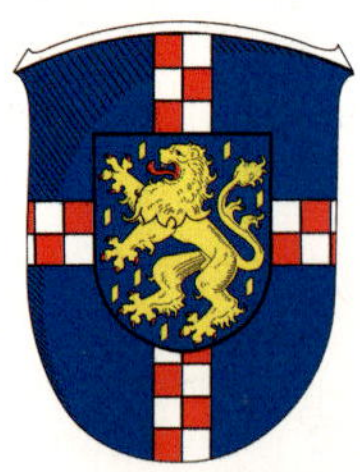
Limburg-Weilburg

Wetteraukreis

BIST DU FIT?

1. Übertrage die Figur mit den angegebenen Maßen in dein Heft.
Färbe sie mit zwei Farben.
Untersuche die Figur auf Symmetrie.

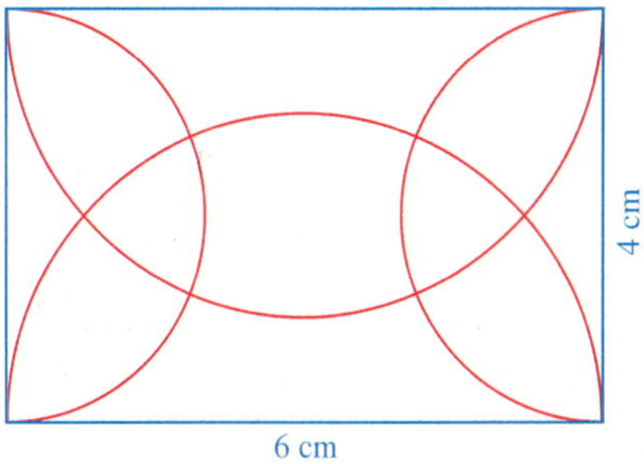

2. Zeichne auf Karopapier ein Quadrat. Die Seiten sollen 8 Kästchenlängen lang sein.
Zeichne einen Kreis durch die vier Ecken.
Bestimme Durchmesser und Radius.

3. **a)** Gib an, ob der Winkel spitz, stumpf, überstumpf oder ein rechter ist.

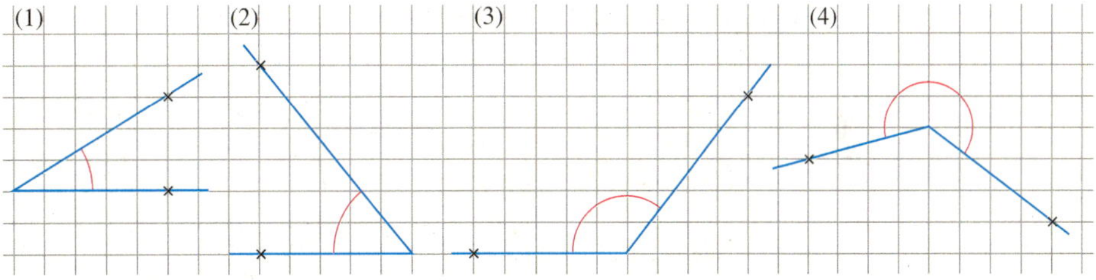

b) Zeichne die Winkel in dein Heft und miss ihre Größe. Schätze vorher.

4. Zeichne einen Winkel mit der Größe:
40°; 63°; 134°; 290°; 65°; 120°; 168°; 90°; 277°; 33°; 155°; 315°; 353°.

5. Zeichne in ein Koordinatensystem (Einheit 1 cm) das Dreieck ABC mit A(1|6), B(12|2), C(9|13). Miss die drei Winkel des Dreiecks.

6. Ist die abgebildete Figur eine drehsymmetrische Figur? Gib gegebenenfalls den kleinsten Drehwinkel an.
Ist die Figur auch punktsymmetrisch?

a)

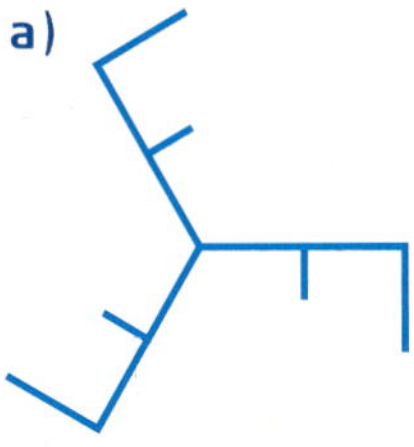

b)

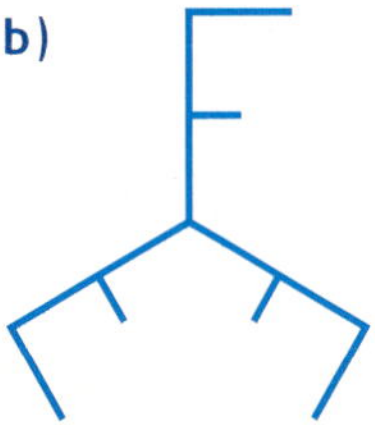

c)

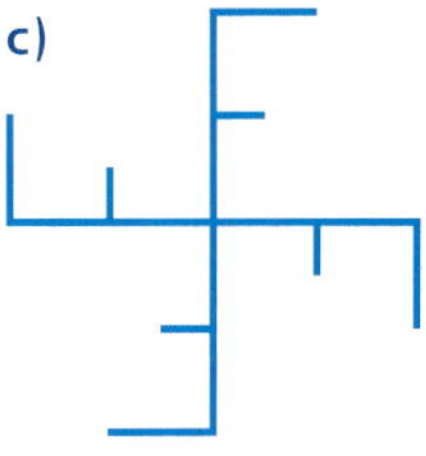

7. Gegeben ist das Dreieck ABC mit A(1|3), B(5|1) und C(4|6).
Konstruiere das Bild von ABC bei einer

a) Punktspiegelung an Z(3|4);

b) Drehung um Z(3|4) um (1) 90°; (2) 180°; (3) 50°.

Gib die Koordinaten der Bildpunkte an.

PROJEKT: SPIEGELN – DREHEN – VERSCHIEBEN

Wenn ihr euch in der Umwelt umseht, dann fällt euch bestimmt auf, dass viele Dinge recht regelmäßig angeordnet sind. Wenn zum Beispiel der Tisch gedeckt wird, wenn ein Straßenpflaster gelegt oder auf einem Fußboden ein Parkett verlegt wird, dann ist oft alles ganz regelmäßig oder sogar symmetrisch. Viele Dinge in unserer Umwelt sind symmetrisch. Man sollte aber nicht nur an Achsensymmetrie oder Drehsymmetrie denken; auch mit Verschiebungen kann man interessante Bilder erzeugen, z.B. regelmäßige Anordnungen von Figuren. Es gibt viele interessante symmetrische Dinge, die wir in unserer Umwelt finden oder selbst herstellen können. Vielleicht könnte bei diesem Projekt auch eure Kunsterzieherin oder euer Kunsterzieher viele weitere Ideen beisteuern.

Vorschlag 1: Parkettgruppe

Informiert euch, welche Parkettformen es gibt. Versucht, das Konstruktionsprinzip zu erkennen. Entwerft eigene Parkettformen. Aus welchen Vielecken gleicher Sorte kann man lückenlose Parkette legen?

Vorschlag 2: Körper

Ihr kennt schon viele mathematische Grundkörper. Untersucht sie auf Symmetrieachsen und Symmetrieebenen. Erinnert ihr euch noch an die platonischen Körper und Sternkörper? Sucht nach Gemeinsamkeiten bei diesen Körpern.

Vorschlag 3: Umwelt

Sucht in der Umwelt nach symmetrischen Gebäuden, Gegenständen oder Pflanzen. Auch im Straßenverkehr gibt es viel Symmetrie zu sehen. Versucht diese Gegenstände zu sortieren. Welche Arten von Symmetrie kommen in der Umwelt vor? Welche Symmetrieart kommt am häufigsten vor? Warum ist das so?

Es wäre schön, wenn ihr eure geometrischen Ideen in einer kleinen Ausstellung im Schulgebäude zeigt. Wenn ihr dazu ein kleines Quiz entwerft, habt ihr viele Besucher in eurer Ausstellung. Ihr könnt natürlich auch die Ergebnisse im Rahmen einer kleinen Vortragsrunde vor der Klasse oder an einem Elternabend präsentieren. Auch ein kleiner Artikel in der Lokalpresse über ein besonders symmetrisches Gebäude oder ein tolles Bodenmuster ist denkbar. Hier hilft vielleicht eure Deutschlehrerin oder euer Deutschlehrer.
Wir haben hier für euch ein paar Ideen und Fragen rund um das Symmetrieprojekt vorbereitet, die ihr aufgreifen könnt.
Im Internet findet ihr das Projekt unter **www.mathematik-heute.de**

Vorschlag 4:
Spiegel

Mit Spiegeln kann man leicht symmetrische Figuren erzeugen. Wenn ihr mehrere Spiegel verwendet, könnt ihr tolle Effekte erzielen.
Beschreibt, was ihr seht, wenn ihr mehrere Spiegel verwendet. Ihr könnt aus Spiegeln auch ein Kaleidoskop herstellen.

Vorschlag 5:
Kunst

Untersucht Kunstwerke und Gemälde auf Symmetrie bzw. Verschiebungen. Vielleicht könnt ihr im Kunstunterricht selbst symmetrische Skulpturen, Scherenbilder, Faltbilder oder Zeichnungen anfertigen.
Beschreibt dabei euer Vorgehen.

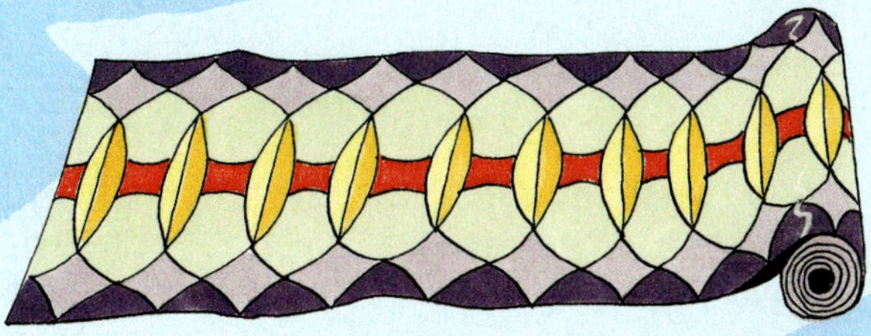

Vorschlag 6:
Tapeten

Untersucht gemusterte Tapeten. Ihr werdet feststellen, dass es die unterschiedlichsten Tapetenmuster gibt. Trotzdem steckt oft ein System dahinter. Versucht, die Tapetenmuster zu ordnen und die Konstruktion der Muster zu beschreiben.

Vorschlag für alle:
Mathematik

Auch in der Mathematik findet ihr viele Symmetrien. Versucht möglichst viele Symmetriearten zu beschreiben und zu erklären. Diese Symmetrien müssen nicht unbedingt aus dem Bereich des Geometrieunterrichts kommen. Wisst ihr eigentlich, woher das Wort „Symmetrie“ kommt?

4 Bruchzahlen – Multiplizieren und Dividieren

Aus einer Schülerzeitung:

Ergebnis der Schülersprecherwahl an der Norbert-Schule:

Die Norbert-Schule hat eine neue Schülersprecherin. An der Wahl haben sich leider nur drei Viertel aller Schülerinnen und Schüler beteiligt.
Auf Janina entfielen 267 Stimmen, das waren ca. $\frac{3}{5}$ aller abgegebenen Stimmen, also ca. 60 %. Jens erhielt 112 Stimmen und Martin nur 56 Stimmen. 9 Wahlzettel waren ungültig.
Wir gratulieren ganz herzlich der neu gewählten Schülersprecherin Janina.

- ➜ Was hältst du von den Schüleräußerungen?
- ➜ Welcher Anteil an der gesamten Schülerschaft hat Janina gewählt?
- ➜ Überlege, was einer der vier Schüler mit „drei Viertel und davon drei Fünftel" meint. Das Streifendiagramm rechts kann dir dabei helfen.

In diesem Kapitel lernst du …

… wie man mit Brüchen und Dezimalbrüchen multipliziert, wie man durch Brüche und Dezimalbrüche dividiert und was du dir jeweils darunter vorstellen kannst.

MULTIPLIZIEREN UND DIVIDIEREN VON BRÜCHEN

Vervielfachen von Brüchen mit natürlichen Zahlen

Einstieg

Laura und ihre Eltern nehmen sich vor, regelmäßig zu joggen.

Laura: „Ich jogge dreimal pro Woche $\frac{1}{4}$ Stunde".
Lauras Mutter: „Ich laufe dreimal pro Woche $\frac{1}{2}$ Stunde".
Lauras Vater: „Ich laufe nur zweimal pro Woche, aber jeweils eine $\frac{3}{4}$ Stunde".

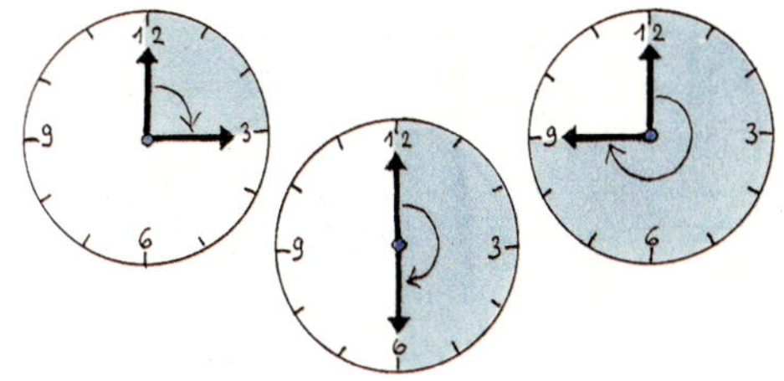

→ Vergleiche die wöchentlichen Laufzeiten.

Aufgabe

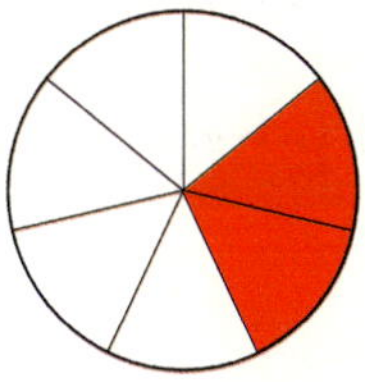

1. a) Nach Michaels Geburtstagsparty sind noch $\frac{2}{7}$ von einer Erdbeertorte übrig. Michael isst am nächsten Tag den Rest der Erdbeertorte und sagt angeberisch: „Davon hätte ich gut und gern das 3-Fache essen können." Wie viel ist das?

b) In Teilaufgabe a) wird ein Bruch *vervielfacht* (mit einer natürlichen Zahl multipliziert). Formuliere eine Regel.

Lösung

a) Das „3-Fache von $\frac{2}{7}$" bedeutet: Nimm $\frac{2}{7}$ dreimal, also $\frac{2}{7} \cdot 3$

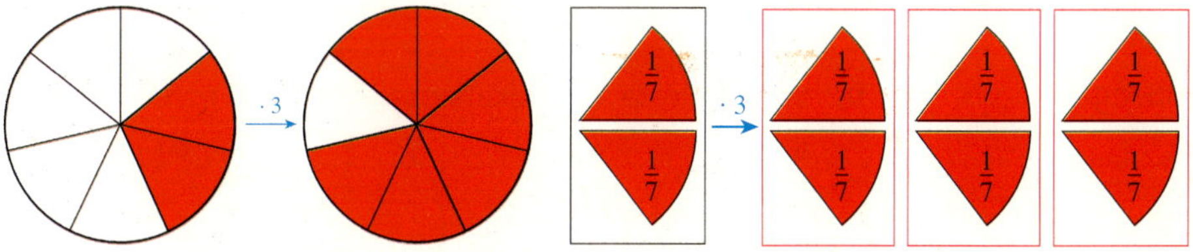

2 Siebtel $\xrightarrow{\cdot 3}$ 6 Siebtel

$\frac{2}{7} \xrightarrow{\cdot 3} \frac{6}{7}$

2 Siebtel · 3 = 2 Siebtel + 2 Siebtel + 2 Siebtel

$\frac{2}{7} \cdot 3 = \frac{2}{7} + \frac{2}{7} + \frac{2}{7} = \frac{6}{7}$

Wir schreiben: $\frac{2}{7} \cdot 3 = \frac{2 \cdot 3}{7} = \frac{6}{7}$

Ergebnis: Michael behauptet, er hätte $\frac{6}{7}$ Torte geschafft.

b) *Regel für das Vervielfachen eines Bruchs*

> Wir vervielfachen (multiplizieren) den Bruch $\frac{4}{5}$ mit 3, indem wir nur den Zähler des Bruches mit 3 multiplizieren. Der Nenner bleibt unverändert.
>
> $$\frac{4}{5} \cdot 3 = \frac{4 \cdot 3}{5} = \frac{12}{5} = 2\frac{2}{5}$$

Zum Festigen und Weiterarbeiten

2. Schreibe sowohl als Additions- als auch als Multiplikationsaufgabe und berechne. Bestätige die obige Regel.

a)

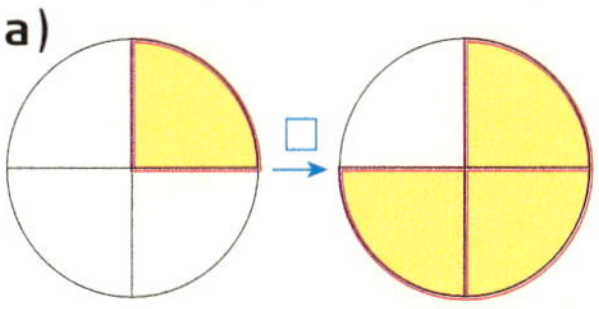

b)

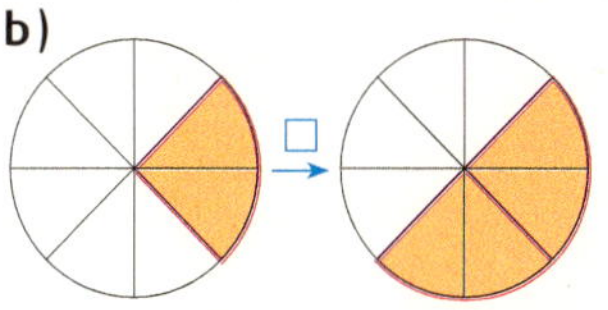

c)

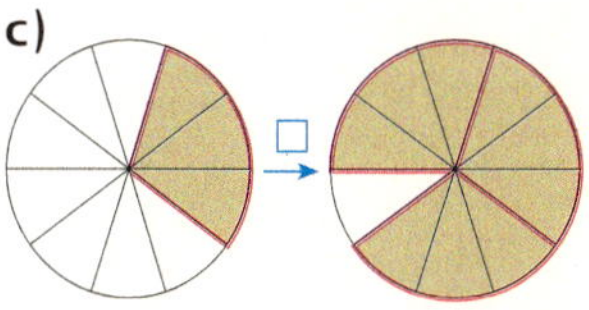

3. Lege **a)** $\frac{3}{4} \cdot 5$, **b)** $\frac{5}{8} \cdot 3$ mit Kreisscheiben bzw. zeichne. Berechne das Produkt.

4. Berechne: **a)** $\frac{2}{5} \cdot 2$ **b)** $\frac{3}{4} \cdot 3$ **c)** $\frac{2}{9} \cdot 4$ **d)** $\frac{2}{3} \cdot 7$ **e)** $\frac{3}{8} \cdot 1$ **f)** $\frac{6}{7} \cdot 5$

5. Schreibe als Summe. Berechne auch.
a) $\frac{3}{5} \cdot 4$ **b)** $\frac{3}{4} \cdot 5$ **c)** $\frac{6}{7} \cdot 2$

$\frac{2}{5} \cdot 3 = \frac{2}{5} + \frac{2}{5} + \frac{2}{5} = \frac{6}{5} = 1\frac{1}{5}$

Verwechsle nicht Erweitern und Multiplizieren.

6. a) Vervielfache $\frac{3}{5}$ mit 8; erweitere $\frac{3}{5}$ mit 8. Vergleiche die Ergebnisse.
b) Vervielfache $\frac{7}{8}$, $\frac{4}{7}$, $\frac{5}{9}$ jeweils mit 3. Erweitere auch jeden der Brüche mit 3. Vergleiche.
c) Worin besteht der Unterschied zwischen Vervielfachen (Multiplizieren) und Erweitern?

7. Mit welcher natürlichen Zahl muss man $\frac{4}{5}$ multiplizieren, damit man
a) $\frac{16}{5}$, **b)** $\frac{24}{5}$, **c)** $\frac{56}{5}$, **d)** $\frac{72}{5}$ erhält?

8. a) Vergleiche und erkläre die beiden Rechenwege.

Maria
$3\frac{1}{5} \cdot 4 = \frac{16}{5} \cdot 4 = \frac{64}{5} = 12\frac{4}{5}$

Patrick
$3\frac{1}{5} \cdot 4 = 3 \cdot 4 + \frac{1}{5} \cdot 4 = 12 + \frac{4}{5} = 12\frac{4}{5}$

b) Rechne möglichst einfach. Kürze das Ergebnis, wenn möglich.

(1) $2\frac{1}{2} \cdot 3$ (3) $4\frac{3}{8} \cdot 3$ (5) $6\frac{7}{8} \cdot 7$ (7) $3\frac{3}{4} \cdot 3$ (9) $5\frac{7}{10} \cdot 8$
(2) $3\frac{1}{5} \cdot 6$ (4) $5\frac{1}{4} \cdot 6$ (6) $3\frac{3}{10} \cdot 4$ (8) $4\frac{3}{5} \cdot 4$ (10) $6\frac{5}{8} \cdot 12$

Übungen

9. Schreibe eine Multiplikationsaufgabe und berechne.

a)
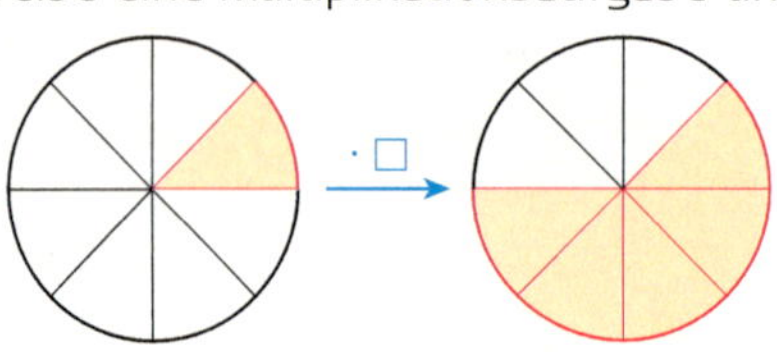

b)
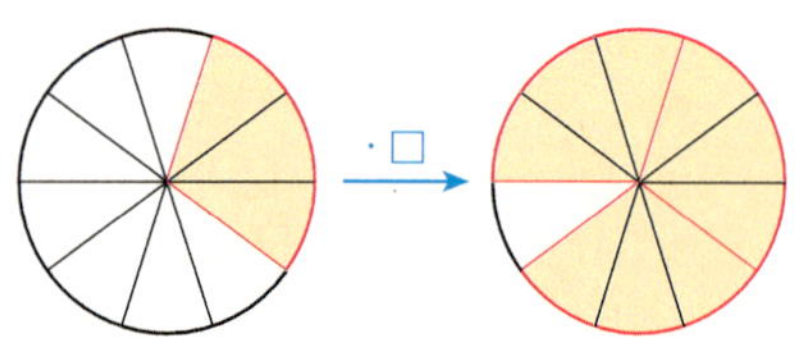

10. Schreibe als Summe. Berechne auch. **a)** $\frac{2}{3} \cdot 4$ **b)** $\frac{5}{8} \cdot 3$ **c)** $\frac{7}{8} \cdot 5$

11.
a) $\frac{1}{4} \cdot 3$; $\frac{2}{5} \cdot 2$; $\frac{3}{10} \cdot 3$
b) $\frac{1}{7} \cdot 5$; $\frac{3}{11} \cdot 2$; $\frac{5}{16} \cdot 3$
c) $\frac{1}{8} \cdot 7$; $\frac{2}{9} \cdot 4$; $\frac{2}{11} \cdot 5$
d) $\frac{1}{5} \cdot 4$; $\frac{2}{7} \cdot 3$; $\frac{3}{8} \cdot 5$
e) $\frac{3}{20} \cdot 3$; $\frac{9}{100} \cdot 11$; $\frac{11}{100} \cdot 7$
f) $\frac{5}{50} \cdot 7$; $\frac{9}{1000} \cdot 11$; $\frac{13}{1000} \cdot 9$
g) $\frac{4}{17} \cdot 3$; $\frac{3}{23} \cdot 5$; $\frac{7}{35} \cdot 4$

12. Berechne. Gib das Ergebnis auch in gemischter Schreibweise an.
Kürze das Ergebnis, falls möglich.

$\frac{5}{6} \cdot 9 = \frac{5 \cdot 9}{6} = \frac{45}{6} = 7\frac{3}{6} = 7\frac{1}{2}$

a) $\frac{3}{8} \cdot 7$; $\frac{5}{6} \cdot 8$; $\frac{7}{8} \cdot 3$
b) $\frac{2}{3} \cdot 9$; $\frac{4}{9} \cdot 8$; $\frac{4}{5} \cdot 7$
c) $\frac{3}{5} \cdot 8$; $\frac{2}{7} \cdot 6$; $\frac{5}{8} \cdot 4$
d) $\frac{5}{9} \cdot 4$; $\frac{3}{4} \cdot 6$; $\frac{3}{7} \cdot 8$
e) $\frac{1}{3} \cdot 9$; $\frac{7}{9} \cdot 8$; $\frac{6}{7} \cdot 5$
f) $\frac{11}{12} \cdot 5$; $\frac{7}{15} \cdot 6$; $\frac{7}{30} \cdot 7$
g) $\frac{12}{25} \cdot 9$; $\frac{15}{17} \cdot 9$; $\frac{11}{50} \cdot 3$

zu d) bis g)

13. Multipliziere die Brüche $\frac{3}{4}$; $\frac{7}{5}$; $\frac{17}{15}$; $\frac{17}{20}$; $\frac{11}{30}$; $\frac{1}{12}$; $\frac{9}{2}$; $\frac{14}{3}$; $\frac{13}{60}$; $\frac{19}{10}$ der Reihe nach
(1) mit 60; (2) mit 300.
Bei welchen Brüchen ist das Produkt kleiner, bei welchen größer (1) als 60, (2) als 300?
Was fällt dir auf?

14. **a)** Multipliziere $\frac{3}{4}$ mit 3; 7; 12; 1; 0; 11; 15; 20; 30.

b) Berechne das 15-Fache von $\frac{2}{3}$; $\frac{3}{4}$; $\frac{5}{6}$; $\frac{7}{8}$; $\frac{8}{9}$; $\frac{9}{10}$; $\frac{11}{12}$; $\frac{20}{30}$.

c) Verdreifache die Zahlen $\frac{1}{5}$; $\frac{2}{7}$; $\frac{3}{4}$; $\frac{4}{5}$; $\frac{7}{9}$; $\frac{6}{11}$; $\frac{12}{13}$; $\frac{14}{15}$.

15. Rechne möglichst einfach.

a) $3\frac{1}{4} \cdot 3$ **c)** $3\frac{3}{4} \cdot 4$ **e)** $3\frac{3}{4} \cdot 3$ **g)** $5\frac{7}{9} \cdot 8$ **i)** $8\frac{9}{11} \cdot 7$

b) $4\frac{2}{5} \cdot 2$ **d)** $5\frac{3}{10} \cdot 3$ **f)** $4\frac{3}{5} \cdot 4$ **h)** $6\frac{5}{8} \cdot 12$ **j)** $12\frac{5}{6} \cdot 9$

16. Setze für x eine natürliche Zahl ein, so dass eine wahre Aussage entsteht.

a) $\frac{1}{5} \cdot x = \frac{4}{5}$ **c)** $\frac{3}{10} \cdot x = \frac{9}{10}$ **e)** $\frac{x}{12} \cdot 5 = \frac{10}{12}$ **g)** $\frac{3}{8} \cdot x = 1\frac{7}{8}$

b) $\frac{2}{9} \cdot x = \frac{8}{9}$ **d)** $\frac{x}{7} \cdot 3 = \frac{6}{7}$ **f)** $\frac{x}{15} \cdot 7 = \frac{14}{15}$ **h)** $\frac{3}{10} \cdot x = 3\frac{9}{10}$

17. **a)** Ein Trinkbecher enthält $\frac{1}{4}$ *l* Saft.
Wie viel *l* Saft enthalten 3 Trinkbecher?

b) Eine Tasse fasst $\frac{1}{8}$ *l* Milch.
Wie viel *l* Milch fassen 5 Tassen?

c) In einer Flasche sind $\frac{7}{10}$ *l* Mineralwasser.
Wie viel *l* Mineralwasser sind in einem Kasten mit 12 Flaschen?

18. **a)** Eine Flasche enthält $\frac{3}{4}$ *l* Orangensaft.
Wie viel *l* Saft enthalten 6 Flaschen?

b) Für 1 Päckchen Puddingpulver benötigt man $\frac{3}{8}$ *l* Milch.
Wie viel *l* Milch benötigt man für 4 Päckchen?

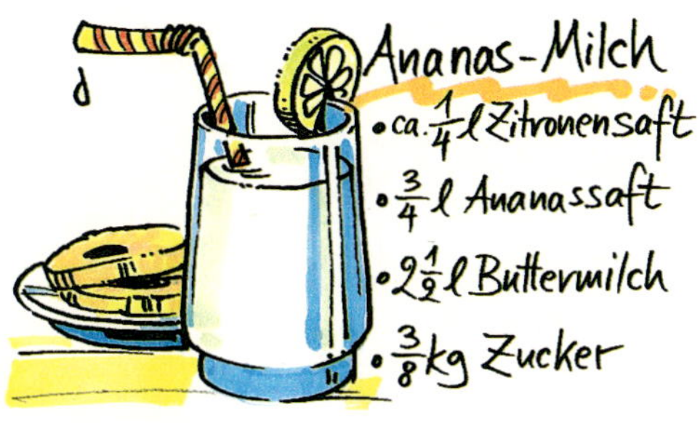

19. Maria hat viele Freundinnen und Freunde zu ihrer Party eingeladen. Sie nimmt deshalb von allen Zutaten des Rezeptes die dreifache Menge.

20. Ein Zoll sind etwa $2\frac{1}{2}$ cm.
Der Durchmesser der Felgen eines Fahrrads kann 14 Zoll, 16 Zoll, 18 Zoll, 20 Zoll, 22 Zoll, 24 Zoll, 26 Zoll oder 28 Zoll betragen.

21. **a)** $\frac{3}{7}$ soll mit einer natürlichen Zahl multipliziert werden. Das Produkt soll auch eine natürliche Zahl sein.
Gib drei passende Zahlen an.

b) $\frac{7}{30}$ soll mit einer natürlichen Zahl multipliziert werden. Das Produkt soll kleiner als 1 sein.
Gib alle passenden Zahlen an.

c) $\frac{5}{9}$ soll mit einer natürlichen Zahl multipliziert werden, sodass das Ergebnis in gemischter Schreibweise mit $\frac{8}{9}$ endet.
Gib eine passende Zahl an; versuche, weitere Zahlen zu finden.

Teilen von Brüchen durch natürliche Zahlen

Einstieg

- Laura und Marc teilen sich einen halben Apfel und $\frac{1}{4}$ Tafel Schokolade.
- Vom Mittagessen sind noch $\frac{3}{4}$ einer Pizza übrig. Birgül und ihre beiden Geschwister teilen sich diesen Rest.

Aufgabe

1. a) Nach Lisas Geburtstagsparty sind noch Reste von zwei Torten übrig: $\frac{4}{5}$ Kiwitorte und $\frac{3}{4}$ Ananastorte.
Lisa will die übriggebliebenen Torten mit ihrer Schwester teilen, dazu muss jeder Tortenrest in zwei gleich große Teile geteilt werden.
Wie viel erhält jedes Mädchen?

b) In Teilaufgabe a) wird jeweils ein Bruch geteilt (durch eine natürliche Zahl dividiert). Formuliere eine Regel.

Lösung

a) *Kiwitorte*

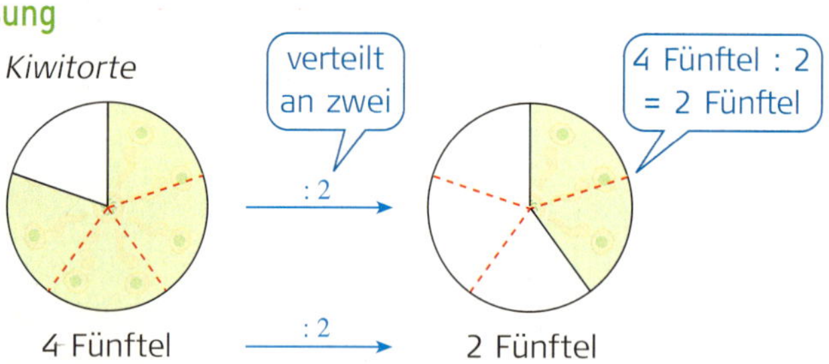

Wir schreiben:
$\frac{4}{5} : 2 = \frac{4:2}{5}$
$= \frac{2}{5}$

Jedes Mädchen bekommt die Hälfte von $\frac{4}{5}$, das sind $\frac{2}{5}$ der Torte.

Ananastorte
Wir können auf zwei Arten rechnen:

(1)

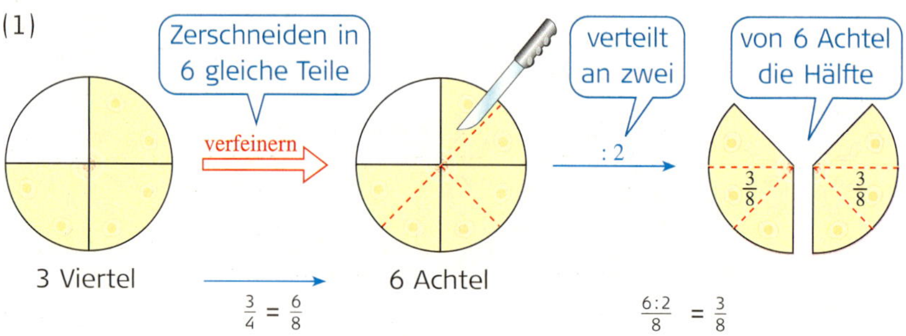

Jedes Mädchen bekommt die Hälfte von $\frac{6}{8}$, das sind $\frac{3}{8}$ der Torte.

(2)

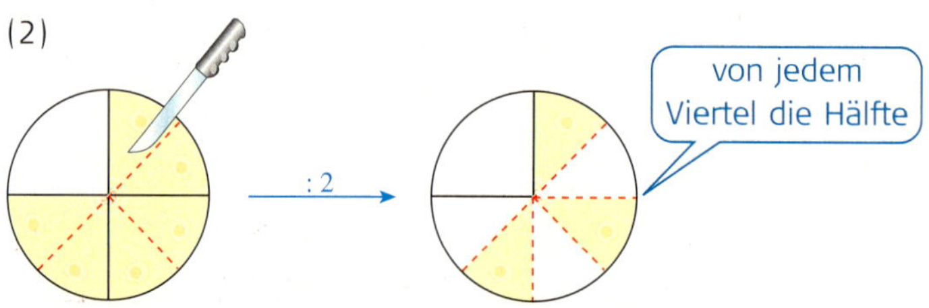

Wir schreiben:
$\frac{3}{4} : 2 = \frac{3}{4 \cdot 2}$
$= \frac{3}{8}$

Jedes Mädchen bekommt von jedem Viertel die Hälfte, das sind $\frac{3}{8}$ der Torte.

Ergebnis: Für jedes Mädchen bleiben $\frac{2}{5}$ Kiwitorte und $\frac{3}{8}$ Ananastorte übrig.

b) *Regel für die Division eines Bruchs durch eine natürliche Zahl*

> *1. Möglichkeit: Nur anwendbar, wenn der Zähler durch die natürliche Zahl teilbar ist.*
> Der Zähler des Bruchs wird durch die natürliche Zahl dividiert.
> Der Nenner bleibt erhalten.
> *Beispiel:* $\frac{9}{10} : 3 = \frac{9:3}{10} = \frac{3}{10}$
>
> *2. Möglichkeit: Immer anwendbar*
> Der Nenner des Bruchs wird mit der natürlichen Zahl multipliziert.
> Der Zähler bleibt erhalten.
> *Beispiel:* $\frac{4}{5} : 3 = \frac{4}{5 \cdot 3} = \frac{4}{15}$

Zum Festigen und Weiterarbeiten

2. Schreibe eine Divisionsaufgabe und berechne. Bestätige die obige Regel.

a)
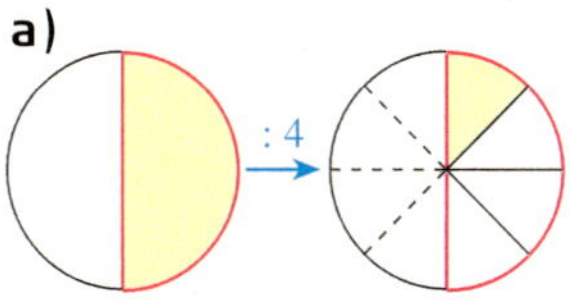

b)
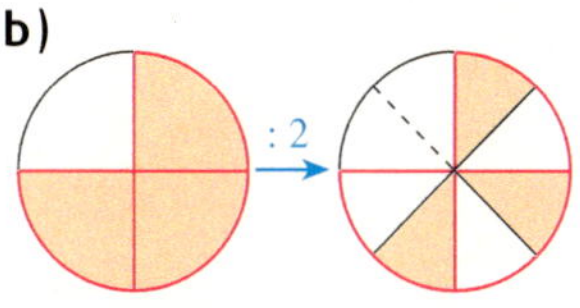

c)
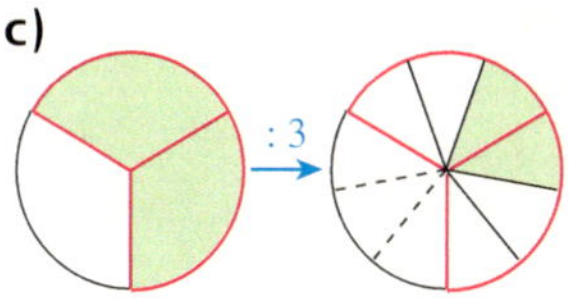

3. Berechne.

a) $\frac{2}{3} : 2$ **c)** $\frac{21}{6} : 7$ **e)** $\frac{8}{10} : 4$ **g)** $\frac{1}{3} : 2$ **i)** $\frac{4}{5} : 3$ **k)** $\frac{4}{5} : 5$ **m)** $\frac{8}{9} : 5$

b) $\frac{8}{5} : 4$ **d)** $\frac{24}{8} : 8$ **f)** $\frac{75}{7} : 5$ **h)** $\frac{1}{4} : 5$ **j)** $\frac{3}{4} : 7$ **l)** $\frac{7}{10} : 4$ **n)** $\frac{7}{15} : 6$

Verwechsle nicht Kürzen und Dividieren.

4. **a)** Dividiere $\frac{6}{9}$ durch 3 und kürze das Ergebnis. Kürze dann $\frac{6}{9}$ mit 3. Vergleiche.

b) Dividiere jede der Zahlen $\frac{12}{15}$, $\frac{3}{12}$, $\frac{24}{15}$ durch 3 und kürze das Ergebnis. Kürze auch jeden der Brüche mit 3. Vergleiche.

c) Worin besteht der Unterschied zwischen Dividieren und Kürzen?

5. Durch welche Zahl muss man $\frac{3}{5}$ dividieren, damit man **a)** $\frac{3}{10}$, **b)** $\frac{3}{20}$, **c)** $\frac{3}{25}$ erhält?

6. **a)** Vergleiche und erkläre die beiden Rechenwege.

Anna
$5\frac{1}{2} : 5 = \frac{11}{2} : 5 = \frac{11}{10} = 1\frac{1}{10}$

Stefan
$5\frac{1}{2} : 5 = 5 : 5 + \frac{1}{2} : 5 = 1 + \frac{1}{10} = 1\frac{1}{10}$

b) Rechne möglichst einfach. Kürze das Ergebnis, wenn möglich.

(1) $2\frac{1}{2} : 2$ (3) $6\frac{3}{4} : 3$ (5) $3\frac{4}{5} : 3$ (7) $18\frac{7}{8} : 9$ (9) $4\frac{2}{5} : 2$

(2) $8\frac{1}{2} : 4$ (4) $12\frac{3}{4} : 6$ (6) $8\frac{4}{5} : 4$ (8) $10\frac{5}{8} : 5$ (10) $9\frac{4}{5} : 3$

Übungen

7. Schreibe eine Divisionsaufgabe und berechne.

a)
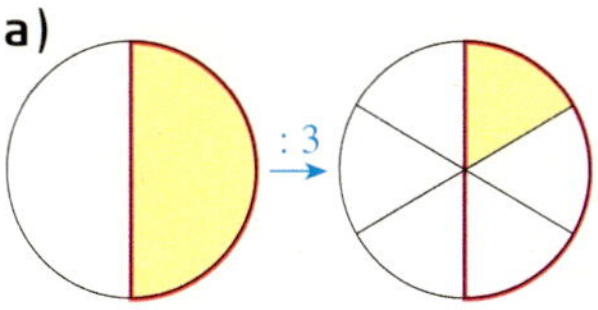

b)
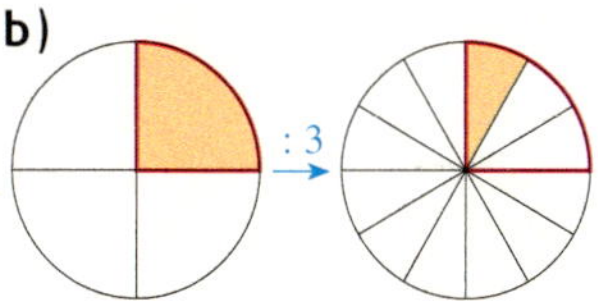

c)
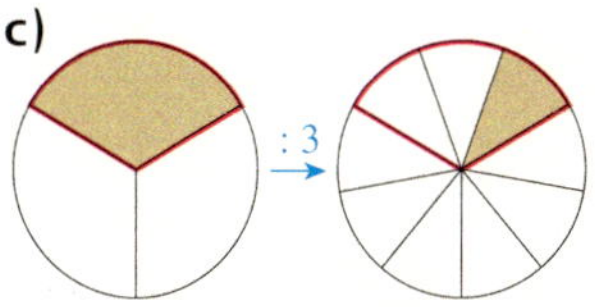

8. Rechne im Kopf.

a) $\frac{1}{2} : 3$ **b)** $\frac{1}{4} : 5$ **c)** $\frac{2}{3} : 3$ **d)** $\frac{3}{5} : 2$ **e)** $\frac{5}{8} : 3$ **f)** $\frac{3}{7} : 9$ **g)** $\frac{7}{4} : 8$ **h)** $\frac{3}{5} : 10$

$\frac{1}{3} : 2$ $\frac{1}{6} : 3$ $\frac{3}{4} : 2$ $\frac{4}{5} : 3$ $\frac{7}{9} : 4$ $\frac{7}{8} : 9$ $\frac{7}{8} : 8$ $\frac{4}{9} : 7$

zu 9e), f)

9. Berechne. Kürze das Ergebnis, falls möglich.

a) $\frac{1}{6} : 4$; $\frac{7}{8} : 3$; $\frac{5}{9} : 7$

b) $\frac{15}{7} : 8$; $\frac{3}{4} : 3$; $\frac{3}{8} : 5$

c) $\frac{6}{7} : 7$; $\frac{4}{5} : 7$; $\frac{10}{11} : 5$

d) $\frac{7}{8} : 5$; $\frac{6}{7} : 9$; $\frac{14}{15} : 7$

e) $\frac{3}{17} : 5$; $\frac{8}{15} : 7$; $\frac{7}{23} : 8$

f) $\frac{5}{43} : 7$; $\frac{7}{41} : 5$; $\frac{9}{37} : 8$

10. **a)** $3\frac{4}{5} : 3$ **b)** $6\frac{3}{8} : 3$ **c)** $12\frac{3}{4} : 6$ **d)** $27\frac{9}{10} : 9$ **e)** $14\frac{7}{8} : 7$ **f)** $11\frac{5}{12} : 9$

11. Setze für x eine passende natürliche Zahl ein.

a) $\frac{1}{4} : x = \frac{1}{12}$ **c)** $\frac{7}{8} : x = \frac{7}{32}$ **e)** $\frac{7}{x} : 6 = \frac{7}{48}$ **g)** $1\frac{3}{4} : x = \frac{7}{20}$

b) $\frac{3}{5} : x = \frac{3}{20}$ **d)** $\frac{4}{x} : 5 = \frac{4}{15}$ **f)** $\frac{9}{x} : 8 = \frac{9}{56}$ **h)** $1\frac{5}{8} : x = \frac{13}{56}$

12. Wo steckt der Fehler? Erkläre.

(1) $\frac{15}{18} : 3 = \frac{5}{6}$ (2) $\frac{4}{6} : 2 = \frac{4}{3}$ (3) $3\frac{1}{2} : 3 = \frac{1}{2}$

13. **a)** Ein halber Liter Milch wird an drei Kinder verteilt. Wie viel *l* bekommt ein Kind?

b) Zwei Mädchen teilen sich $\frac{3}{4}$ *l* Apfelsaft. Wie viel *l* bekommt jedes Mädchen?

c) In einer Flasche sind $\frac{7}{10}$ *l* Orangensaft. Drei Geschwister teilen sich den Saft. Wie viel *l* bekommt jedes der Geschwister?

14.

a) In einer Flasche sind $1\frac{1}{2}$ *l* Apfelsaft. Sechs Freunde teilen sich den Saft. Wie viel *l* bekommt jeder?

b) Julia, Lisa und Sarah teilen sich für Puppenkleider einen Stoffrest von $\frac{4}{5}$ m^2. Wie viel m^2 bekommt jedes Mädchen?

15. **a)** Der Umfang eines Quadrates beträgt $30\frac{1}{5}$ cm. Wie lang ist eine Seite dieses Quadrates?

b) Laura beklebt einen Würfel mit gelber Klebefolie. Für die 6 Flächen des Würfels hat sie $1\frac{1}{2}$ m^2 Folie verarbeitet. Wie viel m^2 Klebefolie brauchte Laura für eine Fläche?

16. Berechne

a) den 3. Teil von einer halben Tafel Schokolade;

b) den 5. Teil von $\frac{3}{4}$ *l* Milch;

c) den 6. Teil von $1\frac{1}{2}$ Stunden;

d) die Hälfte von $1\frac{3}{4}$ *l* Saft.

17. Lukas trainiert für den 1000-m-Lauf. Die ersten 400 m läuft er in $1\frac{1}{2}$ Minuten. Für die restliche Strecke benötigt er $2\frac{1}{2}$ Minuten.
Auf welcher Teilstrecke lief Lukas schneller?
Begründe deine Antwort.

18. Janinas Freundinnen Karina und Alex kommen zu Besuch. Daher möchte Janina das nebenstehende Fruchtsaftgetränk für sich und ihre Freundinnen zubereiten. Wie viel benötigt sie von den einzelnen Zutaten?

19. Das äußere Quadrat hat einen Flächeninhalt von $\frac{1}{4}$ m^2.

a) Begründe: Das nächstkleinere Quadrat ist halb so groß wie das äußere Quadrat usw.

b) Berechne den Flächeninhalt aller Quadrate der Reihe nach bis zum grünen Quadrat.

c) Setze die Reihe fort.

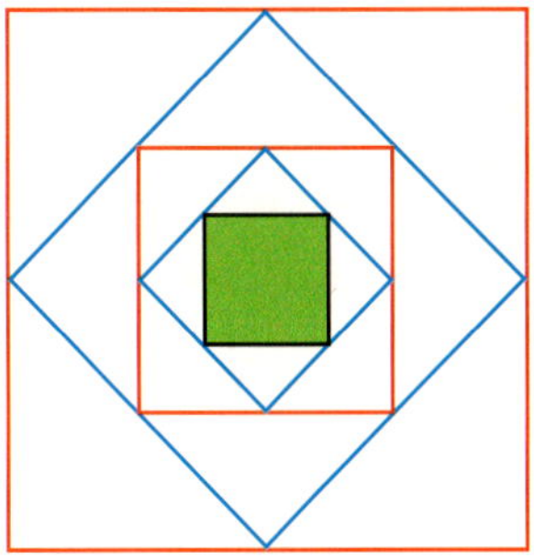

Vorteilhaft Rechnen – Kürzen vor dem Ausrechnen

Information

Goran löst seine Hausaufgaben so:

(1) $\frac{5}{18} \cdot 12 = \frac{60}{18} = \frac{10}{3}$ (2) $\frac{12}{7} : 15 = \frac{12}{105} = \frac{4}{35}$

Gorans ältere Schwester meint: „Es ist einfacher und geht schneller, wenn man *vor dem Ausrechnen* kürzt." Das geht so:

(1) Erst kürzen, dann ausrechnen

$\frac{5}{18} \cdot 12 = \frac{5 \cdot \cancel{12}^{2}}{\cancel{18}_{3}} = \frac{10}{3}$

denn $\frac{5 \cdot 12}{18} = \frac{5 \cdot \cancel{6}^{1} \cdot 2}{\cancel{6}_{1} \cdot 3} = \frac{10}{3}$

(2) Erst kürzen, dann ausrechnen

$\frac{12}{7} : 15 = \frac{\cancel{12}^{4}}{7 \cdot \cancel{15}_{5}} = \frac{4}{35}$

denn $\frac{12}{7 \cdot 15} = \frac{\cancel{3}^{1} \cdot 4}{7 \cdot \cancel{3}_{1} \cdot 5} = \frac{4}{35}$

Beachte: Ein Faktor im Zähler bedeutet Multiplizieren, ein Faktor im Nenner Dividieren. Stehen dieselben Faktoren in Zähler und Nenner (z. B. $\cdot 6$ und $: 6$), so heben sich diese auf.

Zum Festigen und Weiterarbeiten

1. Kürze vor dem Ausrechnen.

a)	b)	c)	d)	e)	f)
$\frac{4}{9} \cdot 3$	$\frac{4}{7} \cdot 14$	$\frac{8}{9} : 12$	$\frac{12}{5} : 9$	$\frac{14}{5} : 21$	$\frac{36}{7} : 48$
$\frac{5}{8} \cdot 6$	$\frac{8}{9} \cdot 27$	$\frac{6}{7} : 9$	$\frac{6}{11} : 24$	$\frac{6}{35} \cdot 15$	$\frac{7}{36} \cdot 24$

2. Bei diesen Aufgaben kann man mehrfach kürzen.

a)	b)	c)	d)
$\frac{4}{8} \cdot 6$	$\frac{5}{15} \cdot 21$	$\frac{4}{6} : 10$	$\frac{15}{20} : 12$
$\frac{6}{9} \cdot 12$	$\frac{8}{12} \cdot 9$	$\frac{6}{8} : 15$	$\frac{16}{24} : 8$

$\frac{6}{8} \cdot 10 = \frac{{}^{3}\cancel{6} \cdot \cancel{10}^{5}}{\cancel{8}_{\cancel{4}\,2}} = \frac{15}{2} = 7\frac{1}{2}$

3. Wo steckt ein Fehler? Erkläre.

(1) $\frac{8}{9} \cdot 4 = \frac{\cancel{8}^{2} \cdot \cancel{4}^{1}}{9} = \frac{2}{9}$ (2) $\frac{7}{12} : 3 = \frac{7}{\cancel{12}_{4} \cdot \cancel{3}_{1}} = \frac{7}{4} = 2\frac{1}{4}$ (3) $\frac{3}{15} \cdot 9 = \frac{{}^{1}\cancel{3} \cdot \cancel{9}^{3}}{\cancel{15}_{5}} = \frac{3}{5}$

Übungen

zu 5.

4. Berechne. Kürze vor dem Ausrechnen.

a) $\frac{7}{20}\cdot 5$; $\frac{5}{6}\cdot 6$; $\frac{7}{9}\cdot 12$; $\frac{3}{27}\cdot 18$

b) $\frac{7}{12}\cdot 24$; $\frac{8}{15}\cdot 35$; $\frac{3}{25}\cdot 15$; $\frac{9}{16}\cdot 24$

c) $\frac{7}{15}\cdot 25$; $\frac{8}{35}\cdot 45$; $\frac{17}{24}\cdot 8$; $\frac{7}{18}\cdot 27$

d) $\frac{6}{7}:9$; $\frac{3}{5}:6$; $\frac{18}{7}:6$; $\frac{12}{5}:8$

e) $\frac{15}{8}:25$; $\frac{32}{27}:8$; $\frac{32}{25}:16$; $\frac{12}{7}:8$

f) $\frac{12}{17}:8$; $\frac{14}{9}:21$; $\frac{15}{8}:12$; $\frac{56}{17}:32$

5. Berechne. Kürze vor dem Ausrechnen.

a) $\frac{25}{51}\cdot 17$; $\frac{35}{108}\cdot 72$; $\frac{19}{153}\cdot 117$

b) $\frac{15}{126}\cdot 108$; $1\frac{23}{96}\cdot 84$; $1\frac{69}{75}\cdot 45$

c) $2\frac{17}{48}\cdot 72$; $4\frac{13}{27}\cdot 36$; $3\frac{11}{35}\cdot 25$

d) $\frac{112}{19}:28$; $\frac{133}{15}:57$; $\frac{153}{45}:51$

e) $3\frac{15}{22}:72$; $3\frac{12}{35}:26$; $10\frac{4}{15}:42$

f) $9\frac{6}{17}:53$; $8\frac{18}{19}:85$; $17\frac{10}{27}:67$

6. Kürze vor dem Ausrechnen, wenn möglich.

a) $\frac{5}{12}\cdot 15$; $\frac{18}{7}:21$; $\frac{12}{17}\cdot 9$

b) $\frac{19}{21}:7$; $\frac{25}{27}\cdot 18$; $\frac{7}{8}\cdot 4$

c) $\frac{8}{69}\cdot 12$; $\frac{17}{19}\cdot 12$; $\frac{19}{34}\cdot 17$

d) $\frac{72}{23}:48$; $\frac{7}{37}\cdot 23$; $\frac{153}{72}:34$

e) $3\frac{7}{8}\cdot 12$; $2\frac{1}{17}\cdot 9$; $4\frac{4}{13}:8$

f) $5\frac{9}{15}:4$; $1\frac{45}{48}\cdot 6$; $5\frac{6}{17}:7$

7. *Rechenschlange*

Kürze immer, wenn es möglich ist. Die Kopfzahl ist die Kontrollzahl.

Vermischte Übungen

1.

a) $\frac{3}{4}\cdot 5$; $\frac{3}{4}:5$ d) $\frac{7}{8}\cdot 5$; $\frac{7}{8}:5$ g) $\frac{3}{8}\cdot 12$; $\frac{3}{8}:12$ j) $\frac{5}{9}\cdot 14$; $\frac{5}{9}:14$ m) $1\frac{1}{4}\cdot 9$; $\frac{11}{4}:9$ p) $5\frac{2}{9}\cdot 8$; $5\frac{2}{9}:8$

b) $\frac{7}{8}\cdot 3$; $\frac{7}{8}:3$ e) $\frac{6}{7}\cdot 8$; $\frac{6}{7}:8$ h) $\frac{4}{5}\cdot 13$; $\frac{4}{5}:13$ k) $\frac{12}{13}\cdot 7$; $\frac{12}{13}:7$ n) $1\frac{3}{10}\cdot 5$; $1\frac{3}{10}:5$ q) $7\frac{4}{7}\cdot 9$; $7\frac{4}{7}:9$

c) $\frac{5}{6}\cdot 7$; $\frac{5}{6}:7$ f) $\frac{7}{9}\cdot 4$; $\frac{7}{9}:4$ i) $\frac{11}{12}\cdot 7$; $\frac{11}{12}:7$ l) $\frac{11}{12}\cdot 5$; $\frac{11}{12}:5$ o) $2\frac{3}{8}\cdot 7$; $2\frac{3}{8}:7$ r) $9\frac{5}{8}\cdot 5$; $9\frac{5}{8}:5$

2. Rechne im Kopf.

a) $\frac{1}{5}:4$; $\frac{1}{7}:2$ b) $\frac{2}{5}:3$; $\frac{5}{6}:4$ c) $\frac{6}{7}:4$; $\frac{3}{9}:9$ d) $\frac{7}{9}:8$; $\frac{5}{12}:6$ e) $\frac{4}{7}:9$; $\frac{5}{8}:4$ f) $\frac{3}{8}:11$; $\frac{4}{9}:12$

3. Berechne. Kürze vor dem Ausrechnen, wenn möglich.

a) $\frac{12}{15} \cdot 6$	**c)** $\frac{49}{35} \cdot 7$	**e)** $\frac{25}{30} \cdot 5$	**g)** $1\frac{1}{3} \cdot 72$	**i)** $6\frac{2}{9} \cdot 12$	**k)** $7\frac{5}{7} \cdot 28$
$\frac{12}{15} : 6$	$\frac{49}{35} : 7$	$\frac{25}{30} : 5$	$1\frac{1}{3} : 72$	$6\frac{2}{9} : 12$	$7\frac{5}{7} : 28$
b) $\frac{63}{72} \cdot 9$	**d)** $\frac{16}{24} \cdot 8$	**f)** $\frac{42}{54} \cdot 6$	**h)** $8\frac{2}{5} \cdot 35$	**j)** $8\frac{2}{8} \cdot 24$	**l)** $6\frac{6}{9} \cdot 18$
$\frac{63}{72} : 9$	$\frac{16}{24} : 8$	$\frac{42}{54} : 6$	$8\frac{2}{5} : 35$	$8\frac{2}{8} : 24$	$6\frac{6}{9} : 18$

4. Setze für x eine natürliche Zahl ein, so dass eine wahre Aussage entsteht.

a) $\frac{3}{5} \cdot x = \frac{12}{5}$	**d)** $\frac{4}{3} : x = \frac{4}{6}$	**g)** $\frac{2}{5} \cdot x = \frac{54}{15}$	**j)** $\frac{6}{7} : x = \frac{18}{105}$
b) $\frac{9}{11} \cdot x = \frac{72}{11}$	**e)** $\frac{5}{6} : x = \frac{5}{24}$	**h)** $\frac{2}{3} \cdot x = \frac{42}{9}$	**k)** $\frac{8}{3} : x = \frac{2}{9}$
c) $\frac{x}{7} \cdot 8 = \frac{56}{7}$	**f)** $\frac{9}{x} : 7 = \frac{9}{56}$	**i)** $\frac{3}{7} \cdot x = \frac{36}{28}$	**l)** $\frac{12}{5} : x = \frac{4}{15}$

5. Aus einem Liter Milch kann man $\frac{3}{20}$ kg Käse herstellen.
Wie viel kg Käse erhält man aus
(1) 5 *l* Milch; (2) 25 *l* Milch; (3) 70 *l* Milch?

6. **a)** Eine Flasche enthält $\frac{7}{10}$ *l* Traubensaft. Der Saft wird gleichmäßig in 6 Gläser verteilt. Wie viel *l* Saft ist in jedem Glas?

b) Für die Verglasung der Türen eines Spiegelschränkchens mit vier Türen werden insgesamt $\frac{3}{5}$ m^2 Glas verarbeitet.
Wie viel m^2 [cm^2] Glas braucht man für eine Tür?

7. **a)** Fünf Goldgräber teilen sich $18\frac{3}{4}$ Unzen Goldstaub (1 Unze ≈ 28 g).
Wie viel Unzen Goldstaub erhält jeder?
Wie viel g sind das etwa?

b) Vier Geschwister teilen sich $1\frac{1}{2}$ *l* Saft.
Wie viel *l* bekommt jedes der Geschwister?

c) Sieben gleich schwere Pakete wiegen zusammen $12\frac{1}{4}$ kg.
Wie viel wiegt ein Paket?

d) Marks Mutter hat $6\frac{3}{4}$ *l* Benzin für eine Strecke von 80 km verbraucht.
Wie viel *l* verbraucht ihr Auto für 100 km?

8. Laura hat noch 5 Flaschen Orangensaft im Kühlschrank. Jede Flasche enthält $\frac{3}{4}$ *l* Saft.
Sie will den Inhalt der Flaschen gleichmäßig an 6 Freundinnen verteilen.

9. Für ein Erfrischungsgetränk mischt Lena $\frac{3}{4}$ *l* Mineralwasser und $\frac{3}{8}$ *l* Zitronensaft.
Sie verteilt das Erfrischungsgetränk gleichmäßig in 7 Gläser.

10. Michael und Anne messen die Größe eines rechteckigen Spielplatzes aus.
Michael misst mit 26 Schritten die Länge, Anne mit 27 Schritten die Breite.
Michael macht Schritte von je $\frac{4}{5}$ m Länge, Annes Schrittlänge beträgt $\frac{3}{5}$ m.

Bruchteil von einer Zahl oder Größe – Multiplizieren von Brüchen

Einstieg

→ Katrin hat noch $\frac{3}{4}$ von $\frac{1}{2}$ Tafel Schokolade.

→ Marc: „Zum Einkaufen habe ich $\frac{1}{2}$ Stunde gebraucht. $\frac{2}{3}$ der Zeit musste ich an der Kasse warten."

→ Von einer Pizza ist noch $\frac{3}{4}$ übrig. Paul isst $\frac{2}{3}$ davon.

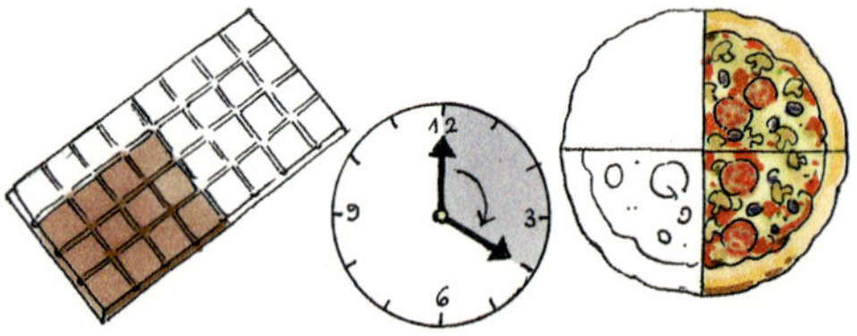

Aufgabe

1. Nach Familie Ottos Gartenfest sind noch Reste übrig:

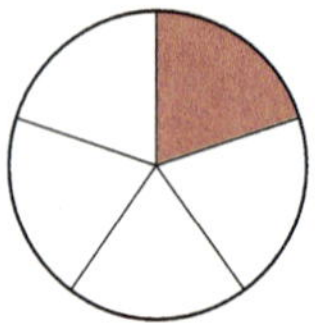

$\frac{1}{5}$ von einer Himbeertorte

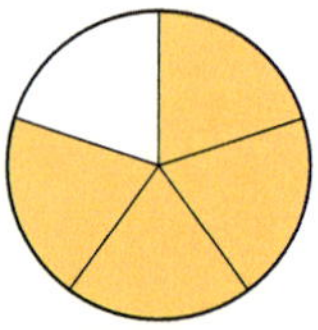

$\frac{4}{5}$ von einer Pizza

a) Anne hat den Rest der Himbeertorte gegessen. Sie sagt: „Davon hätte ich gern das $1\frac{1}{2}$-Fache gegessen." Wie viel ist das?

b) Herr Otto bekommt abends den Rest Pizza. Er isst nur $\frac{2}{3}$ davon. Wie viel Pizza hat Herr Otto gegessen?

Lösung

a) Das **$1\frac{1}{2}$-Fache von $\frac{1}{5}$** bedeutet: Nimm $\frac{1}{5}$ eineinhalbmal, also $\frac{1}{5} \cdot 1\frac{1}{2}$.
Statt das **$1\frac{1}{2}$-Fache von $\frac{1}{5}$** kann man auch schreiben **$\frac{3}{2}$ von $\frac{1}{5}$**, also $\frac{1}{5} \cdot \frac{3}{2}$.
Das bedeutet: Teile $\frac{1}{5}$ in zwei gleich große Teile und nimm von einem solchen Teil das Dreifache.

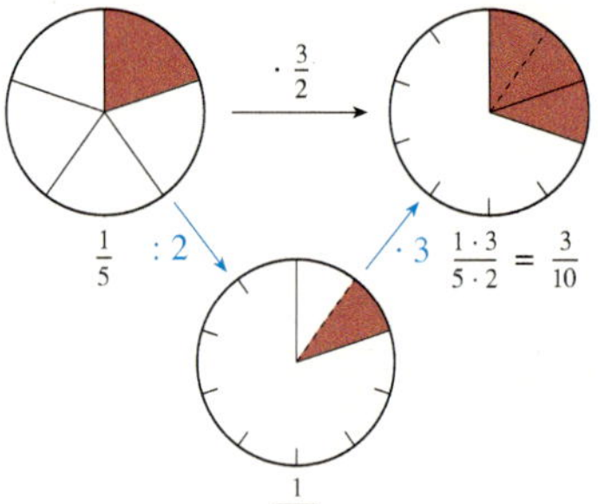

1 Fünftel $\xrightarrow{\cdot \frac{3}{2}}$ 3 Zehntel

$\frac{1}{5} \xrightarrow{\cdot \frac{3}{2}} \frac{3}{10}$

Wir schreiben:

$\frac{1}{5} \cdot \frac{3}{2} = \frac{1}{5} : 2 \cdot 3 = \frac{1}{5 \cdot 2} \cdot 3 = \frac{1 \cdot 3}{5 \cdot 2} = \frac{3}{10}$

Ergebnis: Anne hätte gern $\frac{3}{10}$ Torte gegessen.

b) Statt **$\frac{2}{3}$ von $\frac{4}{5}$** könnten wir auch sagen: Nimm $\frac{4}{5}$ zweidrittelmal, also $\frac{4}{5} \cdot \frac{2}{3}$.

Das bedeutet: Teile $\frac{4}{5}$ in drei gleich große Teile und nimm von einem solchen Teil das Doppelte.

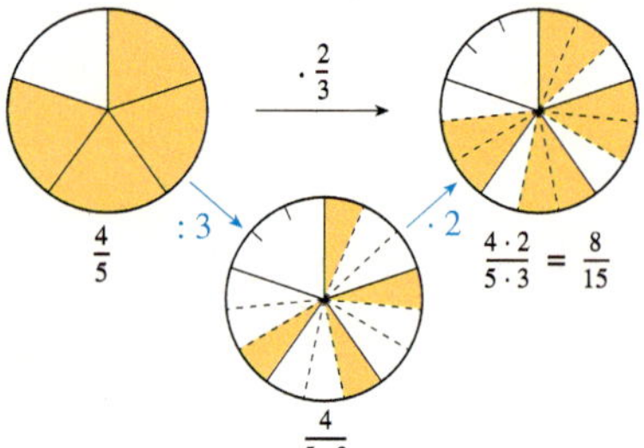

4 Fünftel $\xrightarrow{\cdot \frac{2}{3}}$ 8 Fünfzehntel

$\frac{4}{5} \xrightarrow{\cdot \frac{2}{3}} \frac{8}{15}$

Wir schreiben:

$\frac{4}{5} \cdot \frac{2}{3} = \frac{4}{5} : 3 \cdot 2 = \frac{4}{5 \cdot 3} \cdot 2 = \frac{4 \cdot 2}{5 \cdot 3} = \frac{8}{15}$

Ergebnis: Herr Otto hat $\frac{8}{15}$ Pizza gegessen.

Information

$\frac{3}{4}$ von bedeutet mal $\frac{3}{4}$

(1) Anschauliche Deutung der Multiplikation bei Bruchzahlen

Du weißt:

- **Das 3-Fache von 4** bedeutet: Nimm 4 dreimal, also $\mathbf{4 \cdot 3}$
- **Das 3-Fache von $\frac{2}{7}$** bedeutet: Nimm $\frac{2}{7}$ dreimal, also $\mathbf{\frac{2}{7} \cdot 3}$

Ebenso kann man sagen:

- Das $2\frac{1}{2}$-Fache von 4 bedeutet: Nimm 4 zweieinhalbmal, also $\mathbf{4 \cdot 2\frac{1}{2}}$
  Statt das $2\frac{1}{2}$-Fache von 4 kann man auch schreiben: **das $\frac{5}{2}$-Fache von 4**, also $\mathbf{4 \cdot \frac{5}{2}}$

Auch bei echten Brüchen wollen wir sagen: $\mathbf{\frac{3}{4}}$ **von** $\mathbf{\frac{5}{7}}$ bedeutet: $\mathbf{\frac{5}{7} \cdot \frac{3}{4}}$

(2) Multiplikationsregel für Brüche

Brüche werden miteinander multipliziert, indem man Zähler mit Zähler und Nenner mit Nenner multipliziert.

$\frac{4}{5} \cdot \frac{2}{3} = \frac{4 \cdot 2}{5 \cdot 3} = \frac{8}{15}$

Zähler mal Zähler durch Nenner mal Nenner

$\frac{5}{7} \xrightarrow{\cdot \frac{3}{4}} \frac{5 \cdot 3}{7 \cdot 4} = \frac{15}{28}$

$\frac{5}{7} \xrightarrow{:4} \frac{5}{7 \cdot 4} \xrightarrow{\cdot 3} \frac{5 \cdot 3}{7 \cdot 4}$

Zum Festigen und Weiterarbeiten

2. Schreibe als Produkt; berechne dann.

a) $\frac{2}{5}$ von $\frac{3}{4}$; $\frac{2}{3}$, davon $\frac{7}{8}$
b) $\frac{1}{4}$ von $\frac{2}{3}$; $\frac{2}{4}$, davon $\frac{2}{3}$
c) $\frac{2}{5}$ von $\frac{3}{4}$; $\frac{3}{5}$, davon $\frac{3}{4}$
d) $\frac{3}{7}$ von $\frac{1}{2}$; $\frac{4}{7}$, davon $\frac{1}{2}$
e) das $2\frac{1}{2}$-Fache von $\frac{7}{10}$ l; das $1\frac{3}{4}$-Fache von $\frac{5}{8}$ kg

3. Berechne.

a) $\frac{2}{3} \cdot \frac{5}{7}$ **b)** $\frac{3}{4} \cdot \frac{7}{5}$ **c)** $\frac{7}{8} \cdot \frac{5}{8}$ **d)** $\frac{3}{4} \cdot \frac{3}{5}$ **e)** $\frac{1}{2} \cdot \frac{3}{5}$ **f)** $\frac{8}{9} \cdot \frac{5}{7}$ **g)** $\frac{1}{112} \cdot \frac{7}{8}$

4. Der zweite Faktor des Produktes wird jedes Mal halbiert.

a) Wie ändert sich der Wert des Produktes?
b) Setze die Kette fort bis $8 \cdot \frac{1}{8}$.
c) Verfahre entsprechend mit den folgenden Produkten (jeweils 6 Zeilen).

(1) $\frac{2}{3} \cdot 8 = \frac{16}{3}$ ↓ : 2 (2) $\frac{2}{5} \cdot 27 = \frac{54}{5}$ ↓ : 3 (3) $\frac{1}{2} \cdot 125 = \frac{125}{2}$ ↓ : 5

$8 \cdot 4 = 32$
↓ : 2 ↓ □
$8 \cdot 2 = 16$
↓ : 2 ↓ □
$8 \cdot 1 = 8$
↓ : 2 ↓ □

5. a) Vergleiche die Rechenwege.

Lars
$\frac{4}{5} \cdot \frac{3}{8} = \frac{4 \cdot 3}{5 \cdot 8} = \frac{\not{12}^{3}}{\not{40}_{10}} = \frac{3}{10}$

Yannick
$\frac{4}{5} \cdot \frac{3}{8} = \frac{{}^{1}\not{4} \cdot 3}{5 \cdot \not{8}_{2}} = \frac{1 \cdot 3}{5 \cdot 2} = \frac{3}{10}$

b) Berechne. Kürze auch.

(1) $\frac{5}{8} \cdot \frac{4}{3}$ (2) $\frac{6}{7} \cdot \frac{4}{9}$ (3) $\frac{1}{12} \cdot \frac{9}{5}$ (4) $\frac{7}{8} \cdot \frac{8}{9}$ (5) $\frac{8}{9} \cdot \frac{3}{4}$ (6) $\frac{3}{4} \cdot \frac{8}{15}$ (7) $\frac{10}{9} \cdot \frac{6}{15}$ (8) $\frac{6}{7} \cdot \frac{7}{12}$

c) Berechne. Hier kann man mehrfach kürzen.

(1) $\frac{7}{8} \cdot \frac{16}{21}$ (2) $\frac{49}{32} \cdot \frac{24}{35}$ (3) $\frac{63}{25} \cdot \frac{45}{49}$ (4) $\frac{26}{56} \cdot \frac{42}{117}$

$\frac{16}{27} \cdot \frac{15}{14} = \frac{\not{16}^{8} \cdot \not{15}^{5}}{\not{27}_{9} \cdot \not{14}_{7}} = \frac{40}{63}$

6. Berechne und vergleiche. Was fällt dir auf?

a) $\frac{2}{3} : 4$ und $\frac{2}{3} \cdot \frac{1}{4}$ **b)** $\frac{4}{5} \cdot \frac{1}{3}$ und $\frac{4}{5} : 3$ **c)** $\frac{5}{6} : 2$ und $\frac{5}{6} \cdot \frac{1}{2}$

7. Du weißt: Wenn man die Zahl 3 mit einer anderen natürlichen Zahl (außer mit 0 oder mit 1) multipliziert, ist das Ergebnis größer als 3. Maria behauptet:
„Ich kann $\frac{3}{4}$ mit einer Zahl multiplizieren, sodass das Ergebnis

a) kleiner ist als $\frac{3}{4}$, **b)** halb so groß ist wie $\frac{3}{4}$."

Was meinst du dazu?

8. Oft werden Anteile in Prozent angegeben. Du kannst sie berechnen, indem du mit dem entsprechenden Hundertstelbruch multiplizierst. Rechne wie im Beispiel rechts.

a) 50 % von $\frac{1}{2}\,l$ **c)** 40 % von $\frac{7}{10}\,\text{m}^2$

b) 25 % von $\frac{3}{4}$ m **d)** 75 % von $\frac{3}{5}$ t

20 % von $\frac{4}{5}$ kg
$= \frac{4}{5}\,\text{kg} \cdot \frac{20}{100}$
$= \left(\frac{4}{5} \cdot \frac{20}{100}\right)\,\text{kg} = \frac{4}{25}\,\text{kg}$

Information

Kürzen vor dem Ausrechnen spart Rechenarbeit

(1) Kürzen beim Multiplizieren von Brüchen

Beim Multiplizieren von Brüchen kann man oft kürzen:

(1) Kürzen *nach* dem Ausrechnen: $\frac{4}{5} \cdot \frac{3}{8} = \frac{\not{12}^{\,3}}{\not{40}_{10}} = \frac{3}{10}$

(2) Kürzen *vor* dem Ausrechnen: $\frac{4}{5} \cdot \frac{3}{8} = \frac{\not{4}^{1} \cdot 3}{5 \cdot \not{8}_{2}} = \frac{3}{10}$

Multiplizieren mit einer Zahl kann vergrößern, aber auch verkleinern!

(2) Vergrößern und Verkleinern durch Multiplizieren

Wenn man eine Zahl mit einem Faktor größer als 1 multipliziert, dann ist das Ergebnis größer als die Zahl.
Multipliziert man jedoch eine Zahl mit einem Faktor kleiner 1, so ist das Ergebnis kleiner als die Zahl.

Beispiele: $4 \cdot \frac{3}{2} = \frac{12}{2} = 6$ *Das Ergebnis ist größer als 4*

$4 \cdot \frac{2}{3} = \frac{8}{3} = 2\frac{2}{3}$ *Das Ergebnis ist kleiner als 4*

Übungen

9. **a)** In einer Klasse spielen $\frac{3}{4}$ aller Kinder ein Instrument. $\frac{2}{3}$ dieser Kinder sind Mädchen. Wie groß ist der Anteil der Mädchen in der Klasse, die ein Instrument spielen? Gib diesen Anteil als Bruch an.
Du kannst das Ergebnis anschaulich finden:
Das Rechteck veranschaulicht die Klasse. Erkläre die Unterteilungen.
Du kannst das Ergebnis auch durch Rechnung finden. Vergleiche die Ergebnisse.

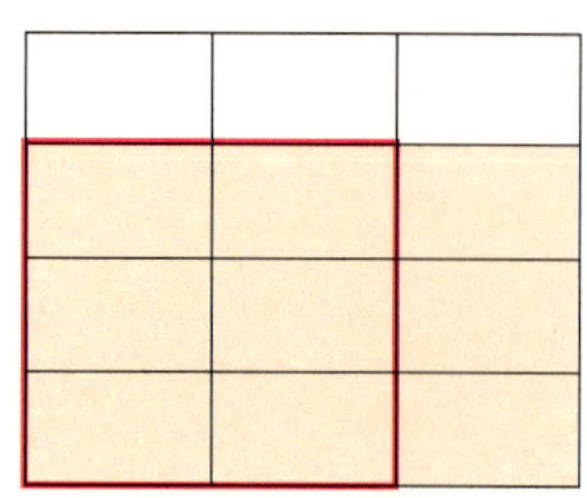

b) In einer Klasse sind 24 Schüler. Kontrolliere das Ergebnis von Teilaufgabe a) an dem Beispiel dieser Klasse.

10. Kais Eltern haben ein großes Grundstück. Dieses ist $1\frac{1}{2}$ ha groß. $\frac{3}{4}$ davon ist Wiese.
Wie viel ha sind Wiese?

11. Schreibe als Produkt; berechne dann.
Erfinde zur Aufgabe auch eine Rechengeschichte.

a) $\frac{1}{2}$ von $\frac{3}{4}$ **b)** $\frac{1}{2}$, davon $\frac{2}{3}$ **c)** $\frac{3}{4}$ von $\frac{5}{8}$ **d)** $\frac{3}{4}$, davon $\frac{3}{10}$ **e)** $\frac{2}{5}$ von $\frac{7}{10}$

12. Schreibe zu jeder Aussage einen Term und berechne.
Welche Bedeutung hat jeweils das Wort *von* bzw. *davon*?

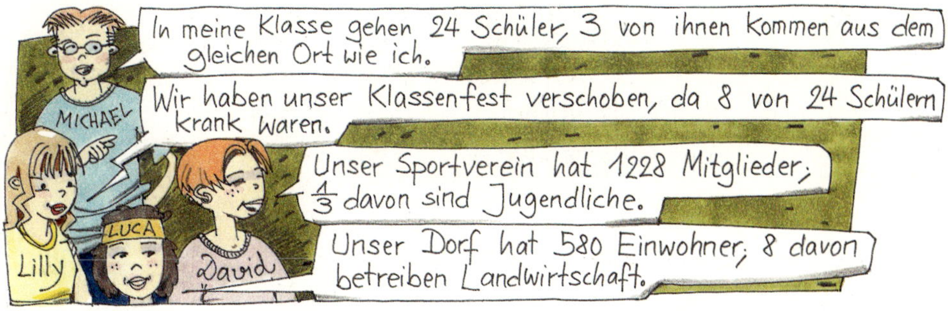

13. Berechne.

a) $\frac{1}{2} \cdot \frac{1}{2}$; $\frac{1}{3} \cdot \frac{1}{2}$ **b)** $\frac{1}{3} \cdot \frac{1}{4}$; $\frac{1}{5} \cdot \frac{1}{3}$ **c)** $\frac{3}{7} \cdot \frac{3}{5}$; $\frac{5}{7} \cdot \frac{4}{9}$ **d)** $\frac{7}{9} \cdot \frac{5}{8}$; $\frac{1}{8} \cdot \frac{5}{3}$ **e)** $\frac{17}{21} \cdot \frac{8}{5}$; $\frac{15}{14} \cdot \frac{9}{8}$ **f)** $\frac{11}{12} \cdot \frac{13}{14}$; $\frac{17}{19} \cdot \frac{12}{11}$ **g)** $\frac{23}{25} \cdot \frac{4}{7}$; $\frac{19}{18} \cdot \frac{7}{5}$ **h)** $\frac{23}{25} \cdot \frac{21}{22}$; $\frac{13}{18} \cdot \frac{17}{15}$

zu 14e) bis h)

14. Berechne. Kürze. Denke auch an Rechenvorteile.

a) $\frac{3}{7} \cdot \frac{5}{9}$; $\frac{7}{8} \cdot \frac{4}{3}$; $\frac{1}{2} \cdot \frac{8}{9}$
b) $\frac{4}{5} \cdot \frac{7}{8}$; $\frac{3}{5} \cdot \frac{10}{7}$; $\frac{4}{9} \cdot \frac{5}{8}$
c) $\frac{6}{7} \cdot \frac{4}{9}$; $\frac{5}{6} \cdot \frac{9}{11}$; $\frac{3}{4} \cdot \frac{8}{7}$
d) $\frac{12}{7} \cdot \frac{5}{18}$; $\frac{24}{5} \cdot \frac{3}{32}$; $\frac{45}{11} \cdot \frac{8}{35}$
e) $\frac{42}{5} \cdot \frac{7}{36}$; $\frac{56}{7} \cdot \frac{11}{48}$; $\frac{5}{27} \cdot \frac{63}{13}$
f) $\frac{23}{56} \cdot \frac{49}{8}$; $\frac{19}{72} \cdot \frac{64}{5}$; $\frac{16}{17} \cdot \frac{9}{32}$
g) $\frac{63}{11} \cdot \frac{8}{49}$; $\frac{36}{7} \cdot \frac{17}{54}$; $\frac{81}{43} \cdot \frac{8}{27}$
h) $\frac{63}{19} \cdot \frac{13}{42}$; $\frac{48}{5} \cdot \frac{13}{84}$; $\frac{56}{37} \cdot \frac{13}{14}$

15. Wo steckt der Fehler? Erkläre.

(1) $\frac{\not{4}^1}{5} \cdot \frac{\not{8}^2}{3} = \frac{2}{15}$ (2) $\frac{5}{6} \cdot \frac{7}{9} = \frac{12}{15} = \frac{4}{5}$ (3) $\frac{3}{5} + \frac{4}{15} = \frac{5}{5} = 1$

16. Berechne die Produkte. Hier kann man mehrfach kürzen.

a) $\frac{10}{2} \cdot \frac{4}{5}$; $\frac{2}{3} \cdot \frac{9}{4}$
b) $\frac{7}{8} \cdot \frac{4}{7}$; $\frac{7}{8} \cdot \frac{8}{7}$
c) $\frac{3}{100} \cdot \frac{10}{9}$; $\frac{8}{25} \cdot \frac{35}{18}$
d) $\frac{11}{70} \cdot \frac{21}{22}$; $\frac{1}{99} \cdot \frac{108}{15}$
e) $\frac{75}{39} \cdot \frac{91}{50}$; $\frac{45}{78} \cdot \frac{25}{15}$
f) $\frac{12}{35} \cdot \frac{14}{18}$; $\frac{15}{28} \cdot \frac{20}{25}$
g) $\frac{3}{10} \cdot \frac{5}{9}$; $\frac{5}{12} \cdot \frac{8}{15}$
h) $\frac{12}{13} \cdot \frac{26}{36}$; $\frac{8}{9} \cdot \frac{9}{8}$
i) $\frac{16}{27} \cdot \frac{36}{24}$; $\frac{24}{25} \cdot \frac{15}{16}$
j) $\frac{2}{7} \cdot \frac{14}{4}$; $\frac{36}{35} \cdot \frac{26}{60}$
k) $\frac{24}{39} \cdot \frac{26}{60}$; $\frac{45}{34} \cdot \frac{51}{55}$
l) $\frac{7}{10} \cdot \frac{15}{14}$; $\frac{5}{12} \cdot \frac{12}{5}$

17. Wie viel ist

a) die Hälfte von einem halben Liter;
b) ein Viertel von einem halben Meter;
c) ein Drittel von einer Dreiviertelstunde;
d) zwei Drittel von einer Viertelstunde?

18. **a)** Wie viel ist das Doppelte des dritten Teils von einer halben Stunde?
b) Wie viel ist das Dreifache des vierten Teils von $\frac{3}{4}$ *l*?
c) Wie viel ist das Vierfache des vierten Teils von $\frac{7}{8}$ m?
d) Wie viel ist die Hälfte vom Dreifachen eines halben Meters?

19. Schreibe als Produkt und berechne.

a) 1 % von $\frac{2}{3}$ m **c)** 10 % von $\frac{3}{8}$ kg **e)** 60 % von $\frac{5}{12}$ ha

b) 5 % von $\frac{1}{5}$ t **d)** 20 % von $\frac{9}{10}$ cm **f)** 25 % von $\frac{16}{8}$ *l*

20. a) Eine $\frac{3}{4}$-*l*-Flasche ist noch zu $\frac{2}{3}$ mit Obstsaft gefüllt. Wie viel Saft ist in der Flasche?

b) Ein Gefäß fasst $\frac{7}{8}$ *l*. Es ist zu $\frac{4}{5}$ mit Milch gefüllt. Wie viel Milch enthält das Gefäß?

21. Fleisch besteht zu $\frac{2}{3}$ aus Wasser. Wie viel kg Wasser enthalten

a) $\frac{3}{4}$ kg, **c)** $\frac{3}{8}$ kg,

b) $\frac{1}{2}$ kg, **d)** $\frac{7}{8}$ kg Fleisch?

22.

a) Gärtner Maier verwendet $\frac{4}{5}$ ha Land für den Anbau von Blumen. Davon hat er 30 % mit Rosen und $\frac{5}{16}$ mit Nelken bepflanzt. Wie viel ha sind das jeweils?

b) Gärtnerin Schulze besitzt $\frac{5}{8}$ ha Land. Sie verwendet $\frac{3}{4}$ davon für den Anbau von Blumen und 5 % für das Aufziehen von Gemüsepflanzen. Wie viel ha sind das jeweils?

c) Frau Sommers Garten ist $\frac{9}{2}$ a groß. Auf $\frac{2}{3}$ dieser Fläche hat sie Rasen gesät.

d) Stelle selbst eine Gärtneraufgabe und löse sie.

23. a) Berechne:

$\left(\frac{3}{7}\right)^2$; $\left(\frac{2}{3}\right)^3$; $\left(\frac{5}{9}\right)^2$; $\left(\frac{1}{2}\right)^4$; $\left(1\frac{7}{8}\right)^2$; $\left(2\frac{3}{4}\right)^2$

b) Berechne und vergleiche:

$\frac{4^2}{5^2}$; $\left(\frac{4}{5}\right)^2$; $\frac{4^2}{5}$; $\frac{4}{5^2}$

$$\left(2\tfrac{1}{4}\right)^2 = 2\tfrac{1}{4} \cdot 2\tfrac{1}{4} = \frac{9}{4} \cdot \frac{9}{4} = \frac{81}{16} = 5\tfrac{1}{16}$$

24. Berechne.

a) $\frac{3}{4} \cdot 3\frac{1}{2}$ **c)** $\frac{3}{8} \cdot 1\frac{3}{4}$ **e)** $2\frac{1}{4} \cdot 1\frac{1}{2}$ **g)** $2\frac{3}{10} \cdot 1\frac{7}{10}$

b) $\frac{2}{3} \cdot 2\frac{1}{4}$ **d)** $\frac{7}{10} \cdot 2\frac{5}{8}$ **f)** $1\frac{3}{8} \cdot 2\frac{1}{2}$ **h)** $3\frac{9}{10} \cdot 2\frac{13}{100}$

$$2\tfrac{1}{2} \cdot 1\tfrac{3}{4} = \frac{5}{2} \cdot \frac{7}{4} = \frac{35}{8} = 4\tfrac{3}{8}$$

25. Zwei Brüche werden multipliziert. Wie ändert sich das Produkt, wenn

a) der Zähler eines Bruches verdoppelt wird;

b) der Nenner eines Bruches verdoppelt wird;

c) beide Zähler verdoppelt werden;

d) beide Nenner verdoppelt werden;

e) der Zähler und der Nenner eines Bruches verdoppelt werden;

f) der Zähler und der Nenner beider Brüche verdoppelt werden?

Rückgängigmachen einer Multiplikation – Dividieren von Brüchen

Einstieg

Ein Landwirt hat seine Getreideproduktion erhöht. Im Jahr 2008 erntete er 48 t Weizen, das ist dreimal so viel wie im Jahr 1970.

→ Wie viel t Weizen erntete er 1970? Notiere auch einen Term (Rechenausdruck).

In der Mühle wird aus Weizenkörnern Mehl gewonnen. Das Gewicht von hellem Mehl (Type 405) beträgt $\frac{2}{5}$ des Gewichts der Weizenkörner.

→ Wie viel kg Weizenkörner benötigt man, um 800 kg helles Weizenmehl zu erhalten?
Notiere den Rechenweg auch mithilfe eines Terms (Rechenausdruck).

Aufgabe

1. a) Herr Wag bekommt bei einer Lotterie 81 € ausgezahlt; das ist das Dreifache seines Einsatzes.
Herr Los erhält 52 €; das sind $\frac{2}{3}$ seines Einsatzes.
Wie viel Geld hat jeder eingesetzt?

b) Lisa denkt sich eine Zahl. Sie multipliziert diese Zahl mit $\frac{5}{7}$. Als Ergebnis erhält sie $\frac{3}{4}$.
Welche Zahl hat sich Lisa gedacht?

Lösung

a) (1) Wir suchen den Einsatz von Herrn Wag.

Einsatz ☐ € $\xrightarrow{\cdot 3}$ 81 € Auszahlung

27 € $\xrightarrow{\cdot 3}$ 81 €; 81 € $\xrightarrow{: 3}$ 27 €

: 3 macht rückgängig, was · 3 bewirkt

27 € $\xrightarrow{\cdot 3}$ 81 €; 81 € $\xrightarrow{\cdot \frac{1}{3}}$ 27 €

$\cdot \frac{1}{3}$ bewirkt dasselbe wie : 3

Ergebnis: Herr Wag hat 27 € eingesetzt.

(2) Wir suchen den Einsatz von Herrn Los.

Einsatz ☐ € $\xrightarrow{\cdot \frac{2}{3}}$ 52 € Auszahlung

Wir wollen rückgängig machen, was $\cdot \frac{2}{3}$ bewirkt.

☐ € $\xrightarrow{\cdot \frac{2}{3}}$ 52 €; 52 € $\xrightarrow{: \frac{2}{3}}$ ☐ €

$: \frac{2}{3}$ soll rückgängig machen,
was $\cdot \frac{2}{3}$ bewirkt.

☐ € $\xrightarrow{: 3}$ $\xrightarrow{\cdot 2}$ 52 € (insgesamt $\cdot \frac{2}{3}$); 52 € $\xrightarrow{: 2}$ $\xrightarrow{\cdot 3}$ ☐ € (insgesamt $\cdot \frac{3}{2}$)

$\cdot \frac{3}{2}$ macht rückgängig,
was $\cdot \frac{2}{3}$ bewirkt.

Deshalb können wir sagen:

52 € $: \frac{2}{3}$ bedeutet dasselbe wie 52 € $\cdot \frac{3}{2}$.

Ergebnis: Herr Los hat 78 € eingesetzt.

b) Wir suchen Lisas Zahl.

$\square \xrightarrow{\cdot \frac{5}{7}} \frac{3}{4}$; $\quad \frac{3}{4} \xrightarrow{:\frac{5}{7}} \square$

$\square = \frac{3}{4} : \frac{5}{7} = ?$

$\square \xrightarrow{:7} \xrightarrow{\cdot 5} \frac{3}{4}$ (zusammen $\cdot \frac{5}{7}$); $\quad \frac{3}{4} \xrightarrow{:5} \xrightarrow{\cdot 7} \square$ (zusammen $\cdot \frac{7}{5}$)

$\square = \frac{3}{4} \cdot \frac{7}{5} = \frac{21}{20}$

Ergebnis: Lisas Zahl heißt $\frac{21}{20}$.

Information

(1) Kehrwert eines Bruches

Man erhält den **Kehrwert** eines Bruches, indem man Zähler und Nenner vertauscht.
$\frac{7}{5}$ ist der Kehrwert von $\frac{5}{7}$; $\frac{5}{7}$ ist der Kehrwert von $\frac{7}{5}$.

(2) Dividieren durch einen Bruch

Man dividiert durch einen Bruch, indem man mit dem Kehrwert des Bruches multipliziert.

$\frac{3}{4} : \frac{5}{7} = \frac{3}{4} \cdot \frac{7}{5} = \frac{3 \cdot 7}{4 \cdot 5} = \frac{21}{20}$

Dividieren heißt Multiplizieren mit dem Kehrwert.

Zum Festigen und Weiterarbeiten

2. Fülle die Lücken aus; notiere zu jedem Pfeil die zugehörige Gleichung.

a) $\square \xrightarrow{\cdot \frac{4}{3}} 36\ \text{km}$; Rückpfeil: $\cdot \square$, $: \square$

b) $\frac{3}{4}\ l \xrightarrow{\cdot \frac{5}{7}} \square$; Rückpfeil: $\cdot \square$, $: \square$

c) $28\ \text{m} \xrightarrow{\cdot \square} 12\ \text{m}$; Rückpfeil: $\cdot \square$, $: \square$

16 : 4
Dividend Divisor

3. Der Divisor wird jedes Mal halbiert.

a) Wie ändert sich der Wert des Quotienten?

b) Setze die Kette rechts um drei Zeilen fort.

c) Verfahre entsprechend mit den folgenden Quotienten (jeweils 6 Zeilen).

(1) $\frac{3}{4} : 4 = \square$ ($\downarrow :2$, $\downarrow : \square$) (2) $\frac{2}{5} : 9 = \square$ ($\downarrow :3$, $\downarrow : \square$) (3) $\frac{1}{2} : 25 = \square$ ($\downarrow :5$, $\downarrow : \square$)

$16 : 4 = 4$
$\downarrow :2 \quad \downarrow \square$
$16 : 2 = 8$
$\downarrow :2 \quad \downarrow \square$
$16 : 1 = 16$
$\downarrow :2 \quad \downarrow \square$

4. **a)** $54 : \frac{2}{3}$ **b)** $36 : \frac{6}{7}$ **c)** $72 : \frac{8}{9}$ **d)** $24 : \frac{4}{5}$ **e)** $18 : \frac{6}{7}$ **f)** $15 : \frac{5}{6}$ **g)** $12 : \frac{3}{4}$

5. Berechne; kürze möglichst vor dem Ausrechnen.

a)	b)	c)	d)	e)	f)
$\frac{3}{4} : \frac{9}{8}$	$\frac{5}{8} : \frac{8}{15}$	$\frac{1}{14} : \frac{1}{21}$	$\frac{32}{35} : \frac{24}{25}$	$\frac{108}{117} : \frac{36}{39}$	$\frac{75}{78} : \frac{125}{3}$
$\frac{2}{5} : \frac{4}{3}$	$\frac{8}{15} : \frac{3}{10}$	$\frac{8}{9} : \frac{12}{15}$	$\frac{42}{27} : \frac{49}{45}$	$\frac{51}{57} : \frac{68}{114}$	$\frac{68}{81} : \frac{119}{108}$
$\frac{5}{6} : \frac{2}{3}$	$\frac{2}{3} : \frac{4}{5}$	$\frac{15}{18} : \frac{25}{24}$	$\frac{63}{54} : \frac{42}{36}$	$\frac{42}{85} : \frac{126}{51}$	$\frac{75}{52} : \frac{165}{39}$

6. Jörg behauptet: „Ich kann 15 durch eine Zahl dividieren, sodass das Ergebnis

a) größer ist als 15; **b)** doppelt so groß ist wie 15."

Was meinst du dazu?

7. **a)** Erkläre: $18\ \text{m} : \frac{1}{4}$ bedeutet dasselbe wie $18\ \text{m} \cdot 4$.

b) Berechne: $15 : \frac{1}{2}$; $12 : \frac{1}{5}$; $14 : \frac{1}{6}$; $16 : \frac{1}{8}$; $13 : \frac{1}{3}$; $11 : \frac{1}{4}$; $9 : \frac{1}{7}$

Information

Dividieren kann verkleinern, aber auch vergrößern!

(1) Verkleinern und Vergrößern beim Dividieren

Wenn man eine Zahl durch eine Bruchzahl größer als 1 dividiert, dann ist das Ergebnis kleiner als die Zahl.
Dividiert man jedoch eine Zahl durch eine Bruchzahl zwischen 0 und 1, so ist das Ergebnis größer als die Zahl.

Beispiele: $\frac{3}{4} : \frac{3}{2} = \frac{\not{3}}{{}_2\not{4}} \cdot \frac{\not{2}^1}{\not{3}} = \frac{1}{2}$ *Das Ergebnis ist kleiner als* $\frac{3}{4}$

$\frac{3}{4} : \frac{2}{3} = \frac{3}{4} \cdot \frac{3}{2} = \frac{9}{8} = 1\frac{1}{8}$ *Das Ergebnis ist größer als* $\frac{3}{4}$

(2) Rolle der Null beim Dividieren

a) *Man kann 0 durch eine Bruchzahl dividieren. Das Ergebnis ist 0.*
$0 : \frac{3}{4} = 0$,
denn die Probe ergibt: $0 \cdot \frac{3}{4} = 0$

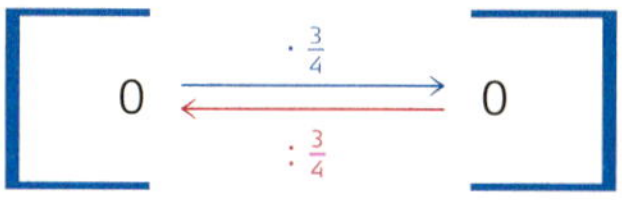

b) *Wie bei natürlichen Zahlen gilt: Durch 0 kann man nicht dividieren.*
Du findest *keine* Zahl für □,
für die die Probe $□ \cdot 0 = \frac{3}{4}$ richtig ist.

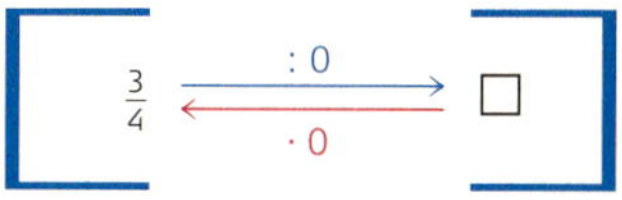

Übungen

8. Übertrage in dein Heft und fülle die Lücken aus. Notiere zu jedem Pfeil die zugehörige Rechnung.

a) □ $\xrightarrow{\cdot \frac{1}{2}}$ 15, zurück: ·□ / :□
b) □ $\xrightarrow{\cdot \frac{7}{8}}$ 49, zurück: ·□ / :□
c) □ $\xrightarrow{\cdot \frac{3}{4}}$ 24, zurück: ·□ / :□
d) □ $\xrightarrow{\cdot \frac{5}{6}}$ 35, zurück: ·□ / :□

$3\frac{3}{4}$; $\frac{15}{16}$; $4\frac{2}{3}$; $2\frac{2}{15}$; $1\frac{1}{6}$; $\frac{33}{56}$; $\frac{50}{54}$; $1\frac{62}{91}$; $26\frac{1}{4}$; $\frac{8}{11}$; $\frac{1}{2}$; $\frac{64}{81}$; 1; $\frac{5}{8}$; $\frac{25}{27}$; 2; $\frac{5}{21}$; $1\frac{1}{5}$

9.

a) $9 : \frac{3}{5}$	c) $12 : \frac{3}{4}$	e) $72 : \frac{2}{3}$	g) $45 : \frac{9}{11}$	i) $560 : \frac{7}{8}$	k) $117 : \frac{52}{9}$
$8 : \frac{4}{7}$	$16 : \frac{8}{3}$	$54 : \frac{6}{7}$	$56 : \frac{7}{8}$	$126 : \frac{18}{7}$	$153 : \frac{68}{11}$
b) $12 : \frac{4}{9}$	d) $18 : \frac{9}{5}$	f) $64 : \frac{8}{9}$	h) $63 : \frac{18}{5}$	j) $133 : \frac{19}{21}$	l) $152 : \frac{114}{13}$
$18 : \frac{6}{7}$	$24 : \frac{8}{9}$	$24 : \frac{6}{7}$	$49 : \frac{21}{25}$	$136 : \frac{17}{12}$	$162 : \frac{72}{15}$

$\frac{11}{12}$; $3\frac{3}{4}$; $1\frac{5}{9}$; $1\frac{1}{4}$; $\frac{8}{9}$; $1\frac{1}{6}$; $1\frac{3}{4}$; $1\frac{1}{10}$; $\frac{1}{2}$; $3\frac{3}{4}$; 2; $\frac{7}{57}$; $2\frac{2}{9}$; $\frac{2}{15}$; $\frac{3}{8}$; $\frac{9}{10}$; $3\frac{2}{3}$

10.

a) $\frac{2}{3} : \frac{3}{4}$	c) $\frac{1}{2} : \frac{1}{4}$	e) $\frac{3}{4} : \frac{4}{5}$	g) $\frac{4}{5} : \frac{3}{8}$	i) $\frac{7}{12} : \frac{14}{15}$	k) $\frac{3}{19} : \frac{9}{7}$	m) $\frac{108}{117} : \frac{96}{39}$
$\frac{2}{3} : \frac{4}{7}$	$\frac{8}{9} : \frac{4}{7}$	$\frac{7}{8} : \frac{3}{4}$	$\frac{5}{6} : \frac{9}{10}$	$\frac{15}{16} : \frac{2}{56}$	$\frac{11}{18} : \frac{15}{27}$	$\frac{85}{51} : \frac{102}{136}$
b) $\frac{2}{7} : \frac{6}{5}$	d) $\frac{7}{8} : \frac{1}{2}$	f) $\frac{5}{6} : \frac{2}{9}$	h) $\frac{7}{8} : \frac{7}{8}$	j) $\frac{27}{14} : \frac{36}{11}$	l) $\frac{12}{25} : \frac{8}{15}$	n) $\frac{54}{46} : \frac{162}{69}$
$\frac{4}{5} : \frac{2}{3}$	$\frac{3}{4} : \frac{3}{5}$	$\frac{1}{4} : \frac{1}{2}$	$\frac{2}{3} : \frac{11}{12}$	$\frac{63}{13} : \frac{49}{17}$	$\frac{36}{14} : \frac{27}{21}$	$\frac{126}{135} : \frac{42}{165}$

1+1=3

11. Wo steckt der Fehler? Erkläre und korrigiere.

(1) $\frac{6}{7} : \frac{2}{7} = \frac{6:2}{7} = \frac{3}{7}$ (2) $\frac{1}{12} : \frac{8}{5} = \frac{1}{3} : \frac{2}{5} = \frac{1}{3} \cdot \frac{5}{2} = \frac{5}{6}$ (3) $\frac{6}{7} : \frac{3}{5} = \frac{7}{6} \cdot \frac{3}{5} = \frac{7}{15}$

12. Die Goetheschule besuchen 336 Mädchen. Das sind $\frac{4}{7}$ aller Schüler(innen). Wie viele Jungen hat die Goetheschule?

13. Jörgs Vater ist Landwirt. Er hat auf $\frac{3}{5}$ ha Blumenkohl angebaut. Das sind $\frac{3}{4}$ seines Feldes. Wie groß ist das Feld?

14. Berechne, wenn möglich.

a) $0 \cdot \frac{5}{7}$ **b)** $0 : \frac{5}{7}$ **c)** $\frac{5}{7} \cdot 0$ **d)** $\frac{5}{7} : 0$ **e)** $\frac{8}{9} : 0$ **f)** $0 : \frac{8}{9}$

15. Berechne.

a) $3\frac{1}{2} : \frac{3}{4}$ **c)** $4\frac{3}{8} : 1\frac{1}{2}$ **e)** $2\frac{3}{10} : 1\frac{7}{10}$

b) $2\frac{3}{4} : \frac{7}{10}$ **d)** $3\frac{1}{4} : 2\frac{3}{4}$ **f)** $3\frac{9}{10} : 1\frac{11}{100}$

$$2\frac{1}{2} : 1\frac{3}{4} = \frac{5}{2} : \frac{7}{4}$$
$$= \frac{5}{2} \cdot \frac{4}{7} = \frac{10}{7} = 1\frac{3}{7}$$

16. Dividiere $\frac{2}{5}$ nacheinander durch 1, $\frac{1}{2}$, $\frac{1}{4}$, ...
Setze die Reihe fort.
Wann ist der Quotient größer als 100?

17. **a)** Frau Schöne fährt auf der Autobahn in $2\frac{3}{4}$ h eine Strecke von 352 km.
Wie viel km fährt sie (durchschnittlich) in einer Stunde?

b) Herr Mutig braucht $1\frac{3}{4}$ h für 182 km.

c) Frau Starke legt in $4\frac{3}{4}$ h eine Strecke von 608 km zurück.

18. Stelle selber Aufgaben und löse sie.

a) Bauer Luhmann hat in diesem Jahr $28\frac{1}{2}$ t Weizen geerntet.
Das sind das $1\frac{1}{4}$-Fache der letzten Ernte.

b) In der Mühle wird aus Weizen Mehl gewonnen. Das Gewicht des hellen Mehls (Typ 405) beträgt $\frac{2}{5}$ des Gewichts der gemahlenen Weizenkörner.
Bäcker Wulf bestellt $1\frac{3}{5}$ t Weizenmehl.

c) Yvonne und Thomas machen mit dem Rad eine 44 km lange Tagestour. Nach $1\frac{1}{2}$ h haben sie schon $\frac{3}{8}$ der Strecke geschafft.

19. Eine Bruchzahl wird durch eine zweite Bruchzahl dividiert.
Wie ändert sich der Quotient, wenn

a) (1) nur der Zähler, (2) nur der Nenner des Divisors verdoppelt wird;

b) (1) nur der Zähler, (2) nur der Nenner des Dividenden verdoppelt wird;

c) (1) nur die Zähler, (2) nur die Nenner beider Brüche verdoppelt werden;

d) der Zähler des Dividenden und der Nenner des Divisors verdoppelt werden;

e) der Nenner des Dividenden und der Zähler des Divisors verdoppelt werden;

f) der Zähler und der Nenner
(1) nur eines Bruches, (2) beider Brüche verdoppelt werden?

20. Max, Klara, Simon und Hanna lernen zusammen für die nächste Klassenarbeit. Hanna behauptet, man könne Brüche auch dividieren, in dem man Zähler durch Zähler und Nenner durch Nenner dividiert.
„Aber das geht doch nicht immer, oder doch", bemerkt Klara.
Was meinst du? Begründe deine Antwort.

$$\frac{8}{9} : \frac{2}{3} = \frac{8:2}{9:3} = \frac{4}{3}$$

Division von Größenangaben

Einstieg

Lauras Eltern entsaften Früchte; sie haben $7\frac{1}{2}\ l$ Johannisbeersaft und $3\frac{1}{2}\ l$ Himbeersaft hergestellt. Der Saft soll in $\frac{3}{4}$-l-Flaschen abgefüllt werden.

Aufgabe

1. Auf dem Küchentisch stehen ein Trinkglas und verschiedene Getränke.
Wie oft kann man das Trinkglas mit Orangensaft füllen, wie oft mit Apfelsaft, wie oft mit Milch?
Schätze zunächst; berechne dann genau.

Lösung

Man sieht sofort:

(1) Das Trinkglas kann *genau dreimal* mit Orangensaft gefüllt werden.

Überlegung: $\frac{3}{10}\ l \xrightarrow{\cdot \square} \frac{9}{10}\ l$

$\frac{3}{10}\ l \xrightarrow{\cdot 3} \frac{9}{10}\ l$

$\square = 3$

Teile $\frac{9}{10}\ l$ in $\frac{3}{10}\ l$-Portionen auf.

Rechnung:
$\frac{9}{10}\ l : \frac{3}{10}\ l = \frac{9}{10} : \frac{3}{10} = \frac{\cancel{9}^{3} \cdot \cancel{10}^{1}}{\cancel{10}_{1} \cdot \cancel{3}_{1}} = 3$

(2) Das Trinkglas kann *etwas mehr als zweimal* mit Apfelsaft gefüllt werden.

Überlegung: $\frac{3}{10}\ l \xrightarrow{\cdot \square} \frac{7}{10}\ l$; $\frac{3}{10}\ l \xrightarrow{:3} \frac{1}{10}\ l \xrightarrow{\cdot 7} \frac{7}{10}\ l$

$\square = \frac{7}{3} = 2\frac{1}{3}$

Rechnung:
$\frac{7}{10}\ l : \frac{3}{10}\ l = \frac{7}{10} : \frac{3}{10} = \frac{7 \cdot \cancel{10}^{1}}{\cancel{10}_{1} \cdot 3} = \frac{7}{3} = 2\frac{1}{3}$

Ergebnis: Das Trinkglas kann genau $2\frac{1}{3}$-mal mit Apfelsaft gefüllt werden.

(3) Das Trinkglas kann *nicht ganz einmal* gefüllt werden.

Überlegung: $\frac{3}{10}\ l \xrightarrow{\cdot \square} \frac{1}{4}\ l$

$\frac{6}{20}\ l \xrightarrow{\cdot \square} \frac{5}{20}\ l$; $\frac{6}{20}\ l \xrightarrow{:6} \frac{1}{20}\ l \xrightarrow{\cdot 5} \frac{5}{20}\ l$

Wir machen beide Brüche gleichnamig.

$\square = \frac{5}{6}$

Rechnung:
$\frac{1}{4}\ l : \frac{3}{10}\ l = \frac{1}{4} : \frac{3}{10} = \frac{1 \cdot \cancel{10}^{5}}{\cancel{4}_{2} \cdot 3} = \frac{5}{6}$

Ergebnis: Das Trinkglas kann zu $\frac{5}{6}$ mit Milch gefüllt werden.

Information

Division als „Enthalten sein"

Der Orangensaft (bzw. der Apfelsaft bzw. die Milch) ist auf die Trinkgläser aufgeteilt worden. Man kann auch sagen: Wir haben festgestellt, wievielmal das Volumen eines Trinkglases in dem Volumen des Orangensaftes (des Apfelsaftes, der Milch) enthalten ist. Dies gilt auch für andere Größen.

Beispiel:
Wie oft ist $\frac{2}{7}$ kg in $\frac{3}{5}$ kg enthalten?

Rechnung: $\frac{3}{5}\text{ kg} : \frac{2}{7}\text{ kg} = \frac{3}{5} : \frac{2}{7}$
$= \frac{3 \cdot 7}{5 \cdot 2} = \frac{21}{10} = 2\frac{1}{10}$

Ergebnis: $\frac{2}{7}$ kg ist $2\frac{1}{10}$-mal in $\frac{3}{5}$ kg enthalten.

Zum Festigen und Weiterarbeiten

2. Tims Aquarium fasst 15 *l* Wasser. Er hat ein Schöpfgefäß, das $\frac{3}{4}$ *l* Wasser fasst. Wie oft muss Tim mindestens schöpfen, um das Aquarium zu füllen?

3. Bestimme den Faktor durch Division der Größenangaben.

a) $\frac{4}{5}\text{ m} \xrightarrow{\cdot \square} \frac{9}{10}\text{ m}$ **b)** $\frac{2}{3}\,l \xrightarrow{\cdot \square} \frac{5}{7}\,l$ **c)** $\frac{8}{9}\text{ kg} \xrightarrow{\cdot \square} \frac{7}{8}\text{ kg}$ **d)** $\frac{5}{6}\text{ h} \xrightarrow{\cdot \square} \frac{7}{8}\text{ h}$

4. a)

$\frac{2}{11}$ dm

$\frac{5}{11}$ dm

b)

$\frac{4}{9}$ dm

$\frac{1}{5}$ dm

Ein Kopiergerät kann vergrößerte oder verkleinerte Kopien herstellen.
Oben siehst du zwei Bilder und darunter ihre Kopien.
Mit welcher Rechenanweisung (welchem Faktor) ist jeweils vergrößert bzw. verkleinert worden?

5. Berechne die Quotienten.

a)	b)	c)	d)
$\frac{3}{8}\,l : \frac{3}{10}\,l$	$4\text{ m} : \frac{5}{8}\text{ m}$	1 m : 1 dm	$1\text{ cm}^2 : 1\text{ dm}^2$
$\frac{5}{9}\text{ kg} : \frac{7}{8}\text{ kg}$	$\frac{7}{3}\text{ h} : 2\text{ h}$	1 dm : 1 m	$1\text{ cm}^3 : 1\text{ dm}^3$
$\frac{5}{7}\text{ m} : \frac{4}{9}\text{ m}$	3 kg : 4 kg	1 cm : 1 m	1 g : 1 kg

Übungen

6. Berechne. Kürze, wenn möglich.

a)	b)	c)	d)
$\frac{7}{3}\text{ m} : \frac{5}{6}\text{ m}$	$\frac{3}{4}\text{ kg} : \frac{5}{12}\text{ kg}$	$\frac{4}{5}\text{ dm} : \frac{2}{3}\text{ dm}$	$2\frac{7}{10}\,l : \frac{1}{3}\,l$
$\frac{4}{15}\text{ m} : \frac{12}{25}\text{ m}$	$\frac{35}{72}\text{ kg} : \frac{45}{96}\text{ kg}$	$\frac{7}{9}\text{ cm} : \frac{3}{4}\text{ cm}$	$4\frac{5}{6}\text{ kg} : \frac{1}{6}\text{ kg}$
$\frac{15}{16}\,l : \frac{5}{8}\,l$	$\frac{48}{51}\text{ kg} : \frac{64}{34}\text{ kg}$	$\frac{5}{8}\,l : \frac{3}{8}\,l$	$6\frac{2}{3}\text{ t} : 1\frac{1}{4}\text{ t}$

7. Setze für den Faktor die passende Bruchzahl ein.

a) $\frac{5}{6}\text{ m} \xrightarrow{\cdot \square} \frac{35}{6}\text{ m}$ **c)** $\frac{2}{5}\text{ kg} \cdot \square = \frac{12}{25}\text{ kg}$ **e)** $\frac{7}{10}\,l \cdot \square = \frac{7}{20}\,l$

b) $\frac{7}{9}\text{ m} \xrightarrow{\cdot \square} \frac{42}{18}\text{ m}$ **d)** $\frac{5}{6}\text{ min} \cdot \square = \frac{15}{30}\text{ min}$ **f)** $\frac{5}{8}\text{ kg} \cdot \square = \frac{25}{40}\text{ kg}$

8. **a)** Der Inhalt einer $\frac{7}{10}$-*l*-Flasche soll in kleine Gläschen abgefüllt werden. Jedes Gläschen enthält $\frac{2}{100}$ *l*. Wie viele Gläschen kann man füllen?

b) Eine Weinflasche enthält $\frac{75}{100}$ *l* Wein. Wie viele Flaschen kann man aus einem Fass (1) mit 450 *l*, (2) mit 150 *l*, (3) mit 1 050 *l* Inhalt füllen?

9. Marias Mutter kauft $2\frac{1}{2}$ kg Butter. Wie viele $\frac{1}{4}$-kg-Pakete sind das?

10. Ein Schöpfgefäß fasst $\frac{3}{8}$ *l* Wasser.
Wie oft muss man schöpfen, um den Behälter zu füllen?

a) Topf ($1\frac{1}{2}$ *l*) **c)** Eimer ($11\frac{1}{4}$ *l*) **e)** Kanne ($3\frac{6}{8}$ *l*)

b) Schüssel ($3\frac{3}{4}$ *l*) **d)** Aquarium ($23\frac{1}{4}$ *l*) **f)** Eimer ($4\frac{5}{8}$ *l*)

11. Ein Gartenweg ist 44 m lang. Er soll mit Platten ausgelegt werden, die je $\frac{4}{5}$ m lang und $\frac{11}{20}$ m breit sind. Die Platten werden aneinandergelegt mit der

a) längeren Seite; **b)** kürzeren Seite.

Wie viele Platten benötigt man?

12. Ein Obsthändler verpackt 25 kg Heidelbeeren in Schalen zu $\frac{3}{8}$ kg und 9 kg Waldpilze in Schalen zu $\frac{3}{4}$ kg.
Stelle geeignete Aufgaben und löse sie.

13. Das Rad einer Dampflok hat einen Umfang von $5\frac{5}{7}$ m. Die Lokomotive fährt 2 km.
Wie oft muss sich das Rad drehen?

14. Eine Landwirtin hat $1\frac{1}{4}$ t Süßkartoffeln geerntet.

a) Die Süßkartoffeln sollen in Säcke zu $12\frac{1}{2}$ kg verpackt werden.
Wie viele Säcke erhält sie?

b) Die Landwirtin hat auch blaue Kartoffeln geerntet. Die Menge der Süßkartoffeln ist $2\frac{1}{2}$-mal so groß wie die der blauen Kartoffeln.
Wie viel blaue Kartoffeln hat sie geerntet?

15. Patricks Fahrrad legt eine Strecke von $2\frac{1}{5}$ m zurück, wenn sich ein Rad genau einmal dreht.
Das Kinderfahrrad seines Bruders Felix legt bei einer Radumdrehung nur $\frac{5}{4}$ m zurück.

a) Welche Strecke legt jedes Fahrrad mit genau
(1) 10 Umdrehungen; (2) 100 Umdrehungen; (3) 1 000 Umdrehungen zurück?

b) Beide fahren eine Strecke von 100 m [von 1 km].
Wie oft drehen sich die Räder jedes Fahrrades?

c) Der Weg bis zu Patricks Schule ist $2\frac{3}{4}$ km lang.
Wie oft müssen sich die Räder seines Fahrrades auf seinem Schulweg drehen?

Vermischte Übungen

1. a) Gegeben: $\frac{4}{5}$; $\frac{7}{8}$; $\frac{5}{9}$; $\frac{7}{12}$.

(1) Multipliziere jeden Bruch mit 7.
(2) Multipliziere jeden Bruch mit $\frac{1}{7}$.
(3) Dividiere jeden Bruch durch 7.
(4) Dividiere jeden Bruch durch $\frac{1}{7}$.

b) Gegeben: $\frac{4}{12}$; $\frac{8}{24}$; $\frac{16}{4}$; $\frac{32}{28}$.

(1) Kürze jeden Bruch mit 4.
(2) Erweitere jeden Bruch mit 4.
(3) Multipliziere jeden Bruch mit $\frac{1}{4}$.
(4) Dividiere jeden Bruch durch $\frac{1}{4}$.

2.

a)	b)	c)	d)	e)	f)	g)
$\frac{3}{4} \cdot 5$	$\frac{7}{8} \cdot 6$	$\frac{6}{7} \cdot 9$	$\frac{5}{6} \cdot 12$	$\frac{8}{15} \cdot 25$	$\frac{7}{18} \cdot 27$	$\frac{21}{25} \cdot 45$
$\frac{3}{4} : 5$	$\frac{7}{8} : 6$	$\frac{6}{7} : 9$	$\frac{5}{6} : 12$	$\frac{8}{15} : 16$	$\frac{7}{18} : 21$	$\frac{21}{25} : 35$
$\frac{3}{4} \cdot \frac{2}{5}$	$\frac{7}{8} : \frac{5}{6}$	$\frac{6}{7} \cdot \frac{5}{9}$	$\frac{5}{6} \cdot \frac{12}{11}$	$\frac{8}{15} : \frac{11}{12}$	$\frac{7}{18} : \frac{5}{28}$	$\frac{21}{25} \cdot \frac{8}{49}$

a) bis d)

e) bis g)

3. a) Wie viel Liter enthält
(1) ein Kasten mit 12 Flaschen „TigerQuell“;
(2) eine Kiste mit 15 Flaschen Mosel-Wein;
(3) ein „6er-Pack“ alkoholfreies Bier?

b) Denke dir den Inhalt der abgebildeten Flaschen an 3 Personen verteilt.
Wie viel l erhält jede Person aus jeder Flasche?

c) Angenommen, jede der Flaschen ist zu
(1) $\frac{2}{3}$; (2) $\frac{3}{4}$; (3) $\frac{4}{5}$ gefüllt.
Wie viel Liter enthält dann jede Flasche?

4.

a)	b)	c)	d)	e)	f)	g)
$\frac{15}{16} \cdot 32$	$\frac{27}{28} \cdot 49$	$\frac{42}{55} \cdot 35$	$\frac{54}{39} \cdot 26$	$\frac{49}{56} \cdot 64$	$\frac{81}{64} \cdot 48$	$\frac{26}{34} \cdot 51$
$\frac{15}{16} : 45$	$\frac{27}{28} : 36$	$\frac{42}{55} : 63$	$\frac{54}{39} : 36$	$\frac{49}{56} : 63$	$\frac{81}{64} : 36$	$\frac{26}{34} : 91$
$\frac{15}{16} : \frac{45}{32}$	$\frac{27}{28} : \frac{54}{56}$	$\frac{42}{55} : \frac{77}{45}$	$\frac{54}{39} : \frac{63}{52}$	$\frac{49}{56} : \frac{91}{72}$	$\frac{81}{64} \cdot \frac{32}{63}$	$\frac{26}{34} \cdot \frac{85}{65}$
$\frac{15}{16} \cdot 1\frac{29}{35}$	$\frac{27}{28} \cdot 1\frac{73}{81}$	$\frac{42}{55} \cdot 7\frac{9}{28}$	$\frac{54}{39} \cdot 1\frac{4}{163}$	$\frac{49}{56} \cdot 4\frac{40}{42}$	$\frac{51}{57} : \frac{1}{152}$	$\frac{51}{57} : \frac{136}{133}$

a) bis d)

e) bis g)

5. Eine Feinunze Gold wiegt ungefähr $31\frac{1}{10}$ g.
Wie viel g wiegen (1) 5 Feinunzen; (2) $\frac{3}{4}$ Feinunzen; (3) $3\frac{1}{2}$ Feinunzen Gold?

6. Der Schall legt ca. $\frac{1}{3}$ km in 1 s zurück. Wie viel km legt er zurück in 7 s, $\frac{1}{2}$ s, $2\frac{1}{2}$ s, $\frac{1}{10}$ s, $\frac{1}{100}$ s?

7. Eine $\frac{7}{10}$-*l*-Flasche Mineralwasser und eine $\frac{3}{4}$-*l*-Flasche Orangensaft sind beide nur noch halb voll. Katharina mischt aus den Resten ein Erfrischungsgetränk.
Das Getränk soll auf 3 Mädchen verteilt werden.

8. Vervollständige im Heft.

a)
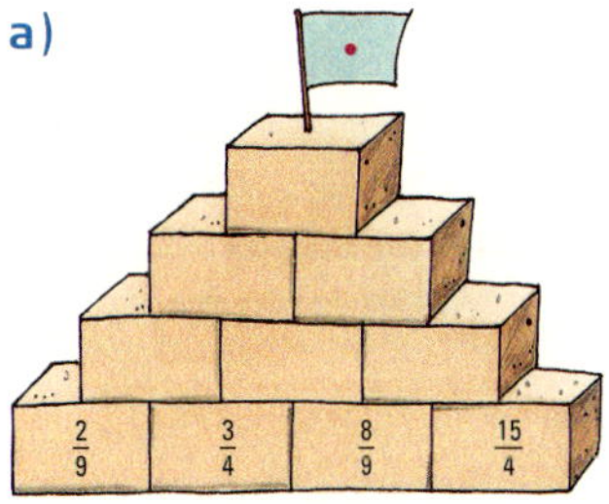

b)
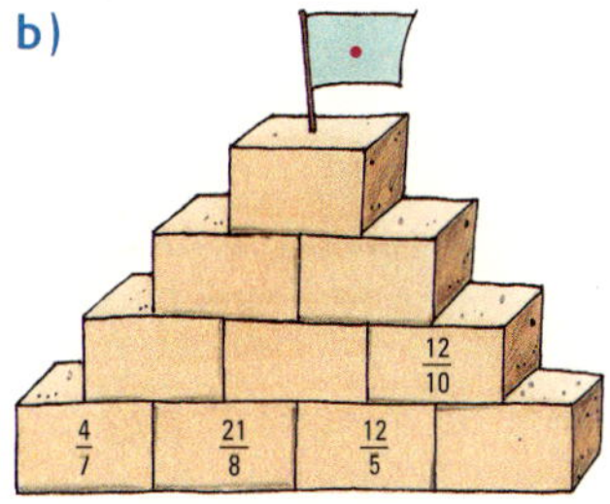

c)
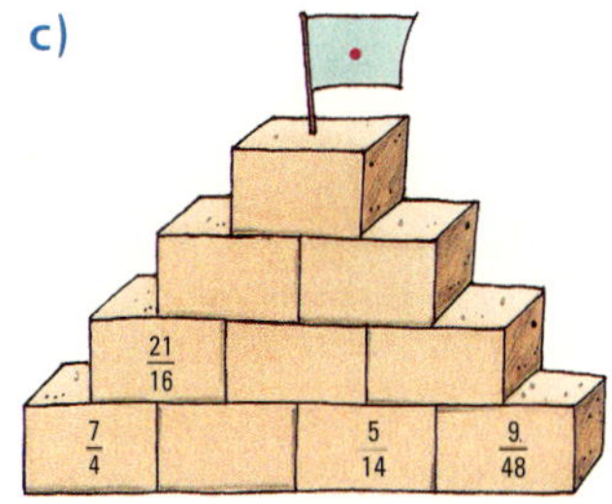

9. a)
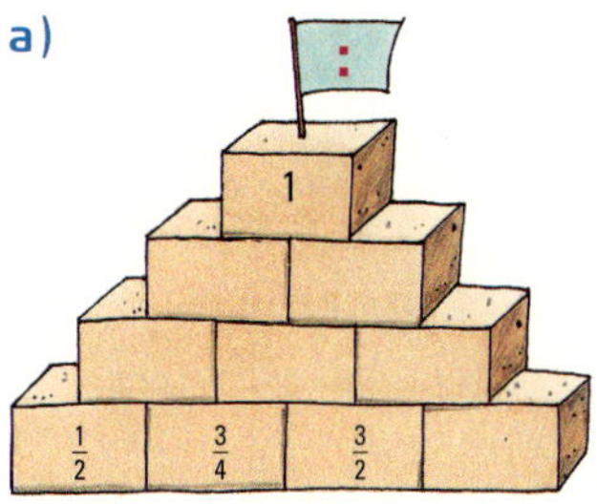

b)
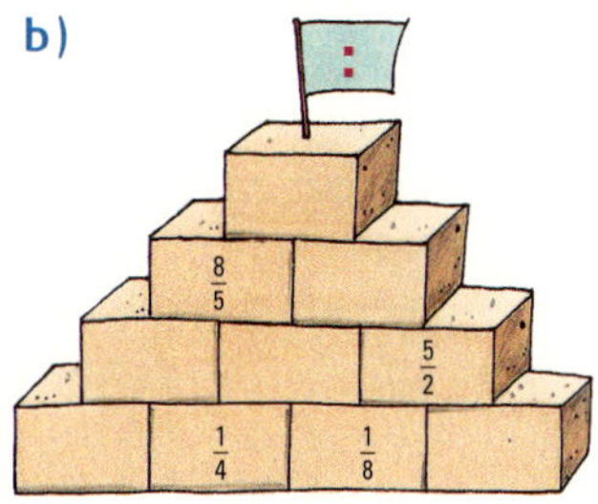

c)
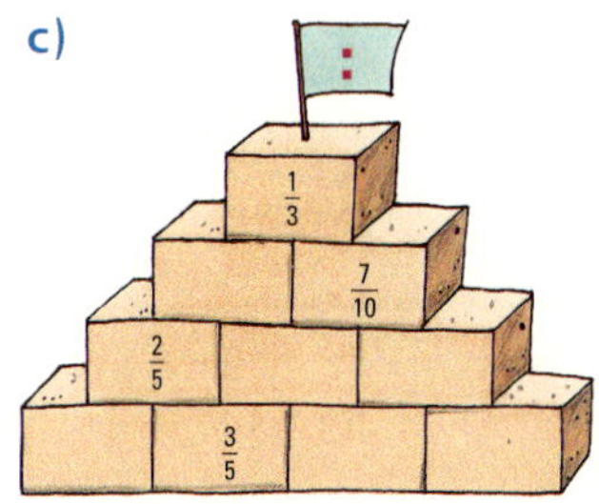

10. Setze anstelle von x eine passende Bruchzahl ein.

a) $x \cdot \frac{2}{3} = \frac{8}{15}$
$x \cdot \frac{8}{15} = \frac{2}{3}$
$x : \frac{8}{15} = \frac{2}{3}$

b) $x \cdot \frac{7}{9} = \frac{5}{8}$
$x \cdot \frac{5}{8} = \frac{7}{9}$
$x : \frac{5}{8} = \frac{7}{9}$

c) $\frac{3}{7} : x = \frac{11}{13}$
$\frac{3}{7} \cdot x = \frac{11}{13}$
$\frac{11}{13} \cdot x = \frac{3}{7}$

d) $x \cdot \frac{5}{7} = \frac{15}{28}$
$x \cdot \frac{15}{28} = \frac{5}{7}$
$x : \frac{15}{28} = \frac{5}{7}$

e) $\frac{15}{17} \cdot x = \frac{16}{19}$
$\frac{15}{17} \cdot x = \frac{16}{19}$
$\frac{16}{19} \cdot x = \frac{15}{17}$

11. a) Schreibe $\frac{6}{35}$ als Produkt von zwei Brüchen.
b) Nenne zwei Brüche, die miteinander multipliziert 1 ergeben.
c) Mit welcher Zahl muss man $\frac{5}{6}$ multiplizieren, um 18 zu erhalten?

12. Zerlege den Bruch in zwei Faktoren. Gib mindestens zwei Möglichkeiten an.

$\frac{12}{21} = \frac{3}{7} \cdot \frac{4}{3}$ oder $\frac{12}{21} = \frac{2}{3} \cdot \frac{6}{7}$

a) $\frac{8}{15}$ b) $\frac{12}{55}$ c) $\frac{9}{25}$ d) $\frac{8}{45}$ e) $\frac{36}{75}$ f) $\frac{27}{125}$ g) $\frac{54}{63}$ h) $\frac{81}{91}$

13. a) Goran hat heute schon $1\frac{3}{4}$ Flaschen Mineralwasser getrunken. In einer Flasche sind $\frac{7}{10}$ *l*. Wie viel Liter hat er getrunken?
b) Ein $2\frac{4}{5}$ ha großes Feld ist zu $\frac{3}{4}$ mit Kartoffeln bepflanzt. Wie viel ha sind das?

14. a) Bildet drei Produkte mit
(1) einem möglichst großen Wert,
(2) einem möglichst kleinen Wert.
b) Bildet drei Quotienten mit
(1) einem möglichst kleinen Wert,
(2) einem möglichst großen Wert.

MULTIPLIZIEREN UND DIVIDIEREN VON DEZIMALBRÜCHEN

Multiplizieren mit 10, 100, 1 000, ...
Dividieren durch 10, 100, 1 000, ...

Einstieg

Eine 1-Euro-Münze ist 2,125 mm dick und 7,5 g schwer.

→ Wie hoch ist ein „Turm" aus 10, 100, 1 000 Münzen?
→ Wie schwer ist jeweils der Turm?
→ Was fällt dir auf?

Hinweis: Du kannst mit gewöhnlichen Brüchen rechnen und dann das Ergebnis in einen Dezimalbruch zurückverwandeln.

Aufgabe

1. a) Marie weiß, dass ein Blatt Schreibmaschinenpapier ungefähr 0,065 mm dick ist. Wie dick ist ein Stapel aus 10 Blatt, 100 Blatt, 1 000 Blatt Papier?

Hinweis: Schreibe 0,065 als gewöhnlichen Bruch. Multipliziere ihn mit 10, 100, 1 000. Wandle dann in einen Dezimalbruch um.
Trage in eine Stellentafel ein. Was fällt dir auf?

b) Sarahs Notizblock hat 100 Blatt Papier. Er ist 7,5 mm dick. Wie dick sind 10 Blatt Papier?
Wie dick ist 1 Blatt Papier?

Hinweis: Schreibe 7,5 als gewöhnlichen Bruch. Dividiere durch 10 bzw. durch 100. Wandle dann um in einen Dezimalbruch. Was fällt dir auf?

Lösung

a)

1 Blatt Papier 0,065

(·10) 10 Blatt Papier $0{,}065 \cdot 10 = \frac{65}{1000} \cdot 10 = \frac{650}{1000} = 0{,}65$

(·10) 100 Blatt Papier $0{,}065 \cdot 100 = \frac{65}{1000} \cdot 100 = \frac{6500}{1000} = 6{,}5$

(·10) 1 000 Blatt Papier $0{,}065 \cdot 1000 = \frac{65}{1000} \cdot 1000 = \frac{65000}{1000} = 65$

Z	E	z	h	t
	0	0	6	5
	0	6	5	
	6	5		
6	5			

(jeweils · 10)

Wenn du in der Stellentafel eine Ziffer eine Spalte weiter nach links schreibst, wird die Zahl mit 10 multipliziert: 5 t · 10 = 5 h; 6 h · 10 = 6 z

Man erhält das 10-fache einer Zahl, wenn man in der Stellentafel alle Ziffern eine Spalte weiter nach links schreibt, d. h. das Komma um eine Stelle nach rechts verschiebt.

Ergebnis: Der Papierstapel aus 10 Blatt Papier ist 0,65 mm, ein Stapel aus 100 Blatt 6,5 mm und aus 1 000 Blatt 65 mm dick.

b)

100 Blatt Papier 7,5

(:10; :100) 10 Blatt Papier $7{,}5 : 10 = \frac{75}{10} : 10 = \frac{75}{100} = 0{,}75$

(:10) 1 Blatt Papier $7{,}5 : 100 = \frac{75}{10} : 100 = \frac{75}{1000} = 0{,}075$

E	z	h	t
7	5		
0	7	5	
0	0	7	5

(jeweils :10; insgesamt :100)

Wenn du in einer Stellentafel eine Ziffer eine Spalte weiter nach rechts schreibst, wird die Zahl durch 10 dividiert: 7 E : 10 = 7 z; 5 z : 10 = 5 h

Man erhält den zehnten Teil einer Zahl, wenn man in der Stellentafel alle Ziffern eine Spalte weiter nach rechts schreibt, d. h. das Komma um eine Stelle nach links verschiebt.

Ergebnis: 10 Blatt Papier sind 0,75 mm dick; 1 Blatt Papier ist 0,075 mm dick.

Zum Festigen und Weiterarbeiten

2. Berechne im Kopf.

a) 3,7 · 100; 46,46 · 10; 0,63 · 100
b) 4,2 · 1 000; 0,0005 · 100; 0,0002 · 1 000
c) 63,63 : 100; 2,081 : 10; 60 : 100
d) 700 : 1 000; 789,3 : 1 000; 0,1 : 100

3. Betrachte den Dezimalbruch 8,673. Wie ändert sich der Stellenwert der Ziffer 7 [der Ziffer 6], wenn man den Dezimalbruch

a) mit 10, 100, 1 000, 10 000 multipliziert? **b)** durch 10, 100, 1 000, 10 000 dividiert?

Formuliere jeweils eine Regel. Beachte dabei das Komma.

Information

Man *multipliziert* einen Dezimalbruch mit 10, 100, 1 000, ..., indem man das Komma um 1, 2, 3, ... Stellen nach *rechts* verschiebt.
Wenn rechts nicht mehr genügend Ziffern stehen, so ergänzt man Nullen.

Beispiel:
0,25 · 1 000 = 0,250 · 1 000 = 250

Man *dividiert* einen Dezimalbruch durch 10, 100, 1 000, ..., indem man das Komma um 1, 2, 3, ... Stellen nach *links* verschiebt.
Wenn links nicht mehr genügend Ziffern stehen, so ergänzt man Nullen.

Beispiel:
8,5 : 100 = 008,5 : 100 = 0,085

Übungen

4. **a)** 2,75 · 100; 100 · 0,55 **b)** 0,73 · 1 000; 100 · 1,2 **c)** 100 · 0,0785; 0,456 · 10 000 **d)** 0,0015 · 10 000; 100 000 · 0,036

5. **a)** 75,3 : 10; 157,8 : 100 **b)** 3,85 : 10; 16,47 : 100 **c)** 28,4 : 1 000; 0,8 : 10 000 **d)** 7,5 : 10 000; 0,23 : 10 000

6. **a)** 10,5 : 100; 1 000 · 3,14; 1,075 · 100 **b)** 8,55 : 1 000; 0,0489 · 10; 0,48 : 10 **c)** 100 · 0,0053; 8,47 : 1 000; 0,026 · 1 000 **d)** 0,016 : 10 000; 10 000 · 6,9; 0,485 : 100 000

7. **a)** Berechne das Zehnfache von 0,036.
b) Berechne das Hundertfache von 0,007.
c) Berechne das Tausendfache von 0,75.
d) Berechne den zehnten Teil von 0,68.
e) Berechne den hundertsten Teil von 7,4.
f) Berechne den tausendsten Teil von 9,6.

8. Gib die Rechenvorschrift an.

a) $0{,}42 \xrightarrow{\square} 4{,}2$ **b)** $0{,}933 \xrightarrow{\square} 0{,}0933$ **c)** $6{,}42 \xrightarrow{\square} 0{,}00642$

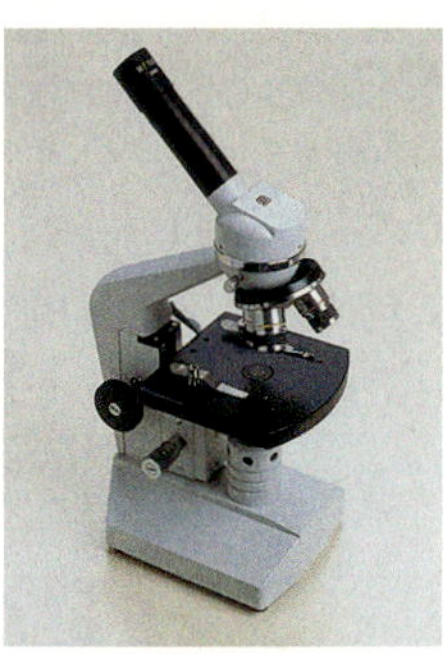

9. Tanja möchte wissen, wie dick eine Fünf-Cent-Münze ist. Sie legt 10 Münzen aufeinander und misst 14 mm.

10. Das Papier im Telefonbuch ist sehr dünn. 100 Blatt sind 4,9 mm dick.
Bestimme die Dicke (1) eines Blattes; (2) von 1 000 Blatt.

11. **a)** Das menschliche Haar erscheint unter einem Mikroskop bei 1 000-facher Vergrößerung in 60 mm Dicke. Wie dick ist das menschliche Haar in der Wirklichkeit?
b) Wie dick erscheint ein Spinnwebfaden (0,005 mm) bei 1 000-facher Vergrößerung?

Multiplizieren von Dezimalbrüchen mit natürlichen Zahlen

Einstieg

England gilt als das Mutterland des Fußballs. Daher sind die international vereinbarten Längenangaben (in m) in den Fußballregeln auf die englischen Maße yard (0,9144 m) und foot (0,3048 m) zurückzuführen.
Ein Fußballtor ist z. B. 8 feet hoch und 8 yards breit.
Ein Strafstoß wird aus einer Entfernung von 12 yards aufs Tor geschossen, bei einem Freistoß müssen die gegnerischen Spieler einen Abstand von 10 yards einhalten.

Aufgabe

1. Lena trainiert für einen Jugend-Triathlon (Laufen, Schwimmen, Rad fahren).

a) Auf der Aschenbahn läuft sie 7 Runden. Eine Runde ist 0,4 km lang. Wie viel km läuft sie?

b) Ihr Schwimmtraining macht sie in einem Badesee. Lena weiß, dass der See 0,23 km breit ist. Sie durchschwimmt ihn 6-mal. Wie viel km schwimmt sie?

c) Das Radfahren übt sie, indem sie einen Rundkurs von 2,68 km Länge 12-mal durchfährt. Wie viel km fährt sie?

Lösung

a) Berechne 0,4 · 7. Verwandle 0,4 in Zehntel.
Du findest: $0{,}4 \cdot 7 = \frac{4}{10} \cdot 7 = \frac{28}{10} = 2{,}8$.
Ergebnis: Lena läuft 2,8 km.

b) Berechne 0,23 · 6. Verwandle 0,23 in Hundertstel.
Du findest: $0{,}23 \cdot 6 = \frac{23}{100} \cdot 6 = \frac{138}{100} = 1{,}38$.
Ergebnis: Lena schwimmt 1,38 km.

c) Berechne 2,68 · 12.

Rechnen mit Hundertsteln:		*Schriftliches Rechnen mit 2,68:*
$2{,}68 \cdot 12 = 32{,}16$ $\downarrow \quad \downarrow \qquad \uparrow$ $\frac{268}{100} \cdot 12 = \frac{3216}{100} = 32\frac{16}{100}$	NR. 268 · 12 268 536 3 216	2,68 · 12 268 536 32,16

Beachte die Anzahl der Stellen nach dem Komma.

Vergleiche. Du erkennst, dass man 2,68 · 12 in zwei Schritten berechnet:

1. Schritt: Multipliziere die Zahlen wie natürliche Zahlen: 268 · 12
2. Schritt: Trenne im Ergebnis 3 216 mit dem Komma so viele Ziffern von rechts ab, wie in dem Dezimalbruch der Aufgabe rechts vom Komma standen. Hier sind es zwei Ziffern.

Ergebnis: Lena fährt 32,16 km.

Zum Festigen und Weiterarbeiten

2. Rechne zuerst mit einem gewöhnlichen Bruch.

a) $0{,}07 \cdot 9 = \square$ ↓ ↓ ↑ $\frac{7}{100} \cdot 9 = \square$

b) $1{,}3 \cdot 8 = \square$ ↓ ↓ ↑ $\frac{13}{10} \cdot 8 = \square$

c) $0{,}015 \cdot 5 = \square$ ↓ ↓ ↑ $\frac{15}{1000} \cdot 5 = \square$

d) $7 \cdot 0{,}012 = \square$ ↓ ↓ ↑ $7 \cdot \frac{12}{1000} = \square$

3. Rechne im Kopf.

a)	b)	c)	d)	e)	f)
1,5 · 5	0,03 · 7	8 · 0,003	0,06 · 4	0,5 · 9	18 · 0,09
0,8 · 6	4 · 0,09	15 · 0,005	8 · 0,005	6 · 0,7	1,25 · 5

4. Führe zuerst einen Überschlag durch. Runde dazu die Zahlen so, dass du im Kopf rechnen kannst. Rechne dann schriftlich.

a) 9,56 · 8 **c)** 0,547 · 18

b) 17,6 · 12 **d)** 21,78 · 29

Aufgabe: 4,78 · 32 = ?
Überschlag: 5 · 30 = 150
Ergebnis: 4,78 · 32 = 152,96

Spiel (2 – 3 Spieler)

5. *Verflixte Null*
Ihr benötigt einen Würfel.
Jeder würfelt 3-mal. Die beiden ersten Zahlen bilden einen Dezimalbruch, mit der dritten Zahl wird multipliziert. Wer das höhere Ergebnis hat, bekommt einen Punkt.
Wer hat zuerst 10 Punkte?

Spieler A würfelt nacheinander 4; 2; 3.
Er rechnet: 4,2 · 3 = 12,6.
Spieler B würfelt nacheinander 2; 1; 5.
Er rechnet: 2,1 · 5 = 10,5.
Spieler B hat das höhere Ergebnis und bekommt einen Punkt.

Übungen

6. Rechne im Kopf.

a)	b)	c)	d)	e)	f)
2,4 · 3	6 · 0,05	0,25 · 6	3 · 1,6	0,06 · 7	0,014 · 5
0,7 · 4	7 · 0,12	0,9 · 11	8 · 0,003	0,3 · 15	0,035 · 4
0,15 · 5	4 · 0,017	0,2 · 15	5 · 0,025	0,008 · 9	0,007 · 60

7. Rechne im Kopf.

a)	b)	c)	d)	e)
0,5 · 30	70 · 0,02	1,3 · 30	600 · 1,5	0,15 · 200
0,6 · 300	500 · 0,4	1,2 · 4 000	3 000 · 2,5	0,05 · 40

8. Führe zuerst einen Überschlag durch. Rechne dann schriftlich.

a)	b)	c)	d)	e)
4,36 · 13	17,5 · 25	12,5 · 7	3,15 · 7	0,745 · 187
12,7 · 15	0,956 · 17	4,9 · 29	0,859 · 8	6,19 · 253

9. Prüfe und berichtige.

(1) 2,5 · 3 = 75 (2) 0,07 · 9 = 6,3 (3) 4,23 · 100 = 432,0

10. Aus diesen Zahlen kannst du zwölf Produkte bilden.

Ergebnisse
9,707; 14,846; 4,568;
9,1275; 1065,9; 0,06;
1630,2; 22,95; 10,8;
35,1; 501,6; 0,195

11. Berechne nur eines der Produkte schriftlich.
Bestimme die anderen durch Kommaverschiebung.

a)	b)	c)	d)	e)	f)
49 · 17	52 · 13	29 · 22	12 · 24	25 · 18	36 · 29
4,9 · 17	13 · 0,52	0,22 · 29	1,2 · 24	25 · 0,18	0,36 · 29
17 · 0,049	5,2 · 13	29 · 0,022	0,012 · 24	2,5 · 18	2,9 · 36

12. *Rechenkreisel*
Übertrage die Aufgabe ins Heft. Rechne ringsherum, bis du wieder oben bist.

a) 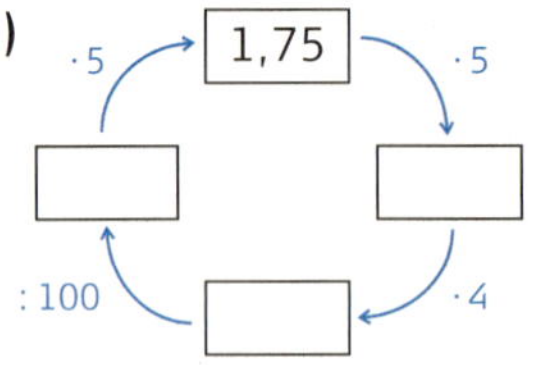

b) 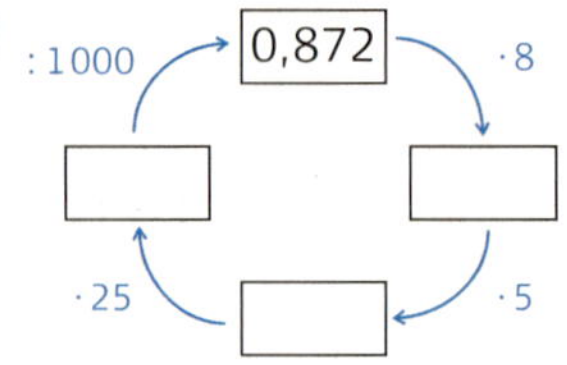

c) 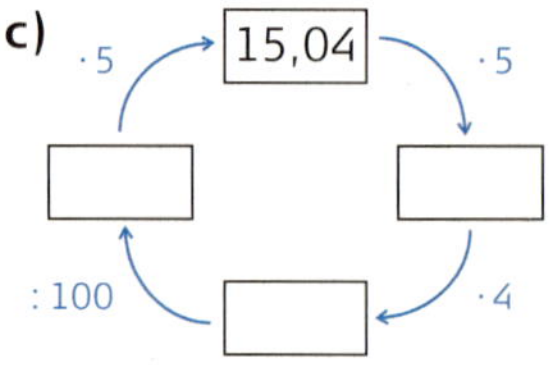

13. Je zwei Aufgaben haben dasselbe Ergebnis. Suche die Paare.

5 · 1,8 | 0,15 · 40 | 25 · 0,5 | 0,9 · 15 | 6 · 2,25 | 35 · 0,06
0,2 · 30 | 0,2 · 7 | 1,5 · 6 | 0,35 · 4 | 3,125 · 4 | 3 · 0,7

14. a) Berechne
(1) das 3-Fache von 12,27;
(2) das 2-Fache von 1,957;
(3) das 4-Fache von 0,307.

b) Berechne
(1) das 1,8-Fache von 25;
(2) das 2,5-Fache von 47;
(3) das 1,25-Fache von 160.

15. In einem Teebeutel befinden sich 2,25 g Tee. Laura behauptet: „Dann sind in einer Packung mit 25 Beuteln mehr als 60 g Tee."

16. Ein Mathematikbuch wiegt 0,534 kg. In einem Paket sollen 24 Mathematikbücher versandt werden. Das Verpackungsmaterial wiegt 800 g.
Wie schwer ist das Paket? Schätze das Ergebnis zunächst ab.

17. Beim Fernsehen werden die Augen stark beansprucht. Deshalb ist die richtige Entfernung vom Fernsehgerät wichtig. Der Abstand vom Gerät sollte etwa 5,5-mal so groß sein wie die Diagonale des Bildschirms.
Wie weit solltest du bei der Bildschirmgröße 66 cm [51 cm; 68 cm] vom Gerät entfernt sitzen?

18. Ein Blatt Papier ist ungefähr 0,055 mm dick, ein Buchdeckel 2 mm. Wie dick ist ein Buch mit
a) 224 Seiten; b) 448 Seiten?

19. Leons Schulweg ist 1,45 km lang (Entfernung zwischen Wohnung und Schule). Führe zuerst einen Überschlag durch.
a) Wie viel km legt Leon auf seinem Schulweg in einer Woche (5 Unterrichtstage) zurück?
b) Wie viel km legt er auf seinem Schulweg in einem Schuljahr ungefähr zurück?

Multiplizieren von Dezimalbrüchen mit Dezimalbrüchen

Einstieg

Philipp plant die Erweiterung seiner Modell-Eisenbahn. Er benötigt dazu eine Spanplatte von 1,7 m^2 Größe. Im Prospekt eines Baumarktes findet er folgende Preisangabe:

Spanplatte 18 mm 7,25 €/m^2

Aufgabe

1. **a)** Pauls Mutter möchte eine Scheibengardine für das 1,3 m breite Küchenfenster kaufen.
Üblicherweise wird beim Kauf das 1,5-Fache der gemessenen Fensterbreite angegeben, damit die Gardine Falten werfen kann.
Wie viel m Gardinenstoff benötigt sie?

b) Wenn Wasser zu Eis gefriert, dehnt es sich um das 1,09-Fache seines ursprünglichen Volumens aus. Um das zu überprüfen, hat Ulrike eine 1,5-*l*-Flasche mit Wasser in die Kühltruhe gelegt. Nach einiger Zeit holt sie die zerborstene Flasche mit Eis wieder heraus.
Wie viel Liter Eis sind entstanden?

Lösung

a) Wir denken uns die Dezimalbrüche in gewöhnliche Brüche verwandelt.

Zu berechnen: $1{,}5 \cdot 1{,}3 = 1{,}95$

Wir rechnen: $\frac{15}{10} \cdot \frac{13}{10} = \frac{195}{100} = 1\frac{95}{100}$

Zehntel mal Zehntel ergibt Hundertstel. Daher 2 Stellen nach dem Komma.

Ergebnis: Pauls Mutter benötigt 1,95 m Gardinenstoff.

b)

Rechnung mit gewöhnlichen Brüchen:		*Rechnung mit Dezimalbrüchen:*
$1{,}09 \cdot 1{,}5 = 1{,}635$ $1\frac{9}{100} \cdot 1\frac{5}{10} = \frac{109}{100} \cdot \frac{15}{10} = \frac{1635}{1000} = 1\frac{635}{1000}$	NR. 109 · 15 109 545 1635	1,09 · 1,5 109 545 1,635

Beim Vergleichen erkennst du, dass man 1,09 · 1,5 in zwei Schritten berechnet.

1. Schritt: Multipliziere die Dezimalbrüche wie natürliche Zahlen: 109 · 15.
2. Schritt: Trenne im Ergebnis 1635 mit dem Komma drei Ziffern von rechts ab. Das entspricht dem Teilen durch den Nenner 1000.

Ergebnis: Es sind 1,635 Liter Eis entstanden.

Zum Festigen und Weiterarbeiten

2. Berechne das Produkt zuerst mit gewöhnlichen Brüchen.

a) $0{,}6 \cdot 0{,}9 = \square$; $\frac{6}{10} \cdot \frac{9}{10} = \square$

b) $0{,}15 \cdot 0{,}5 = \square$; $\frac{15}{100} \cdot \frac{5}{10} = \square$

c) $0{,}25 \cdot 0{,}03 = \square$; $\frac{25}{100} \cdot \frac{3}{100} = \square$

d) $0{,}02 \cdot 0{,}004 = \square$; $\frac{2}{100} \cdot \frac{4}{1000} = \square$

3. Vervollständige die Tabelle im Heft. Finde eine Regel, wie man das Komma setzen muss.

Aufgabe	Anzahl der Stellen hinter dem Komma 1. Faktor	Anzahl der Stellen hinter dem Komma 2. Faktor	Überlegung	Anzahl der Stellen hinter dem Komma im Produkt	Produkt
1,2 · 0,7	1	1	Zehntel · Zehntel = ?		
1,2 · 0,07	1	2	Zehntel · Hundertstel = ?		
0,12 · 0,07	2	2			
1,2 · 0,007	1	3			

Multiplizieren kann vergrößern, aber auch verkleinern.

4. Rechne im Kopf.

a) 0,8 · 0,7
1,2 · 0,3

b) 0,9 · 0,05
0,04 · 0,6

c) 2,4 · 0,5
0,2 · 0,45

d) 0,3 · 0,4
0,16 · 0,5

e) 0,015 · 0,4
0,8 · 0,012

Strategie: Überschlag

5. Kommafehler kann man vermeiden, wenn man vor der genauen Rechnung einen Überschlag durchführt.
Übertrage die Tabelle in dein Heft.
18,7 · 23,6; 4,82 · 12,04; 8,49 · 24,7
9,93 · 52,8; 5,15 · 11,086; 6,7 · 17,191

Aufgabe	Überschlag	Genaues Ergebnis
12,7 · 4,8	10 · 5 = 50	60,96
18,7 · 23,6		
9,93 · 52,8		

Information

Multiplizieren von Dezimalbrüchen

(1) Multipliziere zuerst so, als wäre kein Komma vorhanden.
(2) Setze dann das Komma. Im Ergebnis müssen nach dem Komma so viele Ziffern stehen, wie beide Faktoren zusammen nach dem Komma haben.

```
 2,7 · 1,25
 27
  54
 ₁ 135
 3,375
```

Spiel
(3 bis 5 Spieler)

6. *Kreiseljagd*

Stellt euch ein Glücksrad wie abgebildet her. „10" zählt als „0". Die Ziffern über den Pfeilen geben an, wie viele Stellen hinter dem Komma die erdrehte Zahl hat. Die Zahl wird in Pfeilrichtung gelesen.

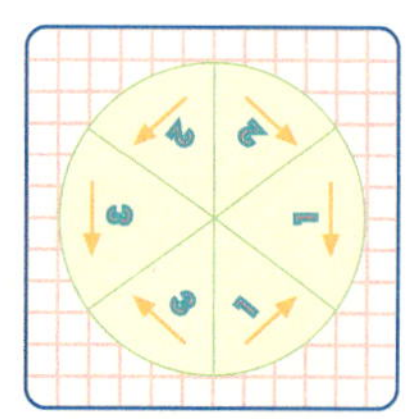

Jeder Mitspieler erhält drei Spielmarken. Der erste Spieler dreht 2-mal die Scheibe des Glücksrades und erhält 2 Dezimalbrüche. Alle Mitspieler multiplizieren die beiden Zahlen miteinander und vergleichen die Ergebnisse.
Der nächste und jeder weitere Spieler versucht, das Ergebnis seines Vorgängers zu übertreffen. Schafft er es, darf er eine Spielmarke abgeben.
Wer alle Spielmarken abgelegt hat, ist Sieger.

Übungen

7. Führe zuerst einen Überschlag durch. Runde dazu so, dass du im Kopf rechnen kannst.

a) 76,1 · 2,3	**b)** 6,4 · 6,53	**c)** 16,6 · 2,95	**d)** 7,5 · 13,61
5,36 · 4,9	0,83 · 15,2	11,05 · 19,15	48,3 · 4,605
63,8 · 1,25	34,05 · 3,6	0,87 · 8,907	4,25 · 12,44

8.

a) 543,6 · 0,27	**b)** 8,37 · 0,56	**c)** 30,8 · 2,9	**d)** 1,03 · 8,84
8,58 · 7,4	86,7 · 0,19	5,46 · 8,7	9,93 · 41,7
18,9 · 0,348	0,508 · 53,6	0,43 · 7,09	19,4 · 7,95

9. Aus diesen Zahlen kannst du neun Produkte bilden.

Ergebnisse:
390,72; 0,02668; 3,96
0,00138; 2,4288; 0,0435
0,00225; 4,292; 0,222

1+1=3

10. Wo steckt der Fehler? Berichtige.

(1) 7,4 · 0,1 = 7,5 (2) 0,2 · 0,4 = 0,8 (3) 4,7 · 1,0 = 47,0 (4) 5,3 · 7,2 = 35,6

11. Finde je drei Zahlenpaare, deren Produkte den gleichen Wert haben wie die angegebene Zahl.

a) 0,75	**c)** 4,5	**e)** 8,4	**g)** 0,02
b) 0,012	**d)** 0,0024	**f)** 1,44	**h)** 0,6

0,36 = 4 · 0,09
0,36 = 1,2 · 0,3
0,36 = 0,18 · 2

12. Berechne nur eines der Produkte schriftlich, bestimme die anderen mit Kommaverschiebung.

a) 1,4 · 0,85	**b)** 2,75 · 0,35	**c)** 4,7 · 7,2	**d)** 7,6 · 8,7
0,14 · 0,85	27,5 · 0,35	0,47 · 7,2	0,76 · 8,7
0,14 · 8,5	27,5 · 3,5	4,7 · 0,72	7,6 · 87
1,4 · 8,5	2,75 · 3,5	0,47 · 0,72	7,6 · 0,087

13. Auf dem Wochenmarkt werden Äpfel für 1,80 € je kg angeboten.

a) Christina kauft 0,7 kg. Wie viel muss sie bezahlen?

b) Eine andere Sorte Äpfel wird für 1,95 € je kg angeboten.
Wie teuer sind 1,4 kg dieser Sorte?

14. Benzinpreise werden sehr häufig auf drei Stellen nach dem Komma genau angegeben. Saskia besorgt im Kanister 4,8 Liter Kraftstoff, um den Rasenmäher zu betanken. Der Literpreis für Kraftstoff liegt bei 1,279 €.
Wie viel muss sie bezahlen?
Runde das Ergebnis sinnvoll.

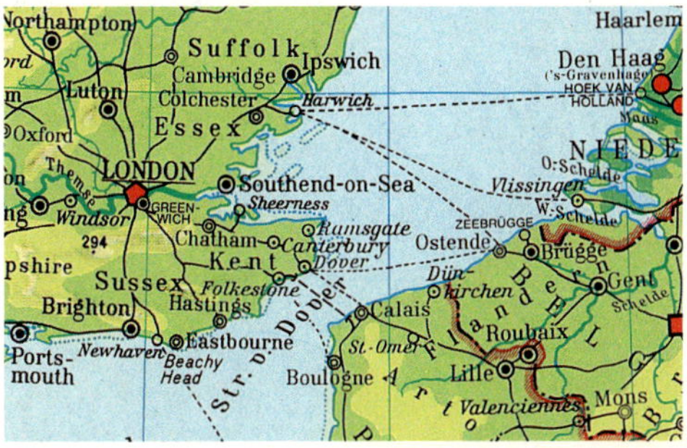

15. Der Ärmelkanal ist zwischen der französischen Stadt Calais und der englischen Stadt Dover 17,8 Seemeilen breit.

a) Wie viel km ist der Kanal breit?
Runde das Ergebnis auf ganze km.

b) Ermittle auch den Maßstab der Karte.

1 Seemeile = 1,852 km

16. Das französische Überschallflugzeug „Concorde" hatte eine Höchstgeschwindigkeit von 2,2 Mach (das 2,2-Fache der Schallgeschwindigkeit).
1 Mach bedeutet, dass in einer Sekunde 0,34 km zurückgelegt werden.

Concorde

a) Wie viel km konnte die „Concorde" in einer Sekunde zurücklegen?

b) Wie viel km konnte sie in einer Stunde zurücklegen?

c) Der Airbus A300 fliegt mit einer Höchstgeschwindigkeit von 0,82 Mach. Wie viel mal länger braucht er für die Strecke Frankfurt/M. – New York (6 300 km)?

17. Runde das Ergebnis auf Hundertstel.

a)	b)	c)	d)
17,8 · 0,236	6,25 · 0,083	6,25 · 6,25	12,4 · 175,6
1,76 · 2,35	6,34 · 0,89	7,03 · 0,095	45,6 · 3,09
0,55 · 8,23	8,3 · 0,141	7,5 · 0,15	17,5 · 3,75

18. Berechne das Produkt und runde sinnvoll.

a) 11,25 € · 1,5 c) 25,77 € · 1,05 e) 52,08 € · 0,95 g) 125,80 € · 0,88
b) 17,48 € · 1,2 d) 40,22 € · 1,25 f) 36,49 € · 0,93 h) 147,45 € · 1,75

19. Tanjas Mutter will für das Fenster im Kinderzimmer neue Gardinen nähen. Sie benötigt genau 3,75 m. Der laufende Meter kostet 11,95 €. Tanjas Mutter will nicht mehr als 50 € ausgeben. Reicht das Geld?
Mache zunächst einen Überschlag, rechne dann genau.

20. Berechne:

a) das 3,5-Fache von 17,6 c) das 1,75-Fache von 7,5 e) das 4,4-Fache von 15,5
b) das 1,6-Fache von 2,44 d) das 1,15-Fache von 10,28 f) das 6,5-Fache von 0,844

21. Rechne wie im Beispiel rechts. Runde sinnvoll wenn nötig.

a) 70 % von 2,7 *l* d) 38 % von 6,04 t
b) 45 % von 8,25 m e) 16 % von 144,20 €
c) 3 % von 1,75 m^2 f) 150 % von 79,80 €

15 % von 12,50 €
= 15 % · 12,50 €
= 0,15 · 12,50 €
= 1,875 € ≈ 1,88 €

$15\,\% = \frac{15}{100} = 0{,}15$

22. a) 1,4 · 2,6 · 3 b) 0,62 · 0,25 · 17,8 c) 13 · 10,8 · 0,34 d) 7,2 · 0,004 · 0,08
4,9 · 7 · 1,5 0,3 · 1,3 · 10,3 1,6 · 0,12 · 28 0,32 · 4,5 · 0,05

23. Berechne die Potenzen.

a) $1{,}5^2$ b) $8{,}9^2$ c) $0{,}23^2$ d) $0{,}14^2$ e) $1{,}2^3$ f) $0{,}2^3$
$3{,}5^2$ $0{,}04^2$ $0{,}35^2$ $0{,}06^2$ $1{,}5^3$ $0{,}1^4$

$4{,}8^2 = 4{,}8 \cdot 4{,}8$
$= 23{,}04$

24. Nach Auskunft der Krankenkassen sollte eine Schultasche nicht schwerer als 10 bis 12 Prozent des Körpergewichts sein.

a) Sabrina wiegt 35,6 kg. Ihre Schultasche wiegt 4,2 kg.

b) Wie schwer sollte deine Schultasche höchstens sein? Kontrolliere durch Nachwiegen.

Dividieren eines Dezimalbruches durch eine natürliche Zahl

Einstieg

Aufgabe

1. Der menschliche Körper braucht täglich Vitamine (Vitamin C, Vitamin E und andere Vitamine) und Mineralstoffe (Kalzium, Eisen, Magnesium u. a.).
Meyers ernähren sich gesundheitsbewusst. Zum Frühstück gibt es Müsli. Der Inhalt einer Müslipackung soll gleichmäßig auf 6 Mahlzeiten verteilt werden.

a) Wie viel g Vitamin C, wie viel mg Vitamin E sind in einer Mahlzeit enthalten?

b) Wie viel g Mineralstoffe enthält eine Mahlzeit?

Lösung

a) *Vitamin C:*

Zu berechnen: 0,18 : 6 (18 h : 6 = 3 h)

Ich rechne: $\frac{18}{100} : 6 = \frac{3}{100}$

Ich erhalte: 0,18 : 6 = 0,03

Vitamin E:

Zu berechnen: 1,2 : 6 (1 E 2 z = 12 z; 12 z : 6 = 2 z)

Ich rechne: $\frac{12}{10} : 6 = \frac{2}{10}$

Ich erhalte: 1,2 : 6 = 0,2

Ergebnis: In einer Mahlzeit sind 0,03 g Vitamin C und 0,2 mg Vitamin E enthalten.

b) Berechne den Quotienten 8,976 : 6 schriftlich.
Wähle beim Überschlag die Zahlen so, dass du im Kopf rechnen kannst: 6 : 6 = 1.

Schriftliche Rechnung:

	Z	E	z	h	t		E	z	h	t
Dividiere: die Einer:		8	9	7	6	: 6 =	1	4	9	6
		– 6				: 6				
die Zehntel:		2	9			: 6				
	–	2	4							
die Hundertstel:			5	7		: 6				
		–	5	4						
die Tausendstel:				3	6	: 6				
			–	3	6					
					0					

8,	9	7	6	:	6	=	1,	4	9	6
6										
2	9									
2	4									
	5	7								
	5	4								
		3	6							
		3	6							
			0							

Jetzt das Komma setzen

Ergebnis: In einer Mahlzeit sind 1,496 g Mineralstoffe enthalten.

Probe durch Multiplizieren

Information

Dividieren eines Dezimalbruches durch eine natürliche Zahl

Man dividiert einen Dezimalbruch wie eine natürliche Zahl. Sobald man während der Rechnung das Komma überschreitet, setzt man auch im Ergebnis ein Komma.

Zum Festigen und Weiterarbeiten

2. Rechne im Kopf.

0,2 : 5 = 2 z : 5 = 20 h : 5

a)	b)	c)	d)	e)	f)
8,4 : 4	0,8 : 2	1,5 : 5	0,48 : 2	0,24 : 6	0,2 : 5
6,9 : 3	0,6 : 3	2,4 : 8	0,45 : 3	0,18 : 3	0,7 : 2
4,8 : 4	0,4 : 4	3,9 : 3	0,72 : 6	0,32 : 4	0,3 : 5

3. Führe einen Überschlag durch. Rechne dann schriftlich.

a) 34,251 : 7 **c)** 9,714 : 3
b) 140,55 : 15 **d)** 316,979 : 37

Aufgabe: 34,064 : 8
Überschlag: 32 : 8 = 4

4. Beim schriftlichen Rechnen musst du besonders auf Nullen achten.

a) Prüfe das folgende Beispiel.
Die rot geschriebenen Rechenschritte kannst du weglassen.

```
0,0795 : 3 = 0,0265
0
00              Kontrolle:
 0
 07             0,0265 · 3
  6                 0,0795
  19
  18
   15
   15    Kontrolle durch
    0    Multiplizieren
```

Berechne ebenso:
7,896 : 12; 0,3938 : 11; 0,14484 : 17

b) Prüfe das Beispiel 5,7 : 4.
Damit man zu Ende rechnen kann, werden bei 5,7 zwei Nullen angehängt.

```
5,700 : 4 = 1,425
4
17              Kontrolle:
16
 10             1,425 · 4
  8                 5,700
  20
  20
   0
```

Berechne ebenso:
4,5 : 4; 0,7 : 4; 0,5 : 8; 3,4 : 16

Übungen

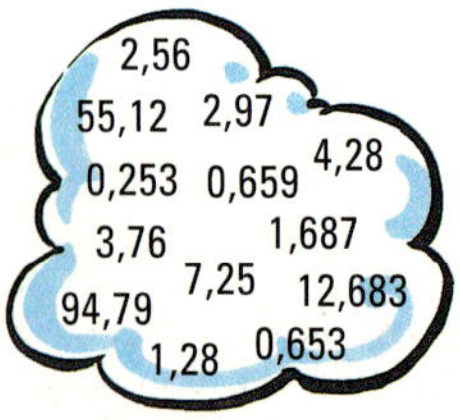

5. Rechne im Kopf.

a)	b)	c)	d)	e)	f)
3,5 : 5	7,2 : 6	0,28 : 7	10,8 : 9	0,1 : 5	7,5 : 5
2,4 : 3	5,6 : 7	0,84 : 4	5,1 : 3	0,3 : 2	0,48 : 3
4,5 : 9	3,6 : 2	0,06 : 3	7,6 : 4	0,15 : 5	0,7 : 5

6. Berechne die Quotienten schriftlich.

a)	b)	c)	d)
8,435 : 5	5,224 : 8	136,96 : 32	551,2 : 10
45,12 : 12	3,036 : 12	106,92 : 36	1137,48 : 12
43,52 : 17	0,1977 : 3	137,75 : 19	431,222 : 34

1+1=3

7. Prüfe und berichtige.

(1) 0,5 : 5 = 0,1 (3) 6,06 : 6 = 1,1 (5) 0,99 : 9 = 0,9
(2) 0,21 : 7 = 0,3 (4) 5,6 : 8 = 7 (6) 0,144 : 12 = 0,12

8. Aus den Zahlen kannst du neun Quotienten bilden.

Ergebnisse:
0,019; 2,72; 0,498;
0,68; 0,1245; 0,095;
3,4; 0,6225; 0,076

9. *Rechenkreisel*
Übertrage die Aufgabe ins Heft. Rechne ringsherum, bis du wieder oben bist.

a)
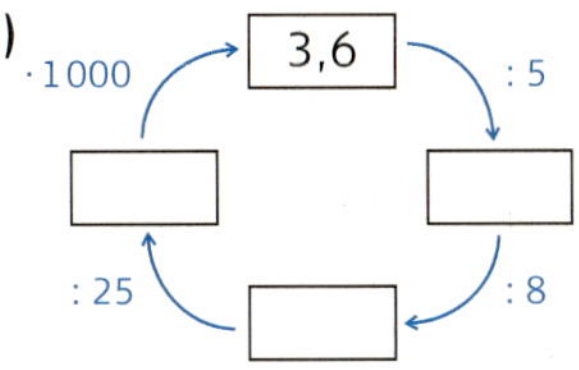

b)
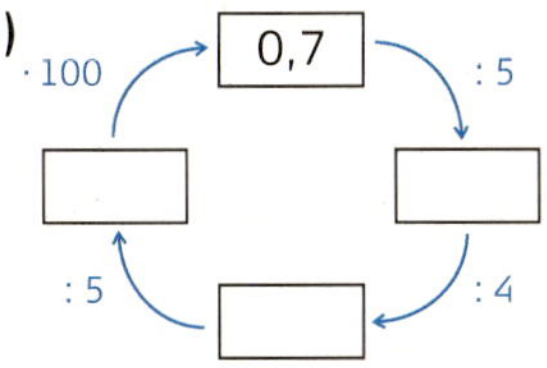

c)
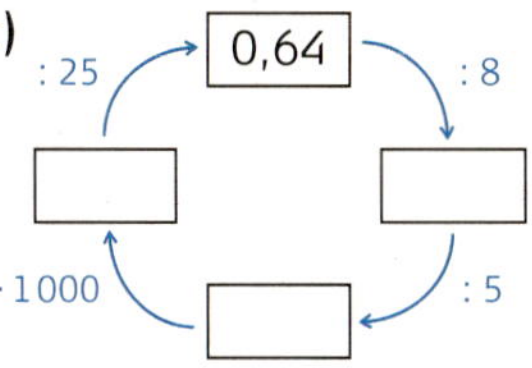

10. Berechne. Runde sinnvoll.

a) 5,20 € : 7
36,50 € : 9

b) 112,55 € : 10
212,73 € : 8

c) 47,75 € : 4
19,95 € : 8

d) 88,95 € : 12
157,67 € : 15

11. Berechne nur einen der Quotienten schriftlich. Gib dann die Werte der anderen an.

a) 81 : 18
8,1 : 18
0,081 : 18
0,81 : 18

b) 0,216 : 9
21,6 : 9
0,0216 : 9
2,16 : 9

c) 8,799 : 7
0,8799 : 7
87,99 : 7
879,9 : 7

d) 1801,6 : 32
1,8016 : 32
180,16 : 32
18,016 : 32

12. Formuliere selbst Aufgaben. Runde die Ergebnisse sinnvoll.

a) Eine Erdbeertorte kostet 11,50 €. Sie wird in 12 Stücke zerlegt.

b) Nach einer Klassenfahrt sind noch 83,00 € übrig. Der Betrag soll an die 28 Schüler der Klasse zurückgezahlt werden.

c) In einem Sonderangebot kosten 6 Schreibblöcke 8,50 €.

d) Tim zahlt für 3 CDs 38,95 €.

e) Ein Block mit 6 Fahrscheinen kostet 8,00 €. Ein Einzelfahrschein kostet 1,50 €.

f) Eine 150 g schwere Tafel Schokolade ist in 8 Riegel unterteilt.

13. Automodelle werden oft im Maßstab 1 : 18 gebaut.

a) Wie lang ist eine 90 cm lange Antenne im Modell?

b) Ein Pkw ist 4,724 m lang. Wie viel cm ist das Modell lang?

c) Die Höhe des Pkw beträgt 1,540 m. Wie hoch ist das Modell?

Hinweis: Berechne eine Stelle mehr als du benötigst und runde dann.

14. Zu jedem Ergebnis gehört ein Buchstabe. Die Buchstaben ergeben einen Text.

18,5 : 5
19,6 : 7
5,44 : 4
17,7 : 6
50,4 : 12
34,5 : 15
1,752 : 10

6,76 : 8
8,127 : 9
5,94 : 11
0,54 : 20
9,5 : 25
5,1 : 30
3,9 : 4

11,9 : 14
0,635 : 5
7,83 : 6
22,68 : 7
0,354 : 2
0,228 : 3

2,8	A	0,17	E	0,1752	S
0,54	A	0,127	E	0,027	S
3,24	A	1,305	F	0,975	S
0,38	B	2,95	H	0,845	T
0,177	C	0,076	H	0,85	T
0,903	D	2,3	I	1,36	T
4,2	E	3,7	M		

Dividieren durch einen Dezimalbruch

Einstieg

Beim Zählen großer Kleingeldbeträge werden in Geldinstituten die Münzen gewogen. Ein Kunde bringt eine Kassette mit 1-Euro-Stücken und 20-Cent-Stücken zur Bank.
Die 1-Euro-Stücke wiegen zusammen 937,5 g;
die 20-Cent-Stücke wiegen zusammen 467,4 g.

5,7 g 7,5 g

Aufgabe

1. a) Marie bietet ihren Geburtstagsgästen Johannisbeersaft in 0,15-*l*-Bechern an. Sie möchte wissen, wie viele Becher sie mit dem Inhalt einer 0,75-*l*-Flasche füllen kann.

b) Marie hat auch 2,5 *l* Orangensaft eingekauft.
Wie viele 0,2-*l*-Becher kann sie damit füllen?

Lösung

a) (1) mit Dezimalbrüchen:

$0{,}75 : 0{,}15 = \frac{0{,}75}{0{,}15}$	Man kann eine Division von Dezimalbrüchen auch als Bruch schreiben.
$= \frac{0{,}75 \cdot 100}{0{,}15 \cdot 100}$	Auch solche Brüche kann man erweitern, hier mit 100.
$= \frac{75}{15}$	Man erweitert so, dass im Nenner eine natürliche Zahl steht.
$= 75 : 15 = 5$	Der Bruch wird wieder als Quotient geschrieben und berechnet.

(2) mit gewöhnlichen Brüchen:

$$0{,}75 : 0{,}15 = \frac{75}{100} : \frac{15}{100} = \frac{75}{100} \cdot \frac{100}{15} = \frac{\cancel{75}^{5} \cdot \cancel{100}^{1}}{\cancel{100}_{1} \cdot \cancel{15}_{1}} = 5$$

Ergebnis: Marie kann 5 Becher mit Johannisbeersaft füllen.

b) $2{,}5 : 0{,}2 = \frac{2{,}5}{0{,}2} = \frac{2{,}5 \cdot 10}{0{,}2 \cdot 10} = \frac{25}{2} = 25 : 2 = 12{,}5$

Ergebnis: Marie kann 12,5 Becher mit Orangensaft füllen.

Zum Festigen und Weiterarbeiten

2. Berechne den Quotienten.
Beachte die Beispiele.
Erweitere den zugehörigen Bruch so, dass im Nenner kein Dezimalbruch mehr steht.

$$1{,}84 : 0{,}2 = \frac{1{,}84}{0{,}2} = \frac{1{,}84 \cdot 10}{0{,}2 \cdot 10} = \frac{18{,}4}{2} = 18{,}4 : 2 = 9{,}2$$

$$0{,}6 : 0{,}15 = \frac{0{,}6}{0{,}15} = \frac{0{,}6 \cdot 100}{0{,}15 \cdot 100} = \frac{60}{15} = 60 : 15 = 4$$

$$2 : 0{,}005 = \frac{2}{0{,}005} = \frac{2 \cdot 1000}{0{,}005 \cdot 1000} = \frac{2000}{5} = 400$$

Um wie viele Stellen wird dabei das Komma nach rechts verschoben?

a) 0,72 : 0,12	**c)** 2,4 : 0,3	**e)** 0,072 : 0,08	**g)** 3,6 : 0,009	**i)** 2 : 0,04
b) 0,28 : 0,7	**d)** 1,5 : 0,05	**f)** 0,3 : 0,002	**h)** 0,8 : 0,002	**j)** 3 : 0,005

3. *Aufgabe:* **a)** 1,26 : 0,6 = ☐ **b)** 0,48 : 0,16 = ☐ **c)** 7,5 : 0,12 = ☐

	a)	b)	c)
Aufgabe:	1,26 : 0,6 = ☐	0,48 : 0,16 = ☐	7,5 : 0,12 = ☐
Kommaverschiebung:	1,26 : 0,6	0,48 : 0,16	7,50 : 0,12
Berechne:	12,6 : 6 = ☐	48 : 16 = ☐	750 : 12 = ☐

4. Überlege zuerst:
Um wie viele Stellen muss das Komma nach rechts verschoben werden?

a) 2,5 : 0,5; 0,6 : 0,02; 0,44 : 0,11 **b)** 0,36 : 0,9; 0,72 : 0,003; 6 : 0,06

5. **a)** 4,578 : 0,7; 6,612 : 1,9; 11,295 : 0,15 **b)** 0,19215 : 0,035; 314,4 : 0,48; 121,5 : 0,27

Aufgabe: 23,56 : 0,4
Berechne schriftlich: 235,6 : 4

Information

(1) Aufgabe: 0,36 : 0,4
Berechne: 3,6 : 4

Das Komma bei beiden Zahlen um 1 Stelle nach rechts verschieben

(2) Aufgabe: 5,6 : 0,08
Berechne: 560 : 8

Das Komma bei beiden Zahlen um 2 Stellen nach rechts verschieben

Dividieren durch einen Dezimalbruch
Man verschiebt bei beiden Zahlen das Komma um *gleich viele* Stellen nach rechts, bis bei der zweiten Zahl kein Komma mehr steht.
Dann dividiert man.

Übungen

Dividieren kann verkleinern, aber auch vergrößern.

6. Rechne im Kopf. Denke an die Kommaverschiebung.

a)	b)	c)	d)	e)	f)
3,2 : 0,8	2 : 0,5	0,5 : 0,25	0,15 : 0,03	2 : 0,04	2,5 : 0,02
5,6 : 0,7	3 : 0,6	0,2 : 0,02	0,36 : 0,12	1 : 0,002	0,36 : 0,03
0,8 : 0,2	1 : 0,1	3 : 0,005	0,3 : 0,06	9 : 0,06	18 : 0,06
7,2 : 0,9	4 : 0,8	2 : 0,002	0,5 : 0,02	6,4 : 0,8	1,3 : 0,05

7. Führe zunächst einen Überschlag durch. Berechne die Quotienten schriftlich.

a)	b)	c)	d)	e)
123,2 : 0,8	3,052 : 0,7	243,96 : 0,06	1,685 : 0,05	2,1132 : 0,003
22,95 : 0,9	0,7884 : 0,4	4,068 : 0,09	27,93 : 0,07	0,02496 : 0,004

zu **8.**

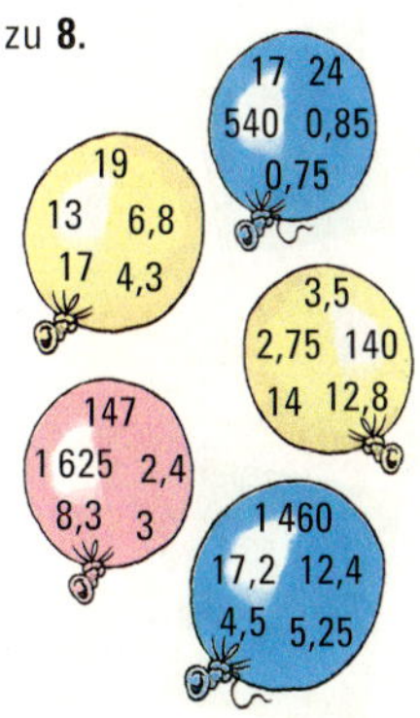

8.

a)	c)	e)	g)	i)
31,96 : 4,7	4,25 : 0,25	4,263 : 0,029	0,945 : 0,27	1051,2 : 0,72
41,71 : 9,7	2,88 : 0,12	26 : 0,016	0,9625 : 0,35	0,2025 : 0,045

b)	d)	f)	h)	j)
9,36 : 0,72	41,04 : 0,076	15,6 : 6,5	63 : 0,45	4,34 : 0,35
2,85 : 0,15	0,2635 : 0,31	2,25 : 7,5	8 : 0,625	3,9375 : 0,75

9. Berechne. Runde sinnvoll.

a)	b)	c)	d)
15,60 € : 1,5	44,82 € : 4,5	19,95 € : 3,6	10,92 € : 1,6
68,05 € : 9,2	120 € : 3,5	64,50 € : 1,3	11,45 € : 7,5
49,75 € : 0,9	66 € : 0,26	155 € : 2,4	22,75 € : 1,05

10. Aus den Zahlen kannst du neun Quotienten bilden.

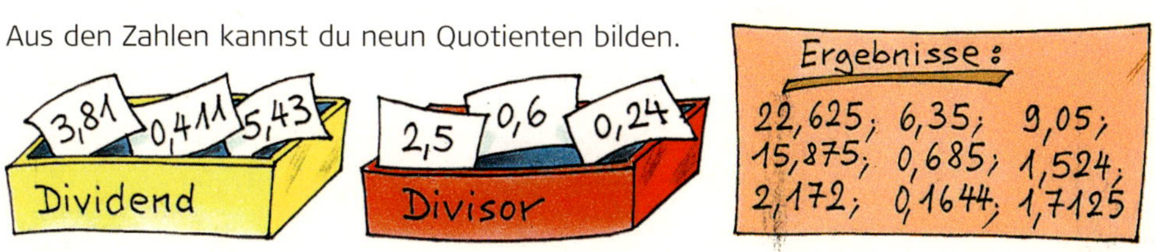

11. a) Dividiere 14,4 durch 0,45. Dividiere dann 0,45 durch 14,4. Multipliziere zuletzt die Ergebnisse miteinander.
Was fällt dir auf?

b) Verfahre wie in Teilaufgabe a) mit den Zahlen 0,18 und 7,2.

12. Berechne nur *einen* Quotienten schriftlich. Bestimme dann die Werte der anderen Quotienten mithilfe von Kommaverschiebungen.

a)	b)	c)	d)	e)
8,8 : 1,6	12 : 4,8	3,6 : 15	42 : 0,14	14,25 : 0,19
88 : 1,6	120 : 4,8	3,6 : 0,15	4,2 : 0,14	14,25 : 1,9
8,8 : 0,16	0,12 : 4,8	0,36 : 0,15	4,2 : 0,014	1,425 : 1,9
0,88 : 16	1,2 : 0,48	0,0036 : 0,15	0,42 : 0,014	0,1425 : 0,19

13. Wo steckt der Fehler? Berichtige.

(1) 7 : 0,01 = 0,07 (2) 12,15 : 0,3 = 4,5 (3) 0,096 : 0,12 = 0,08 (4) 0,24 : 0,8 = 3

14. Eine Biene sammelt auf einem Flug etwa 0,05 g Nektar.
Wie viele Flüge sind notwendig, um 500 g Nektar zu sammeln?

15. Stefans Schrittlänge ist ungefähr 0,8 m.
Wie viele Schritte macht Stefan bei einer 4 km langen Wanderstrecke?

16. In einer Mosterei werden an einem Tag 1 400 *l* Apfelsaft hergestellt und in 0,7-*l*-Flaschen abgefüllt.
Wie viele Flaschen werden mit Apfelsaft gefüllt?

17. Laura hat eine Burg aus Spielzeugteilen. Sie möchte um die Burg einen Palisadenzaun bauen. Jede Palisade soll 8,5 cm lang werden.
Wie viele Palisaden erhält Laura aus einer 340 cm langen Holzleiste?

18. Luca hat auf dem Flohmarkt seine alten Lesehefte verkauft, jedes Heft für 0,75 €. Er hat dafür 10,50 € eingenommen.

19. Ein Lastkahn hat 1 400 t Kohlen geladen. Die Ladung soll auf Güterwagen mit je 17,5 t Tragfähigkeit abgefahren werden.

20. Petras Eltern unterhalten sich über die gestiegenen Benzinpreise.
Ihr Vater sagt: „Ich habe heute für 36 Liter Super 47,88 € bezahlt."
Petras Mutter erwidert: „Ich musste für 28 Liter Super 37,32 € bezahlen."

PERIODISCHE DEZIMALBRÜCHE

Einstieg

Sebastian, Tim und Jan teilen sich eine 1-Liter-Flasche Cola.
Ihre Schwester Anna trinkt eine 0,33-*l*-Dose.
Sie fragen sich:
„Wer hat mehr Cola?"

Aufgabe

$\frac{19}{8} = 19 : 8$

1. Du weißt: Jeden gewöhnlichen Bruch kann man als Quotient schreiben, zum Beispiel $\frac{3}{4} = 3 : 4$. Rechne folgende Brüche in Dezimalbrüche um.
Was fällt dir bei Teilaufgabe b) auf?

a) (1) $\frac{19}{8}$ (2) $\frac{7}{16}$ (3) $2\frac{11}{20}$ **b)** (1) $\frac{2}{3}$ (2) $\frac{5}{6}$ (3) $\frac{3}{11}$

Lösung

a) (1) *Umrechnung von* $\frac{19}{8}$:

Dividiere die Einer:

die Zehntel:

die Hundertstel:

die Tausendstel:

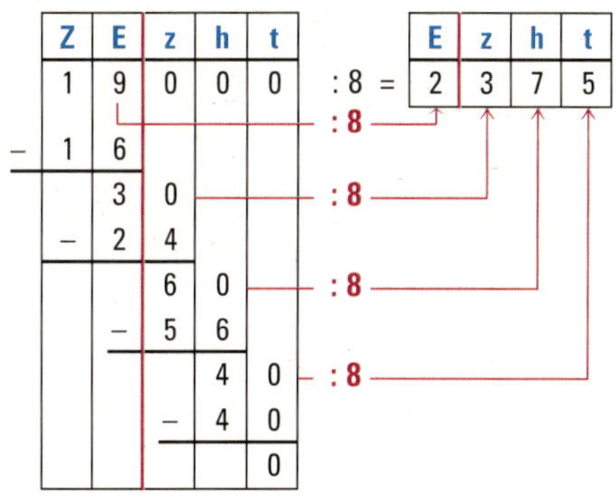

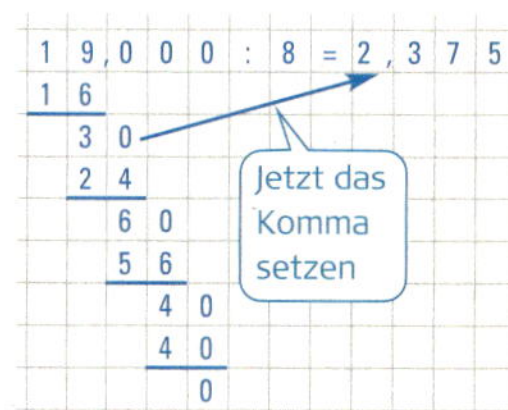

Ergebnis: $\frac{19}{8} = 2{,}375$

(2) *Umrechnung von* $\frac{7}{16}$: $\frac{7}{16} = 7 : 16 = 0{,}4375$

(3) *Umrechnung von* $2\frac{11}{20}$: $\frac{11}{20} = 11 : 20 = 0{,}55$; also $2\frac{11}{20} = 2 + \frac{11}{20} = 2 + 0{,}55 = 2{,}55$

b) (1) *Umrechnung von* $\frac{2}{3}$:

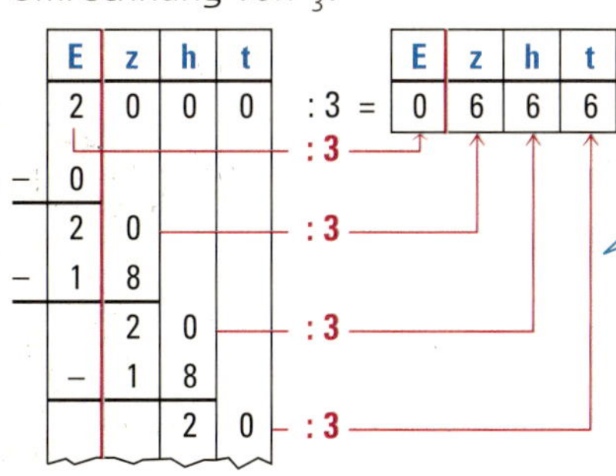

Jedes Mal Rest 2.
Daher bricht die Rechnung nicht ab.
Die Ziffer 6 wiederholt sich immer wieder.

Ergebnis: $\frac{2}{3} = \frac{6}{10} + \frac{6}{100} + \frac{6}{1000} + \frac{6}{10000} + \ldots = 0{,}6666\ldots$

(2) *Umrechnung von* $\frac{5}{6}$: $\frac{5}{6} = 5 : 6 = 0{,}83333\ldots$

Ziffer 3 wiederholt sich immer wieder.

(3) *Umrechnung von* $\frac{3}{11}$: $\frac{3}{11} = 3 : 11 = 0{,}272727\ldots$

Das Ziffernpaar 27 wiederholt sich immer wieder.

Information

(1) Abbrechende und periodische Dezimalbrüche

In der Aufgabe 1 a) hast du **abbrechende Dezimalbrüche** erhalten.
Abbrechende Dezimalbrüche haben eine bestimmte Anzahl von Ziffern rechts vom Komma, z. B. 2,375; 0,8375; 2,55.
Man sagt: Die Ziffernfolge rechts vom Komma „bricht ab".
In Aufgabe 1 b) hast du **periodische Dezimalbrüche** erhalten.
Bei periodischen Dezimalbrüchen wiederholt sich eine Ziffer oder eine Zifferngruppe rechts vom Komma immer wieder.

(2) Schreibweise für periodische Dezimalbrüche.

$\frac{2}{3} = 2 : 3 = 0{,}666\ldots$
Wir schreiben: $0{,}\overline{6}$
Wir lesen:
Null Komma
Periode sechs
Es gilt: $\frac{2}{3} = 0{,}\overline{6}$

$\frac{3}{11} = 3 : 11 = 0{,}272727\ldots$
Wir schreiben: $0{,}\overline{27}$
Wir lesen:
Null Komma
Periode zwei sieben
Es gilt: $\frac{3}{11} = 0{,}\overline{27}$

$\frac{5}{6} = 5 : 6 = 0{,}8333\ldots$
Wir schreiben: $0{,}8\overline{3}$
Wir lesen:
Null Komma acht
Periode drei
Es gilt: $\frac{5}{6} = 0{,}8\overline{3}$

$0{,}\overline{6}$; $0{,}\overline{27}$ und $0{,}8\overline{3}$ sind periodische Dezimalbrüche.

Zum Festigen und Weiterarbeiten

2. Rechne in einen Dezimalbruch um. Gib an, ob ein abbrechender oder ein periodischer Dezimalbruch entstanden ist.
(1) $\frac{1}{3}$ (2) $\frac{4}{5}$ (3) $\frac{11}{8}$ (4) $\frac{1}{9}$ (5) $\frac{4}{9}$ (6) $\frac{17}{22}$ (7) $\frac{7}{3}$ (8) $\frac{17}{40}$ (9) $1\frac{5}{16}$ (10) $2\frac{5}{12}$

3. Rechne in einen Dezimalbruch um: $\frac{7}{9}$; $\frac{5}{11}$; $\frac{7}{6}$; $\frac{15}{22}$; $\frac{1}{99}$; $\frac{1}{7}$.
In welchen Fällen wiederholen sich mehrere Ziffern?

4. **a)** Prüfe nach: $\frac{12}{25} = 0{,}48$; $\frac{16}{33} = 0{,}\overline{48}$; $\frac{22}{45} = 0{,}4\overline{8}$; $\frac{28}{33} = 0{,}\overline{84}$; $\frac{38}{45} = 0{,}8\overline{4}$; $\frac{21}{25} = 0{,}84$

b) Schreibe die ersten acht Ziffern der periodischen Dezimalbrüche in Teilaufgabe a).

c) Runde die periodischen Dezimalbrüche in Teilaufgabe a) auf fünf Stellen nach dem Komma.

Periodischer Dezimalbruch: $0{,}\overline{8}$
$0{,}\overline{8} = 0{,}888888888888888\ldots$
Auf fünf Stellen gerundet:
0,888888... , 0,88889

▲ **5.** Laura versucht periodische Dezimalbrüche in gewöhnliche Brüche umzurechnen.

a) Laura betrachtet zunächst die umgekehrte Aufgabe. Sie rechnet folgende Brüche in Dezimalbrüche um:
(1) $\frac{1}{9}$; $\frac{2}{9}$; $\frac{3}{9}$ (3) $\frac{1}{999}$; $\frac{2}{999}$; $\frac{3}{999}$
(2) $\frac{1}{99}$; $\frac{2}{99}$; $\frac{3}{99}$
Führe die Rechnungen durch.

b) Laura kann nun die periodischen Dezimalbrüche an der Tafel in gewöhnliche Brüche umrechnen. Führe die Rechnungen nach Lauras Idee durch. Benutze dazu die Ergebnisse aus Teilaufgabe a).

Übungen

6. Rechne in einen Dezimalbruch um. Gib an, ob ein abbrechender oder ein periodischer Dezimalbruch entsteht.

a) $\frac{1}{4}$ **b)** $\frac{3}{11}$ **c)** $\frac{9}{10}$ **d)** $\frac{16}{9}$ **e)** $\frac{1}{8}$ **f)** $\frac{5}{14}$ **g)** $\frac{7}{22}$ **h)** $\frac{13}{15}$ **i)** $4\frac{7}{8}$ **j)** $3\frac{3}{7}$

7. Rechne schriftlich. Du erhältst einen periodischen Dezimalbruch.

a) 13 : 11 **b)** 17 : 9 **c)** 23 : 6 **d)** 16 : 3 **e)** 12 : 7 **f)** 4 : 13 **g)** 5 : 17

8. Forme in einen Dezimalbruch um. Runde auf drei Stellen nach dem Komma.

a) $\frac{14}{3}$ **b)** $\frac{11}{6}$ **c)** $\frac{5}{7}$ **d)** $1\frac{3}{7}$ **e)** $\frac{6}{23}$ **f)** $\frac{11}{36}$ **g)** $2\frac{2}{12}$ **h)** $3\frac{13}{16}$

9. Was gehört zusammen? Schreibe so: $\frac{1}{2}$ = 1 : 2 = 0,5

$\frac{1}{5}$ $\frac{1}{8}$ $\frac{2}{5}$ $\frac{1}{2}$ $\frac{1}{9}$ $\frac{3}{4}$ $\frac{2}{3}$ $\frac{1}{10}$ $\frac{1}{4}$ $\frac{1}{3}$

3 : 4 1 : 2 2 : 5 1 : 9 1 : 8 1 : 3 1 : 5 2 : 3 1 : 4 1 : 10

$0,\overline{6}$ 0,1 0,75 0,2 0,25 $0,\overline{1}$ $0,\overline{3}$ 0,125 0,5 0,4

10. Vergleiche; setze eines der Zeichen < oder > ein.

a) $0,45 \ \square \ 0,\overline{4}$
$0,\overline{7} \ \square \ 0,77$

b) $0,\overline{2} \ \square \ 0,23$
$0,56 \ \square \ 0,\overline{5}$

c) $0,\overline{3} \ \square \ 0,34$
$0,\overline{5} \ \square \ 0,5555$

d) $0,67 \ \square \ 0,\overline{6}$
$0,8\overline{2} \ \square \ 0,83$

> $0,33 < 0,\overline{3}$,
> denn $0,33 < 0,333\ldots$

11. Rechne in einen Dezimalbruch um.
Setze dann eines der Zeichen < oder > ein.

a) $\frac{3}{5} \ \square \ 0,\overline{6}$
$0,\overline{7} \ \square \ \frac{3}{4}$

b) $\frac{2}{5} \ \square \ 0,3\overline{5}$
$0,\overline{3} \ \square \ \frac{7}{20}$

c) $1,3\overline{7} \ \square \ 1\frac{3}{8}$
$3\frac{1}{8} \ \square \ 3,\overline{12}$

d) $0,2\overline{5} \ \square \ \frac{1}{4}$
$\frac{5}{8} \ \square \ 0,6\overline{25}$

> $0,\overline{4} > \frac{4}{10}$,
> denn $0,\overline{4} > 0,4$

12. Ordne die Zahlen nach der Größe.

a) 0,3; $0,\overline{3}$; 0,33; 0,334; 0,333
b) $0,\overline{1}$; 0,1; 0,11; $0,\overline{01}$; 0,01
c) 0,16; $\frac{1}{6}$; 0,166; 0,167; 0,17
d) 1,28; $1,2\overline{8}$; $1\frac{28}{99}$; 1,288; $1\frac{289}{1000}$

▲ **13.** Rechne in gewöhnliche Brüche um. Kürze, wenn möglich. Beachte Aufgabe 5.

a) $0,\overline{4}$; $0,\overline{5}$ **b)** $1,\overline{6}$; $4,\overline{2}$ **c)** $0,\overline{05}$; $0,\overline{27}$ **d)** $7,\overline{15}$; $3,\overline{20}$ **e)** $0,\overline{40}$; $0,\overline{04}$ **f)** $0,\overline{036}$; $5,\overline{180}$ **g)** $0,\overline{030}$; $0,\overline{03}$

Spiel (2 oder 4 Spieler)

14. *Klein aber fein*

Wählt 10 echte Brüche, die in abbrechende Dezimalbrüche umgewandelt werden, und 6 echte Brüche, die in periodische Dezimalbrüche umgewandelt werden. Schreibt die 16 echten Brüche und die 16 Dezimalbrüche auf Kärtchen.
Alle 32 Karten werden gemischt und gleichmäßig an die Mitspieler verteilt. Jeder legt seine Karten als Stapel verdeckt vor sich auf den Tisch. Jetzt decken alle Mitspieler jeweils die obere Karte ihres Stapels auf. Wer die größte Zahl hat, muss alle aufgedeckten Karten nehmen und legt sie unter seinen Stapel. Haben zwei Mitspieler den gleichen höchsten Wert, führen die beiden ein Stechen mit zwei neuen Karten durch.
Sieger ist, wer zuerst alle Karten abgeben konnte.

VERMISCHTE ÜBUNGEN ZU ALLEN RECHENARTEN

1. a) $\frac{2}{5} \cdot \frac{5}{9}$; $\frac{3}{4} \cdot \frac{5}{8}$
b) $\frac{5}{4} \cdot \frac{3}{7}$; $\frac{3}{7} \cdot \frac{5}{8}$
c) $\frac{2}{3} : \frac{5}{9}$; $\frac{3}{4} : \frac{5}{8}$
d) $\frac{5}{4} : \frac{3}{7}$; $\frac{4}{5} : \frac{2}{7}$
△ e) $\frac{15}{16} \cdot 1\frac{3}{5}$; $1\frac{1}{2} \cdot 1\frac{1}{4}$
△ f) $\frac{12}{13} : 1\frac{1}{5}$; $1\frac{1}{2} : 1\frac{1}{4}$

2. a) $\frac{3}{4} : \frac{2}{5}$; $\frac{3}{4} \cdot \frac{2}{5}$; $3\frac{3}{4} : \frac{5}{2}$; $3\frac{3}{4} \cdot \frac{5}{2}$
b) $\frac{7}{6} \cdot \frac{5}{6}$; $\frac{7}{6} + \frac{5}{6}$; $\frac{7}{6} : \frac{5}{6}$; $\frac{7}{6} - \frac{5}{6}$
c) $\frac{8}{9} \cdot \frac{4}{5}$; $\frac{8}{9} + \frac{4}{5}$; $\frac{8}{9} : \frac{4}{5}$; $\frac{8}{9} - \frac{4}{5}$
d) $\frac{5}{7} \cdot \frac{5}{6}$; $\frac{5}{7} - \frac{5}{6}$; $\frac{5}{7} : \frac{5}{6}$; $\frac{5}{7} + \frac{5}{6}$
△ e) $5\frac{1}{2} \cdot 1\frac{4}{10}$; $5\frac{1}{2} - 1\frac{4}{10}$; $5\frac{1}{2} : 1\frac{4}{10}$; $5\frac{1}{2} + 1\frac{4}{10}$
△ f) $3\frac{1}{3} - 2\frac{2}{5}$; $3\frac{1}{3} : 2\frac{2}{5}$; $3\frac{1}{3} \cdot 2\frac{2}{5}$; $3\frac{1}{3} + 2\frac{2}{5}$

$\frac{9}{10}$; $\frac{2}{3}$; $3\frac{1}{2}$; $1\frac{1}{14}$; $\frac{4}{15}$; $3\frac{3}{4}$; $\frac{28}{45}$; 4; $\frac{3}{5}$; $\frac{9}{20}$

3a) bis c)

$2\frac{4}{25}$; $1\frac{17}{64}$; $1\frac{17}{22}$; 1; $\frac{1}{2}$; $1\frac{1}{3}$; $\frac{2}{3}$; 6; $4\frac{3}{5}$; $1\frac{13}{14}$

3d) bis f)

3. Berechne. Kürze, wenn es möglich ist.
a) $\frac{35}{36} \cdot \frac{54}{49}$; $\frac{21}{22} \cdot \frac{14}{55}$; $\frac{24}{25} \cdot \frac{15}{16}$
b) $\frac{8}{15} : \frac{4}{5}$; $\frac{15}{16} \cdot \frac{48}{75}$; $\frac{18}{35} : \frac{9}{70}$
c) $\frac{9}{16} : \frac{5}{4}$; $\frac{24}{39} \cdot \frac{26}{60}$; $\frac{36}{35} \cdot \frac{49}{81}$
d) $\frac{81}{65} \cdot \frac{78}{45}$; $\frac{48}{55} : \frac{32}{65}$; $\frac{72}{49} \cdot \frac{63}{48}$
e) $\frac{15}{18} : \frac{5}{3}$; $\frac{56}{81} \cdot \frac{27}{14}$; $\frac{12}{21} : \frac{4}{42}$
f) $\frac{28}{39} : \frac{56}{52}$; $\frac{54}{34} \cdot \frac{51}{81}$; $\frac{63}{64} : \frac{56}{72}$

4. a) 80 Bogen Papier sind $\frac{3}{4}$ cm hoch. Wie dick ist ein Bogen?
b) Ein halber Liter Milch wird gleichmäßig auf 3 Tassen verteilt. Wie viel Liter sind in einer Tasse?
c) Fünf gleich schwere Pakete wiegen zusammen 12,5 kg. Wie viel wiegt ein Paket?
d) Ein Läufer atmet bei einem Atemzug ungefähr $\frac{3}{4}$ *l* Luft ein. Ungefähr 20 % der eingeatmeten Luft ist Sauerstoff. Wie viel Liter Sauerstoff atmet der Läufer mit einem Atemzug ein?

5. a) Ein Lastwagen ist $10\frac{3}{4}$ m lang, sein Anhänger $6\frac{1}{2}$ m. Wie viel Meter ist der ganze Lastzug lang?
b) In einer Fahrzeugkolonne fahren 24 Lastzüge. Jeder Lastwagen ist 9,50 m lang, jeder Anhänger 6,25 m. Der durchschnittliche Abstand zwischen zwei Lastzügen beträgt 22,50 m. Wie lang ist die gesamte Fahrzeugkolonne? Schätze zunächst ab.

6. a) Eine Dose Pfirsiche wiegt 0,7 kg. Wie viel kg wiegen
(1) 6 Dosen; (2) 10 Dosen; (3) 12 Dosen?
b) Ein Lkw hat $\frac{3}{4}$ t Ladegewicht. Wie viel t kann er transportieren
(1) mit 3 Fahrten; (2) mit 5 Fahrten; (3) mit 9 Fahrten?
c) Aus 1 kg Trauben erhält man $\frac{5}{6}$ *l* Saft. Wie viel *l* Traubensaft erhält man aus
(1) 15 kg Trauben; (2) 20 kg Trauben; (3) 40 kg Trauben?
d) Der Schall legt ca. $\frac{1}{3}$ km in 1 s zurück. Wie viel km legt er in
(1) 3 s; (2) 5 s; (3) 8 s zurück?

7. Lara erzählt ihrer Freundin: „Von meinem Taschengeld gebe ich $\frac{1}{4}$ für Bücher und $\frac{1}{6}$ für Süßigkeiten aus. Das ist schon mehr als die Hälfte." Stimmt das?

8. Ein Lkw hat $\frac{5}{6}$ t Ladegewicht und sein Anhänger $\frac{3}{4}$ t. Wie viel t kann er transportieren
(1) mit 5 Fahrten; (2) mit 8 Fahrten; (3) mit 13 Fahrten?

9. Onkel Theodor vererbt sein Vermögen an seine Neffen Kai und Dirk und an seine Nichte Claudia.
Kai erbt $\frac{2}{5}$, Dirk $\frac{1}{3}$ des Vermögens, Claudia erhält den Rest.

a) Welcher Anteil des gesamten Erbes geht an die Neffen?

b) Welchen Anteil erbt die Nichte?

c) Claudias Erbteil beträgt 8 000 €.
Wie groß ist das gesamte Vermögen?

10. Stelle selbst Aufgaben und löse sie.

a) Ein Blumenbeet ist $3\frac{1}{2}$ m lang und $\frac{3}{4}$ m breit. $\frac{2}{5}$ des Beets sind mit Rosen bepflanzt.

b) In einer Klasse spielen $\frac{3}{4}$ aller Kinder ein Musikinstrument. $\frac{2}{3}$ dieser Kinder sind Mädchen. In der Klasse sind 16 Mädchen und 12 Jungen.

11. Ein Waldstück ist 9,25 ha groß. Für eine neue Straße werden 1,40 ha Wald gerodet, außerdem werden für einen Autohof mit Tankstelle und Raststätte 0,75 ha sowie für Zufahrten und Parkplätze $\frac{7}{8}$ ha Wald gerodet.
Wie groß ist die verbleibende Waldfläche?

12. **a)** In einem Aquarium steht das Wasser $\frac{3}{4}$ m hoch. Das Aquarium ist nur zu $\frac{5}{8}$ gefüllt. Wie hoch ist das Aquarium?

b) Ein Gefäß ist zu $\frac{2}{5}$ gefüllt. Es enthält $\frac{3}{4}$ *l* Milch. Wie viel *l* fasst das Gefäß?

c) Wenn man den Inhalt von zwei $\frac{3}{4}$-*l*-Flaschen in ein Bowle-Gefäß füllt, ist es zu $\frac{3}{8}$ gefüllt. Wie viel *l* fasst das Bowle-Gefäß?

d) Eine Schüssel fasst $3\frac{1}{2}$ *l*, sie ist aber nur zu $\frac{3}{5}$ mit Wasser gefüllt. Das Wasser wird in eine Wanne umgefüllt, die 40 *l* fasst.
Wie groß ist der Anteil dieser Füllung am gesamten Volumen der Wanne?

13. Gegeben sind die beiden Bruchzahlen $\frac{8}{9}$ und $\frac{5}{7}$.
Beantworte die Fragen zunächst ohne zu rechnen. Begründe deine Antwort. Überprüfe durch Rechnung:

a) Was ist kleiner:
Das Produkt der beiden Zahlen oder der Quotient der beiden Zahlen?

b) Was ist größer:
Das Produkt der beiden Zahlen oder die Summe der beiden Zahlen?

c) Was ist kleiner:
Der Quotient der beiden Zahlen oder die Differenz der beiden Zahlen?

14. Der Schmetterling ist auf $\frac{2}{3}$ verkleinert, der Käfer auf $1\frac{1}{2}$ vergrößert. Bestimme durch Messen und Rechnen

a) die wirkliche Länge des Körpers (ohne Flügel und Fühler);

b) die wirkliche Spannweite der vorderen Flügel;

c) die wirkliche Länge der Fühler.

15. Frau Schmücker entdeckt im Schlussverkauf günstige Stoffangebote. Sie kauft $\frac{3}{4}$ m Baumwollstoff für ihre Tochter und für sich selbst $3\frac{1}{2}$ m Kleiderstoff. Der angebotene Gardinenrest ist ihr zu groß. Sie kauft nur $\frac{2}{3}$ des Restes.

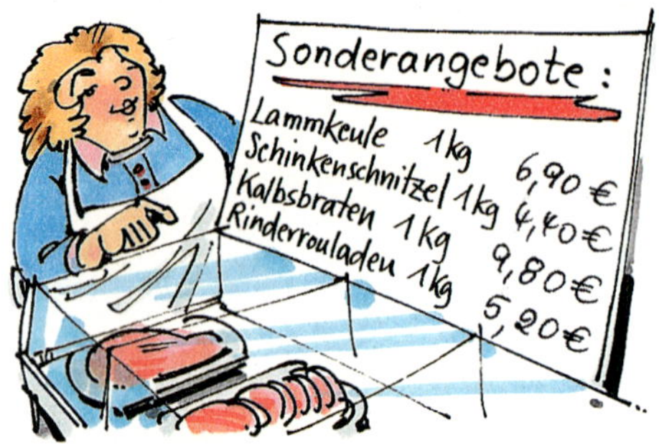

16. *Sonderangebot im Supermarkt*
Herr Romanski kauft $\frac{3}{4}$ kg Kalbsbraten, $\frac{3}{8}$ kg Rinderrouladen, $1\frac{1}{2}$ kg Lammkeule und $1\frac{1}{8}$ kg Schinkenschnitzel.
Wie viel Euro muss er bezahlen?
Führe zuerst einen Überschlag durch.

17. Tims Oma will 20 *l* Saft in 0,7-*l*-Flaschen abfüllen. Bleibt ein Rest? Begründe.

18. Metzger Koch schneidet von einem $2\frac{1}{2}$ kg schweren Stück Schweinefleisch die Hälfte ab. Daraus schneidet er 8 gleich große Schnitzel.
Herr Kraft kauft davon 6 Schnitzel. 1 kg Schnitzel kostet 6,40 €.

19. Ein Buch ist genau 10,4 mm dick. Jeder der beiden Einbanddeckel ist 0,4 mm dick. Das Buch hat 240 Seiten. Wie dick ist jedes Blatt?

20. Eine Klasse besteht zu $\frac{2}{3}$ aus Mädchen und zu $\frac{1}{3}$ aus Jungen. $\frac{3}{4}$ aller Mädchen und $\frac{2}{3}$ aller Jungen treiben Sport. Wie groß ist der Anteil der Sportler an der Gesamtzahl der Schülerinnen und Schüler der Klasse?
Schätze zunächst ohne zu rechnen ab, ob mehr als $\frac{2}{3}$ aller Schülerinnen und Schüler Sport treiben. Begründe deine Schätzung.

21. **a)** Welche Bruchzahl muss man zu $\frac{3}{4}$ addieren, um $5\frac{1}{2}$ zu erhalten?
b) Von welcher Bruchzahl muss man $\frac{1}{8}$ subtrahieren, um $4\frac{1}{2}$ zu erhalten?
c) Mit welcher Bruchzahl muss man $\frac{2}{5}$ multiplizieren, um 1 zu erhalten?
d) Welche Bruchzahl muss man durch $\frac{5}{8}$ dividieren, um $\frac{5}{8}$ zu erhalten?

22. **a)** Verdoppele das Produkt der Zahlen $3\frac{1}{2}$ und $\frac{8}{9}$.
b) Addiere das Produkt der Zahlen $\frac{2}{3}$ und $\frac{3}{4}$ zu dem Produkt der Zahlen $\frac{1}{2}$ und $\frac{5}{6}$.
c) Multipliziere die Summe der Zahlen $\frac{5}{6}$ und $\frac{2}{3}$ mit dem Produkt der Zahlen $\frac{4}{5}$ und $2\frac{1}{2}$.

23. Drei Wanderburschen arbeiten bei einem Förster für ein Mittagessen. Die Förstersfrau hat eine ganze Schüssel voll Klöße gekocht. Die Wanderburschen kommen zu verschiedenen Zeiten aus dem Wald zurück.
Der erste Wanderbursche isst $\frac{1}{3}$ aller Klöße und geht seines Weges. Der zweite isst $\frac{1}{3}$ des Restes und geht seines Weges. Zuletzt kommt der dritte Wanderbursche; er isst $\frac{1}{3}$ der Klöße, die noch in der Schüssel sind und lässt noch 8 Klöße übrig.
Stelle selbst geeignete Fragen und beantworte sie.

24. Bestimme die fehlenden Zahlen. Addiere sie dann. Was fällt dir auf?

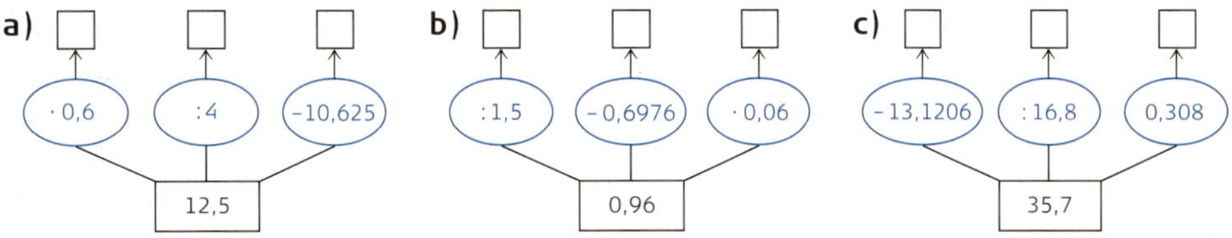

25. Zwei Zahlen ergeben vier Aufgaben. Schreibe die Aufgaben auf und löse sie.

a) 10,8; 0,96 **b)** 0,927; 0,72

17,5 + 0,56
17,5 – 0,56

17,5 · 0,56
17,5 : 0,56

26.

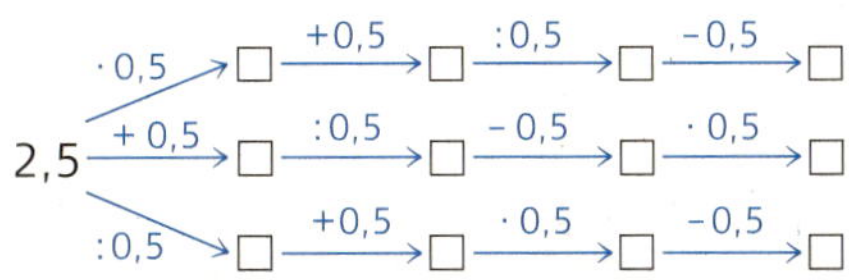

a) Berechne die drei Zielzahlen.

b) Zeichne die Pfeilketten noch einmal ab. Anstelle von 0,5 schreibe 0,1. Rechne.

27.

Familie Neumann isst im Restaurant. Sie bestellt 4 Vorspeisen zu je 3,90 €, 3 Hauptgerichte zu je 9,80 €, ein Hauptgericht zu 10,20 €, 3 Nachspeisen zu je 2,70 € und 4 Getränke zu je 1,40 €.

Frau Neumann zahlt mit einem 200-€-Schein.

Wie viel Wechselgeld erhält Frau Neumann zurück, wenn der freundliche Kellner noch 3 € Trinkgeld bekommt?

Führe zunächst einen Überschlag durch.

28. Wähle jeweils zwei der vier Zahlen. Dividiere die eine Zahl durch die andere. Der Wert des Quotienten soll

a) möglichst groß sein,

b) eine natürliche Zahl sein,

c) zwischen 1 und 2 liegen.

Den Quotienten zweier Zahlen kann man auch als Bruch schreiben. Der Bruchstrich ersetzt das Divisionszeichen.

29. Gib das Ergebnis mit Komma an.

a) $\frac{5,6}{7}$ **b)** $\frac{12}{7,5}$ **c)** $\frac{1,12}{1,4}$ **d)** $\frac{0,66}{1,1}$ **e)** $\frac{0,15}{0,3}$ **f)** $\frac{9}{1,2}$ **g)** $\frac{4,8}{10}$ **h)** $\frac{0,9}{0,23}$

30.

Die Gewichtheber teilt man in unterschiedliche Gewichtsklassen ein. In der 105-kg-Klasse liegt (im Januar 2009) der Weltrekord der Männer im Stoßen bei 263 kg, der Weltrekord der Frauen in der 75-kg-Klasse bei 186 kg.

Eine Ameise ist in der Lage, das 50-Fache ihres Körpergewichtes zu heben.

Vergleiche die Rekorde der Gewichtheber mit der Leistung der Ameise.

BERECHNEN VON FLÄCHEN UND KÖRPERN

Berechnungen an Rechtecken

Einstieg

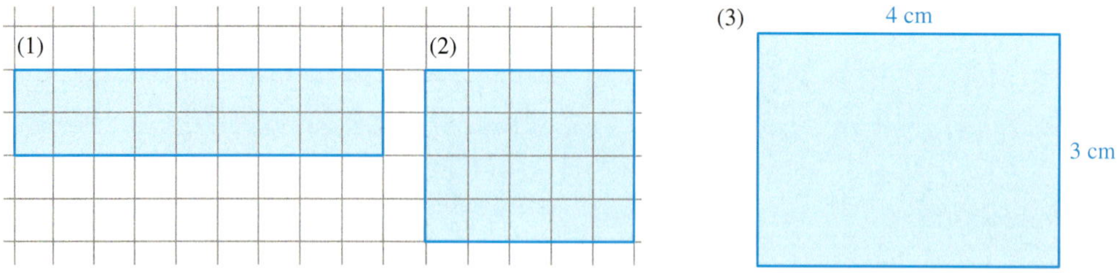

Betrachte die Rechtecke (1) und (2).

→ Welches der beiden Rechtecke ist größer? Bestimme den Flächeninhalt der Rechtecke und gib den Größenunterschied an.

→ Welches der beiden Rechtecke hat den größeren Umfang?

Das Rechteck (3) hat die Seitenlängen a = 4 cm und b = 3 cm.

→ Bestimme den Flächeninhalt des Rechtecks durch Auslegen mit Quadraten geeigneter Größe. Leite daraus ein Verfahren ab, wie man aus den beiden Seitenlängen a und b eines Rechtecks den Flächeninhalt A des Rechtecks berechnen kann.

Wiederholung

Unter der Größe eines Rechtecks versteht man den Flächeninhalt des Rechtecks.

Sind die Seitenlängen eines Rechtecks in *derselben* Längeneinheit angegeben, dann erhält man den **Flächeninhalt A des Rechtecks,** indem man die Maßzahlen der Seitenlängen a und b miteinander multipliziert und mit der entsprechenden Flächeninhaltseinheit versieht.

Beispiel: $A = (3 \cdot 4) \cdot 1\ cm^2 = 12\ cm^2$

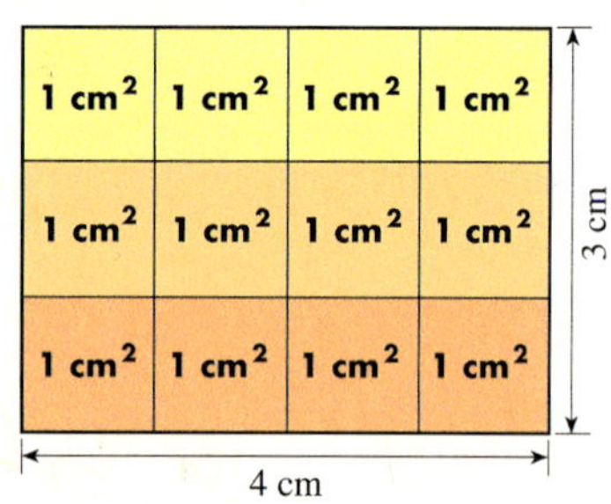

Die Formel für den **Flächeninhalt A eines Rechtecks** mit den Seitenlängen a und b lautet:

$A = a \cdot b$

Beispiel: $A = 3\ cm \cdot 4\ cm$
$= (3 \cdot 4)\ cm^2$
$= 12\ cm^2$

Die Formel gilt auch für Bruchzahlen als Maßzahlen.

Aufgabe

1. Ein Rechteck hat die folgenden Seitenlängen:

(1) $a = \frac{3}{4}$ m; $b = 3\frac{1}{2}$ m   (2) a = 7,5 cm; b = 4,6 cm

Bestimme den Flächeninhalt des Rechtecks.

Lösung

Wir wenden die Formel an.

(1) $A = a \cdot b$

$A = \frac{3}{4}\ m \cdot 3\frac{1}{2}\ m$

$A = \left(\frac{3}{4} \cdot \frac{7}{2}\right) m^2 = \frac{21}{8}\ m^2 = 2\frac{5}{8}\ m^2$

(2) $A = a \cdot b$

$A = 7{,}5\ cm \cdot 4{,}6\ cm$

$A = (7{,}5 \cdot 4{,}6)\ cm^2$

$A = 34{,}5\ cm^2$

Zum Festigen und Weiterarbeiten

2. Berechne die fehlenden Größen eines Rechtecks.

mehrere Lösungen (h)

	a)	b)	c)	d)	e)	f)	g)	h)
Länge	7 cm	3,7 m		15,8 dm	$1\frac{1}{4}$ m	4370 mm		
Breite	12 cm	4,2 m	17 m		$5\frac{1}{2}$ m	3,45 m	$\frac{2}{3}$ dm	
Umfang								24 cm
Flächeninhalt			714 m^2	197,5 dm^2			$\frac{4}{5}$ dm^2	

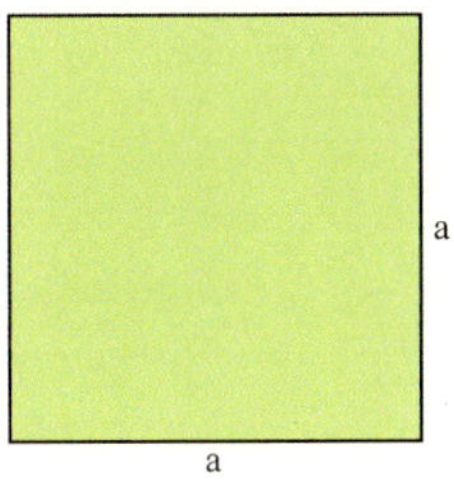

3. a) Begründe: Für den Flächeninhalt A eines Quadrats mit der Seitenlänge a gilt die Formel: $A = a \cdot a$

b) Ein Quadrat hat die Seitenlänge (1) a = 3,7 cm; (2) $a = \frac{3}{4}$ dm.
Berechne den Flächeninhalt nach der Formel; berechne auch den Umfang.

4. Ein Wohnzimmer (Maße im Bild rechts) soll einen neuen Parkettboden erhalten. Ein Quadratmeter Parkett kostet 42,50 €. Berechne die Gesamtkosten auf zwei unterschiedliche Arten.

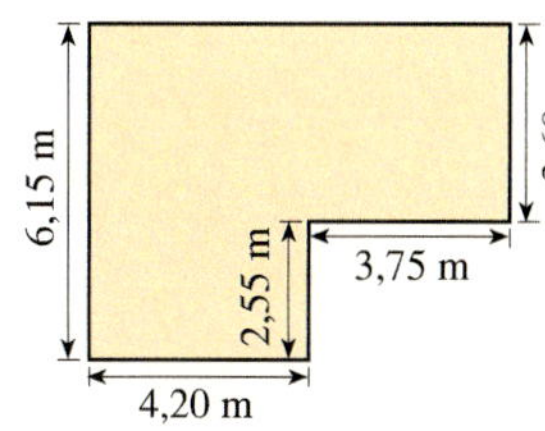

Übungen

1 km^2 = 100 ha
1 ha = 100 a
1 a = 100 m^2
1 m^2 = 100 dm^2
1 dm^2 = 100 cm^2
1 cm^2 = 100 mm^2

5. Berechne den Flächeninhalt und den Umfang des Rechtecks.

a) 4,7 cm; 3,5 cm **b)** 15,3 cm; 12,9 cm **c)** 35,4 cm; 279 mm

6.

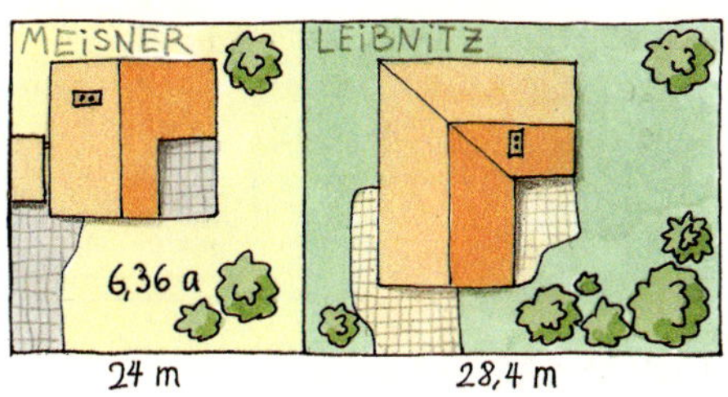

a) Die Familien Meisner und Leibnitz wollen auf ihrer gemeinsamen Grundstücksgrenze eine Hecke pflanzen. Pro m werden 4 Pflanzen zu je 2,20 € benötigt.

b) In dieser Straße kosten die Grundstücke 64,50 € pro m^2. Wie teuer war das Grundstück der Familie Leibnitz?

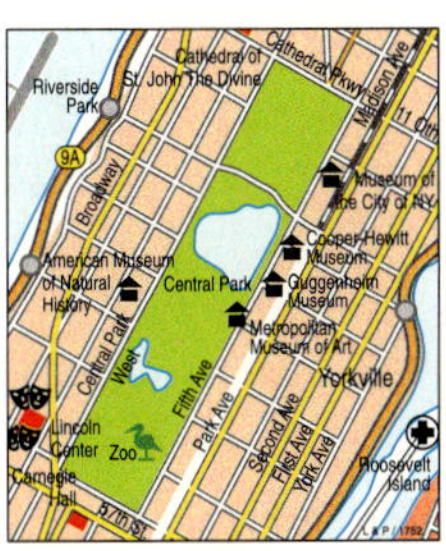

7. Der Central Park in New York ist rechteckig angelegt. Seine Länge beträgt ca. 4,1 km und seine Breite ca. 0,83 km.

a) Wie viel km^2 beträgt die Gesamtfläche des Central Parks.
Gib das Ergebnis auch in ha und a an.

b) Welchen Weg muss man zurücklegen, wenn man den Park einmal umrundet?

8. Der skizzierte Teil eines Platzes soll mit Verbundpflaster gepflastert werden (Maße in m).
Im Gemeinderat setzt sich der Bürgermeister für ein dekoratives Natursteinpflaster zu 45,50 € pro m^2 ein.
Einige Gemeinderatsmitglieder wollen sparen:
„Ein normales Kopfsteinpflaster ist schon für 37,50 € pro Quadratmeter zu haben."

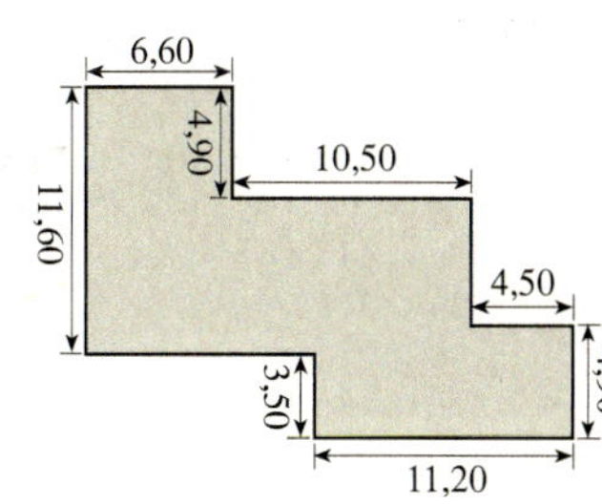

9. Wie groß sind die Fußboden- und Wandflächen in eurem Klassenraum? Bildet Gruppen und vergleicht eure Ergebnisse.

10. Die Räume einer Wohnung erhalten einen neuen Fußbodenbelag.

(1) **Wohnzimmer:**
1 m^2 Parkett
kostet 25,50 €

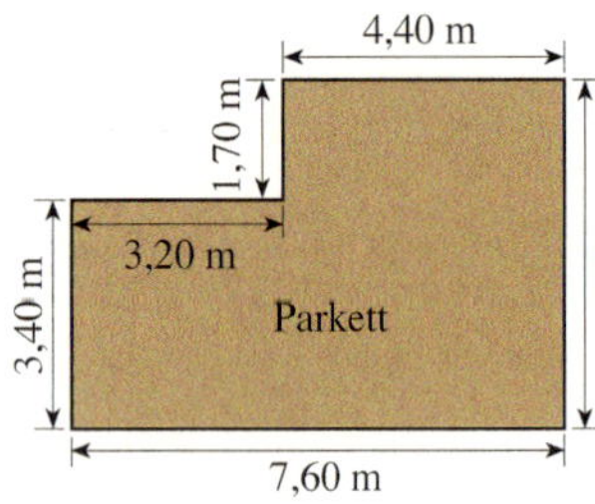

(2) **Küche:**
1 m^2 Fliesen
kostet 12,90 €

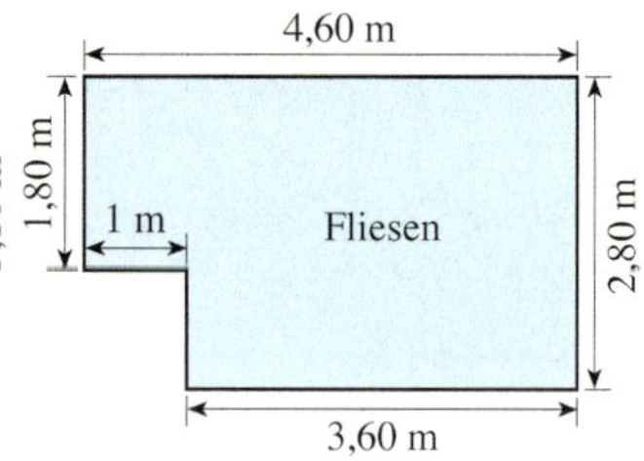

(3) **Diele / Flur:**
1 m^2 Teppichboden
kostet 16,49 €

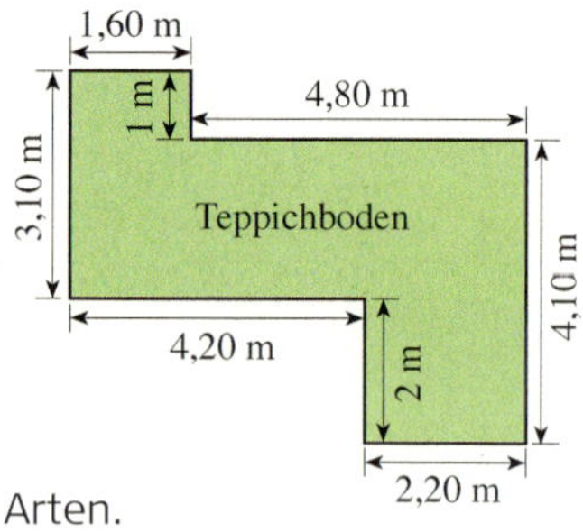

a) Wie groß ist jede Fußbodenfläche? Berechne auf zwei Arten.

b) Berechne die Gesamtkosten. Runde sinnvoll.

11. Im Bild seht ihr den Grundriss der Wohnung der Familie Lange (Höhe der Räume: 2,50 m; Höhe der Fenster: 1,25 m; Höhe der Türen: 2 m).

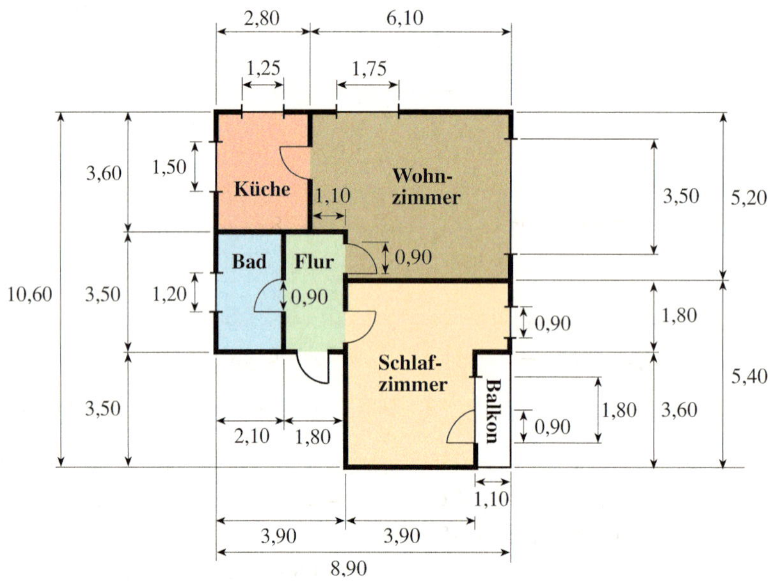

a) Betrachtet den Grundriss und orientiert euch.
(1) Wie lang und wie breit ist das Bad?
(2) Wie lang ist die Küche?
(3) Stellt euch gegenseitig weitere Fragen.

b) Berechnungen zur Küche:
(1) Der Fußboden soll gefliest werden. 1 m^2 Fliesen kostet 12,95 €. Wie teuer sind die Fliesen?
(2) Die Küchenfenster erhalten eine besondere Verglasung. Berechnet die Größe jeder Fensterfläche.

c) Stellt selbst geeignete Aufgaben zu den anderen Zimmern und löst sie. Ihr könnt z. B. Angaben aus Aufgabe 9 verwenden.

Berechnungen an Quadern

Aufgabe

Volumen des Quaders:
$V = a \cdot b \cdot c$

1. a) Wie groß ist das Volumen des Kartons (Maße in cm)?

b) Der Karton soll außen mit Folie beklebt werden.
Wie viel Folie braucht man?

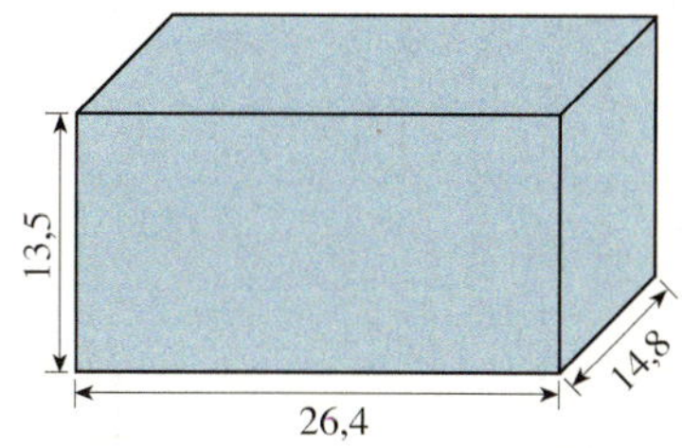

Lösung

a) Wir wenden die Formel an.
$V = a \cdot b \cdot c$

Überschlag:
$V = (30 \cdot 15 \cdot 10)\ cm^2 = 4\,500\ cm^3$

Rechnung:
$V = 26{,}4\ cm \cdot 14{,}8\ cm \cdot 13{,}5\ cm$
$= (26{,}4 \cdot 14{,}8 \cdot 13{,}5)\ cm^3$
$= 5\,274{,}72\ cm^3$

Ergebnis: Das Volumen des Kartons beträgt $5\,274{,}72\ cm^3$.

Netz eines Quaders

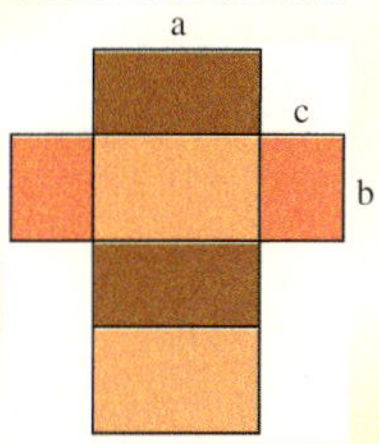

b) Wir berechnen den **Oberflächeninhalt O des Quaders**. Dafür gilt:

Grundfläche, Seitenfläche, Vorderfläche

$O = 2 \cdot \boxed{a \cdot b} + 2 \cdot \boxed{b \cdot c} + 2 \cdot \boxed{a \cdot c}$

$O = 2 \cdot (26{,}4 \cdot 14{,}8)\ cm^2 + 2 \cdot (14{,}8 \cdot 13{,}5)\ cm^2 + 2 \cdot (26{,}4 \cdot 13{,}5)\ cm^2$

$= 2 \cdot 390{,}72\ cm^2 + 2 \cdot 199{,}8\ cm^2 + 2 \cdot 356{,}4\ cm^2 = 1\,893{,}84\ cm^2$

Ergebnis: Man braucht ungefähr $1\,894\ cm^2$ Folie, das sind fast $20\ dm^2$.

Zum Festigen und Weiterarbeiten

2. Berechne das Volumen und den Oberflächeninhalt O des Quaders.

a) a = 12 cm; b = 17 cm; c = 8 cm
b) a = 45,7 cm; b = 24,6 dm; c = 13,3 cm
c) a = 4 230 mm; b = 3,45 m; c = 150 cm
d) a = 1,7 cm; $b = 3\frac{4}{5}$ cm; $c = 2\frac{1}{10}$ cm

3. Ein Quader mit den Kantenlängen a = 6,8 cm, b = 3,4 cm und c = 3 cm wird wie im Bild zerschnitten.

a) Wie groß ist das Volumen des grünen Teilkörpers?

b) Wie groß ist der Oberflächeninhalt des grünen Teilkörpers?

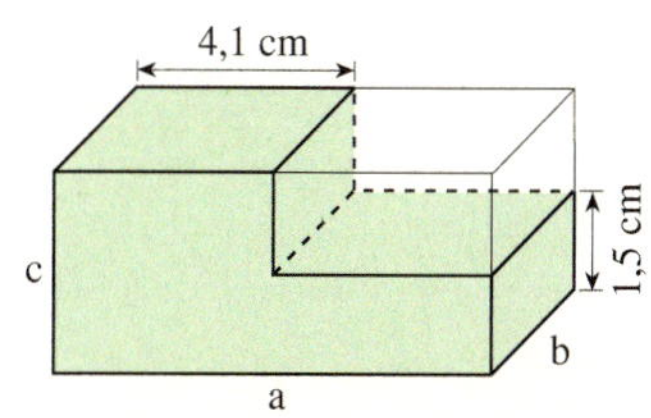

4. a) Begründe:
(1) Für das Volumen V eines Würfels mit der Kantenlänge a gilt die Formel:
$V = a \cdot a \cdot a$
(2) Für den Oberflächeninhalt eines Würfels gilt:
$O = 6 \cdot a \cdot a$

b) Ein Würfel hat die Kantenlänge 9,3 cm.
Berechne das Volumen und den Oberflächeninhalt O des Würfels.

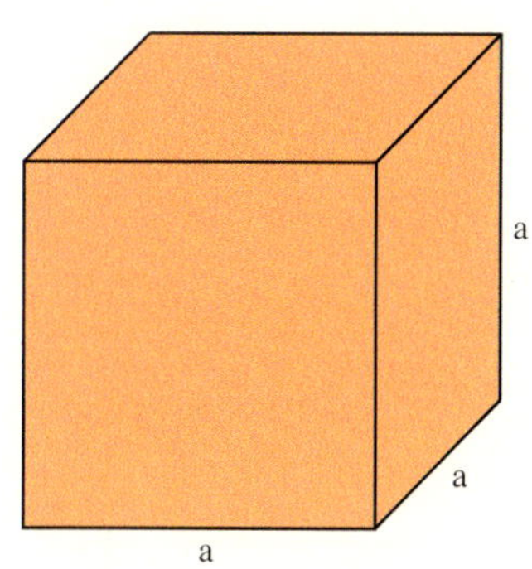

1 hl = 100 l

5. Wie hoch ist der Quader?

a) Volumen: 119,7 m^3; Grundfläche: 28,5 m^2

b) Volumen: 1,54 hl; Grundfläche: 27,5 dm^2

6. Berechne das Volumen und den Oberflächeninhalt des Körpers (Maße in cm). Es gibt verschiedene Lösungswege.

a)

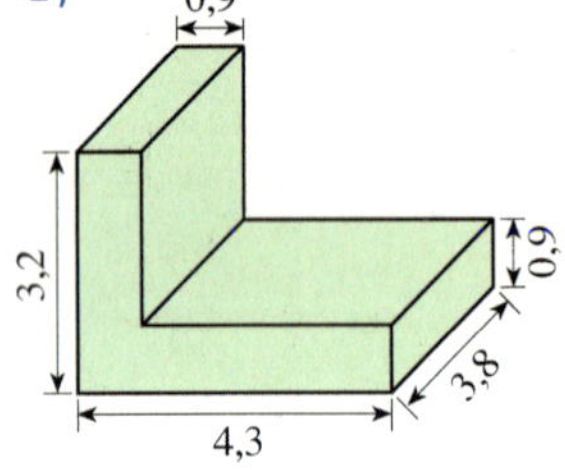

b)

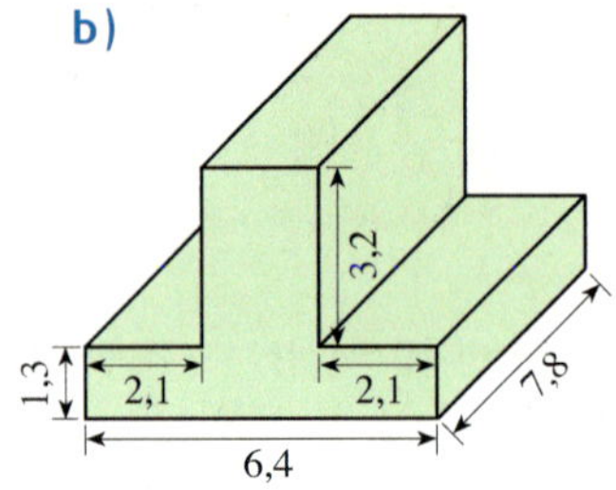

c)

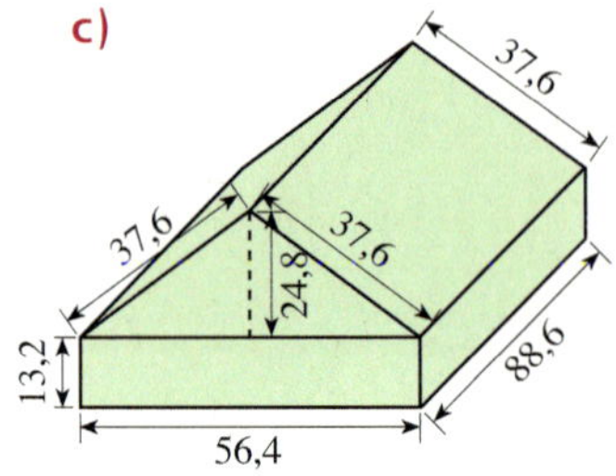

Übungen

7. Berechne das Volumen und den Oberflächeninhalt des Quaders.

a) a = 6,5 cm; b = 4,5 cm; c = 2,5 cm

b) a = 17,3 dm; b = 16,4 dm; c = 8,9 dm

c) a = 34,7 cm; b = 28,8 cm; c = 15,5 cm

d) a = 12 m; b = $3\frac{1}{2}$ m; c = 4,25 m

8. Ein (quaderförmiges) Wasserbecken ist 12,50 m lang, 6,50 m breit und 1,80 m tief. Das Bad wird mit einem Schlauch gefüllt, der einen Durchfluss von 5 *l* pro Sekunde hat.

9. Auf dem Flachdach eines Ferienhauses liegt eine 25 cm hohe Schneeschicht. Durch Abwiegen stellt Marcus fest: 1 dm^3 Schnee wiegt 67,5 g. Wie schwer ist der Schnee auf dem Haus?

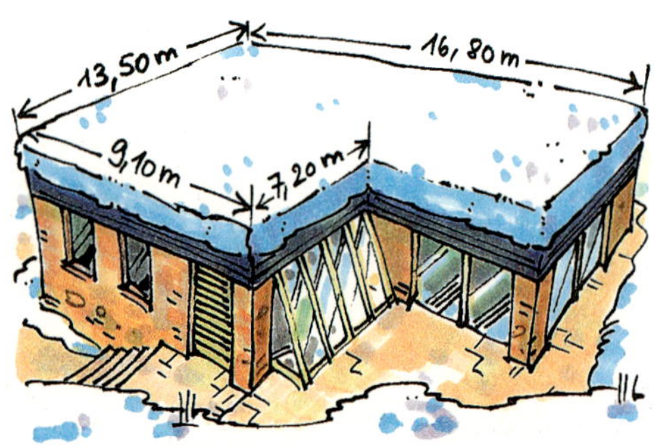

10. Tanjas Familie besitzt einen quaderförmigen Heizöltank (a = 1,90 m; b = 1,80 m; c = 2,10 m). Es werden pro Jahr durchschnittlich 6 500 *l* Heizöl verbraucht.

1 m^3 = 1000 *l*

a) Überschlage: Reicht die Tankfüllung für 1 Jahr?

b) Ein Liter Heizöl kostet 0,45 €. Wie viel Euro kostet eine Tankfüllung?

11. Ein Quader hat eine Oberfläche, die 318 cm^2 groß ist. Die Größe einer Seitenfläche beträgt 42 cm^2, eine Vorderfläche ist 54 cm^2 groß.

a) Welchen Flächeninhalt hat die Grundfläche?

b) Welche Seitenlängen könnte die Grundfläche haben?

c) Die Vorderfläche ist 9 cm breit. Was folgt daraus für die Höhe des Quaders und die Breite einer Seitenfläche?

12. Bei einem Quader beträgt der Oberflächeninhalt 102,22 m^2. Der Flächeninhalt einer Grundfläche beträgt 10,15 m^2, eine Seitenfläche hat einen Flächeninhalt von 18,56 m^2. Der Quader ist 3,50 m lang.
Wie hoch ist er?

TERME MIT GEWÖHNLICHEN BRÜCHEN UND DEZIMALBRÜCHEN

Einfache Terme

Einstieg

Für ein Kuchenrezept misst Tatjana aus einer 0,7-l-Flasche $\frac{1}{5}$ l Mineralwasser ab.

→ Wie viel Liter Rest bleiben in der Flasche?

→ Notiere deinen Rechenweg mit einem Term.

Aufgabe

1. Berechne den Term.

a) $0{,}7 + \frac{1}{4}$ **b)** $\frac{3}{8} - 0{,}2$ **c)** $\frac{3}{4} \cdot 0{,}9$ **d)** $1{,}5 : \frac{2}{5}$

Lösung

Du kannst mit Dezimalbrüchen oder mit gewöhnlichen Brüchen rechnen.

Rechnen mit Dezimalbrüchen:

a) $0{,}7 + \frac{1}{4}$
$= 0{,}7 + 0{,}25$
$= 0{,}95$

b) $\frac{3}{8} - 0{,}2$
$= 0{,}375 - 0{,}2$
$= 0{,}175$

c) $\frac{3}{4} \cdot 0{,}9$
$= 0{,}75 \cdot 0{,}9$
$= 0{,}675$

d) $1{,}5 : \frac{2}{5}$
$= 1{,}5 : 0{,}4$
$= 15 : 4$
$= 3{,}75$

Rechnen mit gewöhnlichen Brüchen:

a) $0{,}7 + \frac{1}{4}$
$= \frac{7}{10} + \frac{1}{4}$
$= \frac{14}{20} + \frac{5}{20}$
$= \frac{19}{20}$

b) $\frac{3}{8} - 0{,}2$
$= \frac{3}{8} - \frac{2}{10}$
$= \frac{15}{40} - \frac{8}{40}$
$= \frac{7}{40}$

c) $\frac{3}{4} \cdot 0{,}9$
$= \frac{3}{4} \cdot \frac{9}{10}$
$= \frac{27}{40}$

d) $1{,}5 : \frac{2}{5}$
$= \frac{15}{10} : \frac{2}{5}$
$= \frac{3}{2} \cdot \frac{5}{2}$
$= \frac{15}{4}$
$= 3\frac{3}{4}$

Zum Festigen und Weiterarbeiten

2. Rechne günstig (mit Dezimalbrüchen oder mit gewöhnlichen Brüchen).

a) $\frac{5}{8} + 0{,}75$; $1{,}9 - \frac{4}{5}$
b) $\frac{2}{3} \cdot 3{,}6$; $3{,}2 \cdot \frac{3}{8}$
c) $1{,}25 : \frac{4}{3}$; $\frac{5}{4} : 2{,}5$
d) $\frac{3}{7} \cdot 0{,}4$; $\frac{5}{12} \cdot 0{,}75$
e) $\frac{2}{3} \cdot 8{,}4$; $\frac{3}{8} : 0{,}72$
f) $0{,}9 : 2\frac{1}{2}$; $0{,}4 : \frac{2}{3}$

3. Berechne den Term.

a) $\frac{7{,}2}{9}$ **c)** $\frac{0{,}7}{3{,}5}$ **e)** $\frac{0{,}6 + 2{,}2}{7}$ **g)** $\frac{3 \cdot 1{,}8}{0{,}6}$

b) $\frac{3}{0{,}75}$ **d)** $\frac{0{,}15}{0{,}6}$ **f)** $\frac{5 - 3{,}6}{8}$ **h)** $\frac{0{,}32 \cdot 0{,}8}{0{,}5 \cdot 4}$

$\frac{4{,}8 - 3{,}2}{2{,}9 + 4{,}3} = \frac{1{,}6}{7{,}2} = \frac{16}{72} = \frac{2}{9}$

Zähler und Nenner getrennt berechnen

Übungen

4. Rechne günstig.

a) $\frac{1}{3} + 0{,}3$; $\frac{1}{4} - 0{,}15$
b) $0{,}9 - \frac{1}{6}$; $1{,}8 + \frac{3}{5}$
c) $\frac{3}{4} + 1{,}6$; $\frac{4}{7} - 0{,}4$
d) $1\frac{1}{2} + 0{,}76$; $3{,}7 - 2\frac{1}{4}$
e) $8{,}3 + 3\frac{3}{4}$; $6{,}1 - 2\frac{1}{8}$

5.
a) $2\frac{1}{2} : 0{,}4$; $6{,}5 : 1\frac{3}{10}$
b) $7{,}5 : \frac{3}{10}$; $10{,}4 \cdot 1\frac{1}{2}$
c) $\frac{2}{5} \cdot 1{,}5$; $3{,}8 \cdot \frac{9}{25}$
d) $11\frac{7}{25} \cdot 0{,}6$; $\frac{3}{4} \cdot 2{,}4$
e) $2{,}84 : \frac{1}{2}$; $\frac{5}{6} : 0{,}25$
f) $\frac{3}{4} : 0{,}03$; $0{,}48 \cdot \frac{9}{10}$

6. Zwei Zahlen – Vier Aufgaben!

a)

$\frac{5}{6}$	+	−	·	:	0,3

b)

1,8	+	−	·	:	$\frac{5}{12}$

7. a) $\frac{3}{0{,}6}$; $\frac{1}{0{,}4}$; $\frac{0{,}7}{2}$; $\frac{0{,}6}{8}$; $\frac{0{,}25}{5}$; $\frac{2}{0{,}8}$; $\frac{2{,}5}{4}$; $\frac{2}{2{,}5}$

b) $\frac{0{,}48}{0{,}6}$; $\frac{0{,}15}{0{,}3}$; $\frac{0{,}1}{0{,}25}$; $\frac{0{,}4}{0{,}08}$; $\frac{0{,}75}{12{,}5}$; $\frac{2{,}4}{0{,}48}$; $\frac{0{,}075}{0{,}6}$

8. Die Blutmenge eines Menschen hängt vom Körpergewicht ab.

a) Andreas wiegt 65 kg. Seine Blutmenge berechnet man ungefähr so: Man nimmt die Maßzahl des Gewichtes (hier: 65) und berechnet $\frac{1}{13}$ davon (hier also $\frac{1}{13}$ von 65). Das Ergebnis gibt an, wie viel *l* Blut Andreas ungefähr hat. Führe die Rechnung durch.

b) Wie viel *l* Blut hat ein Mensch mit folgendem Gewicht: 52 kg; 58,5 kg; 71,5 kg; 84,5 kg?

9. Anne spart für einen Globus. Sie zählt ihr Geld und sagt: „$\frac{3}{5}$ des Geldes habe ich schon zusammen." Wie viel Geld muss Anne noch sparen? Schreibe auch einen Term.

10. Meyers Garten ist 7,65 a groß. $\frac{2}{3}$ der Gesamtfläche ist Rasen, $\frac{1}{5}$ der Gesamtfläche sind Gemüsebeete. Wie groß ist die Rasenfläche? Wie groß sind die Gemüsebeete?

11. Herr Mendewski verdient monatlich 1 239 €. Ein Drittel seines Verdienstes muss er für die Miete bezahlen. Die Miete ist für ihn heute 1,25-mal so hoch wie vor 5 Jahren. Berechne die Höhe der Miete heute und die Höhe der Miete vor 5 Jahren.

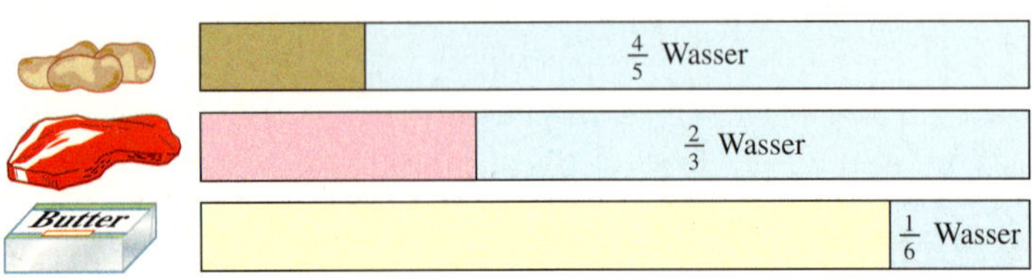

12. Unsere Nahrungsmittel enthalten Wasser. Wie viel kg Wasser sind enthalten

a) in 2,5 kg Kartoffeln;

b) in 0,75 kg Rindfleisch;

c) in 1,5 kg Butter?

13. In der Bundesrepublik fallen jedes Jahr große Mengen an Verpackungsmüll an. Jan sagt: „Glas, Papier/Pappe und Kunststoff machen etwa 90% des Verpackungsmülls aus." Lena behauptet: „In Deutschland werden rund 5 Mio. t Verpackungsmüll recycelt." Miriam meint: „Jeder Bürger produziert 4,5 kg sonstigen Verpackungsmüll." Prüft die Aussagen.

Punktrechnung vor Strichrechnung

Einstieg

Lisa

$\frac{3}{5} + \frac{4}{5} \cdot \frac{2}{3} = \frac{17}{15}$

Luca

$\frac{3}{5} + \frac{4}{5} \cdot \frac{2}{3} = \frac{14}{15}$

→ Wie haben die beiden gerechnet?

→ Welches Ergebnis ist richtig?

Aufgabe

1. a) $\frac{7}{8} - \frac{5}{8} \cdot \frac{3}{5}$ b) $\frac{1}{3} + \frac{2}{5} : \frac{3}{10}$ c) $7{,}2 : 5 - (0{,}5 + 0{,}8 \cdot 0{,}3)$

Lösung

a) $\frac{7}{8} - \frac{5}{8} \cdot \frac{3}{5}$
$= \frac{7}{8} - \frac{5 \cdot 3}{8 \cdot 5}$
$= \frac{7}{8} - \frac{3}{8}$
$= \frac{4}{8} = \frac{1}{2}$

b) $\frac{1}{3} + \frac{2}{5} : \frac{3}{10}$
$= \frac{1}{3} + \frac{2 \cdot 10}{5 \cdot 3}$
$= \frac{1}{3} + \frac{4}{3}$
$= \frac{5}{3} = 1\frac{2}{3}$

c) $7{,}2 : 5 - (0{,}5 + 0{,}8 \cdot 0{,}3)$
$= 1{,}44 - (0{,}5 + 0{,}24)$
$= 1{,}44 - 0{,}74$
$= 0{,}7$

Wiederholung

Vorrangregeln für das Berechnen von Termen

(1) Das Innere einer Klammer wird zuerst berechnet.
(2) Punktrechnung geht vor Strichrechnung.
(3) Sonst wird von links nach rechts gerechnet.

Zum Festigen und Weiterarbeiten

2. a) $\frac{2}{5} \cdot \frac{5}{8} + \frac{1}{2}$ c) $\frac{2}{15} + \frac{3}{10} \cdot \frac{2}{9}$ e) $0{,}36 - 0{,}1 \cdot 3{,}2$ g) $0{,}2 \cdot 50 - 7{,}8$
b) $\frac{5}{6} : \frac{2}{3} - \frac{3}{4}$ d) $5\frac{1}{2} - \frac{4}{7} : \frac{2}{7}$ f) $2{,}4 + 8 : 0{,}2$ h) $2{,}5 - 0{,}5 : 2$

3. a) $\frac{2}{5} \cdot \frac{15}{8} + \frac{3}{4} : \frac{1}{2}$ c) $\frac{2}{3} + \frac{2}{9} \cdot \frac{3}{4} + \frac{5}{6}$ e) $(0{,}4 \cdot 1{,}987 + 0{,}75) : 0{,}5$
b) $\frac{1}{2} + \frac{7}{8} - \frac{3}{10} : \frac{6}{25}$ d) $\frac{2}{3} + \left(2 - \frac{2}{5}\right) \cdot \frac{5}{6}$ f) $0{,}4 \cdot (1{,}987 + 0{,}75 : 0{,}5)$

4. Stelle zunächst den Term auf; berechne ihn dann.
a) Addiere zu dem Produkt der Zahlen 4 und $\frac{2}{3}$ die Zahl $\frac{1}{3}$.
b) Subtrahiere von dem Quotienten der Zahlen 0,5 und 0,4 das Produkt dieser Zahlen.
c) Multipliziere die Differenz aus 1,5 und 0,8 mit 12.

Übungen

5. a) $2 \cdot \frac{3}{4} + \frac{1}{4}$; $\frac{3}{2} : \frac{1}{2} + 5$ b) $\frac{7}{3} - \frac{2}{3} : \frac{1}{3}$; $\frac{4}{5} + \frac{3}{2} \cdot \frac{2}{5}$ c) $2{,}4 : 8 - 0{,}2$; $2{,}4 + 0{,}2 \cdot 1{,}8$ d) $3{,}6 - 1{,}5 \cdot 0{,}2$; $4{,}5 + 3{,}6 : 1{,}2$

6. a) $2 + \frac{1}{3} \cdot \frac{3}{4}$; $\left(2 + \frac{1}{3}\right) \cdot \frac{3}{4}$; $2 + \left(\frac{1}{3} \cdot \frac{3}{4}\right)$
b) $4 : \frac{2}{5} - \frac{1}{5}$; $4 : \left(\frac{2}{5} - \frac{1}{5}\right)$; $\left(4 : \frac{2}{5}\right) - \frac{1}{5}$
c) $1{,}5 \cdot 0{,}6 - 0{,}2$; $1{,}5 \cdot (0{,}6 - 0{,}2)$; $(1{,}5 \cdot 0{,}6) - 0{,}2$
d) $0{,}7 \cdot 0{,}3 + 0{,}8 \cdot 0{,}4$; $0{,}7 \cdot (0{,}3 + 0{,}8 \cdot 0{,}4)$; $0{,}7 \cdot (0{,}3 + 0{,}8) \cdot 0{,}4$

7. Wo stecken Fehler? Berichtige.

a) $\frac{3}{7} + \frac{2}{7} \cdot \frac{2}{3} = \frac{10}{21}$ c) $\frac{5}{12} \cdot \frac{6}{7} - \frac{3}{14} = \frac{1}{7}$ e) $\frac{1}{8} \cdot \left(\frac{9}{16} - \frac{5}{16}\right) = \frac{1}{4}$

b) $\frac{8}{9} : 2 - \frac{1}{9} = \frac{1}{3}$ d) $\frac{7}{15} \cdot \frac{3}{14} + 0{,}5 \cdot \frac{2}{3} = \frac{2}{5}$ f) $\frac{22}{3} : \left(\frac{3}{11} + \frac{9}{11}\right) = 8$

8. Stelle zunächst den Term auf; berechne ihn dann.

a) Addiere $3\frac{1}{5}$ zu dem Produkt der Zahlen 4 und $1\frac{2}{3}$.

b) Subtrahiere von dem Quotienten der Zahlen $\frac{1}{2}$ und $\frac{2}{5}$ das Produkt dieser Zahlen.

c) Addiere das Produkt der Zahlen 0,6 und 2,7 zu dem Quotienten der Zahlen 6 und 0,8.

d) Multipliziere die Differenz aus $\frac{1}{2}$ und $\frac{1}{3}$ mit 12.

e) Addiere zu dem Quotienten aus 12 und 2,5 das Produkt aus 0,6 und 0,8.

f) Subtrahiere von dem Produkt aus 13,5 und 1,18 die Summe dieser Zahlen.

g) Subtrahiere von der Summe der Zahlen 7,5 und 6 den Quotienten aus 1,44 und 0,12.

9. Bei einer Klassenfeier werden $5\frac{5}{6}$ *l* Apfelsaft und $4\frac{2}{3}$ *l* Mineralwasser gemischt und dann in Glaskrüge abgefüllt, die je $\frac{7}{10}$ *l* fassen.
Wie viele Krüge werden gefüllt?

10. 0,75 *l* Orangensaft und 0,5 *l* Mineralwasser werden gemischt und sollen in Gläser eingeschenkt werden.
Die Gläser fassen jeweils 0,3 *l*.
Wie viele Gläser kann man füllen und wie viel Liter bleiben im Mixbecher?

11. Ein Handwerker hat Überstunden gemacht: $\frac{1}{2}$ h, $\frac{3}{4}$ h, 1 h, $1\frac{1}{4}$ h, $2\frac{1}{2}$ h.
Für jede Überstunde erhält er 14,70 €. Welchen Betrag bekommt er insgesamt?
Stelle zunächst einen Term auf und führe einen Überschlag durch.

12. Fertigt euch die nebenstehenden Karten an.
Partner 1 stellt aus den vorhandenen Karten eine *lösbare* Aufgabe auf. Dabei müssen alle drei Zahlenkarten verwendet werden.
Partner 2 löst die Aufgabe.
Hat Partner 2 die Aufgabe richtig gerechnet, darf er die nächste Aufgabe aufstellen usw.

Zum Knobeln

13. In der Aufgabe fehlen Klammern. Setzt diese so ein, dass das Ergebnis richtig ist.

a) $\frac{3}{5} + \frac{2}{3} \cdot \frac{12}{19} = \frac{4}{5}$ c) $\frac{1}{5} \cdot \frac{1}{2} + \frac{1}{3} \cdot \frac{6}{11} = \frac{1}{11}$ e) $\frac{3}{5} + \frac{12}{5} : \frac{3}{8} : \frac{9}{4} = 18$

b) $6 - \frac{3}{4} : \frac{7}{8} = 6$ d) $\frac{1}{5} \cdot \frac{1}{2} + \frac{1}{3} \cdot \frac{6}{11} = \frac{3}{22}$ f) $\frac{3}{5} + \frac{12}{5} : \frac{3}{8} : \frac{9}{4} = 3\frac{5}{9}$

VORTEILHAFT RECHNEN MIT BRUCHZAHLEN – RECHENGESETZE

Einstieg

Löse die Aufgaben rechts. Prüfe vorher, ob du vorteilhaft rechnen kannst.

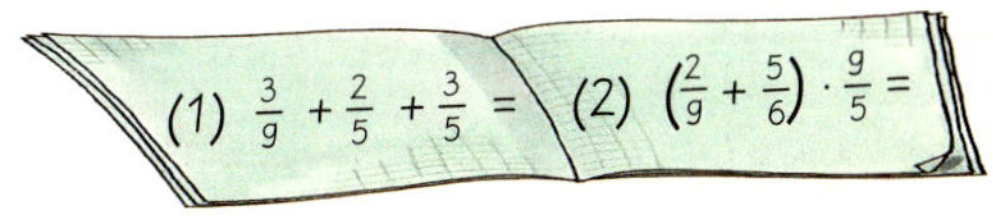

Aufgabe

1. Sarah und Maria haben zwei Aufgaben auf unterschiedliche Weise gelöst.

a) $\frac{1}{9} + \frac{3}{9} + \frac{2}{3}$ **b)** $\left(\frac{2}{9} + \frac{5}{9}\right) \cdot \frac{9}{5}$

Beschreibe mithilfe von Klammern, wie gerechnet wurde. Warum erhalten Sarah und Maria dasselbe Ergebnis?

Lösung

a)

$\left(\frac{1}{9} + \frac{3}{9}\right) + \frac{2}{3}$
$= \left(\frac{1}{9} + \frac{3}{9}\right) + \frac{6}{9}$
$= \frac{1+3}{9} + \frac{6}{9}$
$= \frac{(1+3)+6}{9}$
$= \frac{10}{9}$

$\frac{1}{9} + \left(\frac{3}{9} + \frac{2}{3}\right)$
$= \frac{1}{9} + \left(\frac{3}{9} + \frac{6}{9}\right)$
$= \frac{1}{9} + \frac{3+6}{9}$
$= \frac{1+(3+6)}{9}$
$= \frac{10}{9}$

Beide Seiten in der Lösung müssen übereinstimmen, weil man beim Addieren natürlicher Zahlen (der Zähler) Klammern beliebig setzen darf.

Verbindungsgesetz (Assoziativgesetz):
$(1 + 3) + 6 = 1 + (3 + 6)$

b)

$\left(\frac{2}{9} + \frac{5}{9}\right) \cdot \frac{9}{5}$
$= \frac{2+5}{9} \cdot \frac{9}{5}$
$= \frac{(2+5) \cdot 9}{45}$
$= 1\frac{2}{5}$

$\frac{2}{9} \cdot \frac{9}{5} + \frac{5}{9} \cdot \frac{9}{5}$
$= \frac{2 \cdot 9}{45} + \frac{5 \cdot 9}{45}$
$= \frac{2 \cdot 9 + 5 \cdot 9}{45}$
$= 1\frac{2}{5}$

Beide Seiten in der Lösung müssen übereinstimmen, weil man für die Addition und Multiplikation natürlicher Zahlen (der Zähler) das Verteilungsgesetz anwenden darf.

Verteilungsgesetz (Distributivgesetz):
$(2 + 5) \cdot 9 = 2 \cdot 9 + 5 \cdot 9$

Zum Festigen und Weiterarbeiten

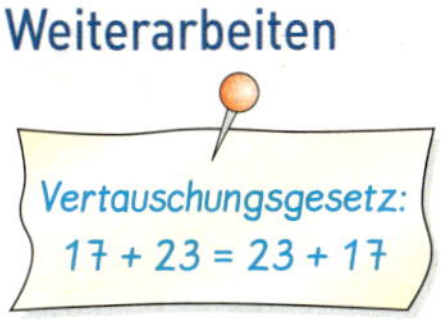

2. Für die Addition natürlicher Zahlen gilt außerdem das Vertauschungsgesetz (Kommutativgesetz). Prüfe, ob dieses Gesetz auch für die Addition von Bruchzahlen gilt. Berechne und vergleiche.

a) $\frac{3}{7} + \frac{4}{7}$; $\frac{4}{7} + \frac{3}{7}$ **b)** $\frac{5}{6} + \frac{1}{8}$; $\frac{1}{8} + \frac{5}{6}$

3. Prüfe, ob das Vertauschungs- und das Verbindungsgesetz auch für die Multiplikation von Bruchzahlen gelten. Berechne und vergleiche.

a) $\frac{4}{15} \cdot \frac{5}{8}$; $\frac{5}{8} \cdot \frac{4}{15}$ **b)** $\left(\frac{3}{7} \cdot \frac{4}{9}\right) \cdot \frac{5}{8}$; $\frac{3}{7} \cdot \left(\frac{4}{9} \cdot \frac{5}{8}\right)$

4. Prüfe, ob das Verteilungsgesetz auch für Multiplikation und Subtraktion gilt. Berechne und vergleiche.

a) $\left(\frac{7}{10} - \frac{1}{2}\right) \cdot \frac{3}{4}$; $\frac{7}{10} \cdot \frac{3}{4} - \frac{1}{2} \cdot \frac{3}{4}$ b) $\frac{1}{3} \cdot \left(\frac{5}{6} - \frac{1}{4}\right)$; $\frac{1}{3} \cdot \frac{5}{6} - \frac{1}{3} \cdot \frac{1}{4}$

5. Berechne und vergleiche.

a) $\left(\frac{1}{2} + \frac{2}{5}\right) : \frac{3}{4}$; $\frac{1}{2} : \frac{3}{4} + \frac{2}{5} : \frac{3}{4}$; $\left(0{,}5 + \frac{2}{5}\right) \cdot \frac{4}{3}$

b) $\left(\frac{1}{2} - \frac{2}{5}\right) : \frac{3}{4}$; $\frac{1}{2} : \frac{3}{4} - \frac{2}{5} : \frac{3}{4}$; $\left(0{,}5 - \frac{2}{5}\right) \cdot \frac{4}{3}$

c) $\left(\frac{9}{8} + \frac{3}{4}\right) : \frac{3}{2}$; $\frac{9}{8} : \frac{3}{2} + \frac{3}{4} : \frac{3}{2}$; $\left(\frac{9}{8} + 0{,}75\right) \cdot \frac{2}{3}$

d) $\left(\frac{9}{8} - \frac{3}{4}\right) : 1\frac{1}{2}$; $\frac{9}{8} : 1\frac{1}{2} - \frac{3}{4} : 1\frac{1}{2}$; $\left(\frac{9}{8} - 0{,}75\right) \cdot \frac{2}{3}$

Information

Vertauschungsgesetz (Kommutativgesetz)

(1) *für die Addition*

$\frac{5}{6} + 0{,}5 = 0{,}5 + \frac{5}{6}$

(2) *für die Multiplikation*

$\frac{4}{15} \cdot \frac{5}{8} = \frac{5}{8} \cdot \frac{4}{15}$

Man darf in einer Summe und in einem Produkt zwei Bruchzahlen miteinander vertauschen.

Verbindungsgesetz (Assoziativgesetz)

(1) *für die Addition*

$\left(\frac{2}{5} + 0{,}25\right) + 0{,}75 = \frac{2}{5} + (0{,}25 + 0{,}75)$

(2) *für die Multiplikation*

$\left(\frac{3}{7} \cdot \frac{4}{10}\right) \cdot \frac{5}{8} = \frac{3}{7} \cdot \left(\frac{4}{10} \cdot \frac{5}{8}\right)$

Man darf in einer Summe und in einem Produkt Klammern beliebig setzen.

Verteilungsgesetz (Distributivgesetz)

(1) *für Multiplikation und Addition*

$\frac{2}{5} \cdot \left(0{,}75 + \frac{5}{8}\right) = \frac{2}{5} \cdot 0{,}75 + \frac{2}{5} \cdot \frac{5}{8}$

(2) *für Multiplikation und Subtraktion*

$\frac{2}{5} \cdot \left(0{,}75 - \frac{5}{8}\right) = \frac{2}{5} \cdot 0{,}75 - \frac{2}{5} \cdot \frac{5}{8}$

Übungen

6. Rechne vorteilhaft.

a) $\frac{9}{14} + \frac{7}{20} + \frac{3}{20}$; $\frac{2}{9} + \frac{1}{9} + \frac{5}{12}$

b) $\frac{3}{25} + \frac{7}{15} + \frac{2}{25}$; $\frac{1}{10} + \frac{1}{15} + \frac{7}{10}$

c) $2{,}5 + 3{,}8 + 6{,}2$; $2{,}1 + 5{,}4 + 7{,}9$

d) $0{,}42 + 0{,}58 + 0{,}8$; $0{,}47 + 0{,}53 + 0{,}38$

7. a) $\frac{6}{25} \cdot \frac{8}{7} \cdot \frac{5}{3}$; $\frac{20}{21} \cdot \frac{9}{11} \cdot 0{,}7$

b) $\frac{13}{7} \cdot \frac{9}{40} \cdot \frac{10}{9}$; $\frac{9}{5} \cdot \frac{11}{8} \cdot \frac{4}{11}$

c) $\frac{1}{2} \cdot 1{,}9 \cdot 4$; $0{,}2 \cdot 7{,}9 \cdot \frac{1}{2}$

d) $2\frac{1}{2} \cdot 0{,}7 \cdot 4$; $0{,}4 \cdot 3{,}4 \cdot 2\frac{1}{2}$

8. Wo steckt der Fehler? Berichtige.

(1) $\frac{1}{5} \cdot \left(\frac{3}{7} + \frac{4}{9}\right) = \frac{1}{5} + \frac{3}{7} \cdot \frac{1}{5} + \frac{4}{9}$ (2) $\frac{1}{2} \cdot \left(\frac{3}{4} + \frac{4}{5}\right) = \frac{1}{2} \cdot \frac{3}{4} + \frac{4}{5}$ (3) $\left(\frac{2}{3} - \frac{1}{4}\right) \cdot \frac{1}{6} = \frac{2}{3} - \frac{1}{4} \cdot \frac{1}{6}$

9. a) $\frac{4}{4} + \frac{3}{9} + \frac{5}{4}$ c) $\frac{3}{8} \cdot \left(\frac{5}{7} \cdot \frac{3}{8}\right)$ e) $(0{,}97 + 2{,}4) + 0{,}03$ g) $\left(2\frac{1}{2} \cdot 1{,}77\right) \cdot 0{,}4$

b) $\left(\frac{7}{6} + \frac{3}{5}\right) + \frac{5}{6}$ d) $\left(\frac{15}{8} \cdot \frac{7}{11}\right) \cdot \frac{16}{25}$ f) $\left(5\frac{1}{2} + 6{,}849\right) + 0{,}151$ h) $\left(12\frac{1}{2} \cdot 1{,}35\right) \cdot 0{,}8$

10. a) $\frac{8}{15} + \frac{10}{21} + \frac{2}{15} + \frac{4}{21}$ b) $\frac{4}{9} \cdot \frac{7}{8} \cdot 4{,}5 \cdot \frac{4}{7}$ c) $\frac{1}{3} + \frac{3}{8} + \frac{1}{6} + \frac{1}{8}$ d) $3\frac{3}{4} \cdot \frac{12}{25} \cdot 4\frac{1}{6} \cdot \frac{8}{15}$

11. Berechne und vergleiche. Was stellst du fest?

a) $\left(0{,}5 - \frac{1}{4}\right) - \frac{1}{8}$ und $0{,}5 - \left(\frac{1}{4} - \frac{1}{8}\right)$ b) $\left(7{,}8 - 3\frac{2}{10}\right) - 1{,}9$ und $7{,}8 - \left(3\frac{2}{10} - 1{,}9\right)$

GLEICHUNGEN MIT BRUCHZAHLEN

Aufgabe

1. Julia denkt sich eine Bruchzahl.
Sie multipliziert diese Zahl mit $\frac{5}{8}$ und subtrahiert danach $\frac{1}{12}$. Als Ergebnis erhält sie $\frac{1}{6}$.
Welche Zahl hat sie sich gedacht?
Stelle auch eine Gleichung auf.

x ist die Variable (der Platzhalter)

Lösung

Ein Pfeilbild hilft dir:

$$x \underset{:\frac{5}{8}}{\overset{\cdot\frac{5}{8}}{\rightleftarrows}} x\cdot\frac{5}{8} \underset{+\frac{1}{12}}{\overset{-\frac{1}{12}}{\rightleftarrows}} \frac{1}{6}$$

Rechne schrittweise rückwärts:

1. Schritt: $\frac{1}{6} + \frac{1}{12} = \frac{3}{12} = \frac{1}{4}$

2. Schritt: $\frac{1}{4} : \frac{5}{8} = \frac{1}{4} \cdot \frac{8}{5} = \frac{2}{5}$

Gleichung: $x \cdot \frac{5}{8} - \frac{1}{12} = \frac{1}{6}$

Ergebnis: Julia hat sich die Zahl $\frac{2}{5}$ gedacht.

Übungen

2. Welcher der Brüche $\frac{4}{15}$; $\frac{2}{3}$; $\frac{1}{9}$; $\frac{11}{6}$; $\frac{9}{4}$ erfüllt die Gleichung? Prüfe durch Einsetzen.

a) $x + \frac{5}{3} = \frac{16}{9}$ **b)** $x - \frac{3}{4} = \frac{3}{2}$ **c)** $y \cdot \frac{3}{8} = \frac{1}{10}$ **d)** $z : \frac{2}{7} = \frac{7}{3}$

3. Bestimme die Lösung. Führe auch die Probe durch.

a) $x + \frac{5}{6} = \frac{4}{3}$ **d)** $x : \frac{5}{12} = \frac{4}{15}$ **g)** $x \cdot 0{,}4 = 4{,}8$ **j)** $x \cdot \frac{2}{3} - 1{,}5 = \frac{1}{6}$

b) $x \cdot \frac{7}{8} = \frac{9}{4}$ **e)** $x + 0{,}8 = 1{,}3$ **h)** $x : 1{,}3 = 0{,}3$ **k)** $z : \frac{5}{8} + 0{,}8 = 2$

c) $x - \frac{1}{2} = \frac{3}{5}$ **f)** $x - 2{,}2 = 5{,}9$ **i)** $x + 0{,}7 - \frac{4}{10} = \frac{8}{10}$ **l)** $y \cdot \frac{2}{3} + \frac{5}{8} = \frac{25}{24}$

4. Lina denkt sich eine Zahl.

a) Sie addiert zu dieser Zahl $\frac{3}{5}$ und erhält $\frac{5}{3}$.

b) Sie subtrahiert von dieser Zahl $\frac{5}{6}$ und erhält $\frac{3}{8}$.

c) Sie multipliziert diese Zahl mit 0,7 und erhält $5\frac{1}{4}$.

d) Sie dividiert diese Zahl durch 3 und addiert zu dem Quotienten 1,6. Das Ergebnis ist 2.

5. Noras Eltern fahren mit dem Taxi. Der Taxifahrer nimmt eine Grundgebühr von 2,80 € und für jeden gefahrenen Kilometer 1,20 €. Sie zahlen insgesamt 10,60 €.
Wie viele Kilometer haben Noras Eltern zurückgelegt?

6. Björn ist Mitglied im Fußballverein und zahlt in einer Saison 31,20 € Beitrag. Bei jedem Heimspiel des Vereins zahlt er einen ermäßigten Eintrittspreis von 9,35 €. Am Ende der Saison hatte er insgesamt 143,40 € ausgegeben.
Wie viele Heimspiele seines Vereins hat Björn in dieser Saison besucht?

VERGLEICH DER ZAHLENBEREICHE $\mathbb{N}$ UND $\mathbb{Q}_+$

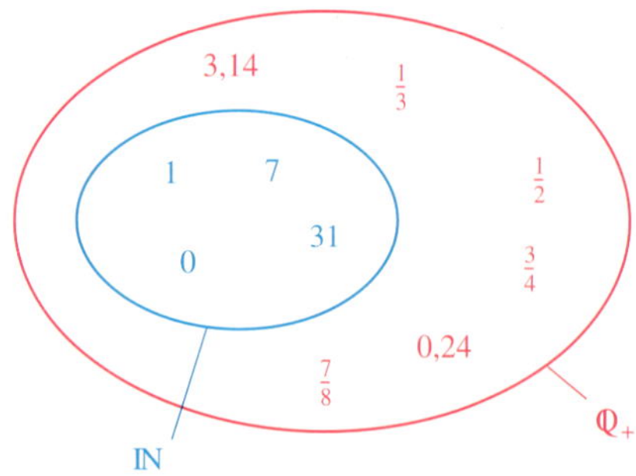

Du hast bisher zwei Zahlenbereiche kennen gelernt: die *Menge der natürlichen Zahlen*, kurz $\mathbb{N}$; die *Menge der Bruchzahlen*, kurz $\mathbb{Q}_+$.
Du weißt: Jede natürliche Zahl ist auch eine Bruchzahl, also ist $\mathbb{N}$ eine Teilmenge von $\mathbb{Q}_+$. Die Zahlen 0, 7 und 100 sind z. B. natürliche Zahlen und damit auch Bruchzahlen.
Aber nicht jede Bruchzahl ist auch eine natürliche Zahl. Die Zahlen $\frac{3}{4}$ und $\frac{12}{5}$ sind Bruchzahlen, aber keine natürlichen Zahlen. Die Menge $\mathbb{Q}_+$ geht über die Menge $\mathbb{N}$ hinaus.
Mithilfe von Bruchzahlen kann man Anteile an einem Ganzen angeben. Das ist mit natürlichen Zahlen nicht möglich. Auch zur Angabe von Längen z. B. zwischen 1 m und 2 m wie $1\frac{2}{3}$ m reichen die natürlichen Zahlen nicht aus.

Aufgabe

1. Suche

a) eine natürliche Zahl
(1) zwischen den natürlichen Zahlen 2 und 5;
(2) zwischen den natürlichen Zahlen 8 und 9.

b) eine Bruchzahl
(1) zwischen den Bruchzahlen $\frac{1}{10}$ und $\frac{6}{10}$;
(2) zwischen den Bruchzahlen $\frac{8}{10}$ und $\frac{9}{10}$.

Lösung

a)

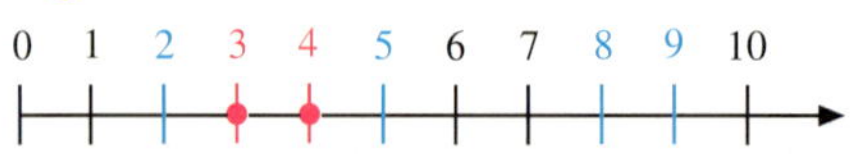

(1) Zwischen den natürlichen Zahlen 2 und 5 liegen die natürlichen Zahlen 3 und 4.
(2) Zwischen den natürlichen Zahlen 8 und 9 findest du *keine* natürliche Zahl.

b)

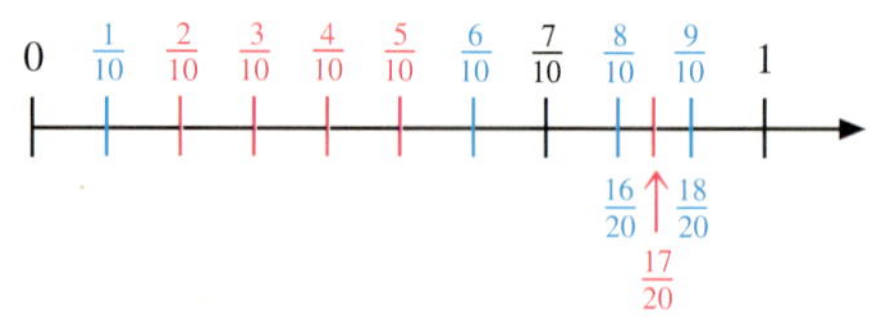

(1) Zwischen den Bruchzahlen $\frac{1}{10}$ und $\frac{6}{10}$ findest du leicht mehrere Bruchzahlen, zum Beispiel die Bruchzahl $\frac{3}{10}$.
(2) Zwischen den Bruchzahlen $\frac{8}{10}$ und $\frac{9}{10}$ findest du zwar keine Bruchzahl mit dem Nenner 10, aber zum Beispiel die Bruchzahl $\frac{17}{20}$.

Zum Festigen und Weiterarbeiten

2. *Beliebig viele Zahlen zwischen zwei Bruchzahlen*
Erweitere die Brüche $\frac{8}{10}$ und $\frac{9}{10}$ so, dass du zwischen $\frac{8}{10}$ und $\frac{9}{10}$
a) mindestens 2; **b)** mindestens 9; **c)** mindestens 1 000 Bruchzahlen
leicht angeben könntest.

Information

Zwischen zwei verschiedenen natürlichen Zahlen findest du *nicht immer* eine weitere natürliche Zahl.
Zwischen zwei verschiedenen Bruchzahlen findest du *immer* eine Bruchzahl, sogar beliebig viele.

3. *Ausführbarkeit der Division in* $\mathbb{N}$ *und* $\mathbb{Q}_+$

(1) $12 : 3$ (3) $\frac{1}{2} : \frac{3}{4}$ (5) $\frac{2}{3} : \frac{1}{9}$ (7) $0 : \frac{4}{7}$ (9) $0 : 0$

(2) $14 : 5$ (4) $\frac{3}{5} : 6$ (6) $0 : 11$ (8) $\frac{4}{9} : 0$ (10) $8 : 0$

a) In welchen Fällen kann man nicht dividieren? Begründe.

b) In welchen Fällen ist der Quotient eine (1) natürliche Zahl; (2) Bruchzahl?

Durch 0 kann man nicht dividieren.

In allen anderen Fällen gilt:

Der Quotient zweier natürlicher Zahlen ist *nicht immer* eine natürliche Zahl (d.h. die Division ist in der Menge der natürlichen Zahlen nicht immer ausführbar).

Der Quotient zweier Bruchzahlen ist *immer* eine Bruchzahl (d.h. die Division ist in der Menge der Bruchzahlen immer ausführbar).

Übungen

4. Untersucht mithilfe geeigneter Beispiele, ob die Addition, Subtraktion, Multiplikation in $\mathbb{N}$ bzw. $\mathbb{Q}_+$ immer ausführbar ist. Begründet eure Entscheidung.

5. Gib zwei Bruchzahlen an, die zwischen den beiden Bruchzahlen liegen.

a) $\frac{2}{5}$ und $\frac{4}{5}$ **b)** 1 und $\frac{3}{5}$ **c)** $\frac{1}{3}$ und $\frac{5}{6}$ **d)** 0 und $\frac{1}{8}$ **e)** $\frac{1}{10}$ und $\frac{1}{11}$ **f)** $2\frac{1}{4}$ und $2\frac{1}{3}$

6. Setze im Heft für x jeweils eine passende Zahl ein. Zu welcher Zahlenmenge gehört die Lösung?

(1) $6 \cdot x = 24$ (2) $x \cdot 5 = 13$ (3) $x \cdot 7 = 12$ (4) $13 \cdot x = 17$

7. a) Gibt es eine (1) kleinste, (2) größte natürliche Zahl?

b) Gibt es eine (1) kleinste, (2) größte Bruchzahl?

8. Welche Ergebnisse kann man nicht berechnen. Begründe.

$\frac{7}{6} + 0$; $\frac{7}{6} - \frac{7}{6}$; $\frac{7}{6} + 3$; $\frac{7}{6} - 1{,}5$; $\frac{7}{6} - 2$; $\frac{7}{6} : 0$; $0 \cdot \frac{7}{6}$; $0 : \frac{7}{6}$; $\frac{7}{6} : 100$

9. Welche Zahl liegt genau in der Mitte von

a) 2 und 8; **b)** 4 und 5; **c)** $\frac{1}{2}$ und 1; **d)** $\frac{1}{6}$ und $\frac{1}{5}$; **e)** $3\frac{1}{3}$ und $5\frac{1}{2}$; **f)** $1\frac{3}{4}$ und $2\frac{1}{4}$?

10. Alexander stellt ein Zahlenrätsel: „Ich denk mir eine natürliche Zahl. Wenn ich die Zahl vervierfache und 4 addiere erhalte ich 30."
Robert behauptet, dass es eine solche Zahl nicht gibt.
Stelle eine Gleichung auf. Bestimme die gedachte Zahl. Erläutere die Aussage von Robert.

11. Notiere jeweils drei Gleichungen, deren Lösung (1) eine natürliche Zahl, (2) keine natürliche Zahl ist.

AUSBLICK AUF NEGATIVE ZAHLEN

Einstieg

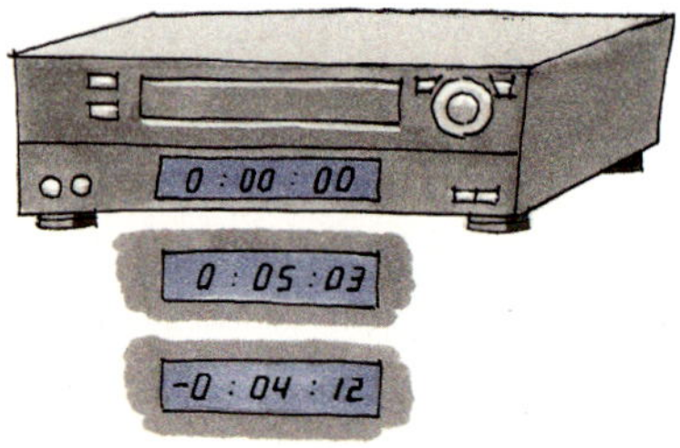

→ Welche Bedeutung haben die Zahlenangaben?

→ Gebt weitere Beispiele an, bei denen solche Minuszahlen (negative Zahlen) verwendet werden.

Aufgabe

1. Für eine Wetterbeobachtung hat Moritz an einem Wintertag das Thermometer im Garten zu verschiedenen Zeitpunkten abgelesen.

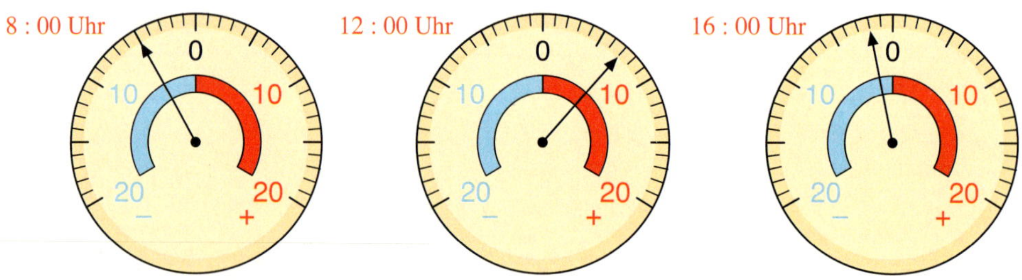

a) Was kannst du den Abbildungen entnehmen?

b) Wann hätte man 0 °C auf dem Thermometer ablesen können?

c) Moritz möchte die von ihm um 9:00 Uhr in Marburg gemessene Temperatur von – 2 °C mit der an anderen Orten vergleichen.
In einer Radiomeldung wird die Temperatur an verschiedenen Orten um 9:00 Uhr genannt:

Ort	Winterberg	Kassel	Fulda	Bensheim	Frankfurt
Temperatur (in °C)	– 5,5	– 1	+ 1	+ 6	+ 3,5

Zeichne ins Heft eine gerade Temperaturskala von – 7 °C bis + 7 °C.
Wähle 1 cm für 1 °C. Markiere anschließend die angegebenen Temperaturen. Notiere auch die Orte.

Lösung

a)

Zeit	8:00 Uhr	12:00 Uhr	16:00 Uhr
Temperatur	– 5 °C 5 °C unter null 5 Grad minus	7 °C 7 °C über null 7 Grad plus	– 2 °C 2 °C unter null 2 Grad minus

b) Zwischen 8:00 Uhr und 12:00 Uhr muss das Thermometer 0 °C erreicht haben, da in diesem Zeitraum die Temperatur von Minusgraden zu Plusgraden gestiegen ist. Ebenso hat das Thermometer zwischen 12:00 Uhr und 16:00 Uhr die Temperatur 0 °C angezeigt.

c)

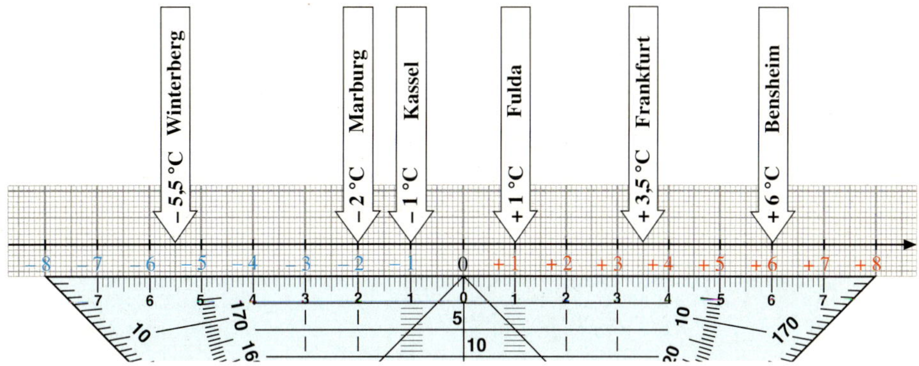

Information

Negative Zahlen

In der Aufgabe 1 kommen Angaben vor, für die unsere bisher bekannten Zahlen nicht ausreichen. Wir müssen eine zusätzliche Angabe hinzufügen, nämlich ob die Temperatur über null oder unter null (°C) liegt. Im täglichen Leben gibt es weitere Beispiele, bei denen solche Zusatzinformationen gemacht werden müssen:

- Höhenangaben (über NN (Normalnull) oder darunter)
- Geldangaben auf Bankkonten (Haben oder Soll)

Haben:
Der Kontoinhaber hat Geld auf dem Konto.

Soll:
Der Kontoinhaber schuldet dem Geldinstitut Geld.

In der Mathematik und teilweise auch im Alltag schreibt man solche Angaben mit einem Vorzeichen: + (plus) oder – (minus).

Wir erweitern den *Zahlenstrahl*

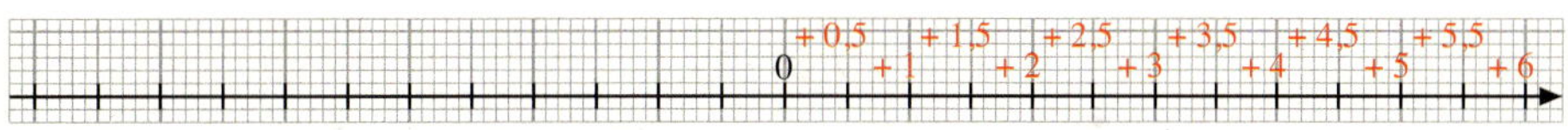

zur **Zahlengeraden**, indem wir den Zahlenstrahl an der Null spiegeln.

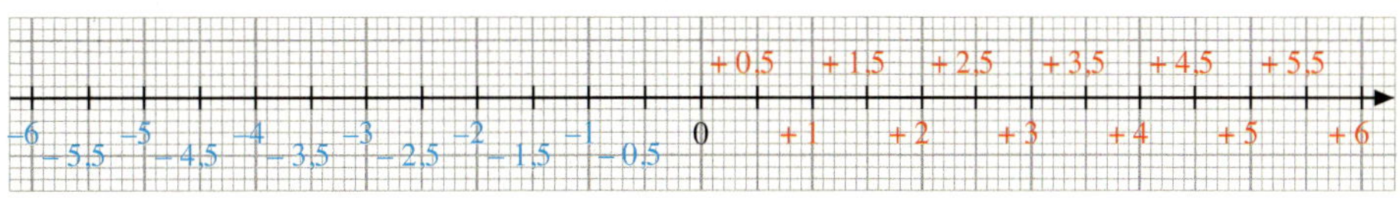

– 2
gelesen:
minus 2

Zahlen wie –100; –15; –31; –2,5 heißen **negative Zahlen**.
Zahlen wie +90; +20; +19; +3,5 heißen **positive Zahlen**.
Die Zahl 0 ist weder positiv noch negativ.
Bei positiven Zahlen kann man das Vorzeichen + auch weglassen. Bei negativen Zahlen muss man das Vorzeichen – immer schreiben.

Zum Festigen und Weiterarbeiten

NN = **N**ormal**n**ull
(Mittlerer Wasserstand der Nordsee bei Amsterdam)

2.

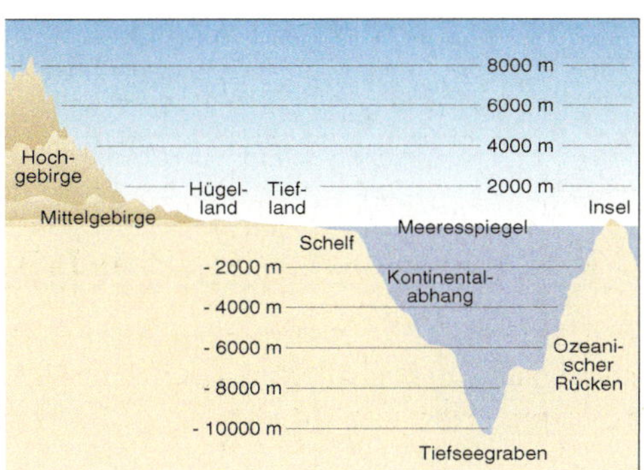

a) Betrachte die Abbildung links. Was geben hier die positiven Zahlen an, was die negativen Zahlen?

b) In der Geografie gibt man die Höhe der Zugspitze mit 2 962 m über NN (über Normalnull) an. Versuche zu erklären, was dies bedeutet.

3. Beim Kontostand (Saldo) gibt es zwei Möglichkeiten.

Haben (**H**) bedeutet Guthaben (+).

Soll (**S**) bedeutet Schulden (–).

Drücke die Kontostände rechts mithilfe der Vorzeichen + und – aus.

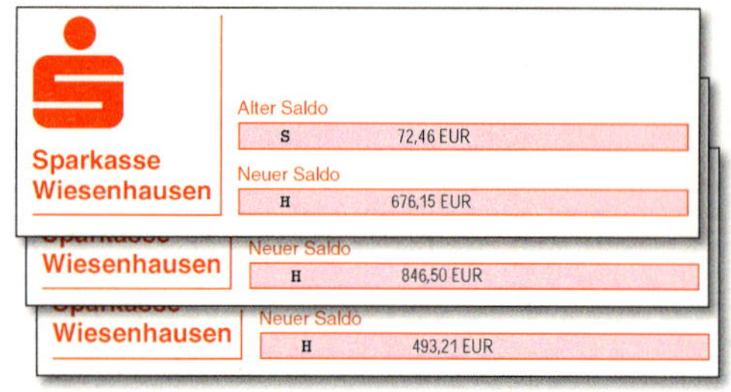

4. Lies die Temperaturen ab.

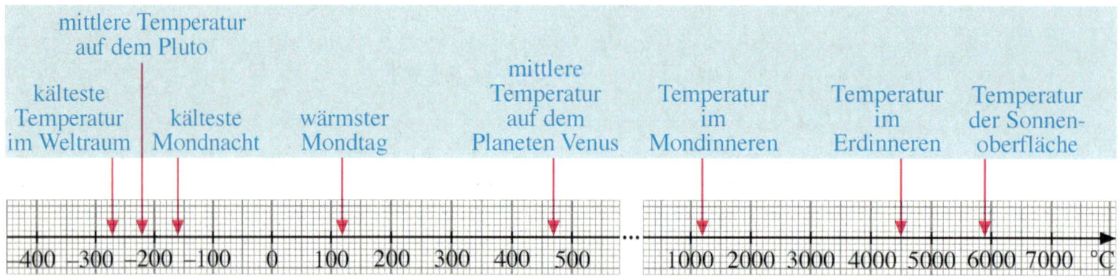

5. Zeichne eine Temperaturskala und trage folgende Werte ein. Wähle 1 cm für 1 °C bei den Teilaufgaben a) und b); wähle 1 cm für 10 °C bei Teilaufgabe c).
Benutze dein Geodreieck zum Eintragen.

a) 7 °C; –4 °C; 0 °C; 6 °C; –3 °C; –6 °C; 8 °C

b) 2 °C; –3 °C; –5 °C; 7 °C; –1 °C; 0 °C

c) 12,5 °C; –23 °C; 0 °C; 36,5 °C; –32,5 °C; –15,5 °C

Übungen

6. a) Was bedeuten die Zahlen +8; –8; –5; 0; –2; +2 bei
(1) einem Thermometer; (2) Höhenangaben; (3) einem Kontoauszug?

b) Drücke mithilfe von Vorzeichen aus:

(1) 180 m über Normalnull (3) 12 °C unter null (5) 180 € Soll
(2) 270 m unter Normalnull (4) 23 °C über null (6) 270 € Haben

7. Übertrage ins Heft und ergänze auf der Zahlengeraden die Punkte für +1; –1; –2; +5,5; –4; –4,5; –5,5; –3; +6,5.

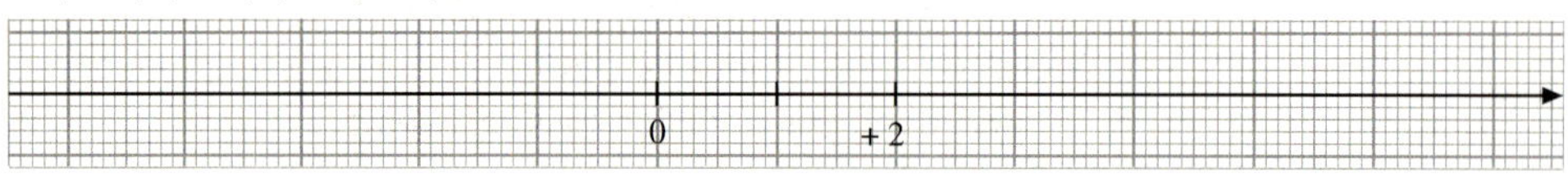

8. Auf der Zahlengeraden sind Zahlen durch Pfeile markiert. Notiere diese Zahlen.

a)

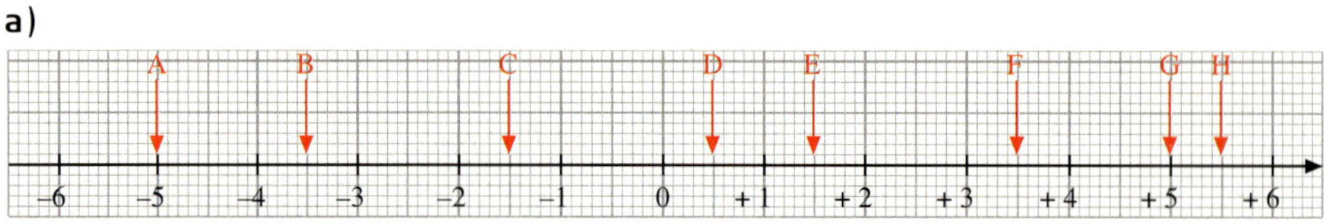

b)

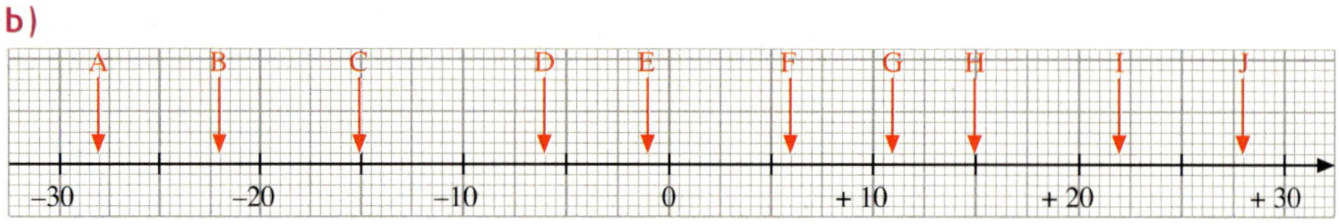

9. Ordne die Zahlen aus dem Lösungssack links den richtigen Stellen an der Zahlengeraden zu.

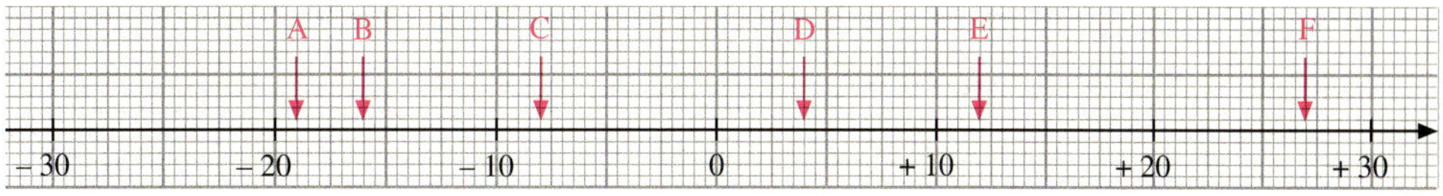

10. Zeichne jeweils eine Zahlengerade und markiere die Zahlen an der Zahlengeraden. Achte auf eine geeignete Einteilung der Zahlengeraden.

a) −7; +3; +1; −11; +5
b) +110; −50; 60; −10; 70
c) −6,5; 1,5; +4; −3,5; −0,5; +2,5
d) 4,3; −2,1; 3,8; −2,4; −4,4; −0,8

11. Anna hat Zahlen markiert und ihre Freundin Lea gebeten, das Blatt zu korrigieren.

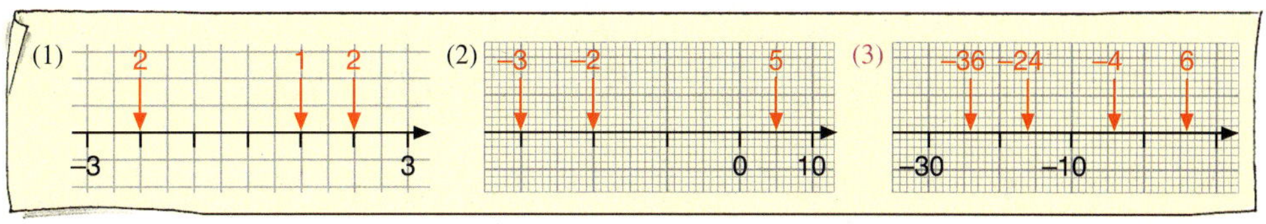

12. Sowohl die Gipfel der höchsten Berge auf der Erde als auch die Rinnen der Tiefseegräben sind nur wenige Kilometer von Normalnull entfernt.
Zum Vergleich: Der Radius der Erdkugel beträgt ungefähr 6 400 km.

Höhe einiger Berge		**Tiefe einiger Tiefseegräben**	
Mount Everest	8 850 m	Marianengraben	11 034 m
Kilimandscharo	5 955 m	Philippinengraben	10 540 m
Mont Blanc	4 807 m	Puerto-Rico-Graben	9 219 m
Matterhorn	4 478 m	Caymangraben	7 680 m
Zugspitze	2 962 m	Perugraben	6 262 m

a) Suche die Berge und Tiefseegräben im Atlas.
Unterscheide Angaben für Berge und Tiefseegräben durch Vorzeichen voneinander.
Trage sie dazu auf einer gemeinsamen Skala ein.
Hinweis: Runde zunächst geeignet.

b) Überlegt euch jeweils 2 Aufgaben zu den Angaben in der Tabelle. Tauscht dann die Aufgaben aus und löst sie gegenseitig.

13. Nenne drei

a) positive Zahlen;
b) negative Zahlen;
c) natürliche Zahlen;
d) Bruchzahlen;
e) positive oder negative Zahlen.

14. Was ist mit den folgenden Zeitungsausschnitten gemeint?

Firma FLOTTIVA schreibt wieder schwarze Zahlen

Verein Waldeslust kommt aus den roten Zahlen nicht heraus

15. Sucht in der Zeitung oder im Internet nach einem Artikel, in dem negative und positive Zahlen vorkommen. Beschreibt, was die negativen Zahlen dabei bedeuten.

VERMISCHTE UND KOMPLEXE ÜBUNGEN

1. Oliver hat ein Handy mit einer speziellen Telefonkarte, die immer wieder auf ein bestimmtes Guthaben aufgeladen werden kann. Die Verbindungspreise kann man der nebenstehenden Tabelle entnehmen.

Inlandsverbindungen ins Festnetz	
Sonnenschein-Tarif (von 7.00 Uhr bis 20.00 Uhr)	0,87 €/Min.
Mondschein-Tarif (von 20.00 Uhr bis 7.00 Uhr)	0,24 €/Min.
Wochenend-Tarif (von Freitag 20.00 Uhr bis Sonntag 24.00 Uhr)	0,08 €/Min.

a) Oliver telefoniert mit seinem Freund Vasily. Das Telefonat beginnt um 19.56 Uhr und endet um 20.12 Uhr. Wie hoch sind die Telefongebühren für dieses Gespräch?

b) Wie lange kann er während der verschiedenen Tarife telefonieren, wenn er eine Telefonkarte mit 25-€-Guthaben benutzt?

5:34,02 bedeutet 5 Minuten und 34,02 Sekunden.

2. In der Tabelle siehst du die Weltrekordzeiten in den angegebenen Laufdisziplinen (Stand: September 2008).
Bei den Zeitangaben sind die Minuten von den Sekunden durch Doppelpunkt getrennt:

	Männer	Frauen
1 500-m-Lauf	3 : 26,00	3 : 50,46
3 000-m-Lauf	7 : 20,67	8 : 06,11
5 000-m-Lauf	12 : 37,35	14 : 11,15
10 000-m-Lauf	26 : 17,53	29 : 31,78

a) Eine Runde auf einer Laufbahn ist 400 m lang.
Wie viele Runden muss man für die einzelnen Laufdisziplinen zurücklegen?
Gib das Ergebnis in dezimaler Schreibweise an.

b) Um wie viel Sekunden ist der 1 500-m-Läufer im Durchschnitt pro Runde schneller als der 10 000-m-Läufer?

c) Stelle weitere sinnvolle Fragen und beantworte sie.

3. Ein Roggenkorn wiegt ungefähr 0,06 g. In einer Roggenähre sind ungefähr 40 Körner. Auf 1 ha Roggenfeld stehen ungefähr 4 Mio. Ähren.

a) Welches Gewicht haben die Körner in einer Ähre?

b) Wie viele Körner sind in 1 kg Roggen?

c) Wie viele Körner sind in 1 t Roggen?
Hinweis:
1 t = 1 000 kg = 1 000 000 g

d) Wie viele Körner reifen auf einem 1 ha großen Roggenfeld?

e) Welches Gewicht haben die Körner auf 1 ha Roggenfeld?
Rechne das Gewicht in t um.

Ungewöhnliche, aber noch gebräuchliche Einheiten

4. **a)** In den USA wird das Volumen für Benzin in Barrel angegeben: 1 barrel = 158,987 *l*. Wie viel *l* sind 15 barrel?

b) Die Größen von Jeans werden häufig in inch angegeben. Was bedeuten die Angaben der Abbildung?
Das Inch ist eine Längeneinheit des englischen Systems. Es gilt 1 inch = 25,4 mm.
Rechne die Größenangabe der Jeans in cm um.
Miss deine Bundweite und gib sie in inch an.

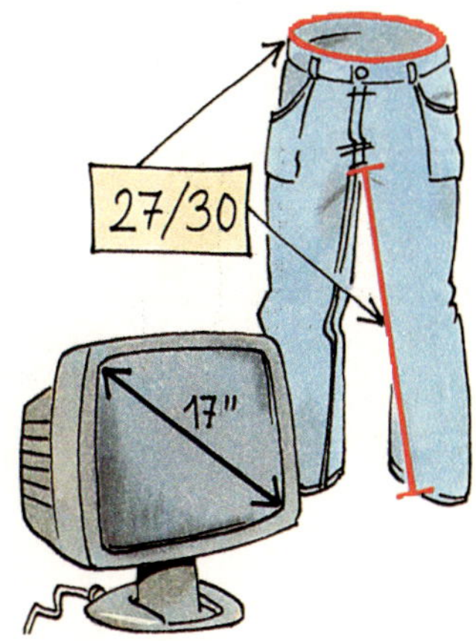

c) In Deutschland sagt man Zoll statt inch:
1 Zoll = 1" = 2,54 cm. Diese alte Längeneinheit wird in der Computertechnik noch oft verwandt.
Gib das Maß des Computerbildschirms in cm an.

d) Die längste Brücke der Florida-Inselketten in den Vereinigten Staaten von Amerika ist 11 km lang und heißt „Seven Miles Bridge" (7-Meilen-Brücke). Sie ist auf 546 Pfeilern errichtet.
(1) Eine Meile entspricht 1 609,3 Meter. Trägt die Brücke ihren Namen zu Recht?
(2) Wie groß ist der Abstand zwischen zwei Pfeilern, wenn sie über die gesamte Strecke gleich verteilt wurden? Runde auf volle Meter.

5. Stelle selbst eine Frage und beantworte sie.

a) Die Temperatur betrug +2 °C und ist um 8 Grad gefallen.

b) Sandra hat einen Einkaufsgutschein über 35 € und will für 49 € einkaufen.

c) Der Wasserstand in einem Stausee lag bei 126 cm und ist danach um 78 cm gestiegen.

d) Nach einem heißen Sommertag ist die Temperatur um 17 Grad gefallen. Jetzt beträgt sie noch 12,5 °C.

6. Eine Wand in Sarahs Zimmer wird neu tapeziert. Die Wand ist 4,43 m breit und 2,55 m hoch. Auf einer Rolle sind 10,05 m Tapete in einer Breite von 53 cm.

a) Es werden zunächst einige Tapetenbahnen in voller Breite nebeneinander geklebt. Wie breit muss die letzte Bahn geschnitten werden?

b) Tapeten werden üblicherweise in ganzen Bahnen geklebt.
Wie viele Rollen muss Sarahs Mutter kaufen und wie viel Verschnitt entsteht?

7. Berechne die Terme.

a) $\left(1{,}7 + \frac{6}{10}\right) \cdot 2{,}5 - 1\frac{3}{8}$ **b)** $1{,}\overline{3} + \frac{2}{7} \cdot 3{,}\overline{5}$ **c)** $\frac{3{,}4}{1{,}1} \cdot \frac{11}{15} + 8{,}25 : 1\frac{4}{7}$

Wasser: 1 l wiegt 1 kg

8. Axel möchte sein Aquarium auf ein Regal in seinem Zimmer stellen. Er weiß, dass ein Regalbrett mit höchstens 45 kg belastet werden darf. Das Aquarium ist 55 cm lang, 33 cm breit und 35 cm hoch. Es wiegt 3,7 kg.
Bis zu welcher Höhe darf Axel das Aquarium höchstens mit Wasser befüllen?

9. Herr Brandt hat insgesamt 80 ha Land gepachtet, 30 % davon sind Ackerland, der Rest ist Weideland. Für das Ackerland zahlt er 3,26 € pro Ar, für das Weideland 1,73 € pro Ar. Auf dem Ackerland baut er Weizen an und erwartet einen Ertrag von 0,75 kg pro m^2.
Stelle geeignete Fragen und beantworte sie.

10. Bei den Körpern rechts sind die Maße in dm angegeben.

a) Wie viel dm^2 Blech braucht man, um den Körper herzustellen?

b) Wie viel dm^2 Pappe benötigt man, um den Körper herzustellen? *Beachte:* Eine Länge musst du durch eine Zeichnung ermitteln.

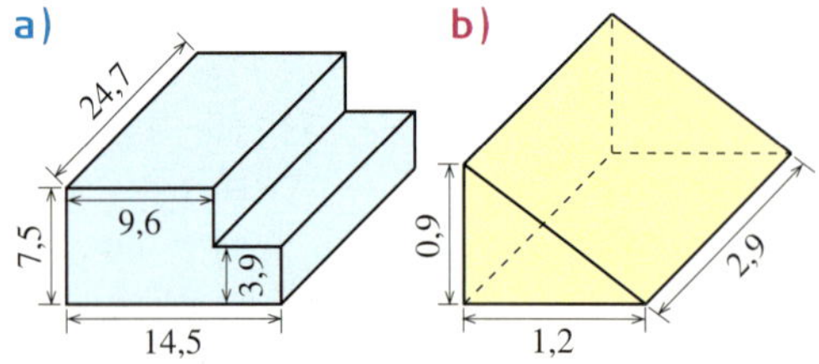

11. Die Erdoberfläche ist zu $\frac{7}{10}$ mit Wasser bedeckt. Davon entfallen die Hälfte auf den Pazifischen Ozean; drei Zehntel auf den Atlantischen Ozean; ein Fünftel auf den Indischen Ozean.
Von der verbleibenden Landfläche entfallen etwa
$\frac{1}{3}$ auf Asien; $\frac{3}{10}$ auf Amerika;
$\frac{11}{50}$ auf Afrika; $\frac{2}{25}$ auf Europa;
$\frac{1}{15}$ auf Australien und Ozeanien.
Stelle geeignete Fragen und beantworte sie.

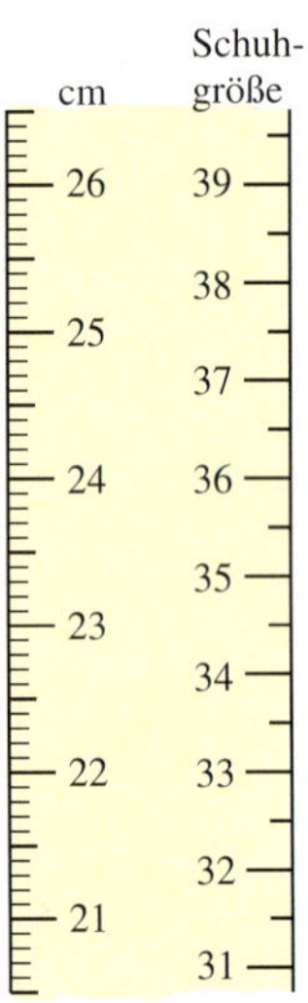

12. Susanne will sich ein Paar Schuhe kaufen. „Welche Schuhgröße hast du?", fragt die Verkäuferin.
Susanne: „Ich habe Schuhgröße 36."
Zuhause misst sie nach. Die Länge ihres Fußes beträgt 24 cm.
Susanne überlegt:
„Ist Schuhgröße 1 gleich $\frac{2}{3}$ cm?"

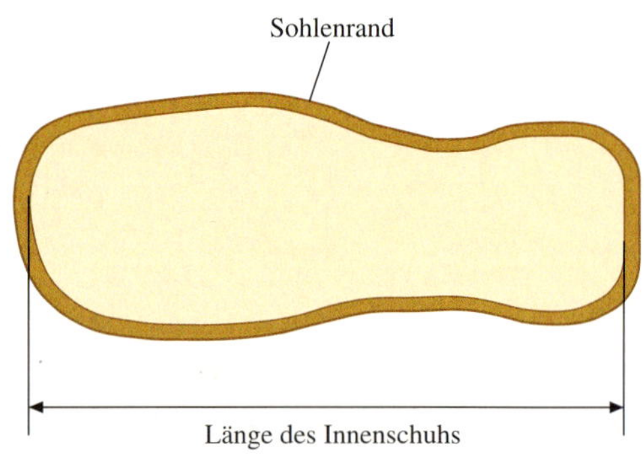

a) Prüfe das auch bei deinen Schuhen nach.

b) Deinem Lineal liegt die Maßeinheit 1 cm zugrunde. Stelle aus Pappe ein Lineal her, dem die Maßeinheit *Schuhgröße 1* zugrunde liegt. Miss damit Schuhgrößen.

c) Wie lang ist der Innenschuh bei den Schuhgrößen
(1) $40\frac{1}{2}$; (2) $37\frac{1}{2}$; (3) 35?

d) Welche Schuhgröße liegt bei folgenden Innenschuhlängen vor?
(1) 30 cm; (2) 27 cm; (3) 23 cm

13.

Mount Everest

Meter und foot (Fuß)
Formuliere selbst Aufgaben.

a) Jana liest am Fotoapparat: 3 m ≈ 10 ft.

b) Markus hört in einem amerikanischen Dokumentarfilm über die Besteigung des Mount Everest (8872 m): Das erste Basislager befand sich in einer Höhe von 22300 ft und das zweite in der Höhe von 24600 ft.
Er liest im Lexikon: 1 ft ≈ 30,48 cm.

c) Ein Flugkapitän sagt an: „Wir befinden uns jetzt in einer Höhe von 34000 Fuß."

BIST DU FIT?

1. **a)** $\frac{3}{4} : \frac{2}{5}$ $\frac{3}{4} \cdot \frac{2}{5}$ **b)** $\frac{7}{6} \cdot \frac{5}{6}$ $\frac{7}{6} : \frac{5}{6}$ **c)** $\frac{8}{9} \cdot \frac{4}{5}$ $\frac{8}{9} : \frac{4}{5}$ **d)** $\frac{6}{7} \cdot \frac{5}{6}$ $\frac{6}{7} : \frac{5}{6}$ **e)** $5\frac{1}{2} \cdot 1\frac{4}{10}$ $5\frac{1}{2} : 1\frac{4}{10}$ **f)** $3\frac{1}{3} : 2\frac{2}{5}$ $3\frac{1}{3} \cdot 2\frac{2}{5}$

2. **a)** $0{,}32 \cdot 3$ $0{,}72 : 3$ **b)** $0{,}13 \cdot 0{,}8$ $4{,}8 : 0{,}8$ **c)** $0{,}49 \cdot 100$ $7{,}1 : 100$ **d)** $5{,}2 \cdot 0{,}03$ $2{,}4 : 0{,}03$ **e)** $17 \cdot 0{,}4$ $1 : 0{,}4$

3. **a)** $1{,}5 + \frac{2}{5}$ **b)** $0{,}9 - \frac{1}{3}$ **c)** $0{,}24 : \frac{3}{4}$ **d)** $0{,}3 \cdot \frac{11}{15}$ **e)** $\frac{7}{20} - 0{,}3$ **f)** $0{,}6 : \frac{6}{7}$

4. Runde die Ergebnisse auf Cent.

a) 19,25 € · 1,12   **b)** 48,75 € · 0,93   **c)** 80,75 € : 7   **d)** 179 € : 2,4

5. **a)** $\frac{3}{4}$ von 2,60 €   **b)** $\frac{7}{10}$ von 12,50 €   **c)** $\frac{1}{3}$ von 0,45 *l*   **d)** $\frac{2}{5}$ von 1,75 *l*   **e)** $\frac{2}{3}$ von 150 g

6. Stelle einen Term auf und berechne.

a) Addiere $\frac{3}{4}$ zum Produkt der Zahlen $1\frac{1}{4}$ und 0,5.

b) Dividiere die Differenz der Zahlen 17,4 und 10,1 durch 0,9.

c) Multipliziere die Summe aus $7\frac{1}{2}$ und 0,75 mit der Differenz der Zahlen $\frac{9}{10}$ und 0,15.

7. Bestimme die fehlende Zahl.

a) $x \cdot \frac{5}{6} = 1\frac{1}{3}$ **b)** $x : 2{,}2 = 5{,}9$ **c)** $0{,}6 \cdot y = 9{,}6$ **d)** $z : \frac{5}{8} + \frac{4}{5} = 1$

8. **a)** $\frac{5}{12} \cdot \left(\frac{8}{15} - \frac{2}{5}\right)$ **b)** $\left(\frac{7}{20} + \frac{3}{4}\right) : \frac{11}{25}$ **c)** $8{,}5 - (3{,}75 + 2{,}625)$ **d)** $0{,}34 + 0{,}2 \cdot 0{,}9$

9. Rechne vorteilhaft. Beachte die Rechengesetze.

a) $0{,}8 + 1{,}2 \cdot 0{,}5$ **c)** $2{,}5 \cdot 1{,}77 \cdot 0{,}4$ **e)** $5{,}41 : 0{,}8 - 1{,}41 : 0{,}8$

b) $0{,}35 \cdot 0{,}27 + 0{,}35 \cdot 0{,}73$ **d)** $2{,}4 \cdot (0{,}71 + 1{,}29)$ **f)** $0{,}63 : 0{,}9 + 1{,}25$

10. In der Albert-Schweitzer-Schule wird Milch und Kakao angeboten. In einer Schulwoche wurden verkauft: 237 Packungen Milch, 265 Packungen Kakao.

a) Wie viel Liter Milch wurden verkauft? Wie viel Liter Kakao wurden verkauft?

b) Berechne die Einnahmen aus dem Milchverkauf und aus dem Kakaoverkauf.

11. Ein quaderförmiges Schwimmbecken ist 9,60 m lang, 4,50 m breit und 1,80 m tief.

a) Die Fliesen erhalten einen Schutzanstrich. Wie groß ist die zu streichende Fläche?

b) Danach wird es bis 20 cm unter den Rand mit Wasser gefüllt. Wie viel Liter Wasser werden benötigt?

12. Lies die Zahlen von der Zahlengeraden ab.

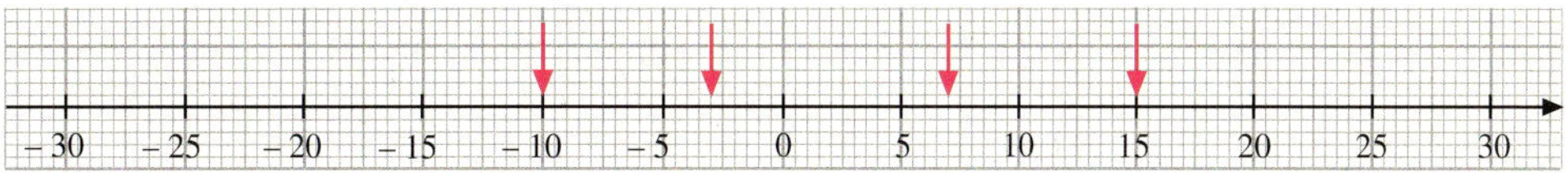

IM BLICKPUNKT: AUSBAUEN UND EINRICHTEN

Herr und Frau Brasse freuen sich. Soeben haben sie von ihrer Bausparkasse die Nachricht erhalten, dass ihr Bausparvertrag zugeteilt wird. Mit der angesparten Bausparsumme kann jetzt das Zimmer ihres 12-jährigen Sohnes Michael renoviert werden und Frau Brasse kann sich endlich ihren großen Wunsch nach einem Gewächshaus erfüllen.

1. Michael ist schon ganz aufgeregt. Für die Renovierung seines Zimmers gibt es viel zu überlegen und zu planen, denn erneuert werden sollen:

- der Teppichboden
- die Fußleisten
- die Tapeten an den Wänden
- der Deckenanstrich

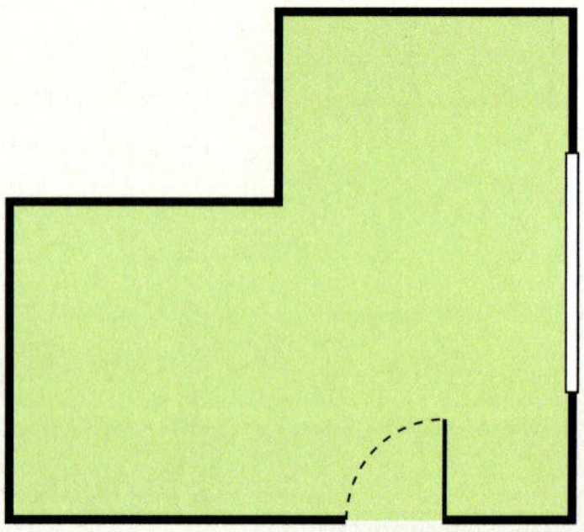

Zunächst zeichnet Michael den Grundriss seines Zimmers im Maßstab 1:100. Dann misst er folgende Längen:

- Zimmerhöhe: 2,50 m
- Türhöhe: 2,00 m
- Fensterhöhe: 1,35 m

Danach fahren Michael und seine Eltern in einen großen Baumarkt.

a)

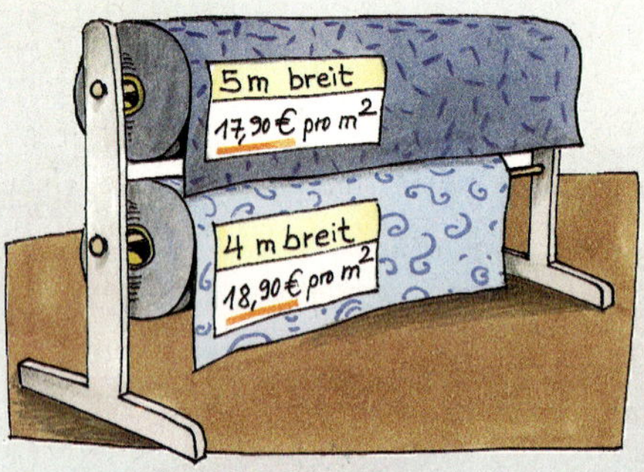

Der Teppichboden soll aus einem Stück sein. Bei der Auswahl des Teppichbodens können sich Michael und seine Eltern zunächst nicht zwischen den beiden Angeboten (links) entscheiden. Schließlich wählen sie den Teppichboden, der für sie am günstigsten ist. Welcher Teppichboden ist das? Wie teuer ist er insgesamt? Wie viel m^2 Verschnitt fallen an?

b) Die ausgesuchten Fußleisten gibt es in zwei verschiedenen Längen: 2,00 m und 3,20 m.
Die kürzeren Fußleisten kosten 6,95 € pro Stück, die längeren 9,90 € pro Stück. Michael und seine Eltern wollen nicht mehr als nötig hierfür ausgeben.

c) Jetzt geht es in die Malerabteilung.

1 % = $\frac{1}{100}$

Wie viele Rollen müssen sie kaufen? Wie teuer wird das?

d) Farbe für den Deckenanstrich:

e) Für Kleinmaterial und andere Dinge, wie Klebeband, Quast, Kleister, Schutzfolie, Pinsel, Halter für Fußleisten, Schrauben, Tapeziertisch usw. geben sie noch 117,58 € aus.
Erstelle eine Gesamtkostenabrechnung.

f) Wie würdest du dein Zimmer renovieren?
Erkundige dich z. B. in einem Baumarkt nach den Preisen und rechne aus, wie teuer ein neuer Bodenbelag, neue Tapeten bzw. eine Renovierung deines Zimmers wäre.

2. Hier siehst du das Gewächshaus, das sich Michaels Mutter ausgesucht hat. Das 2,80 m breite und 4,05 m lange Gewächshaus steht auf einem Stahlrahmen. Er ist an den vier Ecken in Betonsockeln verankert. Die Seitenwände sind 1,35 m hoch. Das Dach hat einen Neigungswinkel von 35°.

a) Für die Betonsockel hat Michaels Vater 0,5 m tiefe und 0,3 m mal 0,3 m breite Löcher ausgegraben.
Wie viel m^3 Beton musste er mischen?

b) In welchem Bereich des Gewächshauses kann eine erwachsene Person (1,80 m) aufrecht stehen? Zeichne dazu den Querschnitt des Gewächshauses im Maßstab 1 : 50.

c) Für die Pflanzen in einem Gewächshaus ist es besonders wichtig, dass die Lichteinwirkung reguliert werden kann. Wenn die Sonne im Sommer direkt in das Gewächshaus scheint, muss man den Pflanzen Schatten geben können. Hierfür gibt es Schattierungsnetze. Das Gewächshaus der Familie Brasse steht so, dass das Dach, die linke Seite und die Rückseite bei Bedarf mit Schattierungsnetzen behängt werden muss.
Wie groß ist diese Fläche?

d) Die Bauvorschriften in Hessen besagen, dass Gartenhäuser, und dazu gehören auch Gewächshäuser, nur dann ohne Baugenehmigung in einem Garten gesetzt werden dürfen, wenn der gesamte umbaute Raum (Volumen des Gartenhauses) nicht größer als 30 m^3 ist.

Entspricht das Gewächshaus der Familie Brasse dieser Vorschrift?

e) Frau Brasse möchte Pflanzen und Samen für die Erstbepflanzung einkaufen. Sie schaut sich die Angebote in einem Gartencenter an:

Frau Brasse möchte nicht mehr als 50 € ausgeben.
Stelle eine Einkaufsliste zusammen.

IM BLICKPUNKT: ZAUBERQUADRATE

Rechts seht ihr einen Ausschnitt aus Albrecht Dürers Kupferstich „Melancholie". Es handelt sich um ein **magisches Quadrat** (Zauberquadrat), das die Jahreszahl 1514, das Todesjahr seiner Mutter, enthält.
Wenn man die Zahlen einer Reihe oder Spalte addiert, erhält man immer dieselbe Zahl als Summe.

Beispiele: 16 + 3 + 2 + 13 = 34
3 + 10 + 6 + 15 = 34

Auch wenn man Zahlen längs einer Diagonalen addiert, erhält man 34.

1. Prüft in Dürers Zauberquadrat nach, ob man in jeder Zeile, in jeder Spalte und in jeder Diagonalen die Zahl 34 als Summe erhält.

2. a) Prüft bei dem linken Quadrat nach, ob es sich um ein magisches Quadrat handelt.
b) Im rechten magischen Quadrat fehlen einige Zahlen. Ergänzt sie.

3. a) Multipliziert jede Zahl des magischen Quadrates links mit der Zahl 5.
Überlegt: Ist das neue Quadrat wieder ein magisches Quadrat? Überprüft das durch Rechnung.
Gilt das auch für andere Zahlen als 5? Prüft das an weiteren Beispielen nach.
b) Addiert zu jeder Zahl des magischen Quadrates die Zahl 3.
Ist das neue Quadrat wieder ein magisches Quadrat?
Gilt das auch für andere Zahlen als 3? Prüft das nach.

4. **a)**

Füllt das dritte Quadrat nach folgender Regel aus: Zu jeder Zahl des ersten magischen Quadrates wird die Zahl des zweiten magischen Quadrates addiert, die im gleichen Feld steht. Entsteht wieder ein magisches Quadrat?

b) Ersetzt in Teilaufgabe a) plus durch mal. Entsteht wieder ein magisches Quadrat?

5. **a)** Rechts seht ihr ein magisches Quadrat mit Bruchzahlen.
Rechnet nach, ob man in jeder Reihe, in jeder Spalte und in den beiden Diagonalen jeweils dieselbe Bruchzahl als Summe erhält.

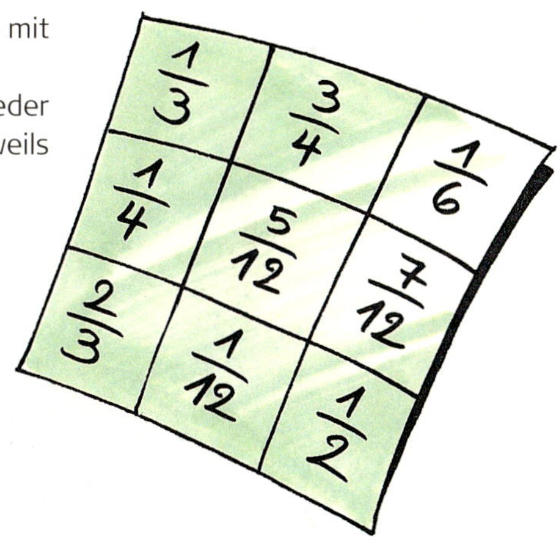

b) Tragt in das linke Quadrat geeignete Zahlen ein, sodass ein magisches Quadrat entsteht.

6. Entsteht wieder ein magisches Quadrat?

a) Dividiert jede Zahl des magischen Quadrates in Aufgabe 5a) durch 3.

b) Multipliziert jede Zahl des magischen Quadrates in Aufgabe 5a) mit $\frac{3}{4}$.

c) Nehmt die beiden Quadrate aus Aufgabe 5 und verfahrt wie in Aufgabe 4.

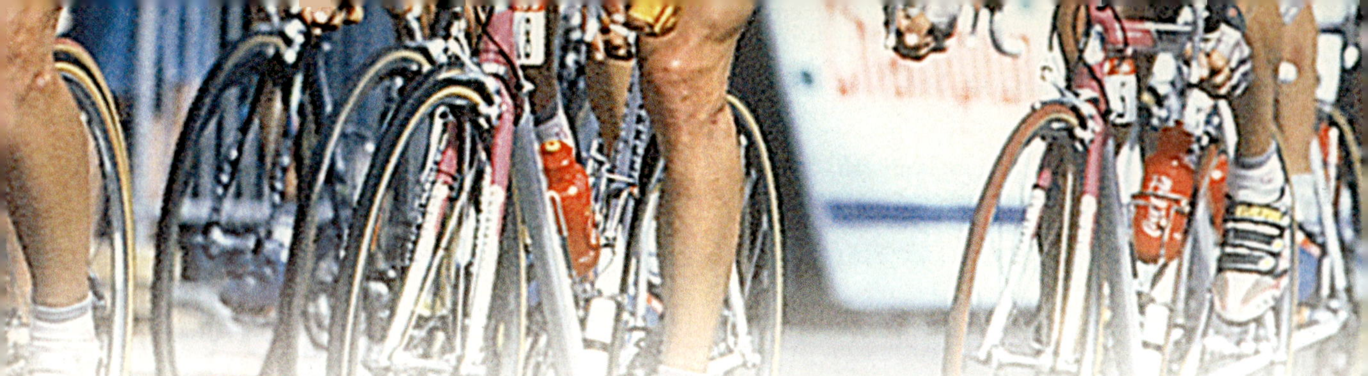

5 Zuordnungen in der Umwelt

Beim Kauf eines Fahrrades muss darauf geachtet werden, dass die Rahmenhöhe richtig gewählt wird. Diese muss zur Körpergröße und zur Schrittlänge des Radfahrers passen.

Die Tabelle und das Diagramm stammen aus einer Sportzeitschrift.

→ Welche Informationen kannst du den Darstellungen entnehmen?

Mountain-Bike	
Schrittlänge	Rahmenhöhe
70 cm	39 cm
72 cm	40 cm
74 cm	41 cm
76 cm	42 cm
78 cm	43 cm
80 cm	44 cm
82 cm	45 cm
84 cm	46 cm
86 cm	47 cm
88 cm	48 cm
90 cm	49 cm
92 cm	50 cm
94 cm	51 cm
96 cm	52 cm
98 cm	53 cm

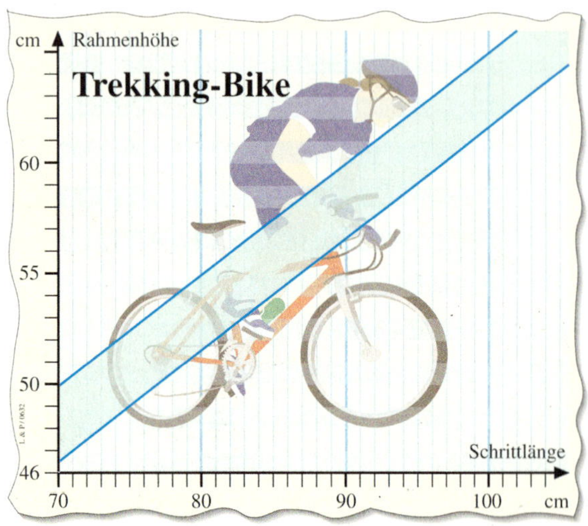

→ Bestimme die Rahmenhöhe, die ein Mountain-Bike bzw. ein Trekking-Bike für dich haben sollte.

In diesem Kapitel lernst du ...

... wie man mit Tabellen und Graphen Abhängigkeiten zwischen Größen darstellen und erkennen kann.

ZUORDNUNGSTABELLEN

Aus Zuordnungstabellen Informationen ablesen

Einstieg

Der Preis von Heizöl ist abhängig von der Abnahmemenge.
Firma Bülow liefert Familie Meyer 5500 *l* und ihren Nachbarn 3600 *l* Heizöl.

➜ Wie viel Euro muss jeder bezahlen?

➜ Wie viel Euro hätte jeder gespart, wenn sie gemeinsam bestellt hätten?

Unsere aktuellen Heizölpreise

Abnahme (in *l*)	Preis (in € je 100 *l*)
bis 1 000	63,20
1 001 bis 3 000	62,60
3 001 bis 5 000	61,80
5 001 bis 7 000	60,70
7 001 bis 10 000	59,50

Aufgabe

1. Für Fahrten zum Flughafen bieten private Reisedienste einen Bring- und Abholservice an.
Rechts siehst du die Fahrpreistabelle des Reisedienstes „Travel and Fly" für den Transfer von Kassel zum Flughafen Frankfurt/Main. Der Preis pro Person hängt von der Anzahl der insgesamt beförderten Personen ab.

a) Was kannst du aus der Tabelle ablesen?

b) Familie Schwabe (3 Personen) und Familie Seifert (5 Personen) wollen zur selben Zeit zum Flughafen hin- und zurückfahren.
Wie viel Euro pro Person kann jede Familie sparen, wenn sie gemeinsam fahren statt getrennt?

c) Familie Scholz: „Wir haben 44,50 € pro Person für Hin- und Rückfahrt bezahlt." Wie viele Personen sind mitgefahren?

Travel and Fly

Anzahl der Personen	Preis pro Person	
	Einfache Fahrt	Hin- und Rückfahrt
1	54,00 €	97,50 €
2	42,00 €	74,50 €
3	31,00 €	54,50 €
4	28,50 €	44,50 €
5	25,50 €	39,50 €
6	22,50 €	34,50 €
7	20,00 €	32,50 €
8	17,50 €	29,50 €

Lösung

Zu jeder Personenzahl (1. Spalte) gehört ein ganz bestimmter Preis für die einfache Fahrt (2. Spalte) und auch ein ganz bestimmter Preis für Hin- und Rückfahrt (3. Spalte).

a) Du kannst aus der Tabelle z. B. ablesen:
- Der Fahrpreis pro Person für die einfache Fahrt beträgt bei 2 Personen 42 €, bei 7 Personen 20 €.
- Der Fahrpreis pro Person für Hin- und Rückfahrt beträgt bei 3 Personen 54,50 €, bei 8 Personen 29,50 €.
- Je mehr Personen mitfahren, desto niedriger ist der Preis pro Person.
- Bucht man Hin- und Rückfahrt, so zahlt man weniger als das Doppelte für die einfache Fahrt.

b) Familie Schwabe könnte 54,50 € – 29,50 €, also 25,00 € pro Person sparen;
Familie Seifert 39,50 € – 29,50 €, also 10 € pro Person.

c) Es sind 4 Personen mitgefahren.

Zum Festigen und Weiterarbeiten

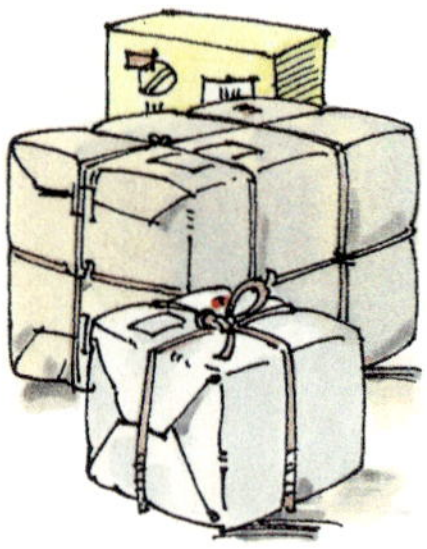

2. Die Paketgebühr hängt von dem Gewicht des Paketes ab.
Aus der Tabelle eines Paketdienstes kann man zu jedem Gewicht eines Paketes den zugehörigen Preis ablesen.
Die Tabelle stellt die **Zuordnung** *Paketgewicht → Preis* dar.

a) Wie viel Euro kostet ein Paket, das 6,5 kg, 11,7 kg, 14 kg wiegt?

b) Wie viel wiegt ein Paket, für das man 8,50 € bezahlt?

c) Was ist günstiger: ein Paket zu 18 kg oder 2 Pakete zu je 9 kg?

Paketdienst-Quick

bis 1 kg	3,50 €
über 1 bis 2 kg	4,00 €
über 2 bis 3 kg	4,50 €
über 3 bis 5 kg	5,00 €
über 5 bis 8 kg	5,50 €
über 8 bis 10 kg	6,00 €
über 10 bis 15 kg	7,00 €
über 15 bis 20 kg	8,50 €
über 20 bis 25 kg	9,00 €
über 25 bis 30 kg	12,50 €

3. In der Tabelle findest du für einen Sommertag Angaben zur Lufttemperatur.
Die Tabelle ist hier nicht in Spalten, sondern in Zeilen angelegt.

Zeitpunkt (Uhr)	6.00	9.00	12.00	15.00	18.00	21.00
Temperatur (in °C)	15	17	23	25	25	18

a) Welche Zuordnung ist in der Tabelle dargestellt? Schreibe wie in Aufgabe 2.

b) Kann man aus der Tabelle entnehmen, wie die Temperatur um 11.00 Uhr, um 16.30 Uhr war? Welche Vermutungen sind möglich?

Information

Eine **Zuordnung** kann durch eine *Tabelle* gegeben sein. Jeder Größe in der ersten Spalte wird die danebenstehende Größe in der zweiten Spalte zugeordnet. Wir schreiben:
Größe in der ersten Spalte → Größe in der zweiten Spalte
Die Größe in der ersten Spalte nennen wir *Ausgangsgröße*,
die entsprechende Größe in der zweiten Spalte nennen wir *zugeordnete Größe.*

Beispiele:
Personenzahl → Fahrpreis
gelesen: Personenzahl wird zugeordnet Fahrpreis
Paketgewicht → Preis
Zeitpunkt → Temperatur

Personenzahl	Fahrpreis
1	108 €
2	162 €

Übungen

4. Im CITY-Parkhaus gelten die nebenstehenden Parktarife für einen Tag.

a) Welche Informationen kannst du der Tabelle entnehmen? Beschreibe die Zuordnung in Worten wie in der Information.

b) Herr Martin parkt sein Auto 1 h und 45 min. Wie viel muss er bezahlen?

c) Frau Giehl muss 3,50 € Parkgebühr zahlen. Wie lange hat sie ihr Auto geparkt?

Parkdauer	Parkgebühr
bis 10 min	frei
über 10 min bis 1 h	1,50 €
über 1 h bis 2 h	2,50 €
über 2 h bis 3 h	3,00 €
über 3 h bis 5 h	3,50 €
über 5 h	4,00 €

5. Ein Taxiunternehmen bietet feste Preise für Fahrten an. Zwischen 6 Uhr und 20 Uhr gilt der Tagestarif, zwischen 20 Uhr und 6 Uhr der Nachttarif.

SECURI-TAXI		
Entfernung (in km)	**Tagestarif (in €)**	**Nachttarif (in €)**
bis 2	2,00	3,00
über 2 bis 4	2,80	4,20
über 4 bis 6	3,50	5,40
über 6 bis 8	4,20	6,50
über 8 bis 10	5,00	7,50
über 10 bis 15	6,80	10,00
über 15 bis 20	8,60	12,40
über 20 bis 25	10,30	14,80
über 25 bis 30	12,00	17,20
über 30 bis 35	12,70	18,60
über 35 bis 40	13,40	19,00

a) Was kostet eine Taxifahrt am Tage zu einem 24 km entfernten Ziel?

b) Was würde diese Fahrt in der Nacht kosten?

c) Eine Taxifahrt in der Nacht hat 17,20 € gekostet.
Wie lang war die gefahrene Strecke?

d) Frau Wolter war mit dem Taxi zwischen 19 Uhr und 20 Uhr unterwegs und stellt fest, dass die Fahrt eine Stunde später um 3,20 € teurer gewesen wäre.
Wie weit kann sie gefahren sein?

e) Stelle selbst Fragen und beantworte sie mithilfe der Tabelle.

6. Für Einzelkarten zum Besuch eines Fußballspiels in der Bundesliga gelten die nebenstehenden Preise (Kategorie 4 bis 6 sind weniger gute Sitzplätze, Kategorie 7 sind Stehplätze). Schüler und Studenten zahlen ermäßigte Preise.

Einzelkarten		
Kategorie	*Vollzahler*	*ermäßigt*
1	*36,00*	*30,00*
2	*29,00*	*23,00*
3	*27,00*	*21,00*
4	*21,00*	*15,00*
5	*15,00*	*11,50*
6	*12,00*	*8,50*
7	*10,00*	*7,00*

a) Mike und sein Vater wollen möglichst wenig bezahlen
(1) für ein Fußballspiel;
(2) für einen Sitzplatz in der Mitte der Tribünen (Kategorie 1 bis 3).

b) Eine Gruppe aus 5 Erwachsenen und 6 Schülern möchte ein Fußballspiel besuchen. Berechne den Eintrittspreis für die Gruppe in jeder Preiskategorie.

7.

SPARKASSE
UMRECHNUNGSTABELLE Großbritannien

EUR	GBP	GBP	EUR
1	0.68	1	1.47
2	1.36	2	2.95
3	2.03	3	4.42
4	2.71	4	5.90
5	3.39	5	7.37
10	6.78	10	14.75
20	13.56	20	29.50
30	20.34	30	44.25
40	27.12	40	59.00
50	33.90	50	73.75
100	67.80	100	147.49
200	135.60	200	294.99
300	203.40	300	442.48
400	271.20	400	589.97
500	339.00	500	737.46

Die Schüler der Albert-Einstein-Schule planen eine Sprachreise nach England. Anhand der Umtauschtabelle (Stand 2009) einer Sparkasse machen sie sich mit dem Pfund Sterling (£) vertraut.

a) Welche Zuordnungen sind in der Tabelle dargestellt? Wofür steht GBP?

b) Rechne in die andere Währung um:
(1) Jan will 50 €, Jens 80 € Taschengeld mitnehmen.
(2) Die Überfahrt mit der Fähre kostet pro Schüler 28 £.

c) Der geplante Museumsbesuch kostet für alle 26 Teilnehmer 65 £.
Wie viel Euro muss jeder bezahlen?

d) Stelle weitere Aufgaben zum Ablesen aus der Tabelle und schreibe die Ergebnisse in einem Satz auf.

e) Informiere dich über die aktuellen Umtauschkurse und vergleiche.

Zuordnungstabellen aus Texten aufstellen

Einstieg

Marco hat 4,80 m Maschendraht. Er will damit einen rechteckigen Auslauf für sein Meerschweinchen einzäunen. Eine Seite grenzt an eine Wand.

Marco überlegt:
„Wenn ich den Auslauf 80 cm breit mache, wie lang wird er dann? Oder soll ich für die Breite 1 m nehmen?"

→ Stelle mögliche Breiten und Längen in einer Tabelle übersichtlich dar.

→ Berechne jeweils auch die Größe des Auslaufs.

Aufgabe

kWh, Abkürzung für die Einheit Kilowattstunde. Brennt z. B. eine 10-W-Lampe 100 Stunden, so wird dafür eine elektrische Energie von 1 kWh benötigt.

1. Für den Stromverbrauch werden von den Stadtwerken einer Großstadt jährlich 35 € Zählergebühr und 0,15 € pro kWh (Kilowattstunde) berechnet.

a) Familie Knevels hatte im letzten Jahr einen Stromverbrauch von 3 510 kWh.
Wie hoch ist die Stromrechnung?

b) Lege für die Zuordnung
Stromverbrauch → *Strompreis* eine Zuordnungstabelle an. Wähle als Werte für die Ausgangsgröße: 500 kWh; 1 000 kWh; 1 500 kWh; ...; 5 000 kWh.

Lösung

a) Der Strompreis setzt sich aus der Zählergebühr und den Kosten für den Stromverbrauch zusammen.

$$\text{Strompreis} = \underbrace{35\text{ €}}_{\text{Zählergebühr}} + \overbrace{\underbrace{0{,}15\text{ €}}_{\text{Preis pro kWh}} \cdot \underbrace{3\,510}_{\text{Anzahl der Kilowattstunden}}}^{\text{Kosten für den Stromverbrauch}} = 35\text{ €} + 526{,}50\text{ €} = 561{,}50\text{ €}$$

Ergebnis: Die Jahresstromrechnung beträgt 561,50 €.

b) Die Strompreise werden wie in Teilaufgabe a) berechnet.

Stromverbrauch (in kWh)	500	1 000	1 500	2 000	2 500	3 000	3 500	4 000	4 500	5 000
Strompreis (in €)	110	185	260	335	410	485	560	635	710	785

Zum Festigen und Weiterarbeiten

2. Bei einem anderen Tarif der Stadtwerke (vgl. Aufgabe 1) werden 0,13 € pro kWh und eine Zählergebühr von 120 € berechnet.

a) Lege wie in Aufgabe 1 b) eine Zuordnungstabelle an.

b) Familie Meyer verbrauchte im letzten Jahr 4 140 kWh.
Welcher der beiden Tarife ist günstiger?

3. Ein Liter Diesel kostet 1,40 €. Lege für 5 *l*, 10 *l*, 15 *l*, ..., 60 *l* eine Preistabelle an. Welche Zuordnung beschreibt die Tabelle? Schreibe sie mit einem Zuordnungspfeil auf.

4. Eine Algenart bedeckt 1 m^2 der Oberfläche eines Teiches. Die Algen vermehren sich so schnell, dass sich die von ihnen bedeckte Fläche in jeder Woche verdoppelt.

a) Wie groß ist die mit Algen bedeckte Fläche nach 1, 2, 3, ..., 8 Wochen? Lege eine Zuordnungstabelle an.

b) Der Teich ist ca. 2000 m^2 groß. Nach wie viel Wochen wäre er ganz mit Algen bedeckt?

Übungen

5. Bauer Peukmann verkauft Erdbeeren: 100 g für 0,45 €.
Lege für 100 g, 200 g, 300 g, ..., 1 kg Erdbeeren eine Preistabelle an.
Welche Zuordnung beschreibt die Tabelle? Schreibe sie mit einem Zuordnungspfeil auf.

6. Eine Kerze ist am Anfang 30 cm lang. Brennt sie, so wird sie pro Stunde um 6 cm kürzer.

a) Lege für die Zuordnung *Brenndauer* → *Kerzenlänge* eine Tabelle an. Wähle als Brenndauer 0, $\frac{1}{2}$, $1\frac{1}{2}$, 2, ..., 5 Stunden.

b) Wann ist die Kerze vollständig abgebrannt?

7. Ein Freibad hat besondere Eintrittspreise für Schüler.
Notiere in einer Tabelle, wie viel der Eintritt für eine Gruppe von 2, 3, ..., 15 Schülerinnen und Schülern im günstigsten Fall kostet.

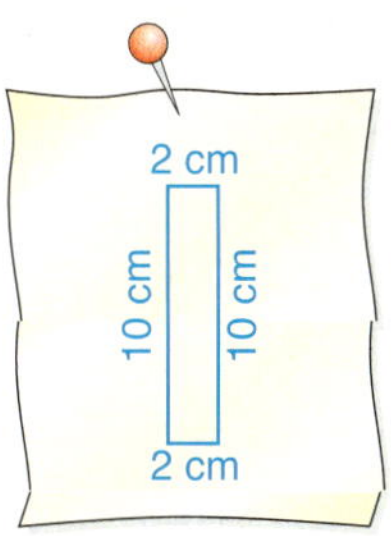

8. Ein Rechteck hat einen Umfang von 24 cm.

a) Ergänze die Zuordnungstabelle im Heft.

Breite	2 cm	4 cm	6 cm	8 cm	10 cm
Länge	10 cm				

b) Stelle für die Breiten 2 cm, 4 cm, 6 cm, 10 cm eine Zuordnungstabelle auf, aus der man den Flächeninhalt des entsprechenden Rechtecks ablesen kann.

9. Es sollen Würfel mit den Kantenlängen 5 cm, 10 cm, 15 cm, 20 cm und 25 cm hergestellt werden. Dazu werden zunächst Kantenmodelle aus Holzstäben hergestellt und anschließend mit Papier beklebt.

a) Die für einen Würfel benötigte Länge eines Holzstabes, der in gleich lange Stücke zersägt werden soll, hängt von der Kantenlänge des Würfels ab. Stelle für die Zuordnung *Kantenlänge (in cm)* → *Gesamtkantenlänge (in cm)* eine Zuordnungstabelle auf.

b) Die Größe des Papiers, das für einen Würfel benötigt wird, hängt von der Kantenlänge ab. Stelle für die Zuordnung *Kantenlänge (in cm)* → *Oberflächeninhalt (in cm²)* eine Zuordnungstabelle auf.

c) Das Volumen des Würfels hängt von der Kantenlänge ab. Stelle für die Zuordnung *Kantenlänge (in cm)* → *Volumen (in cm³)* eine Zuordnungstabelle auf.

GRAFISCHE DARSTELLUNGEN VON ZUORDNUNGEN

Aus Diagrammen Informationen ablesen

Einstieg

Kinder müssen sich bis zum 4. Lebensjahr 8 Regeluntersuchungen (U1 bis U8) unterziehen. Die Ergebnisse werden u. a. in sogenannte *Somatogramme* eingetragen. Die Linien sind vorgegeben. Die Kreuzchen hat der Arzt in das Diagramm eingezeichnet.

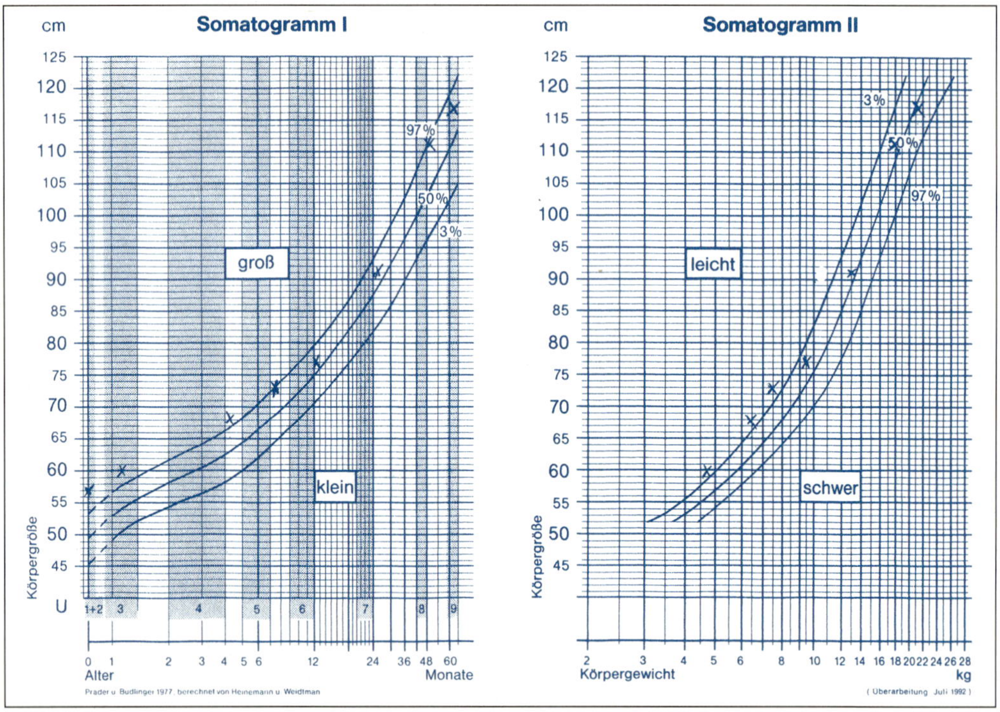

→ Beschreibe, was du den beiden Somatogrammen entnehmen kannst.

→ Jan ist 6 Monate alt, 70 cm groß und 11 kg schwer.

→ Stelle selber Aufgaben und beantworte sie mithilfe der Somatogramme.

Aufgabe

1. In Museen sind manche Gegenstände sehr temperaturempfindlich. Deshalb kontrolliert man den Temperaturverlauf mit Temperaturschreibern, die automatisch eine Temperaturkurve aufzeichnen.

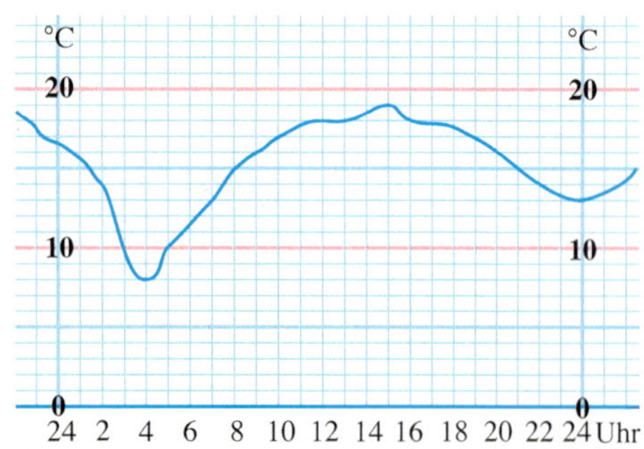

a) Was kann man anhand der Kurve über den Temperaturverlauf aussagen?

b) Die Temperatur soll möglichst nicht unter 10 °C abfallen und nicht über 20 °C ansteigen. Sind diese Bedingungen eingehalten worden?

c) (1) Welches ist der Tiefstwert, welches der Höchstwert? Wann wurden sie erreicht?
(2) Wie hoch war die Temperatur um 13 Uhr?

d) Lege eine Zuordnungstabelle an für die Zuordnung *Zeitpunkt* → *Temperatur* für 12 Uhr, 14 Uhr, 16 Uhr, ..., 24 Uhr.

Lösung

a) Die Kurve beschreibt den Temperaturverlauf an einem Tag.
Zunächst fällt die Temperatur von ca. 16 °C um 0 Uhr auf etwa 8 °C um 4 Uhr. Dann steigt die Temperatur wieder an, um 15 Uhr beträgt sie etwa 19 °C. Danach sinkt die Temperatur wieder ab, um 24 Uhr beträgt sie etwa 13 °C.

b) Die Temperatur hat die (rote) 10 °C-Linie in der Zeit von 3 Uhr bis 5 Uhr unterschritten. Die rote 20 °C-Linie wurde nicht überschritten.

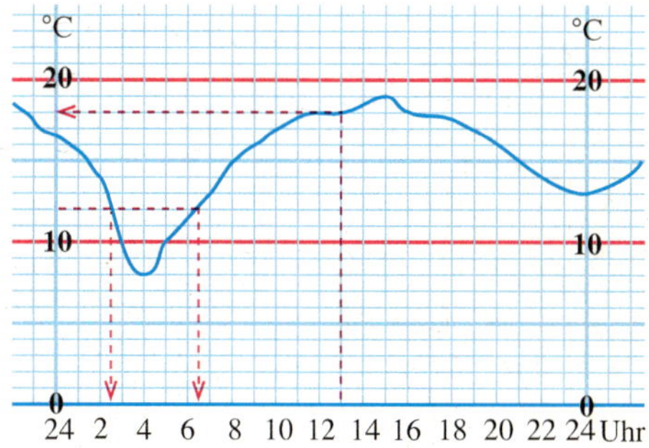

c) An den Pfeilen lesen wir ab:
(1) Tiefstwert: 4 Uhr: 8 °C
Höchstwert: 15 Uhr: 19 °C
(2) Temperatur um 13.00 Uhr: 18 °C

d) Aus dem Diagramm lesen wir weitere Wertepaare ab.

Zeitpunkt (Uhr)	12	14	16	18	20	22	24
Temperatur (in °C)	18	18,5	18	17,5	16	14	13

Zum Festigen und Weiterarbeiten

2. a) Erweitere die Zuordnungstabelle in Aufgabe 1 d) und trage die Temperaturen für 2 Uhr, 4 Uhr usw. bis 10 Uhr ein.

b) Wann betrug die Temperatur 15 °C? Woran erkennt man an der Kurve, dass diese Umkehrfrage mehrere Antworten hat?

3. Der Graph zeigt die Zuordnung *Flugzeit → Höhe über dem Meeresspiegel* für den Flug eines Segelflugzeuges.

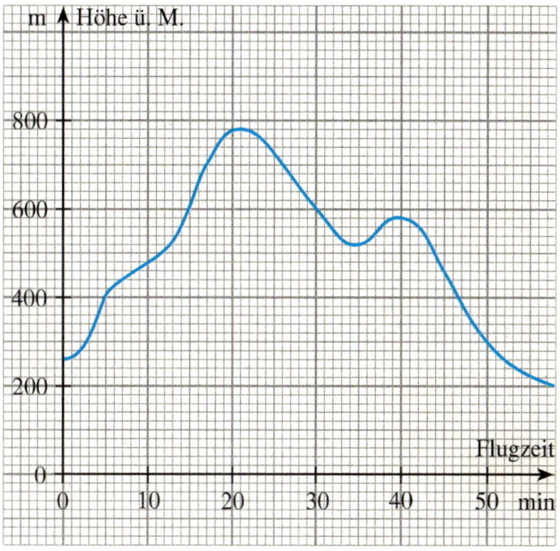

a) Welche Höhe hatte das Segelflugzeug jeweils nach 5 min, 17 min, 21 min, 35 min, 40 min, 50 min Flugzeit?
Lege eine Tabelle an.

b) Welches ist die größte Höhe, die das Segelflugzeug erreicht hat?
Wie lange ist es bis dahin geflogen?

c) Nach welcher Flugzeit erreichte das Segelflugzeug eine Höhe von 700 m?

d) Beschreibe, wie sich die Höhe des Segelflugzeuges während des Flugs ändert.

e) Zu welchen Zeitpunkten war das Segelflugzeug 660 m hoch?

4. Sucht weitere Beispiele aus dem täglichen Leben, bei denen Kurven aufgezeichnet werden. Präsentiert sie euren Mitschülern.
Gebt jeweils auch die Zuordnung in Pfeilschreibweise an.

Information

Die Darstellung einer Zuordnung im Koordinatensystem heißt der **Graph der Zuordnung.**
An dem Graphen kann man auf einen Blick „Veränderungen" erkennen. Oft kann man auch den *Höchstwert* und den *Tiefstwert* der Zuordnung ablesen.
Auf der Achse nach rechts (Rechtsachse) werden die Werte der Ausgangsgröße markiert, auf der Achse nach oben (Hochachse) die Werte der zugeordneten Größe.
Jedem Wertepaar (Ausgangsgröße | zugeordnete Größe) entspricht ein Punkt des Graphen.

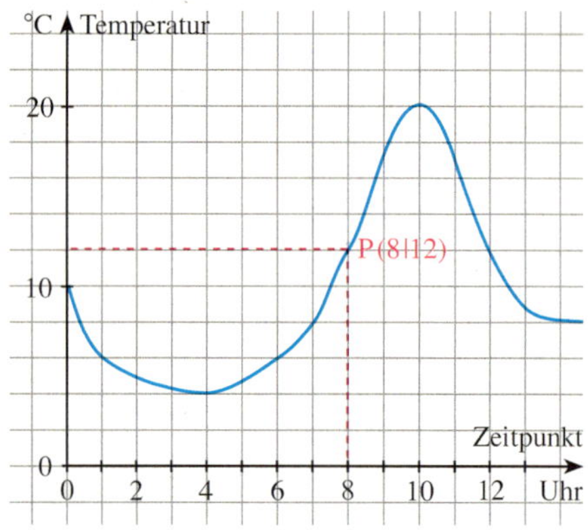

Beispiel: Um 8 Uhr betrug die Temperatur 12°C. Zu diesem Wertepaar gehört der Punkt P(8|12).

Übungen

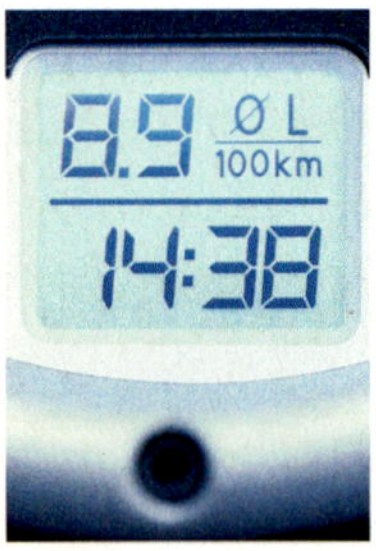

5. Der Graph rechts ist aus einem Autoprospekt. Er stellt die Zuordnung *Geschwindigkeit* → *Benzinverbrauch* dar. Für jede Geschwindigkeit zwischen 20 $\frac{km}{h}$ und 170 $\frac{km}{h}$ ist dargestellt, wie viel Liter Benzin man für eine 100 km lange Fahrstrecke benötigt.

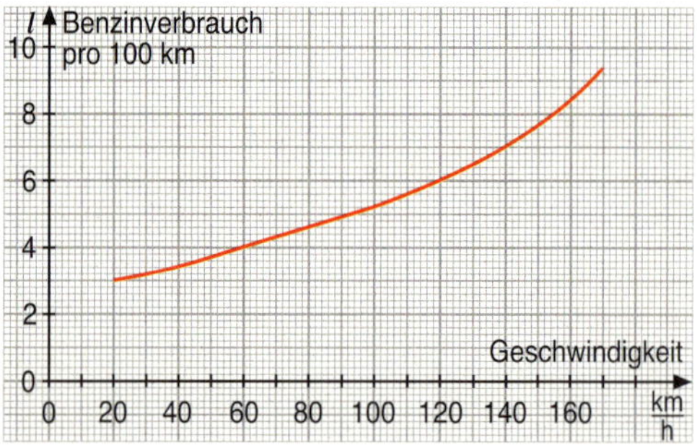

a) Was kannst du anhand des Graphen über den Benzinverbrauch des Autos aussagen?

b) Wie hoch ist der Benzinverbrauch bei 40 $\frac{km}{h}$?
Bei welcher Geschwindigkeit ist er doppelt so hoch?

c) Erstelle eine Zuordnungstabelle mit den Ausgangsgrößen 20 km pro Stunde, 40 km pro Stunde, …, 160 km pro Stunde.

6. Landwirte verkaufen die von ihren Kühen erzeugte Milch an eine Molkerei. Den Verkaufspreis nennt man *Erzeugerpreis*. Der Graph zeigt die Entwicklung der Erzeugerpreise für Milch.

a) Beschreibe mit eigenen Worten die Entwicklung der Erzeugerpreise für Milch von 1995 bis 2010.
Wann war der Milcherzeugerpreis am höchsten, wann am niedrigsten?

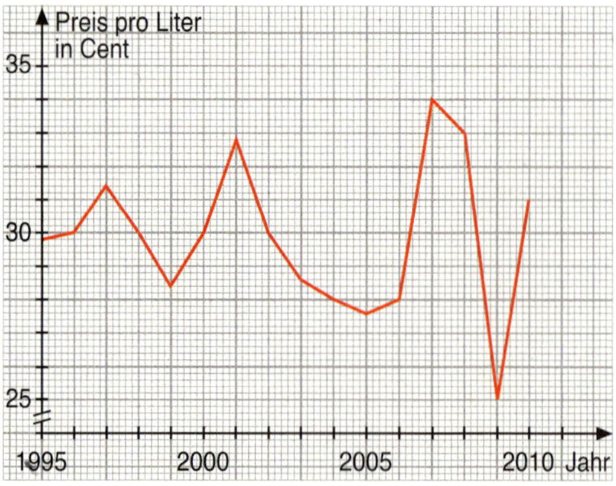

b) In welchen Jahren bekamen die Landwirte 30 Cent pro Liter Milch?

c) Landwirt Bracht produziert jährlich ca. 230 000 Liter Milch.
Wie viel Euro hat er 2005 weniger erhalten als 1995?

7. Unten siehst du das Höhenprofil einer Etappe der Tour de France.

a) An den mit S gekennzeichneten Stellen wurden Sprintwertungen und an den mit HC und 1 gekennzeichneten Stellen Bergwertungen durchgeführt. Gib für diese Stellen die Entfernung von Bourg-d'Oisans und die Höhe über dem Meeresspiegel (NN) an.

b) Ein Fahrer befindet sich in 1 600 m Höhe. Wie viel km kann er von Bourg-d'Oisans entfernt sein?

c) Stelle weitere geeignete Fragen und beantworte sie mithilfe des Höhenprofils.

d) Das Höhenprofil vermittelt einen übertriebenen Eindruck von den Steigungen der Etappe. Woran liegt das?

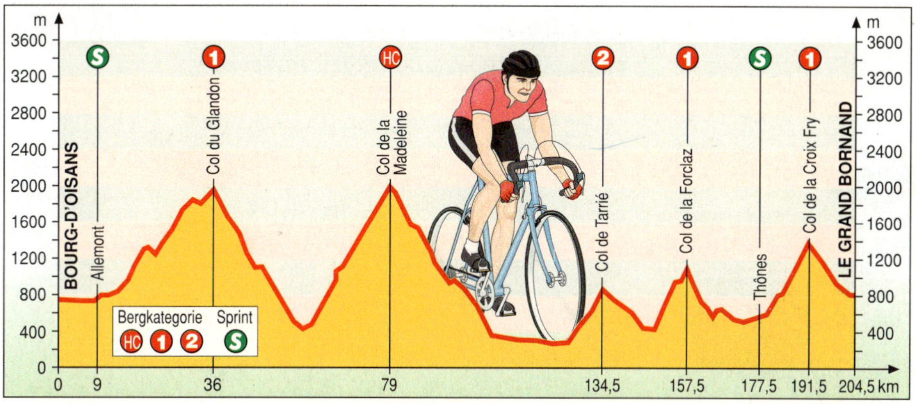

8. **a)** Tobias und Laura haben ihren Schulweg heute Morgen beschrieben und auch einen Graphen für die Zuordnung *Uhrzeit* → *Entfernung von zu Hause* gezeichnet. Welche Wegbeschreibung passt zu welchem Graphen? Begründe.

(1)
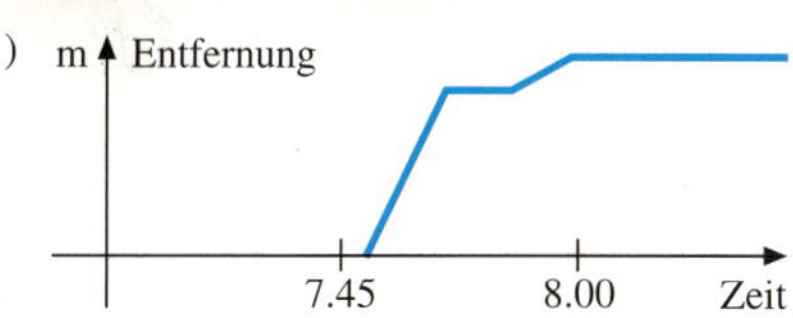

(2)
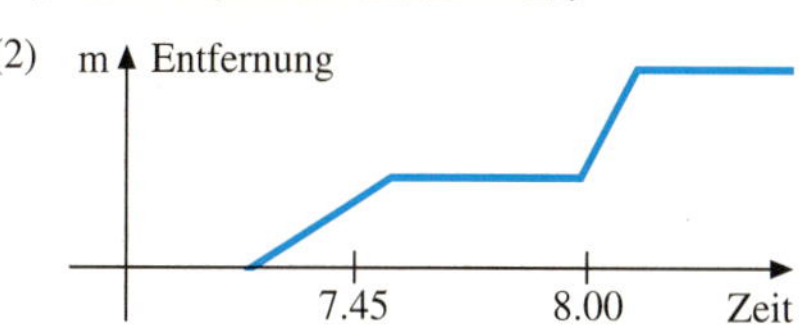

b) Schreibe Schulweg-Geschichten zu folgenden Graphen:

(1)
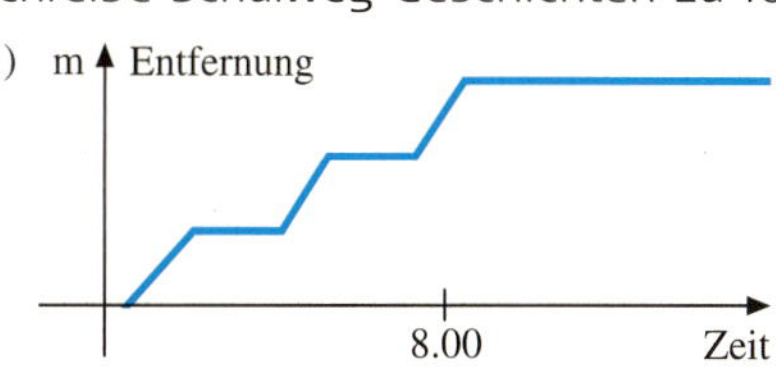

(2)
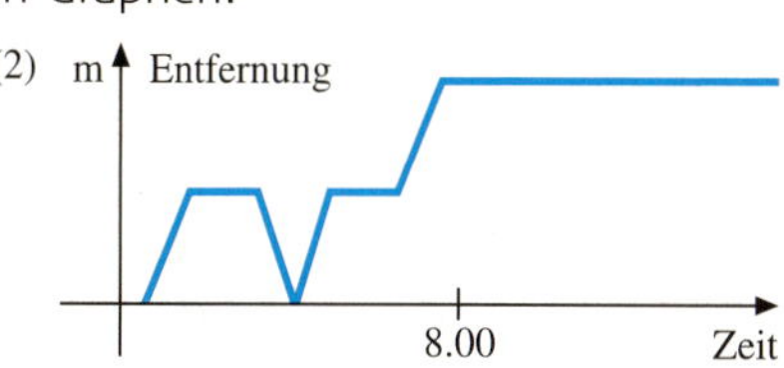

c) Zeichne solch einen Graphen für deinen Schulweg. Dein Nachbar soll dazu eine Geschichte schreiben.

Graphen einer Zuordnung erstellen

Einstieg

Eine Bakterienkultur bedeckt am Anfang 0,5 cm^2 eines Nährbodens. Sie vermehrt sich so schnell, dass sich die bedeckte Fläche von Tag zu Tag verdoppelt.

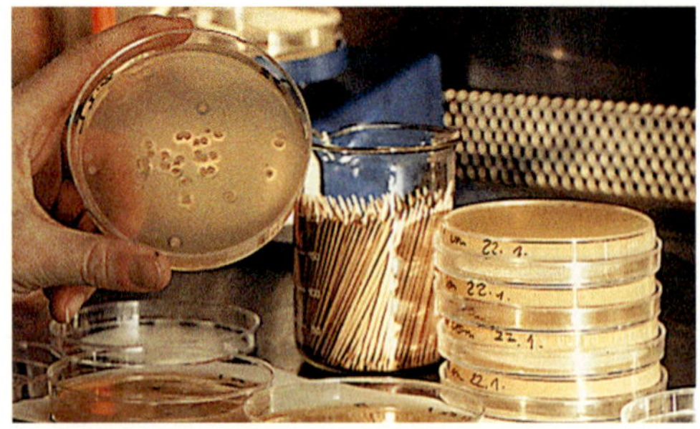

- → Lege eine Tabelle für die Zuordnung *Anzahl der Tage → Größe der bedeckten Fläche* für die erste Woche an.
- → Zeichne dann einen Graphen der Zuordnung.
- → Vergleiche die Darstellungsformen Tabelle und Graph bei dieser Zuordnung.

Aufgabe

1. Im Unterricht untersuchen Maren, Patricia, Niclas und Jens, wie schnell die Temperatur von Wasser beim Erwärmen mit einem Tauchsieder ansteigt. Sie messen immer im Abstand von einer halben Minute die Wassertemperatur und tragen sie in eine Tabelle ein. Am Anfang ist das Wasser 12 °C kalt.

Zeit	Wassertemperatur
0 min	12 °C
0,5 min	25 °C
1,0 min	39 °C
1,5 min	53 °C
2,0 min	66 °C
2,5 min	80 °C
3,0 min	92 °C
3,5 min	97 °C
4,0 min	99 °C
4,5 min	100 °C
5,0 min	100 °C

a) Um die Temperaturveränderung auf einen Blick sehen zu können, soll mit den Messwerten eine Temperaturkurve gezeichnet werden.
Wie gehen die Schüler(innen) vor?

b) Beschreibe den Kurvenverlauf.
Was ist auffällig? Woran könnte das liegen?

Lösung

a) Zunächst zeichnen die Schüler(innen) ein Koordinatensystem. Auf der Rechtsachse tragen sie die Zeit und auf der Hochachse die Wassertemperatur ab. Die in der Tabelle einander zugeordneten Größen, z. B. 1,5 min und 53 °C, fassen sie als Koordinaten eines Punktes P(1,5 | 53) auf. Der Punkt wird in das Koordinatensystem eingetragen. So erhalten sie insgesamt 11 Punkte. Da hier die Angabe von Zwischenwerten sinnvoll ist, werden die Punkte miteinander verbunden.

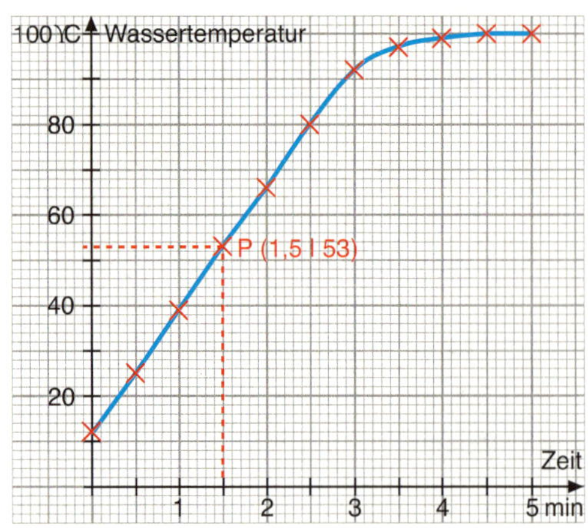

b) Die Temperatur des Wassers steigt zunächst gleichmäßig an. Ab ca. 90 °C flacht die Kurve ab. Die Wassertemperatur steigt langsamer an und überschreitet nicht die 100-Grad-Marke. Aus Erfahrung wissen wir, dass Wasser bei ca. 100 °C siedet und verdampft.

Zum Festigen und Weiterarbeiten

2. Landwirt Frieling verkauft auf seinem Hof Äpfel, die dort in der gewünschten Menge abgepackt werden.

a) Übertrage die Tabelle in dein Heft und fülle sie aus. Wie kann man den Preis für eine beliebige Menge an Äpfeln berechnen?

Menge der Äpfel (in kg)	1	2	3	4,5	6,2
Preis (in €)					

b) Stelle die Zuordnung *Menge der Äpfel (in kg) → Preis (in €)* in einem Koordinatensystem grafisch dar.

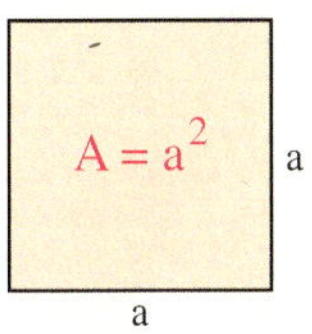

3. Patrick hat für die Zuordnung *Seitenlänge a eines Quadrates → Flächeninhalt a^2* eine Zuordnungstabelle für a = 0 cm, 1 cm, 2 cm, 3 cm, aufgestellt und die Punkte geradlinig verbunden (siehe rechts).

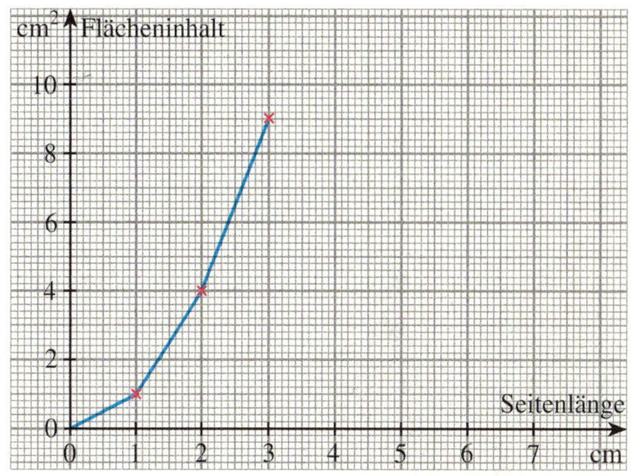

a) Lies am Graphen den Flächeninhalt für die Seitenlängen 0,5 cm, 1,5 cm, 2,5 cm ab.
Überprüfe das durch Rechnung.
Was stellst du fest?

b) Fertige selbst eine Zuordnungstabelle an. Wähle für a auch Zwischenwerte wie 0,2 cm, 0,5 cm, 0,7 cm, usw. Zeichne den Graphen.
Wie muss man die Punkte verbinden, damit man Zwischenwerte möglichst genau ablesen kann?

4. *Durchzeichnen oder nicht?*

Ein Computerhändler bietet DVD-RAM-Rohlinge an.
Jede DVD kostet 2,25 €, ein 3er-Pack 6,00 €.

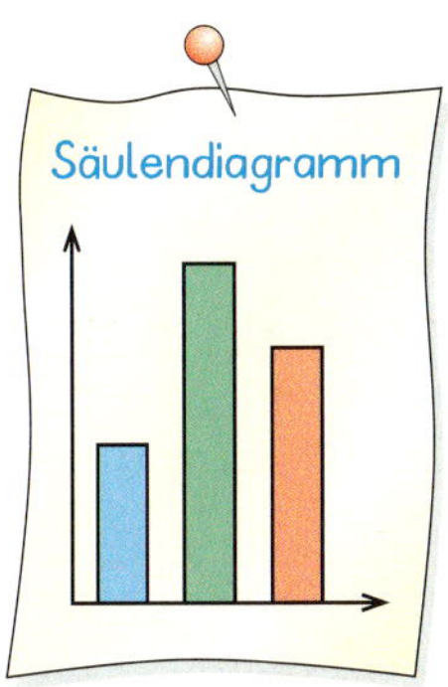

a) Wie viel kosten 1, 2, ..., 6 DVDs bei günstigem Einkauf?
Lege eine Tabelle für die Zuordnung *Anzahl der DVDs → Gesamtpreis* an.

b) Trage die durch die Zuordnung gegebenen Punkte in ein Koordinatensystem ein und verbinde sie. Welche Informationen liefert die Verbindungslinie?
Begründe, dass es eigentlich nicht korrekt ist, die Punkte zu verbinden. Warum wird es trotzdem häufig gemacht?

c) In Zeitungen wird für eine Zuordnung, bei der es keine Zwischenwerte gibt, oft ein Säulendiagramm (siehe Bild links) gezeichnet.
Zeichne ein Säulendiagramm für die Zuordnung *Anzahl der DVDs → Gesamtpreis*.

d) Suche z. B. im Internet oder in Zeitschriften Graphen, bei denen die Linien eigentlich nicht durchgezeichnet sein dürften.

Information

Das Diagramm einer Zuordnung kann im Koordinatensystem eine Linie sein oder aus einzelnen Punkten bestehen.
Wenn man die Punkte verbinden will, muss man prüfen, ob die Angabe von Zwischenwerten sinnvoll ist. Ist die Angabe von Zwischenwerten nicht sinnvoll, ist es oft geschickter ein Säulendiagramm zu zeichnen.

Übungen

5. Eine Softwarefirma erstellt Programme zur Steuerung von Werkzeugmaschinen. Sie zahlt ihren Programmierern einheitlich 32 € pro Stunde.

a) Lege eine Tabelle für die Zuordnung *Anzahl der Stunden → Arbeitslohn* an. (Wähle 10, 15, 20, ..., 40 Stunden).
Zeichne den Graphen der Zuordnung. Wähle geeignete Achseneinteilungen.

b) Bestimme (ohne zu rechnen) mithilfe des Graphen den Arbeitslohn für 19 Stunden, 37 Stunden, 28 Stunden. Überprüfe jeweils durch Rechnen.

6. Für den Sicherheitsabstand, den ein Kraftfahrer von seinem Vordermann einhalten muss, sind Mindestwerte vorgeschrieben. Als Mindestabstand wird der Weg gerechnet, den das Fahrzeug in $1\frac{1}{2}$ Sekunden zurücklegt. Siehe dazu die Tabelle rechts.

a) Zeichne einen Graphen für die Zuordnung *Geschwindigkeit → Abstand.*

b) Bestimme aus dem Graphen den Sicherheitsabstand bei $70\,\frac{km}{h}$, $110\,\frac{km}{h}$, $145\,\frac{km}{h}$, $200\,\frac{km}{h}$.

Geschwindigkeit (in $\frac{km}{h}$)	Abstand (in m)
60	25
80	33
100	42
120	50
140	58
160	67
180	75

7. Im Bild siehst du die Graphen von drei Zuordnungen.

CD-Rohlinge
Anzahl → Preis

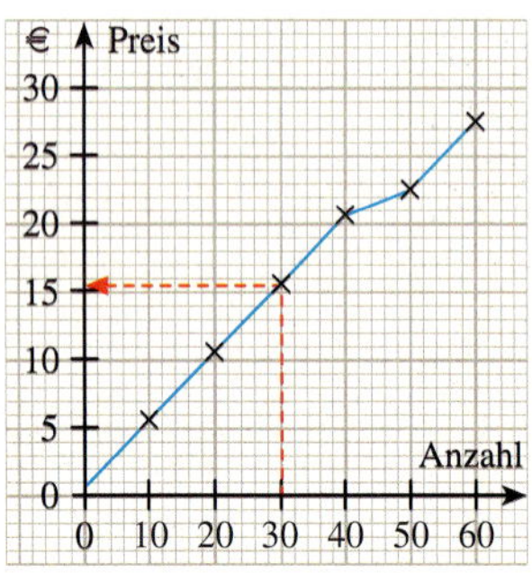

Käse
Gewicht → Preis

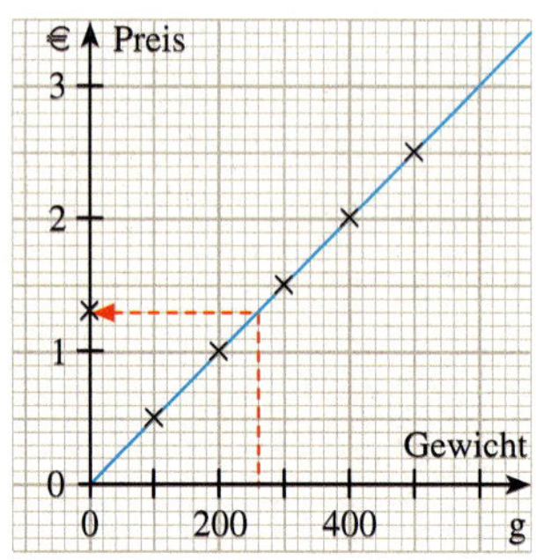

Produktion von Autos
Jahr → Produktionszahl

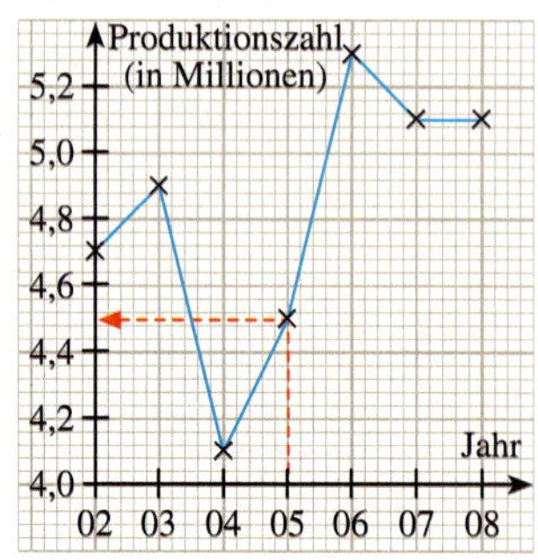

a) Welches Größenpaar gehört jeweils zu dem roten Pfeil?

b) Welche Informationen kann man jeweils dem Verlauf des Graphen entnehmen?

c) Für welche Zuordnung haben die Zwischenwerte (Punkte der durchgezeichneten Strecken) eine Bedeutung, für welche nicht? Begründe deine Antwort.

d) Zeichne für den rechten Graphen ein Säulendiagramm.

8. Aus einer Sportzeitschrift:

> Beim Kauf eines Rennrads ist darauf zu achten, dass die Rahmenhöhe zur Schrittlänge passt.
> Als Faustformel gilt:
> Die optimale Rahmenhöhe des Rennrads beträgt zwei Drittel der Schrittlänge.

Wie man Schrittlänge und Rahmenhöhe misst, kannst du auf Seite 212 nachlesen.
Stelle die Zuordnung *Schrittlänge → Rahmenhöhe für Schrittlängen* von 45 cm bis 105 cm grafisch dar.

BIST DU FIT?

1. Bei Flugreisen wird das Reisegepäck bei einer Fluggesellschaft bis zu einem Höchstgewicht von 20 kg kostenfrei transportiert. Ist das Gepäck schwerer, müssen die Reisenden für das Übergewicht einen zusätzlichen Preis bezahlen.

Transportkosten für Reisegepäck	
Übergewicht (in kg)	**Kosten (in €)**
bis 3	4,00
über 3 bis 6	7,50
über 6 bis 9	10,50
über 9 bis 11	13,00
über 11 bis 13	15,50
über 13 bis 15	18,00

a) Bestimme die Transportkosten für ein Reisegepäck mit dem Gesamtgewicht 19 kg [29 kg; 33,6 kg].

b) Frau Teuber muss 15,50 € mehr bezahlen. Wie schwer kann ihr Gepäck gewesen sein?

c) Herr Melching stellt fest: „Ich hätte 3 € weniger bezahlt, wenn mein Gepäck nur 0,3 kg leichter gewesen wäre.“
Wie viel Euro hat er bezahlt? Wie schwer war wohl sein Gepäck?

2. Eine Reinigungsfirma zahlt ihren Mitarbeitern einheitlich 10,50 € pro Stunde.

a) Lege eine Tabelle für die Zuordnung *Anzahl der Stunden* → *Arbeitslohn* an. (Wähle als Ausgangsgrößen 5, 10, 15, 20, 25, 30 Stunden.)

b) Zeichne den Graphen der Zuordnung.

c) Bestimme (ohne zu rechnen) mithilfe des Graphen den Arbeitslohn für (1) 19 Stunden; (2) 7 Stunden; (3) 28 Stunden. Überprüfe jeweils durch Rechnung.

3. Klimastationen zeichnen u.a. Temperaturkurven auf.

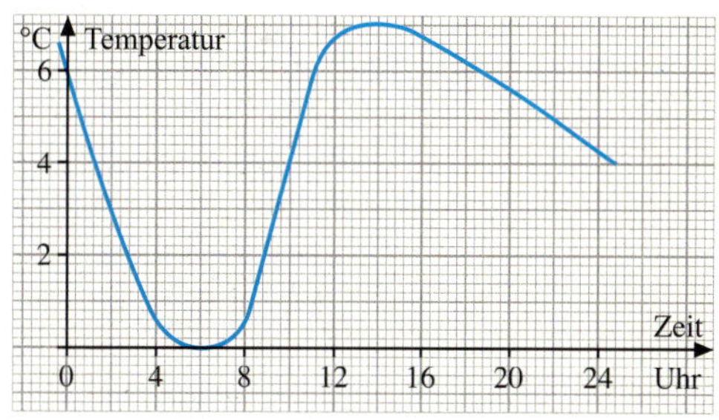

a) Wie viel Grad betrug die Temperatur um 14 Uhr? Wann betrug die Temperatur 5 °C?

b) Beschreibe, wie sich die Temperatur im Verlaufe des Tages geändert hat.

c) Um wie viel Grad ist die Temperatur zwischen 0 und 4 Uhr gefallen, um wie viel Grad zwischen 8 und 12 Uhr gestiegen?

4. Die Wasserwerke einer Stadt stellen ihren Kunden für die Wasseruhr jährlich eine Grundgebühr von 65 € in Rechnung. Für den Wasserverbrauch kommen 3,60 € pro m^3 hinzu.

a) Familie Grümmel hatte im letzten Jahr einen Wasserverbrauch von 92 m^3.
Wie viel Euro musste sie insgesamt bezahlen?

b) Berechne den Rechnungsbetrag für einen jährlichen Wasserverbrauch von 10 m^3, 20 m^3, 30 m^3, ..., 120 m^3. Lege dazu eine Tabelle an.

c) Zeichne den Graphen für die Zuordnung *Wasserverbrauch* → *Rechnungsbetrag*.

d) Familie Koch musste für das letzte Jahr 623 € bezahlen.
Wie groß war ihr Wasserverbrauch?

6 Daten und Zufall

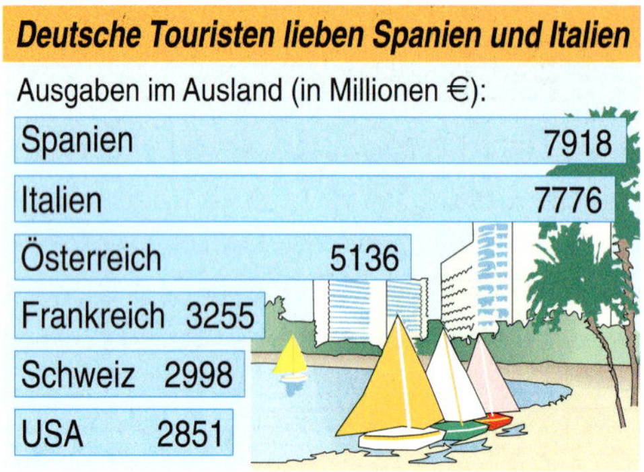

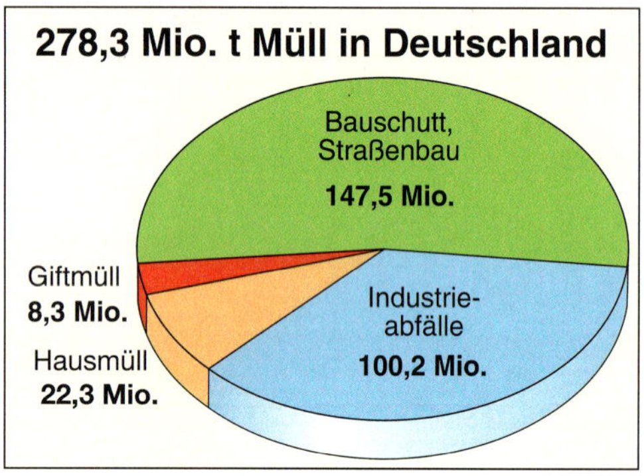

In Zeitungen und Zeitschriften, im Fernsehen und im Internet gibt es eine Flut von Informationen und Daten.
Auf dieser Seite findest du einige Beispiele.

- ➜ Was kannst du den Diagrammen und der Zeitungsmeldung entnehmen?
- ➜ Wer braucht solche Daten und Informationen?
- ➜ Wie kannst du die Aussage des DFB in der Zeitungsmeldung überprüfen?
- ➜ Nenne Spiele, deren Ausgang vom Zufall abhängt.

SPORTMAGAZIN

AKTUELL

EURO-Münzen für Schiedsrichterentscheidung ungeeignet

Fußballer kennen das Spiel vor dem Spiel: Der Münzwurf des Schiedsrichters, Zahl oder Adler, entscheidet die Seitenwahl und darüber, welche Mannschaft Anstoß hat. Seit mehr als 100 Jahren ist das so, ohne dass es damit Probleme gab - bis zur Einführung der Euro-Münzen: Bundesadler kommt zu oft - sagt der DFB.

L&P/1675

In diesem Kapitel lernst du ...

... wie man Daten erfassen, auswerten und übersichtlich darstellen kann und wie man Wahrscheinlichkeiten bestimmen kann.

ABSOLUTE UND RELATIVE HÄUFIGKEITEN VON DATEN – GRAFISCHE DARSTELLUNG

Einstieg

Die Elternvertreter einer Schule beantragen, dass die Straße vor der Schule ein verkehrsberuhigter Bereich wird. Zur Unterstützung haben die Schüler der Klasse 6c an einem Schulvormittag von 8.05 bis 8.40 Uhr eine Verkehrszählung durchgeführt und die Ergebnisse in eine Tabelle eingetragen.

Fahrzeugart	Pkw	Busse	Lkw	Motorräder
Anzahl	112	35	49	14

→ Welche Informationen kann man an der Tabelle ablesen?

→ Wie groß war der Anteil der Lastkraftwagen an der Gesamtzahl der Fahrzeuge? Berechne auch die Anteile für die übrigen Fahrzeugarten.

→ Wie kann man das Ergebnis der Verkehrszählung und die berechneten Anteile anschaulich darstellen?

Aufgabe

Umfrage zum Freizeitverhalten

Was machst du in deiner Freizeit am liebsten? Bitte nur einmal ankreuzen!

❍ Sport treiben
❍ Musik hören
❍ Fernsehen
❍ Spielen
❍ Lesen

1. In einer 6. Schulklasse wurden die Schülerinnen und Schüler nach ihrer liebsten Freizeitbeschäftigung gefragt.

Tätigkeit	Sport treiben	Musik hören	Fernsehen	Spielen	Lesen
Anzahl	~~||||~~ ||||	~~||||~~	~~||||~~ |||	|||	~~||||~~

Das Umfrageergebnis soll in einer Wandzeitung im Klassenraum anschaulich dargestellt werden. Finde verschiedene Möglichkeiten.

Lösung

(1) Eine Möglichkeit besteht darin, die ermittelten Anzahlen (absolute Häufigkeiten) direkt in einem Säulen- oder Streifendiagramm darzustellen. Bei den Säulen wählen wir 5 mm für 1 Schüler.
Dem Säulendiagramm kann man auf einen Blick entnehmen, dass die meisten Schüler am liebsten *Sport treiben* und die wenigsten *spielen*. Man erkennt auch, dass genauso viele Schüler am liebsten *lesen* wie *Musik hören*.

Säulendiagramm:

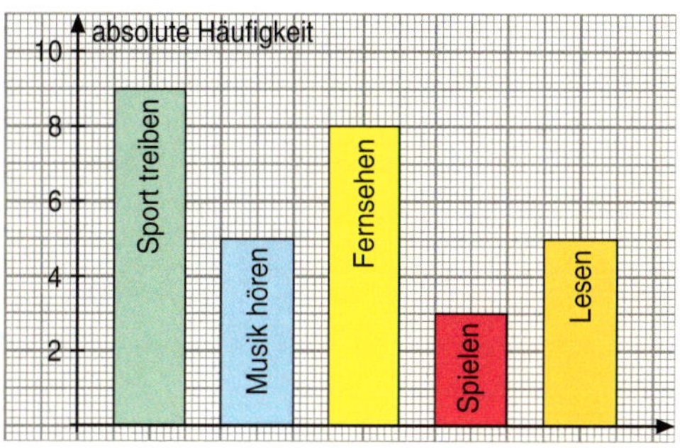

Streifendiagramm (Blockdiagramm)

Insgesamt wurden 30 Schüler(innen) befragt. Wir wählen 4 mm für 1 Schüler. Dann wird der Streifen 30 · 4 mm = 120 mm = 12 cm lang.

Man erkennt am Streifendiagramm auch, dass ca. $\frac{1}{3}$ der Schüler am liebsten Sport treiben und $\frac{1}{6}$ am liebsten lesen.

(2) Eine weitere Möglichkeit ist, die Anteile der verschiedenen Freizeittätigkeiten (relative Häufigkeiten) zu berechnen und in Diagrammen darzustellen.
Insgesamt wurden 30 Schüler(innen) befragt. 9 von 30 Schülern treiben in ihrer Freizeit am liebsten Sport. Der Anteil ist also $\frac{9}{30} = \frac{3}{10}$.
Oft ist es üblich und für Vergleiche auch übersichtlicher, diesen Anteil in Prozent anzugeben: $\frac{3}{10} = \frac{30}{100} = 30\,\%$.
Entsprechend erhalten wir die anderen Anteile, die wir in einer Häufigkeitstabelle darstellen können.

$\frac{5}{30} = \frac{1}{6}$
$= 1 : 6$
$= 0{,}166\ldots$
$\approx 0{,}17$
$= \frac{17}{100}$
$= 17\,\%$

Häufigkeitstabelle:

Freizeit-tätigkeit	absolute Häufigkeit (Anzahl)	relative Häufigkeit (Anteil) als Bruch	als Dezimalbruch (gerundet)	in Prozent (gerundet)
Sport treiben	9	$\frac{9}{30}$	0,30	30 %
Musik hören	5	$\frac{5}{30}$	0,17	17 %
Fernsehen	8	$\frac{8}{30}$	0,27	27 %
Spielen	3	$\frac{3}{30}$	0,10	10 %
Lesen	5	$\frac{5}{30}$	0,17	17 %
Summe	30	$\frac{30}{30}$	1,01	101 %

Die Summe aller relativen Häufigkeiten ergibt 1 bzw. 100 %. Aufgrund von Rundungen sind bei den Prozentangaben kleine Abweichungen möglich (siehe Tabelle).

Die relativen Häufigkeiten können in einem Säulen-, Kreis- oder Streifendiagramm dargestellt werden.

Bei den Säulen wählen wir 1 mm für 1 %.

Die Größe des Anteils im Kreisdiagramm wird durch den Winkel am Mittelpunkt des Kreises festgelegt. 360° sind das Ganze (Vollwinkel).

$\frac{1}{30}$ von 360° sind 360° : 30 = 12°
$\frac{9}{30}$ von 360° sind dann 9 · 12° = 108°
$\frac{5}{30}$ von 360° sind 5 · 12° = 60°
$\frac{8}{30}$ von 360° sind 8 · 12° = 96°
$\frac{3}{30}$ von 360° sind 3 · 12° = 36°

Das Streifendiagramm ist besonders einfach zu zeichnen, wenn wir 1 mm für 1 % wählen.
Der Streifen wird dann insgesamt 100 mm = 10 cm lang.

Säulendiagramm:

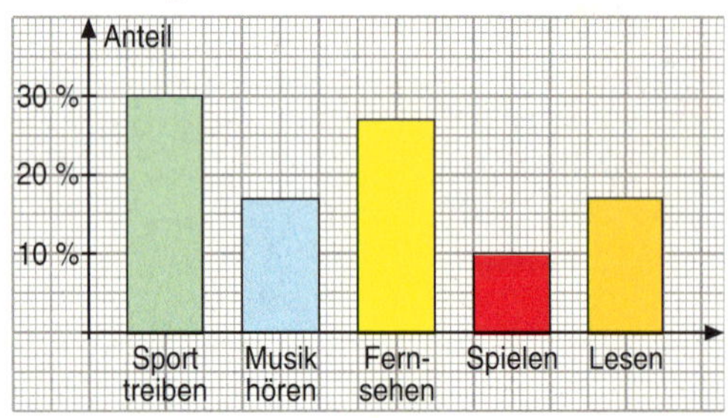

Kreisdiagramm:

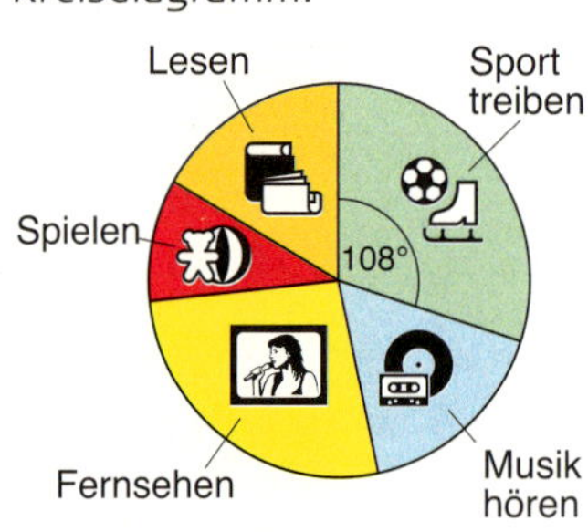

Streifendiagramm:

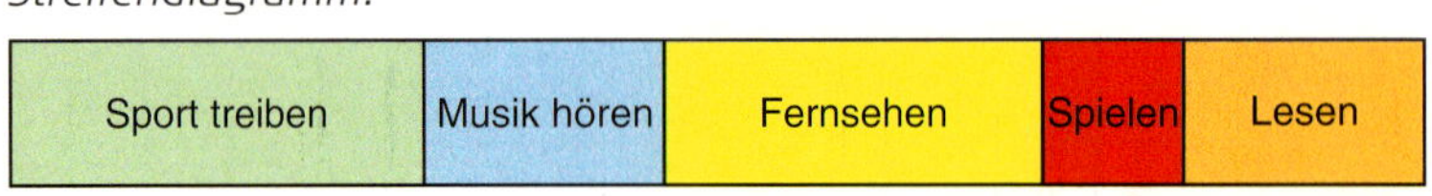

Information

(1) Statistische Erhebung – Umfang einer statistischen Erhebung

Die Befragung von Personen wie in Aufgabe 1 oder das Zählen von Autos wie im Einstieg auf Seite 227 sind Beispiele für **statistische Erhebungen**.
Die Gesamtzahl der befragten Personen oder der gezählten Objekte nennt man den **Umfang der statistischen Erhebung**. In der Aufgabe 1 wurden 30 Schüler befragt. Der Umfang dieser statistischen Erhebung beträgt somit 30.

(2) Absolute und relative Häufigkeit

Die Ergebnisse einer statistischen Erhebung können mit Strichen in einer Tabelle (vgl. Seite 227, Aufgabe 1) protokolliert werden. So haben z. B. 9 Schüler *Sport treiben* angekreuzt. Die Anzahl 9 nennt man in der Statistik **absolute Häufigkeit**.
Die absoluten Häufigkeiten geben also an, wie oft (häufig) etwas vorkommt.
Der Anteil der Schüler in Aufgabe 1, die *Sport treiben* angekreuzt haben, ist 9 von 30, also $\frac{9}{30} = 0{,}30 = 30\,\%$. Dieser Anteil heißt in der Statistik **relative Häufigkeit**.

Relative Häufigkeit = $\dfrac{\textbf{Absolute Häufigkeit}}{\textbf{Umfang der statistischen Erhebung}}$

Die relative Häufigkeit kann als gewöhnlicher Bruch, als Dezimalbruch oder in Prozent angegeben werden.

Beispiel: 50 von 200 Schülern kommen mit dem Fahrrad zur Schule.

Relative Häufigkeit: $\frac{50}{200} = \frac{1}{4} = 0{,}25 = 25\,\%$

Die relative Häufigkeit gibt hier den Anteil der mit dem Fahrrad zur Schule kommenden Schüler an der Gesamtzahl der Schüler an.

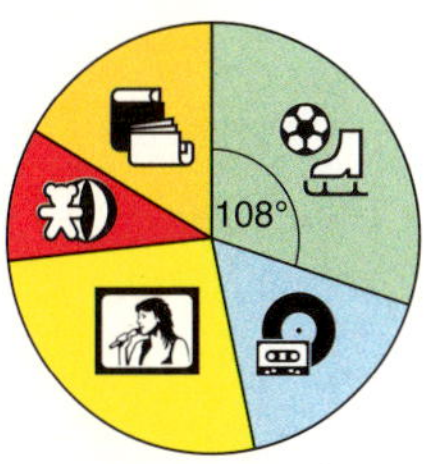

(3) Darstellungen

Die absoluten und relativen Häufigkeiten kann man übersichtlich in einer **Häufigkeitstabelle** notieren. Die absoluten Häufigkeiten kann man durch ein **Säulen-** oder **Streifendiagramm** veranschaulichen, die relativen Häufigkeiten zusätzlich durch ein **Kreisdiagramm**.

Zum Festigen und Weiterarbeiten

2. An einer Ortseinfahrt hat die Polizei die Geschwindigkeit der Fahrzeuge kontrolliert:

Geschwindigkeit (in $\frac{km}{h}$)	bis 40	41–50	51–60	61–70	über 70
Anzahl der Fahrzeuge	5	92	66	13	4

a) Stelle das Ergebnis der Kontrolle in einem Säulendiagramm dar.

b) Bestimme für jeden Geschwindigkeitsbereich die relative Häufigkeit und stelle sie in verschiedenen Diagrammen dar.
Was kannst du den Diagrammen auf *einen Blick* entnehmen?
Vergleiche die Darstellungen, benenne Vor- und Nachteile.

c) Wie groß ist die Summe aller relativen Häufigkeiten?

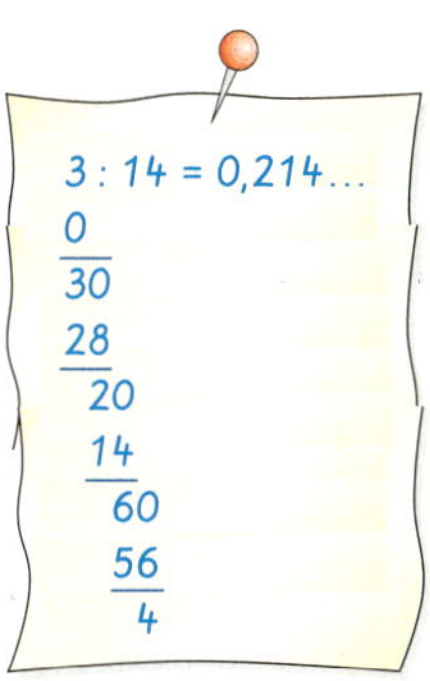

3. Wandle zunächst in einen Dezimalbruch um und schreibe dann in Prozent. Runde, falls erforderlich, auf die zweite Stelle nach dem Komma.

a) $\frac{1}{6}$; **b)** $\frac{7}{30}$; **c)** $\frac{3}{40}$; **d)** $\frac{4}{9}$; **e)** $\frac{5}{12}$; **f)** $\frac{8}{15}$

$\frac{3}{14} = 3 : 14$
$= 0{,}214\ldots$
$\approx 0{,}21$
$= \frac{21}{100}$
$= 21\,\%$

4. Die Benutzer der Schulbibliothek wurden nach ihrer Lieblingslektüre befragt. Das Ergebnis der Umfrage wurde in dem Diagramm dargestellt.

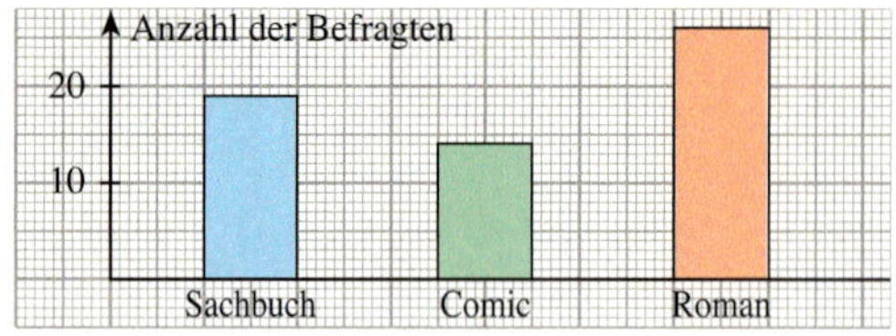

a) Was kannst du dem Diagramm auf einen Blick entnehmen?

b) Stelle die absoluten Häufigkeiten in einem Streifendiagramm dar. Beschreibe dein Vorgehen.

c) Lies die absoluten Häufigkeiten aus dem Säulendiagramm ab und berechne die relativen Häufigkeiten. Erstelle eine Häufigkeitstabelle.

d) Zeichne auch ein Kreisdiagramm. Was kannst du dem Kreisdiagramm auf einen Blick entnehmen?

Häufigkeitstabelle:

	absolute Häufigkeit	relative Häufigkeit
Sachbuch		
Comic		
Roman		
Summe		

5. 50 Schülerinnen und Schüler wurden befragt, welche Haustiere sie am liebsten haben. Mehrfachnennungen waren möglich.

Haustier	Katze	Kaninchen	Hund	Vogel	Fisch	Hamster
Anzahl	𝍸 𝍸 𝍸 𝍸	𝍸 𝍸 ||||	𝍸 𝍸 𝍸 𝍸 𝍸	𝍸 |||	𝍸 𝍸	𝍸 ||

a) Bestimme für jede Tierart die relative Häufigkeit; gib sie als gewöhnlichen Bruch, als Dezimalbruch und in Prozent an. Erkläre, was die relative Häufigkeit jeweils angibt.

b) Stelle die relativen Häufigkeiten in einem Säulendiagramm dar.

c) Marc berechnet die Summe aller relativen Häufigkeiten. Da die Summe größer als 1 ist, meint er, dass er sich verrechnet hat. Was meinst du dazu? Erkläre.

Information

Summenprobe

Wenn bei einer statistischen Erhebung *keine Mehrfachnennungen* vorliegen, muss die Summe aller relativen Häufigkeiten ein Ganzes ergeben, d. h. sie ist 1 bzw. 100 %. Man kann dies zur Kontrolle benutzen. Bei gerundeten Zahlen können kleine Abweichungen auftreten.
Sind Mehrfachnennungen möglich, so ist die Summe der relativen Häufigkeiten größer als 1 bzw. 100 %. Hier kann man *kein* Kreisdiagramm zeichnen.

Übungen

6. Die Anwohner wurden nach ihrer Meinung zur neuen Spielstraße befragt.

a) Stelle das Ergebnis der Befragung in einem Säulendiagramm dar.

b) Bestimme zu jeder Meinung die relative Häufigkeit und gib sie als gewöhnlichen Bruch, als Dezimalbruch und in Prozent an. Ergänze hierzu im Heft die Tabelle rechts.

c) Zeichne ein Kreisdiagramm.

Meinung	Anzahl
sehr positiv	40
zustimmend	58
unentschieden	45
ablehnend	25
sehr negativ	12

7. Die Schülerinnen und Schüler der Klasse 6c planen mit ihrem Klassenlehrer den nächsten Schulausflug. Drei Ziele stehen zur Auswahl.

a) Bestimme die relativen Häufigkeiten für die einzelnen Ziele.
Kontrolliere mit der Summenprobe.

b) Zeichne ein Säulendiagramm und ein Streifendiagramm.

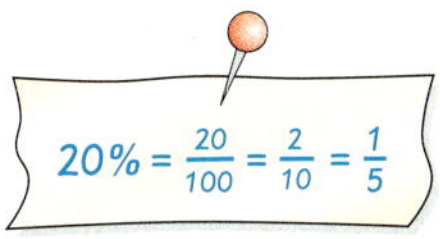

8. Die Klasse 6b hat untersucht, wie die Schülerinnen und Schüler ihrer Jahrgangsstufe zur Schule kommen. Es wurden insgesamt 60 Schülerinnen und Schüler befragt. Die relativen Häufigkeiten wurden in einem Säulendiagramm dargestellt.

a) Was kann man dem Diagramm auf einen Blick entnehmen?

b) Welche genauen Informationen kann man aus dem Diagramm ablesen?

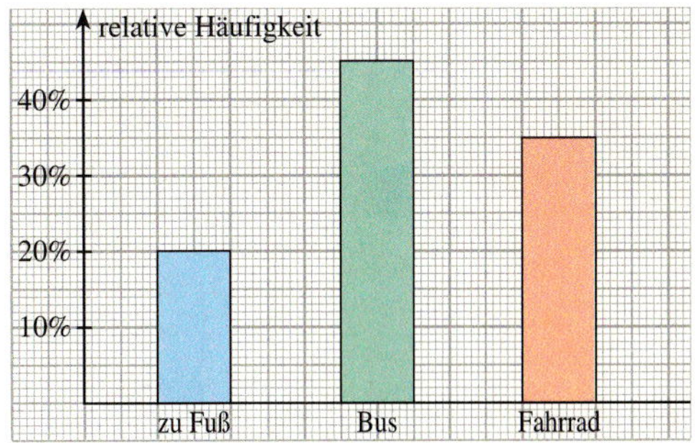

9. Hier findest du ein Streifendiagramm für die Altersverteilung der Klasse 6a (25 Schüler).

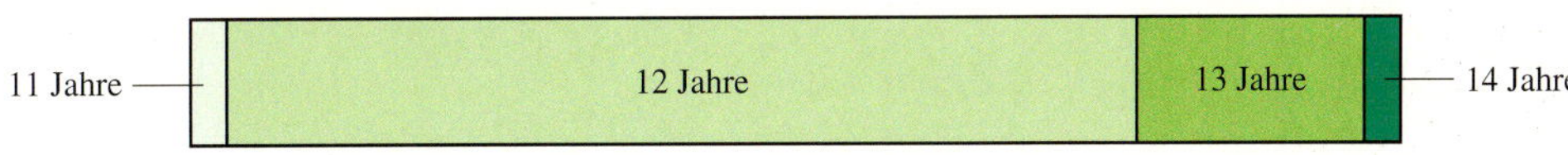

a) Entnimm dem Diagramm die relativen Häufigkeiten der einzelnen Altersstufen. Lege eine Häufigkeitstabelle für relative und absolute Häufigkeiten an.

b) Zeichne zur Altersverteilung der Schüler weitere Diagramme. Benenne Vor- und Nachteile der verschiedenen Darstellungsformen.

10. 300 Besucher des Bürgerbüros wurden befragt, wie sie den Service dieser städtischen Einrichtung bewerten. Hier das Ergebnis:

Service des Bürgerbüros	hervorragend	zufriedenstellend	schlecht	keine Meinung
Anteil der Befragten	$\frac{2}{15}$		$\frac{3}{10}$	$\frac{1}{5}$

a) Vervollständige die Tabelle und zeichne ein Säulendiagramm.

b) Wie viele der befragten Bürger finden den Service hervorragend?
Bestimme auch für die anderen Bewertungen die absolute Häufigkeit.

11. In der nebenstehenden Häufigkeitstabelle fehlen einige Ergebnisse der Verkehrszählung.
Übertrage die Tabelle in dein Heft und fülle die Lücken aus. Stelle die absoluten und relativen Häufigkeiten in verschiedenen Diagrammen dar.
Vergleiche die Darstellungsformen miteinander.

	absolute Häufigkeit	**relative Häufigkeit**
Pkw	165	
Lkw		18%
Bus		10%
Motorrad		
Summe	250	

DURCHFÜHREN EINER STATISTISCHEN ERHEBUNG

Nun sollt ihr selbst statistische Erhebungen durchführen, z. B. in eurer Klasse, an eurer Schule oder in eurem Wohnort. Es gibt eine Menge interessanter Themen, die sich dazu eignen.

Wie kommst du in der Regel zur Schule?

mit dem Fahrrad ☐

mit dem Bus ☐

zu Fuß ☐

Hier noch einige Tipps:

Wenn man eine statistische Erhebung (Beispiel: Verkehrszählung) durchführen und auswerten will, muss man in der Regel vier Schritte durchführen:

1. **Planung**
   Man plant
   - was gezählt werden soll (z. B. Fahrzeugarten);
   - wie viele Gruppen den Verkehr zählen sollen;
   - wie lange und wann gezählt werden soll.
2. **Datenerfassung**
   Man legt eine Strichliste an, um die Anzahlen festzustellen.
3. **Datenaufbereitung und Datenauswertung**
   Die erhobenen Daten werden in Tabellen zusammengefasst und in Diagrammen dargestellt. Es können Anteile berechnet werden.
4. **Ergebnisse und mögliche Folgerungen**
   Die Verkehrsdaten können der Stadtverwaltung übergeben werden, damit diese eine Grundlage für die Entscheidung hat, ob der Straßenverkehr zumutbar ist.

Hier einige Vorschläge für statistische Erhebungen – ihr findet bestimmt noch mehr:

(1) Stellt eure Klasse vor. Mögliche Fragen:
- Wie alt bist du?
- Wie kommst du zur Schule?
- Wie viele Geschwister hast du?
- Wie groß ist dein Zimmer?
- Was ist dein Lieblingsfach?
- Wie viel Zeit benötigst du im Durchschnitt pro Woche für deine Hausaufgaben? (Runde auf volle Stunden.)

(2) Führt zu Hause in euren Wohnstraßen Verkehrszählungen durch und vergleicht die Ergebnisse untereinander. Worauf müsst ihr achten, damit die Ergebnisse auch wirklich vergleichbar sind?

(3) Geht in die Fußgängerzone.
- Zählt für verschiedene Geschäfte (z. B. Supermarkt, Apotheke, Sparkasse, Parfümerie) die Anzahl der Kunden, die in einer festgelegten Zeit das Geschäft betreten.
- Führt eine Befragung zu einem Thema durch, das euch besonders interessiert (z. B. zur Fußballbundesliga oder zu Fernsehsendungen).

(4) Fragt eure Eltern, was sie in eurem Alter in ihrer Freizeit gemacht haben, und vergleicht es mit eurem Freizeitverhalten.

ARITHMETISCHES MITTEL – SPANNWEITE

Einstieg

Herr Meyer hat im letzten Jahr Telefonrechnungen über folgende Beträge erhalten:

Januar	37,12 €	April	41,85 €	Juli	29,33 €	Oktober	33,67 €
Februar	28,64 €	Mai	35,38 €	August	31,48 €	November	27,46 €
März	30,07 €	Juni	32,73 €	September	38,15 €	Dezember	46,73 €

→ Berechne die durchschnittlichen monatlichen Telefonkosten.

Aufgabe

1. Nach den Bundesjugendspielen wollen zwei Riegen ihre Weitsprungergebnisse vergleichen. Die Ergebnisse sind in Meter angegeben.

Riege 1: 3,91 4,24 3,64 3,58
4,16 3,93 3,82

Riege 2: 3,87 3,94 3,96 4,08
3,67 4,12

Welche Riege hat die besseren Weitsprungergebnisse erzielt?

Lösung

(1) Um die beiden Riegen zu vergleichen, berechnen wir zunächst die durchschnittliche Weite der Sprünge. Dazu addieren wir für jede Riege alle Werte und dividieren die Summe durch die Anzahl der Sprünge:

Riege 1:
(3,91 m + 4,24 m + 3,64 m + 3,58 m + 4,16 m + 3,93 m + 3,82 m) : 7 = 3,91 m

Riege 2:
(3,87 m + 3,94 m + 3,96 m + 4,08 m + 3,67 m + 4,12 m) : 6 = 3,94 m

(2) Die Riege 1 hat mit 4,24 m den besten Springer, mit 3,58 m aber auch den schlechtesten. Der Unterschied beträgt 4,24 m – 3,58 m = 0,66 m.
Dagegen beträgt bei der Riege 2 der Unterschied zwischen dem besten und dem schlechtesten Springer 4,12 m – 3,67 m = 0,45 m.

Ergebnis: Die Schüler der ersten Riege sind im Durchschnitt 3,91 m weit gesprungen, die der zweiten Riege im Durchschnitt 3,94 m. Die zweite Gruppe hat also den besseren Durchschnitt erreicht.
Der Unterschied zwischen dem weitesten und dem kürzesten Sprung ist in der ersten Riege 0,66 m und in der zweiten Riege 0,45 m. Die Sprungweiten der ersten Gruppe weichen also stärker voneinander ab.

Information

Der durchschnittliche Wert von Zahlen oder Größenangaben heißt **arithmetisches Mittel**. Man berechnet das arithmetische Mittel von Werten (Zahlen oder Größenangaben), indem man die Summe aller Werte bildet und das Ergebnis durch die Anzahl der Werte dividiert. Runde gegebenenfalls geeignet.

Beispiel:
Niederschläge in einer Woche: 7 mm; 12 mm; 3 mm; 0 mm; 0 mm; 26 mm; 5 mm

Das arithmetische Mittel (durchschnittlicher Niederschlag pro Tag):
(7 mm + 12 mm + 3 mm + 26 mm + 5 mm) : 7 = 53 mm : 7 ≈ **7,6 mm**

Information

Die **Spannweite** ist die Differenz zwischen dem größten und dem kleinsten Wert der erhobenen Daten.

Beispiel: 5 Schüler stoppen die Zeit eines Mitschülers beim 100-m-Lauf:
15,4 s; 14,5 s; 15,5 s; 15,8 s; 15,3 s

Spannweite: 15,8 s − 14,5 s = 1,3 s

Zum Festigen und Weiterarbeiten

2. Die sechsten Klassen sammelten in Vierergruppen für eine Aktion.
Die 6a und 6b haben folgendes Sammelergebnis erhalten:

Gruppe	I	II	III	IV	V	VI	VII
Klasse 6a	225 €	190 €	170 €	205 €	245 €	210 €	190 €
Klasse 6b	130 €	245 €	220 €	265 €	185 €	230 €	–

Elias addiert jeweils die Beträge und sagt: „Die Klasse 6a ist die bessere Sammelklasse." Was meinst du dazu? Begründe.

3. Sieh dir das nebenstehende Säulendiagramm an. Es zeigt für eine Woche die täglichen Besucherzahlen im städtischen Hallenbad.

a) Was bedeutet die rote Linie?

b) Wie viele Besucher sind am Donnerstag, Samstag und Sonntag zusammen mehr als im Durchschnitt im Bad? Wie viele Besucher sind an den anderen Tagen zusammen weniger als im Durchschnitt im Bad? Was fällt dir auf?

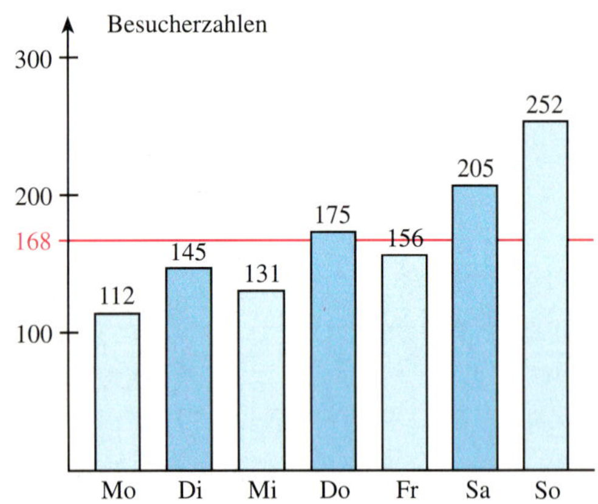

4. Laura vergleicht verschiedene Angebote für eine Digitalkamera.

Händler	A	B	C	D
Preis	248,80 €	254,80 €	261,90 €	246,80 €

a) Berechne den durchschnittlichen Preis.

b) Berechne die Preisspanne zwischen dem teuersten und dem billigsten Angebot.

c) Vergleiche den höchsten und den niedrigsten Preis mit dem durchschnittlichen Preis.

d) Laura hat ein weiteres Angebot über 248,00 € bekommen.
Wie verändert sich (1) der durchschnittliche Preis, (2) die Spannweite?

5. Bei einer Mathematikarbeit ergab sich nebenstehende Notenverteilung.

a) Zeichne zu der Notenverteilung ein Säulendiagramm.

b) Berechne den Notendurchschnitt. Erläutere dein Vorgehen.

Note	1	2	3	4	5	6
Anzahl	3	4	6	8	3	1

Übungen

6. Bei einem Turnwettkampf erhält ein Teilnehmer die folgenden Wertungen:
(1) 8,9 (3) 8,8 (5) 9,3 (7) 9,2
(2) 8,9 (4) 9,0 (6) 8,9

a) Berechne das arithmetische Mittel und die Spannweite.

b) Warum werden bei solchen Turnwettkämpfen häufig die höchste und die niedrigste Punktzahl nicht berücksichtigt?

7. Eine Bäckerei wählt aus ihrer Tagesproduktion 20 Brote zufällig aus und kontrolliert deren Gewicht (in g).
Bestimme das durchschnittliche Gewicht (arithmetisches Mittel) und die Spannweite.
Erläutere auch, warum die Kontrolle an mehreren Broten erfolgt.

502, 513, 498, 504, 512
500, 509, 520, 499, 516
503, 514, 507, 515, 495
507, 516, 522, 503, 505

8. Die Tabelle gibt die monatlichen Umsätze einer Firma in Tausend Euro an.

Jan.	Feb.	März	April	Mai	Juni	Juli	Aug.	Sept.	Okt.	Nov.	Dez.
58	47	65	60	78	53	45	42	55	69	73	87

a) Zeichne ein Säulendiagramm.

b) Berechne die durchschnittlichen Umsätze pro Monat und zeichne diesen Wert in das Diagramm ein.

c) Bestimme die Spannweite.

9. Julias Vater nutzt sein Auto beruflich. Jeden Freitag nach Feierabend tankt er wieder voll.
Dabei stellt er für die abgelaufene Arbeitswoche die Länge der gefahrenen Strecke und die verbrauchte Benzinmenge fest. In seinen Unterlagen für die letzten 10 Wochen finden sich die Angaben rechts.

a) In welcher Woche fuhr Julias Vater die längste Strecke, in welcher Woche die kürzeste?

b) Wie lang ist die Strecke, die Julias Vater durchschnittlich in einer Woche gefahren ist?

c) Wie viel Liter Benzin hat das Auto in den 10 Wochen durchschnittlich auf 100 km verbraucht?

d) Stelle weitere Fragen und beantworte sie.

Kalenderwoche	Strecke (in km)	Benzin (in *l*)
11	485	38,3
12	565	45,2
13	500	38,4
14	420	35,7
15	455	36,4
16	470	38,0
17	540	45,0
18	515	40,0
19	390	35,0
20	560	40,0

10. In einer anonymen Umfrage wurden die Schüler der Klasse 6a befragt, wie viel Taschengeld sie monatlich bekommen. Die Ergebnisse werden in der Häufigkeitstabelle notiert:

monatliches Taschengeld	0 €	6 €	10 €	16 €	20 €	30 €	40 €
Anzahl der Schüler	2	1	5	4	11	4	1

Berechne das durchschnittliche Taschengeld. Gib auch die Spannweite an.

MEDIAN

Einstieg

Für eine Verbraucherzeitschrift wurde der Preis für eine bestimmte Digitalkamera in sieben Geschäften erfragt:

199,90 €; 193,50 €; 198,50 €; 181,80 €; 222,00 €; 257,25 €; 189,99 €

In der Zeitung steht später folgende Tabelle:

Preis nach Markterhebung	181,80 € bis 257,25 €
mittlerer Preis	198,50 €

→ Überprüfe die Angaben in der Tabelle.

→ Was gibt hier der *mittlere Preis* an?

Aufgabe

1. Diana und Tim haben die Schüler der Klasse 6b befragt, ob ihnen in ihrer Freizeit die Musik *sehr wichtig* (s), *wichtig* (w), *nicht so wichtig* (n) oder *unwichtig* (u) ist.
Hier findest du die Ergebenisse:

u, w, w, n, s, s, s, u, w, s, w, w, n, n, n, u, s, s, w, w, n, n, u, s, s, n, s.

In der Schülerzeitung möchten die Beiden eine Auswertung ihrer Umfrage veröffentlichen.

Lösung

Für die Auswertung der Umfrage ist es nicht möglich, das arithmetische Mittel der Daten zu bestimmen, denn aus *sehr wichtig* und *wichtig* kann man keine Summe bilden.
Daher suchen Diana und Tim nach anderen Möglichkeiten, das Ergebnis ihrer Umfrage durch eine andere Angabe anstelle des arithmetischen Mittels zu kennzeichnen.

1. Möglichkeit:

Tim möchte die Bewertung, die am häufigsten genannt wurde, zur Kennzeichnung der erhobenen Daten nutzen. Er legt eine Häufigkeitstabelle an. Sie zeigt, dass die Bewertung *sehr wichtig* (s) am häufigsten genannt wurde.

Bewertung	Anzahl
s	9
w	7
n	7
u	4

In der Schülerzeitung könnte stehen:

Eine Umfrage in der Klasse 6c hat ergeben, dass die meisten Schüler(innen) Musik für sehr wichtig halten.

2. Möglichkeit:

Diana schlägt vor, die Bewertungen in einer Rangfolge zu ordnen und die Angabe, die in der Mitte steht, als kennzeichnende Angabe zu wählen.

s, s, s, s, s, s, s, s, s, w, w, w, w, w, w, w, n, n, n, n, n, n, n, u, u, u, u.

13 Bewertungen — Mitte (14. Stelle) — 13 Bewertungen

In der Mitte der geordneten Daten steht die Angabe (Bewertung) *wichtig* (w).
In der Schülerzeitung könnte stehen:

Eine Umfrage in der Klasse 6b hat ergeben, dass den Schülern Musik wichtig ist.

Information

Median:
rechts und links stehen gleich viele Werte

Median einer statistischen Erhebung

Kann man die Daten einer statistischen Erhebung in einer Rangfolge anordnen, dann kann man als kennzeichnende Angabe der erhobenen Daten den **Median** wählen.
Der Median ist der Wert, der in der geordneten Liste in der Mitte steht.
Man erhebt in der Regel eine ungerade Anzahl von Daten.

Beispiel: Eine Fachzeitschrift vergleicht die Preise für ein bestimmtes Handy.

Geordnete Liste: 128 € 132 € 139 € 146 € 152 €

Der Median ist 139 €.

Sind die Daten Zahlen oder Größen, spricht man auch vom *Zentralwert*.

Zum Festigen und Weiterarbeiten

2. Ein Hotel bittet seine Gäste um Rückmeldung mit dem nebenstehenden Fragebogen. Es wurden angekreuzt:

(1) für die Zimmer:

(2) für das Restaurant:

Bestimme den Median für die Beurteilung der Zimmer sowie für die Beurteilung des Restaurants.

3. In einer Umfrage wurden die Schüler nach ihrer Lieblingslektüre befragt.

a) Begründe, warum für diese Umfrage weder das arithmetische Mittel noch der Median bestimmt werden kann.

b) Welches ist die Lieblingslektüre der Schüler?

Welches ist deine Lieblingslektüre?

Lektüreart	Anzahl der Schüler
Abenteuerbuch	14
Comic	12
Krimi	17
Sachbuch	7
Science Fiction	13

4.

a) Protestiert die Familie zu Recht?

b) Warum ist hier als kennzeichnende Angabe der Median geeignet? Begründe.

5. Alexander ist Fahrschüler. Er hat in der letzten Woche folgende Busfahrzeiten gestoppt:
24 min, 20 min, 23 min, 26 min, 20 min.

a) Berechne das arithmetische Mittel, den Median und die Spannweite.

b) Ändere einen einzelnen Wert so ab, dass sich das arithmetische Mittel stark verändert. Wie ändert sich der Median?

Information

> Es kann besonders dann sinnvoll sein, den Median zu benutzen, wenn
> - ein Ausreißer in der Stichprobe vorhanden ist,
> - der Umfang der Stichprobe zu klein ist.

Übungen

6. 25 Zuschauer bewerten den Film „Warte, bis Tarzan kommt" mit „ausgezeichnet" (a), „sehr gut" (sg), „gut" (g), „mittelprächtig" (m), „schlecht" (s), „sehr schlecht" (ss):
ss, s, s, s, m, m, g, s, sg, a, m, m, a, a, s, m, g, sg, sg, s, g, g, s, m, sg.
Den Film „Tarzan ist wieder da" bewerten sie mit:
sg, s, m, s, ss, g, g, s, ss, m, m, s, g, sg, m, g, m, g, s, s, m, ss, m, ss, sg.
Welcher der beiden Filme wird besser bewertet?

7. In einer Testzeitschrift wurden die Preise für einen bestimmten MP3-Player in fünf Geschäften erfragt:
176,49 €; 121,95 €; 123,99 €; 127,95 €; 99,95 €

a) Bestimme das arithmetische Mittel, den Median und die Spannweite.

b) Überlege, warum Testzeitschriften häufig den Median (den mittleren Preis) und nicht das arithmetische Mittel (den durchschnittlichen Preis) angeben.

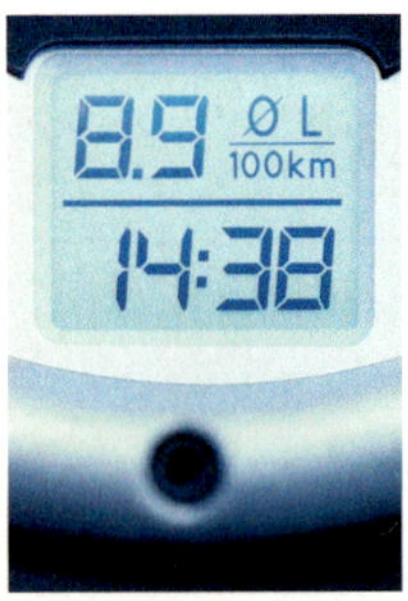

8. Gegeben sind die Verbrauchsangaben für sieben PkW:
8,4 *l*; 7,8 *l*; 9,2 *l*; 7,5 *l*; 10,1 *l*; 8,3 *l*; 8,9 *l*.

a) Bestimme das arithmetische Mittel, den Median und die Spannweite.

b) Erweitere die gegebene Liste durch zwei verschiedene Angaben, sodass sich das arithmetische Mittel nicht ändert.
Welche Eigenschaften müssen die beiden ergänzten Angaben haben?

c) Erweitere die gegebene Liste durch zwei verschiedene Angaben, sodass sich der Median nicht ändert.
Welche Eigenschaften müssen die beiden Ergänzungsgrößen haben?

1+1=3

9. In einer Klasse sind 21 Schüler. Der Lehrer soll für eine statistische Erhebung die Durchschnittsgröße der Schüler seiner Klasse feststellen. Um sich die Arbeit zu erleichtern, stellen sich die Schüler nach der Größe in einer Reihe auf. Dann misst er bei dem elften Schüler die Größe und gibt den gemessenen Wert als Durchschnittswert an.
Kann man so die Durchschnittsgröße bestimmen?

10. 29 Schüler einer 6. Klasse bearbeiten eine Mathematikaufgabe. Anschließend sollen sie sagen, wie schwierig sie die Aufgabe fanden. Das Ergebnis siehst du rechts.
Welchen Schwierigkeitsgrad sollte man der Aufgabe nach Meinung der Klasse zusprechen?

Schwierigkeitsgrad	Anzahl der Schüler (absolute Häufigkeit)
sehr leicht	1
leicht	4
normal	8
schwierig	7
sehr schwierig	9

ZUFALL ODER NICHT?

Einstieg

Jannik und Lucas spielen Mensch-Ärgere-Dich-Nicht. Der blaue Spielstein von Jannik ist kurz vor dem Ziel. Davor steht noch der rote Spielstein von Lucas.
Jannik ist mit Würfeln dran.

- → Welche Würfelergebnisse sind möglich? Welche davon sind günstig für Jannik?
- → Wie groß ist die Chance, dass Jannik seinen Spielstein in Sicherheit bringt?
- → Wie groß ist Janniks Chance, den Stein von Lucas zu schlagen?

Aufgabe

1. Anna und Sarah streiten sich um das Fernsehprogramm. Anna möchte einen Krimi sehen, Sarah einen Spielfilm.

a) Wie können die beiden sich einigen
(1) mit einer Münze,
(2) mit einem Würfel?

b) Können Anna und Sarah sich mit einem Spielstein einigen?

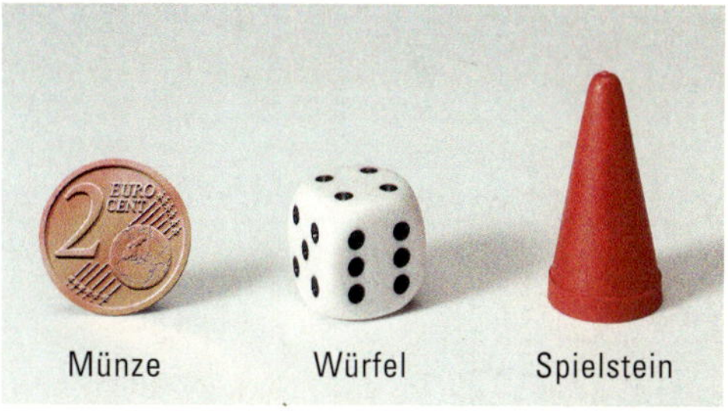

Lösung

a) Anna und Sarah überlassen die Entscheidung darüber, ob sie den Krimi oder den Spielfilm sehen, dem Zufall.

(1) Werfen einer Münze:
Die möglichen Ergebnisse sind Wappen oder Zahl. Keines der beiden Ergebnisse ist beim Werfen bevorzugt. Man sagt: Beide Ergebnisse haben die gleiche Chance.
Anna und Sarah könnten sich z. B. so einigen: Bei Wappen sehen wir den Krimi, bei Zahl den Spielfilm.

(2) Werfen eines Würfels:
Die möglichen Ergebnisse sind die Augenzahlen 1, 2, 3, 4, 5, 6. Bei einem guten Würfel hat jede Augenzahl die gleiche Chance.
Anna und Sarah könnten sich z. B. so einigen: Bei den geraden Augenzahlen 2, 4 und 6 sehen wir den Krimi, bei den ungeraden Augenzahlen 1, 3 und 5 den Spielfilm.

b) *Werfen eines Spielsteines:*
Die möglichen Ergebnisse sind: Seitenlage, Spitze nach oben.
Angenommen die beiden Mädchen würden vereinbaren:
Bei Seitenlage sehen wir den Krimi, bei Spitze nach oben sehen wir den Spielfilm. Dann wäre der Krimi bevorzugt. Der Spielstein fällt nämlich sehr viel häufiger auf die Seitenlage als mit der Spitze nach oben. Daher haben die beiden Ergebnisse nicht die gleiche Chance.
Der Zufall würde auch hier entscheiden, aber es wäre keine faire Entscheidung.

Zum Festigen und Weiterarbeiten

2. Gib jeweils die möglichen Ergebnisse an. Entscheide, ob alle Ergebnisse die gleiche Chance haben.
(1) Prüfen einer Glühlampe
(2) Werfen einer leeren Milchdose
(3) Werfen eines Legosteins

Information

Zufallsexperimente – Chancengleichheit

Das Werfen eines Würfels, einer Münze, eines Spielsteins usw. sind **Zufallsexperimente**.
Bei jedem Zufallsexperiment tritt ein **Ergebnis** auf, beim Würfeln z. B. die Augenzahl 3.
Das Ergebnis eines Zufallsexperiments kann man nicht vorhersagen, es hängt vom Zufall ab.
Für ein Zufallsexperiment kann man aber alle möglichen Ergebnisse angeben.
Ein Zufallsexperiment kann unter gleichen Bedingungen beliebig oft wiederholt werden.

Übungen

3. Gib für jedes Zufallsexperiment alle möglichen Ergebnisse an. Entscheide, ob die Ergebnisse die gleiche Chance des Eintreffens haben.
(1) Werfen eines Kronkorkens
(2) Werfen eines Bierdeckels
(3) Drehen eines Glücksrades
(4) Werfen eines Knopfes
(5) Werfen einer Reißzwecke
(6) Werfen einer Schachtel

4. Du weißt: Beim Werfen eines Würfels sind die möglichen Ergebnisse die Augenzahlen 1, 2, 3, 4, 5, 6. Phillipp wirft gleichzeitig einen roten und einen blauen Würfel und nimmt die Summe der beiden Augenzahlen als Ergebnis.

a) Notiere alle möglichen Ergebnisse.

b) Haben alle Ergebnisse die gleiche Chance? Schreibe die Tabelle ab und fülle sie aus.

Blauer Würfel (Spalten), Roter Würfel (Zeilen)

	⚀	⚁	⚂	⚃	⚄	⚅
⚀	2	3	4	5		
⚁	3	4	5			
⚂	4	5				
⚃						
⚄						
⚅						

5. Zufall oder nicht? Begründe.
(1) Julias Vater hat im Lotto gewonnen.
(2) Wasser siedet bei 100 °C.
(3) Der Zug fährt um 8.47 Uhr ab.
(4) Daniel wirft eine Münze. Sie zeigt Zahl.

6. Geschick, Zufall oder beides? Begründe.
(1) Janina zieht ein Glückslos.
(2) Tim hat dreimal hintereinander eine 6 gewürfelt.
(3) Christoph gewinnt beim Skatspiel.
(4) Niklas trifft eine Dose bei einer Wurfbude.

7. Anne zieht zwei der verdeckt liegenden Zahlkärtchen links.

a) Anne betrachtet die Summe der beiden Zahlen als Versuchsergebnis. Schreibe alle möglichen Ergebnisse auf.

b) Anne betrachtet das Produkt der beiden Zahlen als Versuchsergebnis. Schreibe alle möglichen Ergebnisse auf.

WAHRSCHEINLICHKEIT BEI ZUFALLSEXPERIMENTEN

Einstieg

Bei einer Geburtstagsfeier sollen kleine Gewinne bei einem Würfelspiel verteilt werden. Der Spieler kann einen normalen Spielwürfel oder einen Oktaeder werfen. Gewonnen hat, wer eine Primzahl würfelt.

→ Welchen Würfel würdest du wählen?

Aufgabe

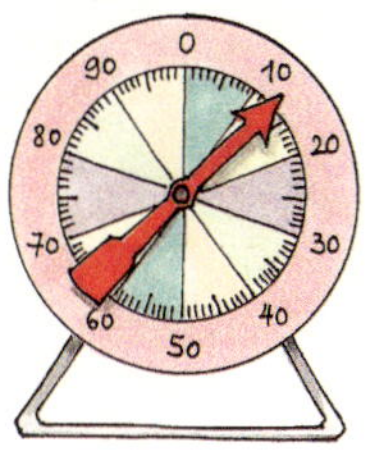

Marias Glücksrad

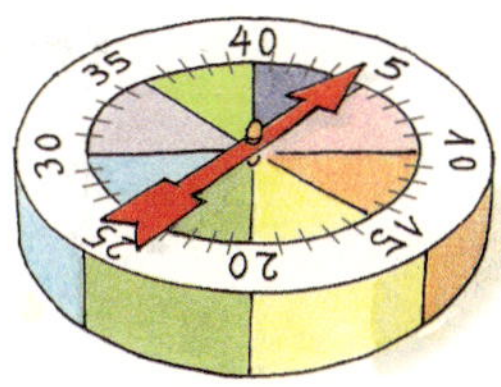

Sophies Glücksrad

1. Maria und Sophie haben zwei Glücksräder gebaut, mit denen sie Gewinne auslosen.
Auf Marias Rad sind die Zahlen 0 bis 99 notiert.
Es gewinnen alle Zahlen, die zwei gleiche Ziffern enthalten.
Auf Sophies Rad sind die Zahlen von 1 bis 40 notiert.
Es gewinnen alle Zahlen, die durch 7 teilbar sind.
Auf welchem Rad würdest du spielen?

Lösung

Wir berechnen für jedes Glücksrad die Gewinnchance. Danach vergleichen wir.

(1) *Marias Glücksrad*

Gewinnzahlen:
11, 22, 33, 44, 55, 66, 77, 88, 99

Von den 100 Zahlen auf dem Rad sind 9 Gewinnzahlen, d. h. $\frac{9}{100}$ der Zahlen gewinnen.
Alle Zahlen auf dem Glücksrad haben die gleiche Chance. Daher können wir in $\frac{9}{100}$ aller Fälle mit einer Gewinnzahl rechnen.

Gewinnwahrscheinlichkeit: $\frac{9}{100}$

(2) *Sophies Glücksrad*

Gewinnzahlen:
7, 14, 21, 28, 35

Von den 40 Zahlen auf dem Rad sind 5 Gewinnzahlen, d. h. $\frac{5}{40}$ der Zahlen gewinnen.
Alle Zahlen auf dem Glücksrad haben die gleiche Chance. Daher können wir in $\frac{5}{40}$ aller Fälle mit einer Gewinnzahl rechnen.

Gewinnwahrscheinlichkeit: $\frac{5}{40}$

Vergleich der Wahrscheinlichkeiten bei beiden Glücksrädern:
$\frac{5}{40} = \frac{25}{200}$, $\frac{9}{100} = \frac{18}{200}$, daher gilt: $\frac{5}{40} > \frac{9}{100}$

Ergebnis: Es ist wahrscheinlicher, dass man bei Sophies Glücksrad gewinnt.

Information

Wahrscheinlichkeit
Anteil der günstigen an den möglichen Ergebnissen

(1) Wir haben zwei Arten von Zufallsexperimenten kennengelernt:
- Zufallsexperimente, deren Ergebnisse die gleiche Chance haben.
- Zufallsexperimente, deren Ergebnisse unterschiedliche Chancen haben.

(2) Wahrscheinlichkeit bei Zufallsexperimenten, deren Ergebnisse die gleiche Chance haben:
Die **möglichen** Ergebnisse beim Werfen eines Würfels sind: 1, 2, 3, 4, 5, 6.
Wir betrachten als Beispiel das *Ereignis* „Die Augenzahl ist größer als 4“.
Die **günstigen** Ergebnisse, bei denen dieses *Ereignis* eintritt, sind: 5, 6.

Die Wahrscheinlichkeit, dass die Augenzahl größer als 4 ist, ist 2 von 6, also $\frac{2}{6} = \frac{1}{3}$

$$\textbf{Wahrscheinlichkeit eines Ereignisses} = \frac{\textbf{Anzahl der günstigen Ergebnisse}}{\textbf{Anzahl der möglichen Ergebnisse}}$$

Zum Festigen und Weiterarbeiten

2. Gib zu dem Spiel die Gewinnchance (Wahrscheinlichkeit) mithilfe eines Bruches an:
a) Werfen einer Münze, Wappen gewinnt; **b)** Werfen eines Würfels, Primzahl gewinnt;
c) Ziehen einer Karte aus einem Kartenspiel (32 Karten), König gewinnt.

3. Arne hat das abgebildete Glücksrad gebaut.

a) Begründe, warum nicht alle Ergebnisse die gleiche Chance haben.
b) Gib zu jeder Zahl die Gewinnchance an.
c) Bestimme die Gewinnchance für:
(1) Primzahl (3) alle Zahlen größer als 4
(2) 1 oder 4 (4) alle Zahlen kleiner als 3

4. In einer Lostrommel sind 150 Nieten, 45 Trostpreise und 5 Hauptgewinne.
Wie groß ist die Chance,
(1) einen Trostpreis, (2) einen Hauptgewinn zu ziehen?

Übungen

5. Ein Kartenspiel besteht aus 32 Karten (8 Kreuz, 8 Pik, 8 Herz, 8 Karo).
Betrachte folgende Zufallsversuche:
(1) Alle 32 Karten liegen verdeckt auf dem Tisch.
Jan zieht eine Karte. Er gewinnt, wenn er eine Herzkarte zieht.
(2) Nur die 8 Herzkarten liegen verdeckt auf dem Tisch.
Julia zieht eine von diesen 8 Karten. Julia gewinnt, wenn sie eine Bildkarte (König, Dame, Bube) zieht.
Vergleiche die Gewinnchancen von Jan und Julia.

6. a) Welche Zahlen führen beim Werfen eines Würfels zu den folgenden Ereignissen? Bestimme auch die zugehörige Wahrscheinlichkeit.
(1) Eine ungerade Zahl werfen
(2) Eine Primzahl werfen
(3) Ein Vielfaches von 3 werfen
(4) Augenzahl ist nicht 3
(5) Eine durch 2 oder 3 teilbare Zahl werfen
(6) Eine durch 2 und 3 teilbare Zahl werfen
(7) Augenzahl ist höchstens 4
(8) Augenzahl ist mindestens 3

b) Beschreibe ein weiteres Ereignis mit der Wahrscheinlichkeit $\frac{5}{6}$.

7. In einem Becher befinden sich 6 schwarze, 4 rote und 5 weiße Kugeln.
Wie groß ist die Wahrscheinlichkeit für die Ziehung einer
a) weißen Kugel; **c)** schwarzen Kugel;
b) roten Kugel; **d)** nicht-weißen Kugel?

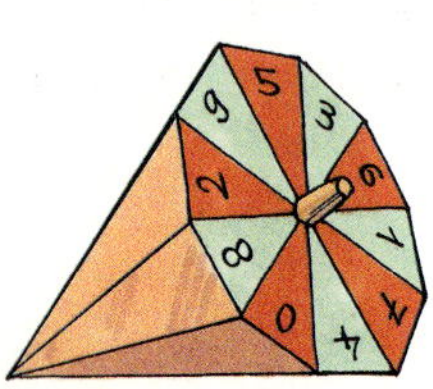

8. Julia dreht die Achse eines regelmäßigen Glückskreisels mit nummerierten Feldern (0 bis 9). Lea gewinnt eine Spielmarke, wenn der Kreisel bei einer Primzahl zur Ruhe kommt. Sonst muss Lea eine Spielmarke an Julia zahlen.
Ist das Spiel fair (gerecht)?

RELATIVE HÄUFIGKEIT – WAHRSCHEINLICHKEIT

Einstieg

Nina und Jan haben ein Glücksrad mit fünf gleich großen Sektoren aufgebaut.

➜ Wie können sie testen, ob ihr Glücksrad gerecht ist?

Aufgabe

1. a) Eine Münze wird geworfen. Wie groß ist die Chance (Wahrscheinlichkeit), dass *Wappen* auftreten wird? Die Münze soll 300-mal geworfen werden.
Wie groß wird der Anteil von *Wappen* an der Gesamtzahl der Würfe ungefähr sein? Wie häufig wird *Wappen* ungefähr auftreten?

b) Eine Münze ist 300-mal geworfen worden:

Anzahl der Würfe	20	40	60	80	100	120	140	160	180	200	220	240	260	280	300
Anzahl der Wappen	13	24	29	38	48	57	69	82	92	100	110	121	134	142	152

Bestimme aus der Tabelle die relativen Häufigkeiten der Würfe, bei denen *Wappen* aufgetreten ist.
Trage sie in eine Tabelle ein.
Was fällt dir auf? Vergleiche mit der in Teilaufgabe a) berechneten Wahrscheinlichkeit.

Lösung

a) Bei einer Münze gibt es zwei mögliche Ergebnisse: *Wappen* und *Zahl.*
Eine Möglichkeit von zwei möglichen Ergebnissen, nämlich *Wappen,* ist günstig. Wir erhalten daher:
Chance für Wappen = $\frac{1}{2}$ = 0,5.
Wir erwarten, dass der Anteil von *Wappen* an der Gesamtzahl der 300 Würfe ungefähr die Hälfte, also 0,5 betragen wird, da die Wahrscheinlichkeit von *Wappen* 0,5 ist. Bei 300 Würfen wird man *Wappen* etwa 300 · 0,5, also 150-mal erwarten.

b) Bei 20 Würfen ist *Wappen* insgesamt 13-mal erreicht worden. Der Anteil, der auf *Wappen* entfällt, ist also $\frac{13}{20}$ = 0,65. Man sagt auch:
Die relative Häufigkeit für *Wappen* ist 0,65.
Wir bestimmen entsprechend die Anteile von *Wappen* bei den anderen Würfen (s. Tabelle rechts).

Anzahl der Würfe	**Anzahl der Wappen (absolute Häufigkeit)**	**Anteil (relative Häufigkeit)**
20	13	0,650
40	24	0,600
60	29	0,483
80	38	0,475
100	48	0,480
120	57	0,475
140	69	0,493
160	82	0,513
180	92	0,511
200	100	0,500
220	110	0,500
240	121	0,504
260	134	0,515
280	142	0,507
300	152	0,507

Du erkennst:
Bei zunehmender Anzahl der Experimente pendeln sich die relativen Häufigkeiten von Wappen in der Nähe von 0,5 ein. Dies entspricht der Wahrscheinlichkeit von Wappen.

Information

Bei langen Versuchsreihen: Wahrscheinlichkeit ≈ relative Häufigkeit

Absolute Häufigkeit und relative Häufigkeit

Beispiel: Wir werfen einen Würfel 100-mal und erhalten 15-mal die Augenzahl 4. Was kann man über die Häufigkeit des Ergebnisses „Augenzahl 4" sagen?

(1) Wir haben 15-mal „Augenzahl" erhalten. Man sagt: Die **absolute Häufigkeit** des Ergebnisses „Augenzahl 4" beträgt 15.

(2) Bei 15 von 100 Würfen, also in $\frac{15}{100}$ aller Fälle, haben wir die „Augenzahl 4" erhalten. Man sagt: Die **relative Häufigkeit** des Ergebnisses „Augenzahl 4" beträgt $\frac{15}{100}$.

Relative Häufigkeit – Wahrscheinlichkeit

Bei häufig wiederholter Durchführung eines Zufallsexperiments erwartet man, dass sich die **relativen Häufigkeiten** eines Ergebnisses der **Wahrscheinlichkeit** dieses Ergebnisses mehr und mehr annähern.
Die relative Häufigkeit eines Ergebnisses bei einer langen Versuchsreihe kann daher näherungsweise als ein Maß für die Wahrscheinlichkeit verwendet werden.

Zum Festigen und Weiterarbeiten

2. Arbeitet in Gruppen und tragt die Ergebnisse zusammen.

a) Führt ein entsprechendes Experiment mit der Münze selber durch.

b) Führt selber mit einem Würfel 600 Würfe durch und bestimmt die relative Häufigkeit für *Augenzahl 6*. Vergleicht mit der Wahrscheinlichkeit.

3. Katharina, Philipp und Anne haben jeweils ein Glücksrad gebaut. Um die Gewinnchancen der einzelnen Zahlen zu prüfen, haben sie jedes Rad 100-mal gedreht und eine Strichliste angelegt.

a) Vergleiche die Glücksräder.

b) Welche Vermutung hast du, wie die drei Glücksräder eingeteilt sind?

Katharina		Philipp		Anne	
Ergebnis	Häufigkeit	Ergebnis	Häufigkeit	Ergebnis	Häufigkeit
1	卌 IIII	1	卌 I	1	卌 IIII
2	卌 III	2	卌 I	2	卌 卌 II
3	卌 卌	3	卌 II	3	卌 III
4	卌 卌 II	4	卌	4	卌 卌 III
5	卌 卌 I	5	卌 卌 卌 卌 卌 II	5	卌 卌 I
6	卌 卌	6	卌 卌 卌 卌 IIII	6	卌 IIII
7	卌 III	7	卌 II	7	卌 卌 I
8	卌 卌 III	8	卌 III	8	卌 II
9	卌 IIII	9	卌	9	卌 卌
10	卌 卌	10	卌	10	卌 卌

4. Bei einer Fahrradkontrolle kommen 800 Radfahrer vorbei. 250 von diesen Radfahrern werden zufällig herausgegriffen und die Fahrräder überprüft. Dabei stellen die Polizeibeamten an 170 Fahrrädern Mängel fest.
Wie groß ist die Wahrscheinlichkeit, dass ein zufällig ausgewähltes Fahrrad wenigstens einen Mangel aufweist? Schätze ab, wie viele von den 800 Fahrrädern Mängel haben.

Übungen

5. Vier Schüler warfen je 100-mal eine Münze. Berechne die relative Häufigkeit von *Wappen* und *Zahl*

(1) für jeden der vier Schüler;
(2) für alle vier Schüler zusammen.

Vergleiche sie mit den Wahrscheinlichkeiten.

	Wappen	Zahl
Bianca	52	48
Manuela	40	60
Stefan	58	42
Uwe	45	55

6. Ein Kartenspiel hat 8 Herzkarten (vgl. Seite 242, Aufgabe 5).
Alle 8 Karten liegen verdeckt auf dem Tisch. Eine Karte wird gezogen. Man gewinnt, wenn eine Bildkarte (König, Dame, Bube) gezogen wird.

a) Wie groß ist die Chance, zu gewinnen?

b) Wie oft kann man bei 80 Spielen erwarten, zu gewinnen?

c) Führt das Experiment selbst 80-mal durch und vergleicht das Ergebnis mit Teilaufgabe b). Vergleicht euer Ergebnis auch mit den Ergebnissen der anderen Gruppen in der Klasse.

7. In einem Gefäß sind 5 gelbe, 3 rote und 2 grüne Kugeln. Eine Kugel wird verdeckt gezogen.

a) Wie groß ist die Wahrscheinlichkeit
(1) eine gelbe Kugel, (2) eine rote Kugel, (3) eine grüne Kugel zu ziehen?

b) Überprüft die Wahrscheinlichkeiten aus Teilaufgabe a), indem ihr das Experiment 100-mal durchführt. Erklärt Abweichungen. Statt der Kugeln könnt ihr bunte Schokolinsen nehmen.

8. Julia und Maria spielen mit zwei Würfeln, einem weißen und einem schwarzen. Sie erhalten bei 100 Würfen folgende Ergebnisse:

	Augenzahl	1	2	3	4	5	6
Absolute Häufigkeit	**weißer Würfel**	6	17	17	16	18	26
	schwarzer Würfel	15	18	16	17	18	16

Maria vermutet: „Der weiße Würfel ist nicht in Ordnung."

a) Woran erkennt Maria, dass der weiße Würfel nicht in Ordnung ist?

b) Schätze die Wahrscheinlichkeit für das Werfen einer 6 mit dem weißen Würfel.

Kopf Seite

9. Zehn Reißnägel werden in eine große Dose gelegt. Dann wird sie geschlossen und kräftig geschüttelt. Anschließend wird die Dose geöffnet und gezählt, wie viele Reißnägel in der Lage *Kopf* ⊥ liegen.

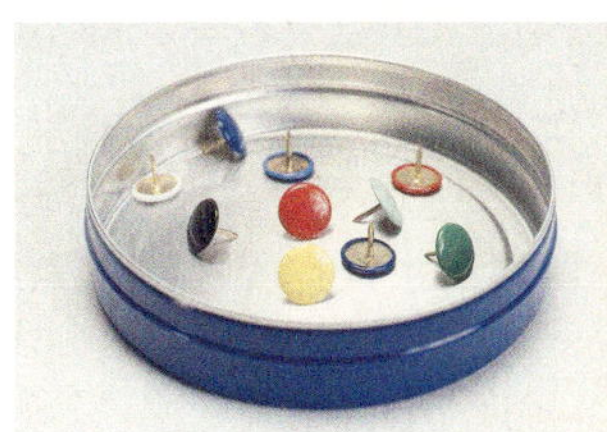

Anzahl der Versuche mit je 10 Reißnägeln	25	50	75	100	125
Anzahl der Reißnägel in der Lage *Kopf* ⊥	61	122	180	237	302

a) Bestimme die relativen Häufigkeiten. Gib an, wie groß die Wahrscheinlichkeit für die Lage *Kopf* ⊥ etwa ist. Wie groß ist die Wahrscheinlichkeit für die Lage *Seite* ⋌ ?

b) Führt ein entsprechendes Experiment selber durch.

VERMISCHTE UND KOMPLEXE ÜBUNGEN

1. Mikes Mutter hatte in einer Woche folgende Ausgaben:

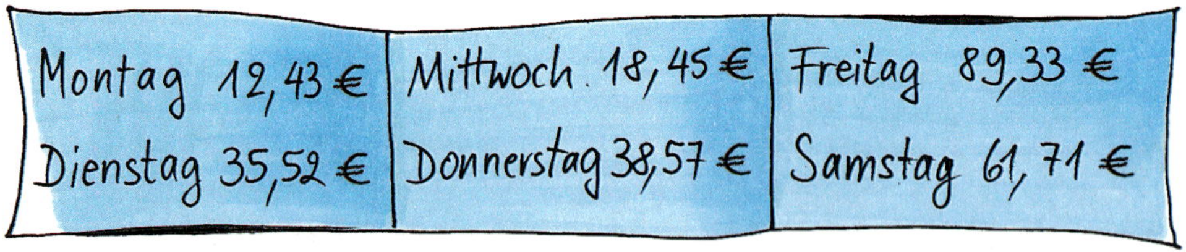

a) Wie viel Euro gab Mikes Mutter im Durchschnitt an jedem Wochentag (außer Sonntag) aus?

b) An welchen Tagen lagen die Ausgaben über dem Durchschnitt, an welchen Tagen unter dem Durchschnitt? Um wie viel Euro jeweils?

2.

Julian, Simon und Nils üben an einer Torwand und notieren die Ergebnisse.

	Versuche	Treffer
Julian	104	13
Simon	80	12
Nils	100	14

3. Bei einer statistischen Erhebung wurde in Familien mit Kindern nach der Anzahl der Kinder gefragt.
Runde sinnvoll und erstelle ein Säulen- und ein Kreisdiagramm.

Kinderzahl	Anzahl der Familien
1	935
2	604
3	182
mehr als 3	79

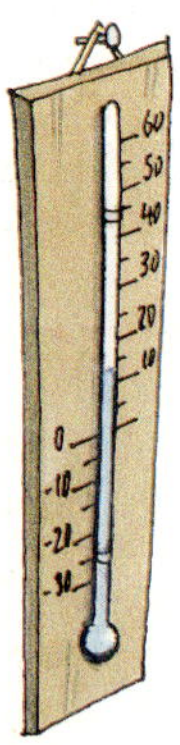

4. In dem Diagramm sind die durchschnittlichen Monatstemperaturen in Wiesbaden für die Monate Januar bis Dezember dargestellt.

a) Was erkennst du auf *einen Blick*?

b) Berechne die durchschnittliche Jahrestemperatur. Erkläre, was dieser Mittelwert angibt.

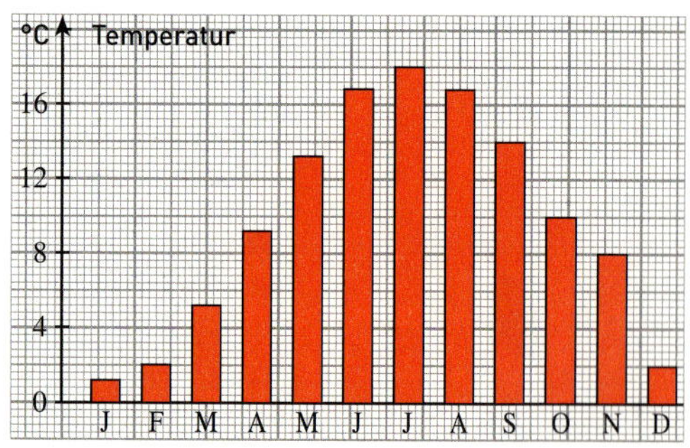

5. Die Schulstatistik einer Schule enthält folgende Angaben:

Klassenstufe	**5**	**6**	**7**	**8**	**9**	**10**
Anzahl der Klassen	4	3	5	4	4	3
Anzahl der Schüler	104	86	127	116	94	90

Stelle sinnvolle Fragen und beantworte sie. Du kannst auch Diagramme zeichnen.

6. In einem kleinen Betrieb wurden die monatlichen Gewinne notiert:
1 860 €; 1 450 €; 2 320 €; 1 765 €; 2 440 €; 3 610 €; 1 380 €

Bestimme das arithmetische Mittel, den Median und die Spannweite.
Welche Angabe kennzeichnet die Höhe der Gewinne besser? Begründe.

7. Eine Autowerkstatt bittet ihre Kunden täglich um die Bewertung des Service.
Hier die Ergebnisse zweier Tage:

Montag: 🙂 😐 🙁 😐 🙂 🙂 🙂 😐 🙁
Dienstag: 🙂 😐 🙁 🙁 🙁 🙁 😐 🙂 😐 🙁 🙁

Hat sich die Beurteilung des Service geändert?

8. Berechne das arithmetische Mittel und die Spannweite.
Was gibt das arithmetische Mittel an? Überlege dir eine passende Sachsituation.

Gewicht (in g)	96	97	98	99	100	101	102	103	104	105	106	107
Anzahl der Packungen	3	0	7	12	53	55	41	11	6	0	3	1

9. Beim Schulfest hat Lara ein Glücksrad mit den Zahlen von 1 bis 50 aufgestellt.

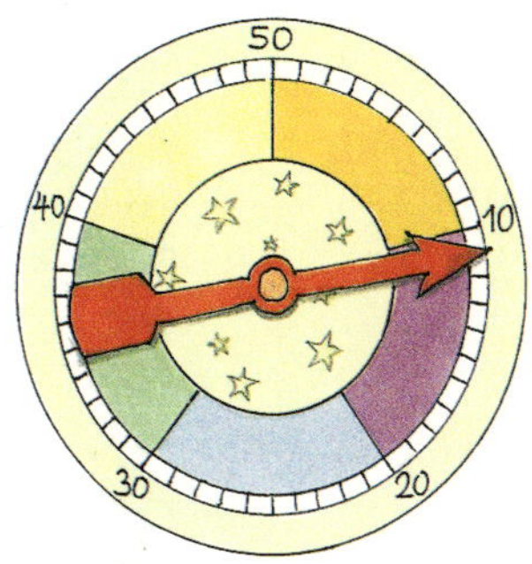

a) Schreibe alle Gewinnzahlen für folgende Spiele auf:
(1) Vielfache von 6 gewinnen.
(2) Teiler von 36 gewinnen.
(3) Alle Zahlen, bei denen die Ziffer 4 vorkommt, gewinnen.
(4) Alle Zahlen mit der Quersumme 4 gewinnen.

b) Gib für die Spiele aus Teilaufgabe a) die Gewinnchancen an.

c) Das Rad wird 200-mal gedreht. Wie oft erwartest du Rot?

10. In einer Klasse sind 12 Mädchen und 16 Jungen. Jeder der Schüler schreibt seinen Vornamen auf einen Zettel. Die gefalteten Zettel werden gemischt und ein Zettel gezogen. Wie groß ist die Wahrscheinlichkeit, dass auf dem gezogenen Zettel ein Jungenname steht?

11. Beim Volleyball wird vor Spielbeginn ausgewählt, welche Mannschaft als erste aufschlagen darf. Dies geschieht oft durch Werfen einer Münze.
Könnte man die Wahl auch mithilfe eines Würfels durchführen?
Welche Vereinbarungen müsste man dazu treffen? Gib mehrere Möglichkeiten an.

12. Bei einer Verkehrskontrolle wurden 115 Fahrzeuge überprüft. Dabei wurden bei 19 Fahrzeugen leichte Mängel und bei 3 Fahrzeugen erhebliche Mängel an den Beleuchtungsanlagen (Scheinwerfer, Abblendlicht, Rücklicht, Bremslicht, Blinker, Nummernschildbeleuchtung) festgestellt.
Wie groß ist die Wahrscheinlichkeit, dass ein zufällig ausgewähltes Fahrzeug einen Mangel an der Beleuchtungsanlage hat?

13. Vor ungefähr 450 Jahren schlug Jacob Köbel in seinem Buch über „Geometry" einen Weg vor, wie man mithilfe von zufällig ausgewählten Männern die historische Maßeinheit *Fuß* festlegen könne.

a) Beschreibe die aus dem Bild erkennbare Methode.

b) Wie lang wäre ein solcher *Fuß* geworden, wenn die 16 Männer folgende Fußlängen gehabt hätten:
28,3 cm; 29,0 cm; 27,4 cm; 28,5 cm; 28,2 cm; 28,0 cm; 29,1 cm; 28,0 cm; 28,2 cm; 27,8 cm; 28,9 cm; 28,9 cm; 27,7 cm; 28,8 cm; 30,0 cm; 29,2 cm?

c) Lege entsprechend der Methode von Köbel mithilfe deiner Klasse ein aktuelles Längenmaß *Schuh* fest.

14. Bei einem Sportfest waren Moritz, Marcel und Joscha die drei besten Weitspringer ihrer Klasse. Sie hatten in fünf Durchgängen lauter gültige Sprünge.

	1. Sprung	2. Sprung	3. Sprung	4. Sprung	5. Sprung
Moritz	4,40 m	4,38 m	4,48 m	4,30 m	4,14 m
Marcel	4,22 m	4,20 m	4,37 m	4,17 m	4,39 m
Joscha	4,19 m	4,43 m	4,39 m	4,46 m	4,38 m

Bestimme für jeden Schüler die durchschnittliche Sprungweite und den Median.
Wer war demnach jeweils der Beste?
Wer gewann den Weitsprungwettbewerb?
Bei wem waren die Weitsprungleistungen am *ausgeglichensten*? Begründe mit der Spannweite.

15. Ein Sportverein hat 773 Mitglieder. In der Tabelle sind die Mitgliederzahlen der einzelnen Abteilungen angegeben. Es gibt Mitglieder, die in mehreren Abteilungen aktiv sind.

Abteilung	Anzahl der Mitglieder
Herrenfußball	288
Damenfußball	46
Leichtathletik	215
Tischtennis	127
Volleyball	115
Handball	84
Passive Mitglieder	155

a) Bestimme für jede Abteilung den prozentualen Anteil an der Gesamtmitgliederzahl. Was stellst du hier bei der Summenprobe fest?

b) Zeichne ein Diagramm. Begründe deine Wahl.

16. In einer Schülerzeitung soll über die Ernährung in den Pausen berichtet werden. Die Schüler wurden dazu befragt, welches Getränk sie in der Pause zu sich nehmen.

Getränk	Anzahl in Jahrgangsstufe		
	6	7	8
Milch	11	9	7
Kakao	17	15	16
Fruchtsaft	23	21	25
Mineralwasser	7	9	11
Limonade	19	27	26

a) Welches Getränk ist in Jahrgangsstufe 6, in Jahrgangsstufe 7, in Jahrgangsstufe 8 am beliebtesten?

b) In welcher Jahrgangsstufe sind die einzelnen Getränke relativ gesehen am beliebtesten?

c) Erstelle für die Schülerzeitung einen Bericht. Zeichne dazu auch geeignete Diagramme.

BIST DU FIT?

1. Gib als Dezimalbruch und in Prozent an: $\frac{1}{2}$, $\frac{2}{5}$, $\frac{3}{4}$, $\frac{7}{10}$, $\frac{23}{25}$, $\frac{78}{200}$, $\frac{13}{20}$, $\frac{435}{500}$, $\frac{24}{120}$, $\frac{66}{120}$, $\frac{85}{125}$, $\frac{99}{450}$

2. Julia, Elke und Roland kandidieren für das Amt des Klassensprechers. Die Ergebnisse werden an der Tafel notiert.

Julia	卌 |
Elke	卌 卌 |
Roland	卌 |||

a) Veranschauliche das Ergebnis durch ein Säulendiagramm.

b) Welchen Anteil der abgegebenen Stimmen haben die drei Kandidaten jeweils erreicht? Gib die Anteile als gewöhnlichen Bruch, als Dezimalbruch und in Prozent an. Mache die Summenprobe und zeichne ein Kreis- und ein Streifendiagramm.

3. 160 Schülerinnen und Schüler gaben eine Bewertung der Schulhofgestaltung ab.

a) Vervollständige die Tabelle im Heft und zeichne ein Säulendiagramm.

Schulhofgestaltung	☺	😐	☹
relative Häufigkeit	$\frac{1}{4}$	$\frac{2}{5}$	

b) Erstelle eine Häufigkeitstabelle und erkläre, was in diesem Beispiel relative und absolute Häufigkeiten angeben.

4. Lebensmittel gleicher Qualität können in verschiedenen Geschäften unterschiedliche Preise haben. Bei einer Überprüfung in fünf Geschäften wurden folgende Preise gefunden:

250 g Butter	1,05 €	1,19 €	1,09 €	0,99 €	1,15 €
500 g Vollkornbrot	1,59 €	2,09 €	1,79 €	1,65 €	1,49 €
1 *l* Vollmilch	0,49 €	0,65 €	0,55 €	0,59 €	0,45 €
100 g Schinkenspeck	1,19 €	1,29 €	0,99 €	1,15 €	1,37 €

a) Berechne den Durchschnittspreis und die Spannweite der Preise der einzelnen Artikel.

b) Gib für jeden Artikel den mittleren Preis (Median) an.

5. Luca kommt mit dem Bus zur Schule. Sie hat in den letzten Wochen die Zeit gestoppt, die der Bus von der Schule bis nach Hause braucht, und in eine Tabelle eingetragen.

Fahrzeit in Minuten	18	19	20	21	22	23	24	25
Anzahl der Fahrten	|	||	|||	||	|||	|||	–	|

Berechne die durchschnittliche Fahrzeit des Busses. Gib auch den Median an.

6. Die Klasse 6a hat für das Schulfest das Glücksrad rechts gebaut. Es hat 12 gleich große, farbige Sektoren.
Bei einem Spiel kommt es auf die gedrehte Zahl, bei einem anderen auf die Farbe an.

a) Gib für jedes Spiel die möglichen Ergebnisse an.

b) Wie groß sind die Wahrscheinlichkeiten der Ergebnisse?

c) Das Glücksrad wird 150-mal gedreht.
Gib begründete Prognosen ab:
(1) Wie oft erwartest du das Ergebnis 5?
(2) Wie oft erwartest du Gelb?

PROJEKT: WIR VERMESSEN DIE SCHÜLERINNEN UND

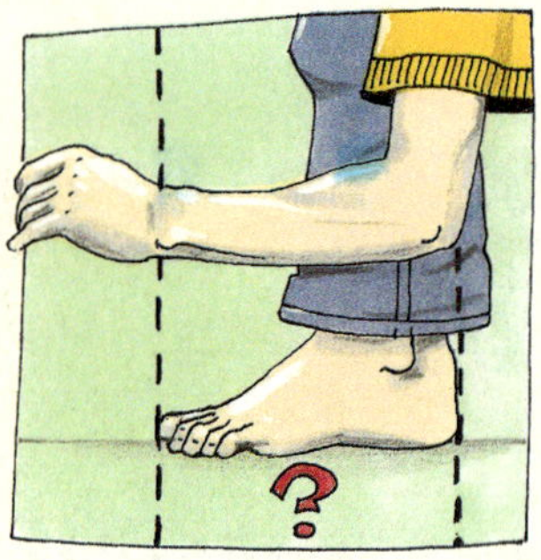

• Vorschlag 1:
Faustregel I

Gilt die Regel, dass der Halsumfang zweimal so groß ist wie der Handgelenkumfang? Ist die Fußlänge gleich der Länge der Elle? Versucht, die Messwerte übersichtlich darzustellen.

• Vorschlag 2:
Büchertaschengewicht

Welche Altersgruppe trägt die schwerste Schultasche? Haben Jungen oder Mädchen schwerere Schultaschen? Was kann man gegen zu schwere Schultaschen tun?

Heutzutage wird fast alles vermessen: Grundstücke, Straßen, die Entfernung zum Mond oder sogar bis zum nächsten Stern. Auch kleine und ganz winzige Dinge wie Bakterien, Moleküle, ja sogar Atome sind schon vermessen und gewogen geworden.
In diesem Projekt interessieren wir uns für Dinge, die wir selbst leicht messen, wiegen oder zählen können.
Wie wäre es, wenn ihr eure Schulweglänge bestimmt und miteinander vergleicht? Oder ihr bestimmt das Gewicht eurer Büchertaschen. Ihr könnt auch alte Faustregeln überprüfen, z. B. dass eure Armspannweite so groß ist wie eure Körpergröße. Es gibt so viele Dinge, die man vergleichen oder messen kann. Am besten ist es, wenn ihr einen Messparcours aufbaut, wo an jedem Schüler und jeder Schülerin jede Messung nacheinander durchgeführt wird. Wichtig ist, dass ihr genau über die einzelnen Messungen

• Vorschlag 3:
Schulweg

Wie lang ist euer Schulweg? Berechnet die durchschnittliche Schulweglänge eurer Mitschüler. Legt ein Diagramm an.

SCHÜLER UNSERER SCHULE

• Vorschlag 4:
Lungenvolumen

Versucht ein Gerät zu bauen, mit dem man das Lungenvolumen messen kann. Vielleicht kann dabei eine Biologielehrerin oder ein Biologielehrer helfen. Vergleicht zum Beispiel das Lungenvolumen mit der Körpergröße des Schülers bzw. der Schülerin.

jedes einzelnen Schülers Buch führt; so könnt ihr nach Abschluss der Messungen die Daten in aller Ruhe im Klassenzimmer auswerten und Grafiken bzw. Diagramme erstellen. Es hat sich bewährt, wenn ihr für jeden Schüler ein Messkärtchen anfertigt.
Es wäre schön, wenn ihr eure „Vermessungsergebnisse“ dann in einer kleinen Ausstellung im Schulgebäude den Mitschülern zeigt, oder ihr präsentiert eure Ergebnisse im Rahmen einer kleinen Vortragsrunde vor der Klasse. Auch ein kurzer Artikel in der Lokalpresse wäre denkbar, z. B.: So schwer sind unsere Büchertaschen. Hier hilft vielleicht euer(e) Deutschlehrer(in).
Wir haben für euch ein paar Ideen und Fragen rund um das Vermessungsprojekt vorbereitet, die ihr aufgreifen könnt.
Im Internet findet ihr das Projekt unter **www.mathematik-heute.de**

• Vorschlag 5:
Faustregel II

Ist die Körpergröße wirklich genauso groß wie die Armspannweite? Baut ein geeignetes Messgerät, um die Armspannweite zu messen. Tragt die Messwerte in ein Diagramm ein und versucht die Ergebnisse zu erklären.

• Vorschlag 6:
Freizeitmessung

Messt, wie lange die Freizeit eurer Mitschüler dauert und schreibt auf, was eure Klassenkameraden bzw. Schulfreunde so in der Freizeit alles machen.
Stellt die Ergebnisse in einem Diagramm dar.

IM BLICKPUNKT: EXPERTEN-AUFGABEN

Hier findet ihr sechs Aufgaben, die ihr mit der *Expertenmethode* bearbeiten sollt (Seite 44).

1. Marie und Lisa bereiten einen Punsch für eine Party vor.

Zutaten: 2 Fl. Kirschsaft, 3 Fl. Bananensaft, 1 Fl. Orangensaft, 4 Dosen Erdbeeren, 1 Fl. Kirschsaft und Orangensaft enthalten jeweils $\frac{3}{4}$ *l*, 1 Fl. Bananensaft $\frac{1}{2}$ *l* und 1 Dose Erdbeeren $\frac{3}{4}$ *l*.

Anleitung: In ein großes Gefäß schütten, verrühren, evt. mit Zucker abschmecken, fertig.

a) Marie und Lisa wollen den Punsch in einem 5-Liter-Gefäß anrühren. Ist das möglich? Begründet eure Entscheidung.

b) In ein Glas kann man 150 ml Punsch füllen. Wie viele Gläser können die Mädchen füllen?

c) Zur Party werden fünf weitere Mädchen erwartet. Wie viel ml Bowle kann jedes Mädchen durchschnittlich trinken?

2. *Marienkäfer-Krabbelei*

a) Philipp und Svenja wollen für den Biologieunterricht ermitteln, wie viele Punkte Marienkäfer durchschnittlich auf ihrem Rücken tragen. Um schneller zu sein, zählen sie immer nur die Punkte auf *einem* Flügel.
Ermittelt die durchschnittliche Anzahl der Punkte bei Svenjas und Philipps Marienkäfern.

Anzahl der Punkte pro Flügel	Anzahl der gefundenen Käfer
$3\frac{1}{2}$	19
$5\frac{1}{2}$	3
$9\frac{1}{2}$	2

b) Der Biologielehrer meint, dass Marienkäfer mit mehr als 7 Punkten in Deutschland ungewöhnlich seien. Sucht im Lexikon oder im Internet nach den Ursachen.

3. a) Stellt für euer Lernplakat jeweils mindestens eine Figur her, die
(1) punktsymmetrisch, (2) drehsymmetrisch, (3) achsensymmetrisch ist.

b) Erläutert die Unterschiede und die Gemeinsamkeiten.

4. a) Katharina verteilt $3\frac{3}{4}$ Pizzas gerecht an 5 Personen. Wie viel bekommt jeder?

b) Ali meint: „Wenn wir zu sechst wären, könnten wir die Pizza nicht gerecht aufteilen!" Löst die Aufgabe zeichnerisch und rechnerisch. Erläutert eure Lösungswege.

5. Lukas zeichnet sein Traumhaus. Zeichnet das Haus im Maßstab 20 : 1 auf euer Plakat. Dazu benötigt ihr den großen Zirkel (Tafel). In der Vorderansicht von Lukas Haus gibt es 9 Innenwinkel. Messt die Winkel seines Hauses. Kennt ihr die Bezeichnungen der Winkel?

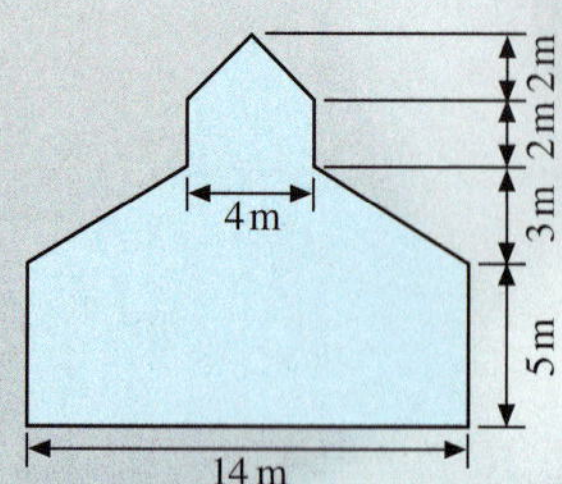

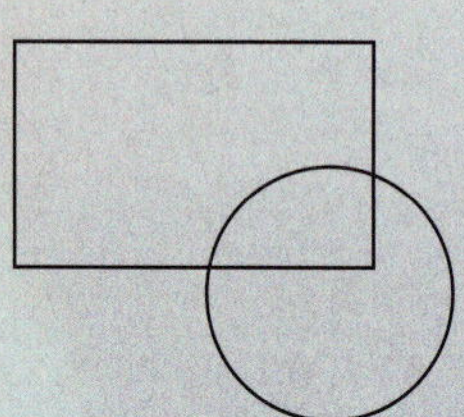

6. Klara meint: „Ein Rechteck und ein Kreis haben zwei Schnittpunkte."
Max entgegnet: „Man kann ein Rechteck und einen Kreis aber auch so zeichnen, dass sie mehr Schnittpunkte miteinander haben."
Wie viele Möglichkeiten findet ihr?

Bist du topfit?

Topfit – Vermischte Übungen 1

1. a) Berechne.

(1) $753 \cdot 290$
$389776 : 64$
$30{,}94 \cdot 2{,}7$
$606{,}8 : 0{,}75$

(2) $\frac{7}{9} + \frac{5}{6}$
$\frac{13}{15} - \frac{7}{12}$
$12\frac{4}{9} + 7\frac{11}{12}$
$17\frac{3}{10} - 8\frac{6}{7}$

(3) $192{,}7 - 83 - 0{,}96 - 14{,}077$
$4{,}1 + 0{,}764 - 2{,}33 - 0{,}9 + 1{,}77$
$2{,}5 \cdot 4{,}6 - 3 \cdot (0{,}69 : 2{,}3)$
$(5{,}1 : 0{,}17 + 10{,}8) : (1{,}5^2 + 1{,}75)$

b) Rechne vorteilhaft.

(1) $2{,}5 \cdot 17 \cdot 4$
(2) $(900 - 3{,}3) : 3$
(3) $0{,}7 \cdot 21 + 0{,}7 \cdot 29$
(4) $7{,}64 + 917 - (817 + 3{,}64)$

c) Finde die fehlenden Ziffern.

(1)
6,61 €
+ 23,□7 €
+ □,84 €
□5,3□ €

(2)
15,2□6 kg
− □□,□11 kg
4,62□ kg

(3)
□,□7 · 4□,9
126□
□34
□□□□
□□□,□□□

(4)
□7□,□ : □7 = 4,□
14□
□22
□□□
□

d) Moritz hat die Zahlenkombination für sein Fahrradschloss vergessen. Er hatte sich aber beim Kauf des Schlosses seine vierstellige Geheimnummer als Zahlenrätsel aufgeschrieben.

○ + ☽ = △□
○ · ○ = ☽△
Zahlenkombination:
☽ ○ △ □

Drehen im Uhrzeigersinn!

2. Bei einer Zeigeruhr kann man Winkel zwischen den beiden Zeigern betrachten. Dabei soll der Minutenzeiger den ersten, der Stundenzeiger den zweiten Schenkel bilden.

a) Gib Uhrzeiten an, sodass zwischen den beiden Zeigern ein spitzer bzw. stumpfer bzw. rechter bzw. überstumpfer Winkel liegt.

b) Wie groß ist der Winkel, den der Minutenzeiger [Stundenzeiger] in einer Stunde überstreicht?

c) Peter behauptet, dass der Winkel zwischen Minutenzeiger und Stundenzeiger um 15.30 Uhr eine Größe von 75° hat. Was meinst du zu Peters Aussage?

3. a) Berechne den Oberflächeninhalt der Milchpackung.

b) Bei der Herstellung der Packung wird mit Folie beschichteter Karton verwendet. Pro Packung braucht man das 1,2-Fache des Oberflächeninhalts. Wie viele Packungen kann man aus 10 m² Karton herstellen?

c) In der Packung befindet sich 1 Liter Milch. Wie viel ml Luft sind in der Packung?

Topfit – Vermischte Übungen 2

1. **a)** Berechne: (1) $\frac{5}{12}$ von 84 kg (2) $\frac{7}{15}$ von 60 min (3) $\frac{6}{13}$ von 14,3 km (4) $\frac{5}{9}$ von 360°

b) Wie groß ist das Ganze? (1) $\frac{7}{20}$ vom Ganzen sind 224 €
(2) $\frac{5}{6}$ vom Ganzen sind 11,5 ha

c) Welcher Anteil ist das? (1) 7 € von 20 € (2) 12 m von 30 m (3) 12 min von 1 h

2. Stelle zunächst einen Term auf und berechne ihn dann.

a) Addiere 9,62 zum Produkt der Zahlen 3,7 und 2,09.

b) Subtrahiere 1,8 vom Quotienten der Zahlen 48,4 und 22.

c) Multipliziere den Quotienten der Zahlen 1,819 und 0,17 mit der Differenz der Zahlen 35,2 und 9,46.

d) Dividiere die Differenz der Zahlen $\frac{3}{4}$ und 0,4 durch die Summe der Zahlen 2 und $2\frac{1}{2}$.

3. Beschreibe folgende Terme mit Worten und berechne sie:
(1) $4{,}2 : 0{,}6 - (1{,}25 + 3{,}1)$ (2) $(6{,}5 \cdot 5{,}2) : (6{,}5 - 5{,}2)$

4. **a)** Welche der Geraden sind parallel, welche senkrecht zueinander? Prüfe mit dem Geodreieck.

b) Wie groß ist der Abstand der parallelen Geraden?

c) Der Winkel α ist 54° groß. Bestimme ohne zu messen die Größe der Winkel β, γ, δ und ε.

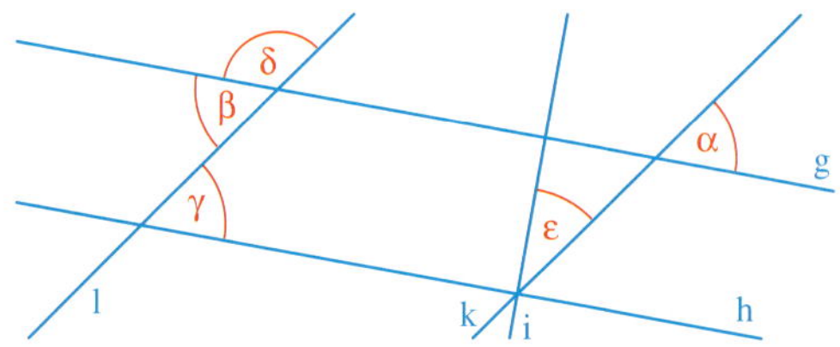

5. Ein Würfel hat die Kantenlänge a = 3 cm.

a) Zeichne ein Netz des Würfels.

b) Wie groß sind Oberflächeninhalt und Volumen?

c) Der Würfel ist aus Holz. 1 cm³ wiegt 0,7 g. Wie viel wiegt der Würfel?

d) Erstelle eine Tabelle für die Zuordnung *Kantenlänge* → *Gewicht*.
Wähle als Kantenlängen 3 cm, 6 cm, 9 cm, ..., 30 cm.

Bahnhof/Haltestelle	Zeit
Marburg Hbf	ab 08:20
Gießen Hbf	an 08:48
Gießen Hbf	ab 09:18
Koblenz Hbf	an 10:59
Koblenz Hbf	ab 11:22
Trier Hbf	an 12:46

6. Frau Schlüter fährt mit der Bahn von Marburg nach Trier. Sie muss in Gießen und Koblenz umsteigen.

a) Welchen Anteil an der Gesamtreisezeit verbringt sie auf den Bahnhöfen in Gießen und Koblenz? Gib den Anteil auch in Prozent an.

b) Welcher der beiden Graphen stellt den Verlauf der Reise angemessen dar?

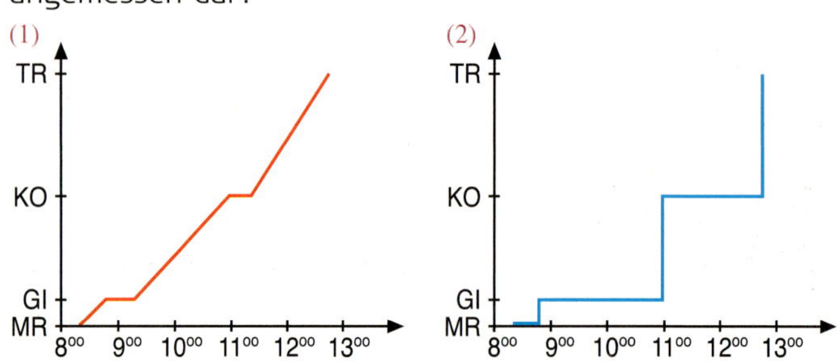

Topfit – Vermischte Übungen 3

1. **a)** $753 \cdot 294$ **c)** $\frac{3}{8} \cdot 2\frac{5}{6}$ **e)** $4{,}93 + 12{,}8 + 9{,}907$ **g)** $2{,}5 \cdot 4{,}6 - 3 \cdot (0{,}69 : 2{,}3)$

b) $12\frac{4}{9} + 11\frac{11}{12}$ **d)** $3\frac{2}{5} : \frac{4}{15}$ **f)** $4\frac{5}{8} - 2\frac{5}{6} + 1\frac{2}{3} \cdot 4$ **h)** $0{,}4 \cdot \left(\frac{5}{8} - \frac{2}{3} \cdot \frac{2}{10}\right) + 0{,}3 \cdot 3\frac{1}{3}$

2. Martina, Ellen, Klaus und Atti verkaufen ihre alten Sachen auf dem Flohmarkt. Dabei werden sie 7 Blumentöpfe zu 0,48 € das Stück, 19 Bücher zu je 1,85 € und eine Kiste Legosteine für 12,49 € los. Am Schluss teilen sie das eingenommene Geld gleichmäßig unter sich auf.
Wie viel erhält jeder?

3. Übertrage das Dreieck ABC mithilfe des Karonetzes in dein Heft.

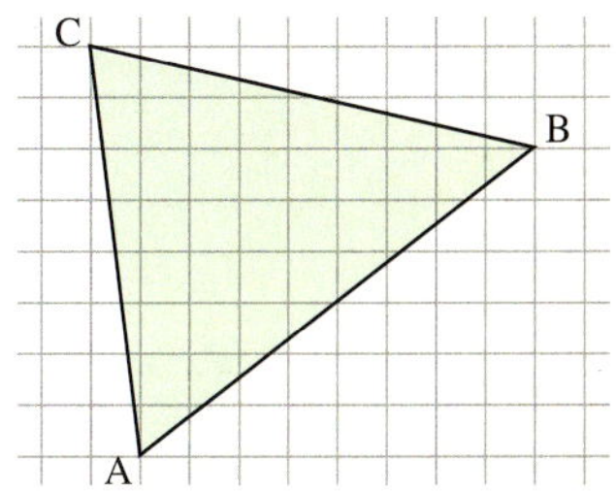

a) Bestimme den Umfang durch Messen.

b) Wie groß sind die im Dreieck liegenden Winkel?

c) Bestimme den Abstand des Punktes C zur Seite $\overline{AB}$.

d) Zeichne eine Gerade durch C, die zu $\overline{AB}$ senkrecht ist. Nenne den entstehenden Schnittpunkt D. Spiegele das Dreieck ABC an der Geraden CD.

4. Schreibe in der in Klammern angegebenen Maßeinheit.

a) 73 mm (cm) **c)** $\frac{3}{4}$ d (h) **e)** 17 g (kg) **g)** $\frac{3}{10}$ l (ml)

b) $\frac{3}{5}$ cm (mm) **d)** $\frac{7}{60}$ h (s) **f)** 1,6 a (m^2) **h)** 0,457 cm^3 (mm^3)

5. **a)** In welchen Fällen liegt das Netz eines Quaders vor? Begründe.

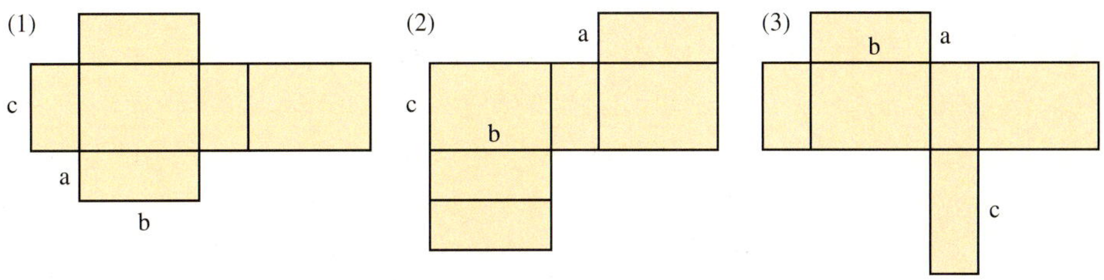

b) Wie groß sind für a = 2 cm, b = 5 cm und c = 3,5 cm Oberfläche und Volumen?

c) Zeichne ein Schrägbild des Quaders aus Teilaufgabe b).

6. **a)** Ordne nach der Größe, beginne mit der kleinsten Zahl.

(1) 23,9; 24,17; 23,82; 24,7 (2) 2,089; 2,163; 1,3; 2,16

b) Verringere nun bei jeder Zahl in Reihe (1) eine Ziffer um 1, sodass sich die Reihenfolge der geordneten Zahlen genau umkehrt. In Reihe (2) soll bei jeder Zahl eine Ziffer um 1 vergrößert werden, sodass sich die Reihenfolge der geordneten Zahlen umkehrt.

c) Ordne die Brüche nach ihrer Größe, ohne sie umzuformen.

(1) $42\frac{7}{9}$; $42\frac{3}{7}$; $42\frac{3}{8}$; $42\frac{8}{9}$ (2) $12\frac{1}{4}$; $12\frac{5}{9}$; $12\frac{3}{4}$; $12\frac{1}{5}$

d) Der Inhalt von 9 Packungen mit Gummibärchen wird an 12 Mädchen gleichmäßig verteilt. 7 Packungen werden an 10 Jungen gleichmäßig verteilt. Jede Packung enthält gleich viele Gummibärchen.
Wer bekommt mehr Gummibärchen, ein Junge oder ein Mädchen?

Topfit – Vermischte Übungen 4

1. Stelle zu jeder Teilaufgabe eine sinnvolle Frage und beantworte sie rechnerisch.

a) In einer Schule wurden 176 Schülerinnen und Schüler danach befragt, wie sie das Angebot des Schülercafés bewerten. $\frac{3}{8}$ der Befragten waren mit dem Angebot zufrieden.

b) Nils möchte sich ein neues Fahrrad kaufen. Er hat bereits $\frac{3}{5}$ des Kaufpreises gespart. Es fehlen ihm noch 186 €.

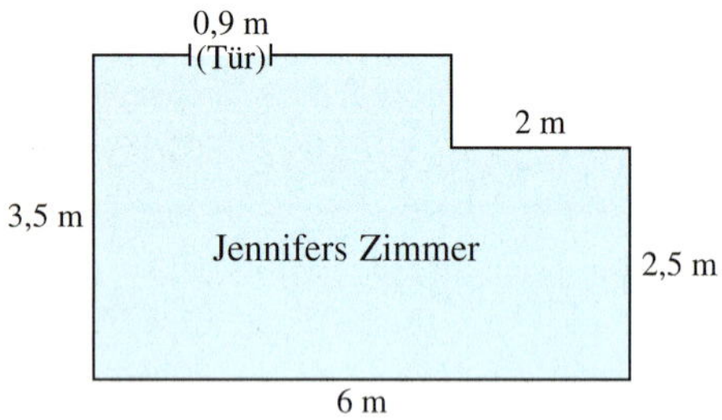

c) Frau Becker kauft 5 kg Waschmittel für 8,90 €. Herr Baum bezahlt für 8,5 kg der gleichen Marke 15,47 €.

d) In Jennifers Zimmer wird ein neuer Fußbodenbelag verlegt. 1 m^2 des Belags kosten 37,20 € und 1 m Fußleiste 6,30 €.

e) Für ein Fußballspiel wurden 816 Sitzplatzkarten und 4 530 Stehplatzkarten verkauft. Eine Stehplatzkarte kostete 7,50 €. Insgesamt wurden 44 583 € eingenommen.

f) Ein Blatt Papier ist ungefähr 0,08 mm dick, ein Buchdeckel 1,3 mm.
(1) Dein Mathematikbuch hat 240 Seiten.
(2) Ein anderes Buch ist 2,5 cm dick.

Beachte den Unterschied zwischen Seite und Blatt.

2. Gegeben ist der abgebildete Quader.

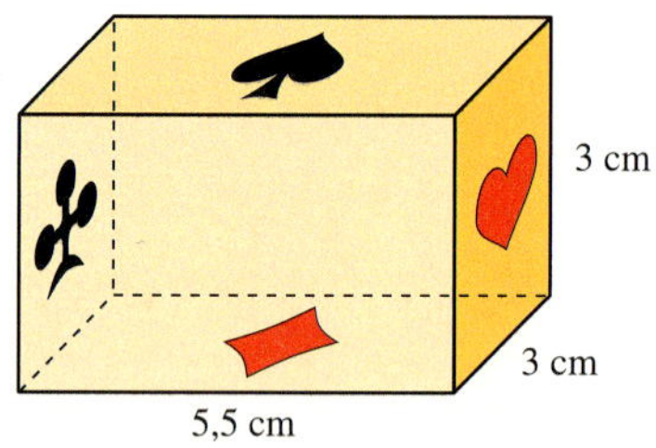

a) Stelle einen Term auf und berechne
(1) die Gesamtlänge der Kanten;
(2) den Oberflächeninhalt;
(3) das Volumen.

b) Zeichne ein Netz des Quaders und zeichne die Symbole an den richtigen Seiten ein.

c) Jede Kante soll nun um 2 cm verlängert werden.
Um das Wievielfache nehmen dann jeweils Gesamtkantenlänge, Oberflächeninhalt und Volumen zu?
Runde die Ergebnisse auf zwei Stellen nach dem Komma.

3. In einem Gefäß sind 5 rote, 8 blaue und 7 grüne Kugel. Die Kugeln sind zusätzlich von 1 bis 20 nummeriert. Es wird eine Kugel verdeckt gezogen.

a) Wie groß ist die Wahrscheinlichkeit,
(1) eine rote Kugel zu ziehen;
(2) eine blaue Kugel zu ziehen;
(3) eine grüne Kugel zu ziehen;
(4) eine rote oder eine grüne Kugel zu ziehen?

b) Wie groß ist die Wahrscheinlichkeit,
(1) eine zweistellige Zahl,
(2) eine gerade Zahl,
(3) eine Zahl, die durch 3 und durch 5 teilbar ist,
(4) eine Zahl, die durch 3 oder durch 5 teilbar ist, zu ziehen?

c) Aus dem Gefäß wurde eine rote Kugel gezogen und nicht wieder zurückgelegt.
Wie groß ist jetzt die Wahrscheinlichkeit, noch einmal eine rote Kugel zu ziehen?

d) Zeichne ein Glücksrad mit einem roten, einem blauen und einem grünen Sektor, bei dem die Wahrscheinlichkeiten genauso groß sind wie in Teilaufgabe a).

Topfit – Vermischte Übungen 5

1. Die Erdoberfläche ist 510 Mio. km^2 groß. Davon sind ca. 150 Mio. km^2 festes Land.

a) Bestimme den Anteil des festen Lands an der Erdoberfläche.

b) Von der Landfläche der Erde entfallen etwa $\frac{2}{25}$ auf Europa, $\frac{11}{50}$ auf Afrika, $\frac{3}{10}$ auf Amerika, $\frac{33}{100}$ auf Asien und die restliche Fläche auf Australien und Ozeanien.
Gib die Anteile als Dezimalbruch und in Prozent an und veranschauliche sie in einem Säulendiagramm.

c) Wie groß sind die einzelnen Erdteile?

Einheit: 1 cm

2. a) Zeichne das Dreieck ABC mit A(1|0), B(9|1) und C(3|5) in ein Koordinatensystem.

b) Miss die drei Winkel in dem Dreieck.

c) Miss die Abstände der drei Eckpunkte von den gegenüberliegenden Seiten.

d) Bestimme den Umfang.

3. In einem Getränkemarkt stehen 3 Stapel mit je 5 Kisten Mineralwasser. Jede Kiste enthält 12 Flaschen mit 0,7 *l* Mineralwasser.

a) Wie viel Liter Mineralwasser sind vorrätig?

b) Wie viele gleichartige Stapel müssten noch angeliefert werden, damit ein Vorrat von mindestens 1 m^3 Mineralwasser vorhanden ist? Schätze zunächst.

4. Die Anzahl der Handys stieg weltweit in den letzten Jahren stark an: Sie verdoppelte sich von 1997 bis 2009 ca. alle vier Jahre. Zeichne ein Diagramm, das diese Veränderungen angemessen wieder gibt.

5. Die Tabelle zeigt dir, wie viele Besucher in der letzten Woche ins *Cinemix* kamen.

Wochentag	So	Mo	Di	Mi	Do	Fr	Sa
Anzahl der Besucher	168	144	96	180	156	204	252

a) Wann kamen am meisten Besucher ins Kino, wann am wenigsten?

b) Stelle die Anzahl der Besucher in einem geeigneten Diagramm dar.

c) Wie viele Besucher kamen durchschnittlich pro Tag ins Kino? Wie heißt dieser Wert?

d) Berechne die relativen Häufigkeiten. Was geben sie an? Mache die Summenprobe.

e) An verschiedenen Wochentagen gibt es unterschiedliche Eintrittspreise. Am Montag beträgt der Eintritt 6,40 €, am Samstag 8,50 € und an den übrigen Tagen 7,00 €. Tanja und Corinna streiten sich, wie groß der durchschnittliche Eintrittspreis ist.

Tanja rechnet: (6,40 € + 8,50 € + 7,00 €) : 3 = 7,30 €
Corinna rechnet: (6,40 € + 8,50 € + 7,00 € · 5) : 7 = 7,13 €

f) Der neue Geschäftsführer will genau wissen, wie viel Eintrittsgelder in der Woche insgesamt eingenommen wurden. Um sich Arbeit zu sparen, rechnet er so:

„Gesamteinnahmen" = „Durchschnittlicher Eintrittspreis" mal „Gesamtzahl der Besucher"

Wo liegt der Fehler? Rechne richtig.

Topfit – Auf dem Bauernhof

Familie Schulz besitzt einen Bauernhof und bewirtschaftet insgesamt eine Fläche von 90 ha; davon sind $\frac{2}{5}$ Wald und 15 % Wiesen. Die restliche Fläche wird für den Ackerbau genutzt. Außerdem betreibt sie auf dem Hof noch Schweinemast und Milchviehhaltung.

1. **a)** Stelle in einem Kreisdiagramm dar, wie sich Wald, Wiesen und Ackerfläche auf die Gesamtfläche verteilen.

b) Wie groß ist die Waldfläche? Wie viel ha Wiesen gehören zu dem Hof?

c) Welchen Anteil macht die Ackerfläche an der Gesamtfläche aus?

d) Viele Landwirte geben die Größe ihrer Wirtschaftsfläche in Morgen an. Ein Morgen ist 2 500 m² groß. Wie viel Morgen bewirtschaftet Familie Schulz insgesamt?

2. In dem Schweinestall sind 24 rechteckige Buchten, die jeweils 4,9 m lang und 3,4 m breit sind. Jede Bucht hat für 14 Mastschweine Platz.

a) Wie viele Mastschweine passen insgesamt in den Schweinestall?

b) Wie viel m² Platz steht jedem Mastschwein zur Verfügung?

3. Familie Schulz hatte im letzten Jahr 56 Kühe. Die Milchleistung in dem Jahr kannst du der Tabelle entnehmen.

Monat	Jan.	Feb.	Mä.	Apr.	Mai	Juni	Juli	Aug.	Sep.	Okt.	Nov.	Dez.
Milchmenge (in m³)	43,5	45,2	45,3	42,8	43,9	43,4	41,7	40,8	40,3	38,4	39,6	45,4

a) Wie viel Liter Milch hat jede Kuh durchschnittlich in dem Jahr produziert?

b) Die Molkerei bezahlte für einen Liter Milch ca. 0,31 €.
Berechne die ungefähren Jahreseinnahmen aus dem Milchverkauf.

c) Die Gesamtkosten (Stall, Futter, Tierarzt, ...) betragen jährlich etwa 1650 € pro Kuh.
Wie groß ist der Gewinn pro Kuh aus dem Milchverkauf?

4. Bei der Durchforstung des Waldes wurden die Stämme der gefällten Fichten auf 2 m Länge zersägt und am Rand des Waldweges gestapelt. Der Holzstapel hat näherungsweise die Form eines Quaders. Er ist durchschnittlich 1,6 m hoch und 35 m lang. Das Volumen des Holzes wird in Raummetern angegeben. 1 Raummeter Holz ist ein Holzstapel, der einschließlich der Hohlräume 1 m³ groß ist.

a) Herr Schulz verkauft das Holz an ein Fernheizkraftwerk, das ihm pro Raummeter 32,75 € bezahlt. Wie viel Euro erhält er?

b) Holz ist ein nachwachsender Rohstoff. 6,25 Raummeter Fichte haben den gleichen Heizwert wie 1 000 Liter Heizöl.
Wie viel Liter Heizöl werden durch das Fichtenholz ersetzt?

Anhang

LÖSUNGEN ZU BIST DU FIT?

Seite 41

1. a)/c)

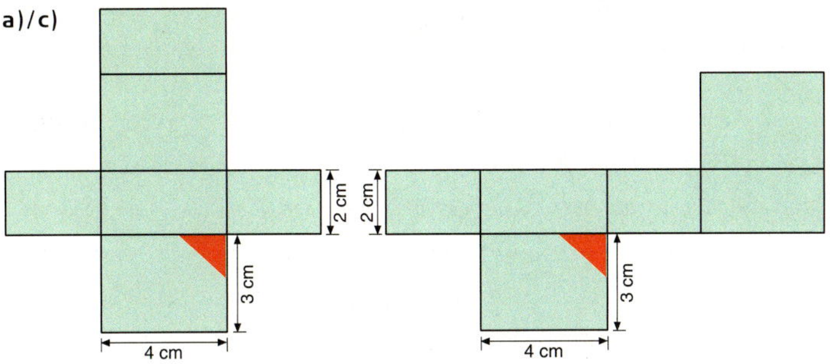

2. a) (1) 6 cm^3 (2) 18 m^3

b)

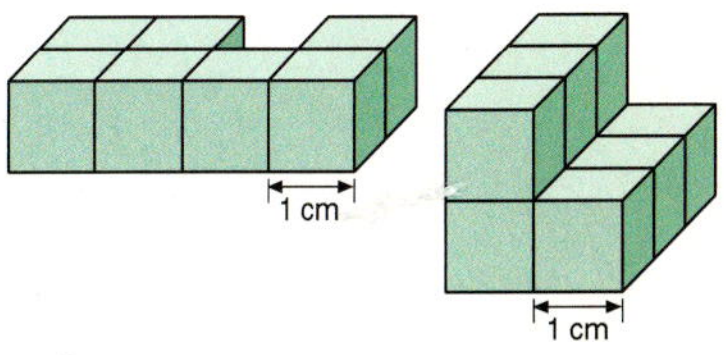

c) (1) V = 616 cm^3; O = 442 cm^2
(2) V = 1 512 m^3; O = 804 m^2

3. a) 7 000 dm^3; 4 m^3 **c)** 4 m^3; 8 dm^3
b) 8 000 ml; 2 *l* **d)** 3 475 dm^3; 3 500 *l*

4. a) 8,5 m^3 **b)** 4,09 m^3 **c)** 7,089 dm^3 **d)** 0,21 *l* **e)** 0,3 dm^3

5. a) 2 dm^3 619 cm^3 **b)** 9 *l* 20 ml **c)** 4 m^3 856 dm^3 **d)** 8 dm^3 70 cm^3 **e)** 12 m^3 40 dm^3

6. a) 780 000 m^3 Erdöl **b)** 143 520 m^3 Wasser **7.** 72 *l* Erde, also 3 Säcke, für zusammen 12,30 €

8. a) 27,552 cm^3 **b)** 73,60 cm^2

Seite 99

1. a) $\frac{150}{100} = 150\,\%$; $\frac{175}{100} = 170\,\%$; $\frac{120}{100} = 120\,\%$; $\frac{70}{100} = 70\,\%$; $\frac{55}{100} = 55\,\%$; $\frac{72}{100} = 72\,\%$; $\frac{40}{100} = 40\,\%$
b) $\frac{1250}{1000}$; $\frac{440}{1000}$; $\frac{1125}{1000}$; $\frac{88}{1000}$; $\frac{205}{1000}$; $\frac{180}{1000}$; $\frac{360}{1000}$

2. a) $\frac{3}{50}$; $\frac{1}{125}$; $\frac{19}{40}$; $\frac{53}{1000}$; $\frac{12}{25}$; $\frac{103}{500}$; $\frac{34}{25} = 1\frac{9}{25}$; $\frac{429}{200} = 2\frac{29}{200}$; $\frac{1019}{200} = 5\frac{19}{200}$; $\frac{9603}{1000} = 9\frac{603}{1000}$
b) $\frac{9}{10000}$; $\frac{1}{12500}$; $\frac{19}{5000}$; $\frac{811}{10000}$; $\frac{97}{2000}$; $1\frac{7}{10000}$; $2\frac{1}{20000}$; $1\frac{41}{50000}$; $3\frac{1753}{50000}$

3. a) 0,75 **b)** 0,125 **c)** 1,5 **d)** 0,35 **e)** 0,075 **f)** 0,875

4. a) 16 m^2 **b)** 1000 m = 1 km **c)** $\frac{3}{4}$

5. A: $\frac{2}{25}$; B: $\frac{4}{25}$; C: $\frac{8}{25}$; D: $\frac{10}{25} = \frac{2}{5}$; E: $\frac{16}{25}$; F: $\frac{18}{25}$; G: $\frac{20}{25} = \frac{4}{5}$; H: $1\frac{2}{25}$

6. a) $0{,}003 < 0{,}033 < 0{,}3 < 0{,}303 < 0{,}333$ **c)** $0{,}02 = \frac{2}{100} < 0{,}2 = \frac{2}{10} < 2\frac{2}{200} < 2{,}2$
b) $\frac{17}{6}\left(=\frac{68}{24}\right) < \frac{55}{12}\left(=\frac{110}{24}\right) < \frac{37}{8}\left(=\frac{111}{24}\right) < \frac{19}{2}\left(=\frac{228}{24}\right) < \frac{52}{4}\left(=\frac{312}{24}\right)$ **d)** $\frac{17}{4}\left(= 4\frac{1}{4}\right) < 4\frac{1}{3} < 4\frac{1}{2} < 4{,}7 < 4{,}75$

7. a) 28,523; 1313,724 **b)** 14,746; 77,862 **c)** 0,7405; 30,703 **d)** 7,833; 39,825

8. $2\frac{1}{4}$ m = 2,25 m

9. Strand: 2 km [1,5 km; 1,54 km]; Laden: 1 km [1,0 km; 1,04 km}; Eisdiele: 1 km [0,9 km; 0,95 km]; Disko: 3 km [2,9 km; 2,90 km]

10. 14 Mädchen

11. a) $\frac{31}{32}$ **b)** $\frac{1}{32}$

Seite 137

1. Drehsymmetrisch um Figurmitte mit Drehwinkel 180°; 2 Symmetrieachsen: Mittelsenkrechten der Rechteckseiten

2. Durchmesser: ca. 5,7 cm; Radius: ca. 2,8 cm

3. **a)** (1) und (2): spitz; (3): stumpf; (4): überstumpf **b)** (1): 31° (2): 50° (3): 129° (4): 231°

4. – **5.** $\alpha = 61°$, $\beta = 55°$, $\gamma = 64°$

6. **a)** ja; 120°; nein **b)** nein **c)** ja; 90°; ja

7. **a)** A'(5|5), B'(1|7), C'(2|2)
b) (1) A'(4|2), B'(6|6), C'(1|5)
(2) A'(5|5), B'(1|7), C'(2|2)
(3) A'(2,4|1,7), B'(6,6|3,6), C'(2,1|6)

Seite 207

1. **a)** $1\frac{7}{8}$; $\frac{3}{10}$ **b)** $\frac{35}{36}$; $1\frac{2}{5}$ **c)** $\frac{32}{45}$; $1\frac{1}{9}$ **d)** $\frac{5}{7}$; $1\frac{1}{35}$ **e)** $7\frac{7}{10}$; $3\frac{13}{14}$ **f)** $1\frac{7}{18}$; 8

2. **a)** 0,96; 0,24 **b)** 0,104; 6 **c)** 49; 0,071 **d)** 0,156; 80 **e)** 6,8; 2,5

3. **a)** 1,9 **b)** $0,5\overline{6}$ **c)** 0,32 **d)** 0,22 **e)** 0,05 **f)** 0,7

4. **a)** 21,56 € **b)** 45,34 € **c)** 11,54 € **d)** 74,58 €

5. **a)** 1,95 € **b)** 8,75 € **c)** 0,15 *l* **d)** 0,7 *l* **e)** 100 g

6. **a)** $\left(1\frac{1}{4} \cdot 0,5\right) + \frac{3}{4} = 1\frac{3}{8}$ **b)** $(17,4 - 10,1) : 0,9 = 8\frac{1}{9}$ **c)** $\left(7\frac{1}{2} + 0,75\right) \cdot \left(\frac{9}{10} - 0,15\right) = 6\frac{3}{16}$

7. **a)** $x = 1\frac{3}{5}$ **b)** $x = 12,98$ **c)** $x = 16$ **d)** $x = \frac{1}{8}$

8. **a)** $\frac{1}{18}$ **b)** $2\frac{1}{2}$ **c)** 2,125 **d)** $0,52 = \frac{13}{25}$

9. **a)** 1,4 **b)** 0,35 **c)** 1,77 **d)** 4,8 **e)** 5 **f)** 1,95

10. **a)** 47,4 *l* Milch und 53 *l* Kakao. **b)** 59,25 € für Milch und 92,75 € für Kakao, insgesamt: 152,00 €

11. **a)** $93,96\ m^2 \approx 94\ m^2$ **b)** 69 120 *l*

12. –10; –3; 7; 15

Seite 225

1. **a)** 19 kg – 0 € [29 kg – 10,50 €; 33,6 kg – 18 €] **b)** über 31 bis 33 kg **c)** 10,50 €; 26,3 kg

2. **a)**

Stunden	5	10	15	20	25	30
Arbeitslohn (in €)	52,50	105	157,50	210	262,50	315

b) 10 Stunden – 1 cm auf der x-Achse; 1 mm – 1 € auf der y-Achse
c) (1) ≈ 200 € (2) ≈ 75 € (3) ≈ 290 €

3. **a)** Die Temperatur um 14 Uhr betrug 7 °C. Um 0.30 Uhr, 10.30 Uhr und 22 Uhr betrug die Temperatur 5 °C.
b) Zwischen 0 Uhr und 6 Uhr fiel die Temperatur von 6 °C auf 0 °C.
Zwischen 6 Uhr und 14 Uhr stieg die Temperatur von 0 °C auf 7 °C.
Zwischen 14 Uhr und 24 Uhr fiel die Temperatur von 7 °C auf 4 °C.
c) Zwischen 0 Uhr und 4 Uhr fiel die Temperatur um 5,4 °C.
Zwischen 8 Uhr und 12 Uhr stieg sie um 6,2 °C.

4. **a)** 396,20 €
b)

jährl. Wasserverbrauch (in m^3)	10	20	30	40	50	60	70	80	90	100	110	120
Preis (in €)	101	137	173	209	245	281	317	353	389	425	461	497

c) Auf der x-Achse ($10\ m^3$ – 1 cm) wird der Wasserverbrauch (in m^3) und auf der y-Achse (50 € – 1 cm) wird der Preis (in €) abgetragen.
d) Familie Koch hatte einen Wasserverbrauch von $155\ m^3$.

Seite 249

1. 0,5; 0,4; 0,75; 0,7; 0,92; 0,39; 0,65; 0,87; 0,2; 0,55; 0,68; 0,22
50%, 40%, 75%, 70%, 92%, 39%, 65%, 87%, 20%, 55%, 68%, 22%.

2. a) – **b)** Julia: $\frac{6}{25}$ = 0,24 = 24% (86°), Elke: $\frac{11}{25}$ = 0,44 = 44% (158°), Roland: $\frac{8}{25}$ = 0,32 = 32% (115°)

3. a)

Schulhofgestaltung	gut	ausreichend	schlecht
Anteil der Befragten	$\frac{1}{4}$	$\frac{2}{5}$	$\frac{7}{20}$
Säulenhöhe	2,5 cm	4 cm	3,5 cm
Anzahl der Befragten	40	64	56

4. a) Butter: 1,09(4) €; 0,20 €; Brot: 1,72(2) €; 0,60 €; Milch: 0,54(6) €; 0,20 €; Speck: 1,19(8) €; 0,38 €
b) Butter: 1,09 €; Brot: 1,65 €; Milch: 0,55 €; Schinkenspeck: 1,19 €

5. Die durchschnittliche Fahrzeit beträgt 21,2 Minuten.
Der Median ist 21 Minuten.

6. a) (1) gedrehte Zahl: S_1 = {1; 2; 3; 4; 5; 6; 7; 8; 9; 10; 11; 12}
(2) Farbe: S_2 = {rot; gelb; violett}

b) (1) $\frac{1}{12}$ = 8,3% für jedes Ergebnis von S_1
(2) $\frac{1}{3}$ = 33,3% für jedes Ergebnis von S_2

c) (1) 12- bis 13-mal, da bei jedem der 150 Drehs die Wahrscheinlichkeit von $\frac{1}{12}$ besteht.
(2) 50-mal, da bei jedem der 150 Drehs die Wahrscheinlichkeit von $\frac{1}{3}$ besteht.

LÖSUNGEN ZU BIST DU TOPFIT?

Seite 253

1. a) (1) 218 370; 6 090,25; 83,538; 809,0$\overline{6}$ (2) $\frac{29}{18} = 1\frac{11}{18}$; $\frac{17}{60}$; $20\frac{13}{36}$; $8\frac{31}{70}$ (3) 94,663; 3,404; 10,6; 10,2

b) (1) 170 (2) 298,9 (3) 35 (4) 104

c)

(1)
6,61 €
+ 23,87 €
+ 4,84 €
35,32 €

(2)
15,236 kg
− 10,611 kg
4,625 kg

(3)
3,17 · 42,9
1 2 6 8
6 3 4
2 8 5 3
1 3 5,9 9 3

(4)
170,2 : 37 = 4,6
148
222
222
0

d) 8 917

2. a) *Beispiele:* spitzer Winkel: 16.30 Uhr, 9.,55 Uhr, 18.40 Uhr
stumpfer Winkel: 18.55 Uhr, 16.45 Uhr, 9.10 Uhr
rechter Winkel: 9.00 Uhr, 21.00 Uhr
überstumpfer Winkel: 9.30 Uhr, 10.25 Uhr, 2.50 Uhr

b) 360° [30°]

c) Um 15.30 Uhr zeigt der Minutenzeiger auf die 6, der Stundenzeiger steht genau in der Mitte zwischen 3 und 4. Der Winkel beträgt also 75°.

3. a) 650 cm² **b)** 128 Packungen **c)** 50 ml

Seite 254

1. a) (1) 35 kg (2) 28 min (3) 6,6 km (4) 200°

b) (1) 640 € (2) 13,8 ha **c)** (1) $\frac{7}{20} = 35\%$ (2) $\frac{2}{5} = 40\%$ (3) $\frac{1}{5} = 20\%$

2. a) $9{,}62 + (3{,}7 \cdot 2{,}09) = 17{,}353$ **c)** $(1{,}819 : 0{,}17) \cdot (35{,}2 - 9{,}46) = 275{,}418$

b) $(48{,}4 : 22) - 1{,}8 = 0{,}4$ **d)** $(\frac{3}{4} - 0{,}4) : (2 + 2\frac{1}{2}) = \frac{7}{90} = 0{,}0\overline{7}$

3. (1) Subtrahiere vom Quotienten der Zahlen 4,2 und 0,6 die Summe der Zahlen 1,25 und 3,1. (2,65)
(2) Dividiere das Produkt der Zahlen 6,5 und 5,2 durch die Differenz der Zahlen 6,5 und 5,2. (26)

4. a)/b) g ∥ h (1,2 cm); l ∥ k (2,4 cm); i ⊥ g; i ⊥ h **c)** $\beta = \gamma = 54°$; $\delta = 126°$; $\varepsilon = 36°$

5. a) – **b)** Oberflächeninhalt: 54 cm²; Volumen: 27 cm³ **c)** 18,9 g

d)

Kantenlänge (cm)	3	6	9	12	15	18	21	24	27	30
Gewicht (g)	18,9	151,2	510,3	1 209,6	2 362,5	4 082,4	6 482,7	9 676,8	13 778,1	18 900

6. a) $\frac{53}{266} \approx 20\%$ **b)** Graph (1)

Seite 255

1. a) 221 382 **c)** $1\frac{1}{16}$ **e)** 27,637 **g)** 10,6

b) $24\frac{13}{36}$ **d)** $12\frac{3}{4}$ **f)** $8\frac{11}{24}$ **h)** $1\frac{59}{300} = 1{,}19\overline{6}$

2. Jeder erhält 12,75 €.

3. a) u ≈ 5,1 cm + 5,5 cm + 6,4 cm = 17 cm

b) $\alpha = 50°$, $\beta = 56°$, $\gamma = 74°$ **c)** Ungefähr 4,2 cm

d)

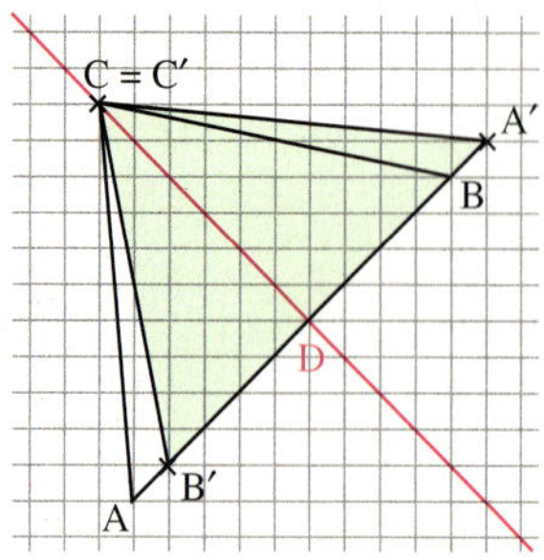

4. a) 7,3 cm **c)** 18 h **e)** 0,017 kg **g)** 300 ml

b) 6 mm **d)** 420 s **f)** 160 m² **h)** 457 mm³

5. a) (1) und (3) **b)** Oberfläche: 69 cm², Volumen: 35 cm³ **c)** –

6. a) (1) 23,82 < 23,9 < 24,17 < 24,7
(2) 1,3 < 2,089 < 2,16 < 2,163

b) (1) z.B.: 14,7 < 23,17 < 23,8 < 23,81
(2) z.B.: 2,164 < 2,17 < 2,189 < 2,3

c) (1) $42\frac{3}{8} < 42\frac{3}{7} < 42\frac{7}{9} < 42\frac{8}{9}$ (2) $12\frac{1}{5} < 12\frac{1}{4} < 12\frac{5}{9} < 12\frac{3}{4}$

d) Jedes der Mädchen bekommt $\frac{3}{4}$; jeder Junge $\frac{7}{10}$; $\frac{3}{4} > \frac{7}{10}$

Seite 256

1. a) z.B.: Wie viele der Befragten waren nicht zufrieden? $\frac{5}{8}$ der Befragten; 110 Schülerinnen und Schüler

b) z.B.: Wie viel € hat er schon gespart? 279 € Wie viel € kostet das Fahrrad? 465 €

c) z.B.: Wie viel bezahlt jeder für 1 kg? Frau Becker: 1,78 €; Herr Baum: 1,82 €

d) z.B.: Wie viel kostet der neue Fußboden? 706,80 € Wie viel kostet die Fußleiste? 114,03 €

e) z.B.: Wie viel kostet eine Sitzplatzkarte? 13 €

f) z.B.: (1) Wie viel mm dick ist dein Mathematikbuch? 12,2 mm
z.B.: (2) Wie viele Seiten hat das Buch? 560 Seiten

2. a) (1) $4 \cdot 5{,}5 + 8 \cdot 3 = 46$ (cm) $O = 2 \cdot 3 \cdot 3 + 4 \cdot 3 \cdot 5{,}5 = 84$ (cm^2) (3) $V = 5{,}5 \cdot 3 \cdot 3 = 49{,}5$ (cm^3)

b) –

c) (1) Gesamtkantenlänge: 70 cm ≈ 1,52 · 46 cm (2) Oberflächeninhalt: 200 cm^2 ≈ 2,38 · 84 cm^2
(3) Volumen: 187,5 cm^3 ≈ 3,79 · 49,5 cm^3

3. a) (1) $\frac{5}{20} = \frac{1}{4}$ (2) $\frac{8}{20} = \frac{2}{5}$ (3) $\frac{7}{20}$ (4) $\frac{12}{20} = \frac{3}{5}$

b) (1) $\frac{11}{20}$ (2) $\frac{10}{20} = \frac{1}{2}$ (3) $\frac{1}{20}$ (4) $\frac{9}{20}$

c) $\frac{4}{19}$

d) Mittelpunktswinkel der Sektoren: rot: 90°; blau: 144°; grün: 126°

Seite 257

1. a) $\frac{5}{17} \approx 29{,}4\%$

b) (Die Angaben in Klammern sind die Höhen der Säulen, wenn für 1% die Länge 1 mm gewählt wird.)
Europa: 8% (8 mm); Afrika: 22% (22 mm); Amerika: 30% (30 mm); Asien: 33% (33 mm);
Australien und Ozeanien: 7% (7 mm)

c) Europa: 12 Mio. km^2; Afrika: 33 Mio km^2; Amerika: 45 Mio km^2; Asien: 49,5 Mio km^2;
Australien und Ozeanien: 10,5 Mio km^2

2. a) – **b)** $\alpha = 61°$; $\beta = 41°$; $\gamma = 78°$ **c)** A: 5,2 cm; B: 7 cm; C: 4,7 cm **d)** 20,6 cm

3. a) $0{,}7 \cdot 12 \cdot 5 \cdot 3 = 126$. Es sind 126 *l* Mineralwasser vorrätig.

b) 1 m^3 = 1 000 dm^3 = 1 000 *l*; $0{,}7 \cdot 12 \cdot 5 = 42$. Ein Stapel enthält 42 *l* Mineralwasser.
$(1000 - 126) : 42 \approx 20{,}8$. Es müssten noch 21 Stapel geliefert werden.

4. (1) Säulendiagramm (2) Bilddiagramm

5. a) am meisten: Samstag; am wenigsten: Dienstag

b) Säulendiagramm; pro Besucher 1 mm

c) ≈ 171; arithmetisches Mittel

d) So: 14%; Mo: 12%; Di: 8%; Mi: 15%; Do: 13%; Fr: 17%; Sa: 21%

e) Tanjas Rechnung ist falsch, da sie nicht berücksichtigt hat, dass der Preis von 7 € für 5 Wochentage gilt.
(Corinnas Ergebnis ist richtig.)

f) Es ist nur eine Überschlagsrechnung, da es unterschiedliche Preise und Besucherzahlen an den einzelnen Tagen gibt. ≈ 8 700 €

Seite 258

1. a) Winkel im Kreisdiagramm: Wald: 144°, Wiesen: 54°, Ackerbau: 162°

b) Wald: 36 ha, Wiesen: 13,5 ha

c) Ackerfläche 40,5 ha bzw. 45%

d) 360 Morgen

2. a) 336 Schweine **b)** 1,19 m^2

3. a) ca. 9113 *l* **b)** 158193 € **c)** ca. 1175 €

4. a) 3 668 € **b)** 17 920 *l*

STICHWORTVERZEICHNIS

BILDQUELLENVERZEICHNIS

Titelbild: Getty Images, München (Photodisc); 6.1 u. 2, 7.1 u. 2: Tierpark Sababurg, Hofgeismar-Sababurg; 8.1: Corbis, Düsseldorf (Hackenberger); 10.1: Torsten Warmuth, Berlin; 11.1-3: Magdalena Tooren-Wolff, Hannover; 14.1: Deutsches Museum, München; 19.1: Michael Fabian, Hannover; 19.2-6: Magdalena Tooren-Wolff, Hannover; 19.7: Europress, Oppenheim; 20.1, 21.1: Torsten Schambortski, Mülheim-Kärlich; 21.2: Torsten Warmuth, Berlin; 21.3: action press, Hamburg (Piffel); 25.1: Magdalena Tooren-Wolff, Hannover; 27.1: mauritius images GmbH, Mittenwald; 28.1: Picture-Alliance GmbH, Frankfurt/M. (dpa/Scheidemann); 29.1: mauritius images GmbH, Mittenwald (AGE); 31.1: Magdalena Tooren-Wolff, Hannover; 38.1: wikipedia.org (Stefan Kühn); 39.1: pictor international, Hamburg; 39.2: R. Leinweber, Hannover; 41.1: Foto-Design Klaus Schreiber, Wilhelmshaven; 42.1: Deutsches Jugendherbergswerk, Frankfurt/M.; 42.2: Edersee Touristic GmbH, Edertal-Affoldern; 43.1: KKV Kartographische Kommunale Verlagsgesellschaft mbH, Nordhausen; 43.2: Edersee Touristic GmbH, Edertal-Affoldern; 44.1: Klaus Wefringhaus, Braunschweig; 44.2: Druwe & Polastri, Cremlingen/Weddel; 45.1: Torsten Warmuth, Berlin; 46.1: mauritius images GmbH, Mittenwald; 47.1 u. 2: Hannah Kittel, Schwäbisch Gmünd; 55.1: CLAAS KGaA mbh, Harsewinkel; 56.1: Tony Stone, München (Cade); 57.1: fotolia.com, New York (ambrits); 59.1: WFL-GmbH, Rottendorf; 59.2: mauritius images GmbH, Mittenwald (Senig); 60.1: Hannah Kittel, Schwäbisch Gmünd; 60.2: Picture-Alliance GmbH, Frankfurt/M. (dpa/Scheidemann); 61.1: Deutsches Jugendherbergswerk, Hagen; 61.2: Dirk Kehrig, Kottenheim; 66.1: Volkswagen AG, Wolfsburg; 67.1: Torsten Warmuth, Berlin; 68.1: Michael Fabian, Hannover; 68.2: Picture-Alliance GmbH, Frankfurt/M. (dpa); 68.3: Fotoagentur SVEN SIMON, Mülheim an der Ruhr; 68.4: mauritius images GmbH, Mittenwald (Mallaun); 68.5: Magdalena Tooren-Wolff, Hannover; 68.6: mauritius images GmbH, Mittenwald (Fischer); 68.7: Boehringer, Mannheim; 69.1: Picture-Alliance GmbH, Frankfurt/M. (dpa/Heidoudou/Imaginechina); 71.1: Torsten Warmuth, Berlin; 78.1: Picture-Alliance GmbH, Frankfurt/M. (dpa/Dedert); 78.2: Fotoagentur SVEN SIMON, Mülheim an der Ruhr; 88.1: Michael Fabian, Hannover; 89.1: Uwe Schmid-Fotografie, Duisburg; 93.1: ddp images GmbH, Hamburg (AFP/Feferberg); 96.1: Michael Fabian, Hannover; 98.1: StockFood GmbH, München (Rock/CephasPictures); 102.1: mauritius images GmbH, Mittenwald (Dewolf); 102.2: TopicMedia Service, Ottobrunn (Lenz); 103.1: Michael Fabian, Hannover; 103.2: Deutsches Museum, München; 103.3: Torsten Warmuth, Berlin; 104.1, 109.1: Avenue Images GmbH, Hamburg (Index Stock/Walker); 104.2: Michael Fabian, Hannover; 106.1: mauritius images GmbH, Mittenwald (Lehn); 107.1 u. 2: Kienzle – VDO Kienzle GmbH, Frankfurt/M.; 107.3: mauritius images GmbH, Mittenwald (Kalt); 107.4: IMAGINE Fotoagentur GmbH, Frankfurt (Viesti); 111.1: Dieter Rixe, Braunschweig; 112.1: Bildagentur Schapowalow GmbH, Hamburg (Becker); 113.1: Michael Fabian, Hannover; 118.1: Magdalena Tooren-Wolff, Hannover; 121.1: ddp images GmbH, Hamburg (AFP/Feferberg); 121.2: Michael Fabian, Hannover; 122.1: F. Miltenberger, Wutöschingen; 123.1: Astrofoto, Sörth (ESA); 126.1: Gert Mothes, Leipzig; 127.1: Reinhard-Tierfoto, Heiligkreuzsteinach; 129.1: mauritius images GmbH, Mittenwald (IPS); 129.2: IMAGINE Fotoagentur GmbH, Frankfurt (HOA-QUI); 129.3: Carl Zeiss Optronics GmbH, Oberkochen; 129.4: Astrofoto, Sörth; 129.5: IMAGINE Fotoagentur GmbH, Frankfurt (Edel); 131.1: Corbis, Düsseldorf (Rose); 133.1: akg-images GmbH, Berlin (Martin); 133.2: akg-images GmbH, Berlin (Diller); 133.3: The M.C. Escher Company B.V., Baarn (M.C. Escher's "Circle Limit IV" © 2011 The M.C. Escher Company-Holland. All rights reserved. www.mcescher.com); 135.1: mauritius images GmbH, Mittenwald (Muth); 136 (Kassel), 136 (Limburg-Weilburg), 136 (Main-Taunus-Kreis), 136 (Odenwaldkreis): alle wikimedia.commons; 136 (Wetteraukreis): Kreisausschuss des Wetteraukreises Fachdienst Kundenservice und Kommunikation, Friedberg; 136 (Wiesbaden): wikimedia.commons; 140.1: mauritius images GmbH, Mittenwald (Enzinger); 154.1: Picture-Alliance GmbH, Frankfurt/M. (dpa); 155.1: Torsten Warmuth, Berlin; 159.1: Michael Fabian, Hannover; 160.1-4: Tierbildarchiv Angermayer, Holzkirchen; 161.1: Michael Fabian, Hannover; 161.2: Deutsche Bahn AG, Berlin (Weber); 164.1, 165.1 u. 2, 166.1-3: Torsten Warmuth, Berlin; 168.1: Grundig AG, Nürnberg; 172.1: Carsten Bodenburg, Harbsin; 178.1: Tierbildarchiv Angermayer, Holzkirchen; 184.1: mauritius images GmbH, Mittenwald (Manus); 185.1 u. 2: Picture-Alliance GmbH, Frankfurt am Main (beide dpa); 204.1: Corbis, Düsseldorf (Hardy); 206.1: Astrofoto, Sörth (ESA); 209.1: Juliana Gewächshäuser GmbH, Göttingen; 210.1: Deutsches Museum, München; 212.1: Fotoagentur SVEN SIMON, Mülheim an der Ruhr; 216.1: Torsten Warmuth, Berlin; 218.1: Masterfile Deutschland GmbH, Düsseldorf; 218.2: Michael Fabian, Hannover; 220.1: Volkswagen AG, Wolfsburg; 222.1: Corbis, Düsseldorf; 222.2: Hans Tegen, Hambühren; 224.1: mauritius images GmbH, Mittenwald (Rosenfeld); 225.1: Forschungszentrum Juelich GmbH, Juelich; 227.1: Michael Fabian, Hannover; 230.1: Torsten Warmuth, Berlin; 232.1: Dieter Rixe, Braunschweig; 233.1: Michael Fabian, Hannover; 235.1: mauritius images GmbH, Mittenwald (Arthur); 236.1: CASIO Europe GmbH, Norderstedt; 238.1: Volkswagen AG, Wolfsburg; 238.2: Michael Fabian, Hannover; 239.1 u. 2, 240.1: Torsten Warmuth, Berlin; 241.1 u. 2: Michael Fabian, Hannover; 242.1, 243.1: Torsten Warmuth, Berlin; 244.1: Polizei Schleswig-Holstein, Kiel; 245.1: Manfred Simper, Wennigsen; 245.2-4: Torsten Warmuth, Berlin; 247.1: mauritius images GmbH, Mittenwald (GFP); 248.1: akg-images GmbH, Berlin; 253.1: Tony Stone Bilderwelten, Hamburg; 257.1: Michael Fabian, Hannover; 258.1: mauritius images GmbH, Mittenwald (Cash); 259.1: Getty Images, München (Photodisc).

Trotz entsprechender Bemühungen ist es nicht in allen Fällen gelungen, den Rechtsinhaber ausfindig zu machen. Gegen Nachweis der Rechte zahlt der Verlag für die Abdruckerlaubnis die gesetzlich geschuldete Vergütung.